Álgebra

Conselho Editorial da Editora Livraria da Física

Amílcar Pinto Martins - Universidade Aberta de Portugal

Arthur Belford Powell - Rutgers University, Newark, USA

Carlos Aldemir Farias da Silva - Universidade Federal do Pará

Emmánuel Lizcano Fernandes - UNED, Madri

Iran Abreu Mendes - Universidade Federal do Pará

José D'Assunção Barros - Universidade Federal Rural do Rio de Janeiro

Luis Radford - Universidade Laurentienne, Canadá

Manoel de Campos Almeida - Pontifícia Universidade Católica do Paraná

Maria Aparecida Viggiani Bicudo - Universidade Estadual Paulista - UNESP/Rio Claro

Maria da Conceição Xavier de Almeida - Universidade Federal do Rio Grande do Norte

Maria do Socorro de Sousa - Universidade Federal do Ceará

Maria Luisa Oliveras - Universidade de Granada, Espanha

Maria Marly de Oliveira - Universidade Federal Rural de Pernambuco

Raquel Gonçalves-Maia - Universidade de Lisboa

Teresa Vergani - Universidade Aberta de Portugal

Felipe Vieira
Rafael Aleixo de Carvalho

Álgebra

2023

Copyright © 2023 os autores
1ª Edição

Direção editorial: José Roberto Marinho

Capa: Fabrício Ribeiro

Edição revisada segundo o Novo Acordo Ortográfico da Língua Portuguesa

Dados Internacionais de Catalogação na publicação (CIP)
(Câmara Brasileira do Livro, SP, Brasil)

Vieira, Felipe
Álgebra / Felipe Vieira, Rafael Aleixo de Carvalho. – 1. ed. – São Paulo: Livraria da Física, 2023.

Bibliografia.
ISBN 978-65-5563-378-8

1. Álgebra - Estudo e ensino 2. Matemática I. Carvalho, Rafael Aleixo de. II. Título.

23-173735 CDD-512.507

Índices para catálogo sistemático:
1. Álgebra linear: Matemática: Estudo e ensino 512.507

Aline Graziele Benitez - Bibliotecária - CRB-1/3129

Todos os direitos reservados. Nenhuma parte desta obra poderá ser reproduzida sejam quais forem os meios empregados sem a permissão da Editora.
Aos infratores aplicam-se as sanções previstas nos artigos 102, 104, 106 e 107 da Lei Nº 9.610, de 19 de fevereiro de 1998

Editora Livraria da Física
www.livrariadafisica.com.br
(11) 3815-8688 | Loja do Instituto de Física da USP
(11) 3936-3413 | Editora

Sumário

Prefácio   11

1 Introdução   1

2 Anéis, domínios de integridade e corpos   5
  2.1 Definições, exemplos e propriedades   7
  2.2 Matrizes 44
  2.3 Funções 58
  2.4 Produto direto 67
  2.5 Anel dos inteiros módulo n 77
  2.6 Polinômios (parte 1) 85
      2.6.1 Raízes 92

3 Subestruturas e homomorfismos   101
  3.1 Subanéis e extensões de corpos 102
  3.2 Ideais 118
      3.2.1 Ideais primos e ideais maximais 137
  3.3 Anel quociente 146
  3.4 Homomorfismos 156
      3.4.1 Teoremas do isomorfismo para anéis 177

4 Divisibilidade e corpos especiais 193
4.1 Elementos idempotentes e elementos nilpotentes 193
4.2 Elementos irredutíves e elementos primos 201
4.3 Característica de um anel 213
4.4 Polinômios (parte 2) 220
   4.4.1 Ideais 220
   4.4.2 Fatoração 225
4.5 O corpo de decomposição de um polinômio 234
4.6 O corpo de frações de um domínio 241

5 Grupos 255
5.1 Definições, exemplos e propriedades 256
5.2 Subgrupos 273
5.3 Subgrupos normais 297
5.4 Grupos quocientes 306
5.5 Homomorfismos 313
   5.5.1 Teoremas do isomorfismo para grupos 329
5.6 Ações de grupos 337
   5.6.1 Classes de conjugação 349

6 Classificação de grupos 355
6.1 Ordem 356
6.2 Grupos cíclicos 370
6.3 Grupos de permutação 380
   6.3.1 O cubo mágico 395
6.4 Grupos diedrais 401
6.5 Produto semidireto de grupos 413
6.6 Classificação de grupos 422
   6.6.1 Teorema de Cayley 423
   6.6.2 Grupos de ordem prima 426
   6.6.3 Teoremas de Sylow 427
   6.6.4 Grupos abelianos finitos 434
   6.6.5 Lista dos grupos pequenos 441

Apêndices

A O anel $(\mathbb{R}, +, \cdot)$ 455

Sumário

B O anel dos inteiros p - ádicos   461

C Domínios euclidianos   469

Referências Bibliográficas   474

Índice Remissivo   475

Prefácio

Esse livro surgiu a partir das notas de aula dos autores, que ministraram seguidas vezes as disciplinas "Álgebra I" e "Álgebra II", que fazem parte do curso de Licenciatura em Matemática, do campus Blumenau da Universidade Federal de Santa Catarina.

Aqui em nosso campus, quando tais disciplinas foram criadas, tivemos de decidir como abordar tais assuntos, pois a forma como eles são apresentados pelo mundo não é unificada: há livros e cursos de graduação em que primeiro se apresentam os anéis, e há outros onde se começa com os grupos. E certamente ambos os caminhos possuem vantagens e desvantagens.

Pois bem, nós optamos por começar com a teoria de anéis pelo simples motivo pedagógico de que consideramos essa teoria menos abstrata e mais conectada com a Aritmética, quando comparada com a teoria de grupos. Tanto é que os axiomas que inspiram a definição de anel são todos inspirados nas propriedades do conjunto dos números inteiros.

Além disso, seus exemplos mais importantes são os também conjuntos numéricos dos racionais e dos reais, além dos conjuntos de matrizes, de funções, de polinômios e os conjuntos construídos através de análise dos restos de divisões euclidianas. Ou seja, toda a parte inicial de anéis é uma mera generalização daquilo que os jovens já conhecem e podem compreender com menos esforço.

Para isso, criamos uma seção própria para cada um desses exemplos não numéricos, para realizar uma análise calma, organizada, natural e bem intuitiva. Somente depois apresentamos aspectos mais profundos da teoria de anéis, como quocientes, elementos irredutíveis, além de alguns corpos bem específicos.

A segunda parte desse livro aborda a teoria de grupos, essa sim mais abstrata. Por conta disso, abordamos esse conteúdo em uma ordem diferente: começamos apresentando todos os principais conceitos da teoria para, somente depois, nos adentrarmos nos principais exemplos. Veremos que tais exemplos não são tão naturais, pois envolvem permutações, movimentos geometricamente rígidos de polígonos regulares, além dos produtos semidiretos, que são construções nada triviais feitas a partir do produto cartesiano.

Após ver todos esses exemplos clássicos, chegamos no objetivo principal da teoria de grupos, que é a sua classificação. A leitora, ou o leitor, perceberá que essa última seção contém muitos teoremas com demonstrações longas e encadeadas com outras proposições e teoremas prévios. Sua leitura certamente só deve ser realizada após um bom entendimento das seções anteriores.

Falando um pouco da parte burocrática apresentamos, ao longo do texto, biografias de matemáticas e matemáticos que contribuíram para a Álgebra. Essas informações foram retiradas do trabalho de J. J. O'Connor e E. F. Robertson, chamado *MacTutor History of Mathematics*, disponível em `www-history.mcs.st-and.ac.uk`. De seu banco de dados retiramos muitas imagens, e aquelas que não foram, possuem a fonte detalhada na legenda.

Parte dos exercícios foram criados, enquanto os demais foram retirados dos livros que constam na bibliografia. Em especial, em todas as seções temos exercícios com enunciado "Pesquise sobre", em que convidamos o leitor a se aprofundar por conta própria em temas que não couberam neste livro.

Para a leitura deste livro, é necessário um conhecimento prévio de Aritmética e de Lógica Matemática. Ademais, alguns poucos exemplos e exercícios requerem que o leitor saiba alguns conceitos de Cálculo e de Álgebra Linear. Por fim, para um pleno entendimento do Apêndice A, é necessária uma base de Análise, pois lidamos com convergência, *epsilons* e *deltas*.

Os autores agradecem aos estudantes, pela paciência no desenvolvimento desse material em suas disciplinas, e a todo o apoio do Departamento de Matemática da UFSC - Blumenau na escrita deste livro.

Blumenau, outubro de 2023

Felipe Vieira
Rafael Aleixo de Carvalho

CAPÍTULO 1

Introdução

A palavra Álgebra tem suas origens no nome al-Khwarizmi, um persa que popularizou símbolos muito parecidos aos que utilizamos hoje para representar números (embora ele os tenha atribuído aos indianos). E por muito tempo, a álgebra esteve relacionada e apenas preocupada em estudar os números, sejam os naturais, inteiros, racionais ou reais.

Foi em meados do século XVIII que a álgebra se tornou abstrata, através da generalização de conceitos já bem conhecidos da aritmética. Essa generalização, embora pouco axiomática, foi amadurecendo através de publicações de vários matemáticos que estudavam, principalmente, equações algébricas. Eles perceberam que os conjuntos numéricos tradicionais não eram mais suficientes para se descrever a natureza e todos seus eventos.

Na verdade, lidamos com esse problema quando tentamos resolver uma equação do tipo
$$x^2 + 1 = 0$$
contando apenas com números reais. Parece haver espaço para a criação de algo a mais, algo em princípio contra-intuitivo, que são as raízes quadradas de números negativos.

Introdução

Assim, em vez de estudar apenas conjuntos numéricos tradicionais, a comunidade matemática começou a generalizar muitos dos conceitos conhecidos para conjuntos abstratos quaisquer, através de notações não numéricas. Esses conjuntos não necessariamente possuíam uma aplicação prática e eram definidos por meio de letras – seus geradores – e propriedades desejadas.

Por conta disso, inicialmente já não era mais necessário se preocupar com a origem numérica ou a aplicação do conjunto no qual se trabalhava, mas sim com a sua definição. Ou seja, com a forma como ele era representado e com as propriedades que seus elementos satisfaziam através das operações envolvidas.

A partir dessa mudança de interpretação, foram criados e estudados muitos conjuntos que, inicialmente, eram completamente abstratos. Somente depois de algum tempo é que se encontrou aplicações práticas para tais conjuntos, especialmente através de aplicações na física – em particular os números complexos e os quatérnios, que veremos mais adiante.

Porém, apesar de tais aplicações terem sido encontradas, ainda faltava uma definição unificada para muitas dessas estruturas, o que se tornou realidade no final do século XIX.

Neste livro, apresentamos a teoria de anéis e a teoria de grupos, assuntos que são comuns a todo curso de Licenciatura ou Bacharelado em Matemática – metade do livro para cada um. O objetivo que traçamos na apresentação da teoria de anéis é o de sempre estarmos conectados com conceitos numéricos para generalizá-los, como a divisibilidade, os números primos e as frações.

Tais assuntos já são conhecidos pelos jovens ingressantes na universidade, o que nos permite introduzir o pensamento algébrico de forma fluida e intuitiva.

Na sequência apresentamos a teoria de grupos, e a apresentamos de uma forma diferente, uma forma mais direta e abstrata. Fornecemos toda a base necessária para estudar seus exemplos principais, exemplos estes que não são tão triviais quanto aqueles de anéis.

Ademais, o nosso objetivo principal ao apresentar a teoria de grupos é apresentar uma pincelada de sua classificação – isto é, uma lista de todos os grupos possíveis – e, para isso, precisamos nos aventurar dentro da teoria das ações, das classes de conjugação e das ordens.

Esses conteúdos são realmente abstratos, profundos, e desafiam a nossa intuição. Portanto, colocando-os após toda a teoria de anéis e toda uma introdução à teoria dos grupos, acreditamos que o leitor terá a abstração necessária para entendê-los da melhor forma possível.

Agora, poderíamos nos perguntar *pra quê serve a Álgebra?*

Bem, como sua própria origem têm motivações em aplicações, podemos citar muitas delas. Os anéis são parte importante no estudo da Teoria de códigos, dentro da programação, além de serem cruciais para o estabelecimento da criptografia RSA, base da segurança da internet.

A teoria de grupos auxilia no pleno entendimento das simetrias, sendo parte fundamental no desenvolvimento da Visão computacional na Robótica, na Cristalografia e no estudo da Teoria dos orbitais moleculares, na Química, e mesmo na Espectroscopia molecular, que reside entre a última e a Física. Mesmo na arte e nos padrões têxteis, surgem os grupos *wallpaper* ou, simplesmente, grupos papel de parede.

CAPÍTULO 2

Anéis, domínios de integridade e corpos

O desenvolvimento da teoria dos anéis foi motivado, dentre vários motivos, pelas tentativas de resolução do último Teorema de Fermat [35]. Uma dessas tentativas foi dada pela matemática Sophie Germain.

Sophie Germain

Marie-Sophie Germain (Paris, 01 de abril de 1776 - Paris, 27 de junho de 1831) foi uma matemática francesa. Mesmo tendo que lidar com a discriminação – chegou a utilizar um nome masculino em cartas, *M. LeBlanc*, contribuiu para o desenvolvimento da teoria dos números, em especial sobre números primos. Há um teorema com seu nome, um resultado que aborda o último Teorema de Fermat.

Anéis, domínios de integridade e corpos

Além de Sophie, em suas tentativas de demonstrar tal teorema, Euler, Gauss, Lamé e muitos outros perceberam que a aritmética sobre conjuntos numéricos tradicionais não seria ferramenta suficiente para essa tarefa.

Gabriel Lamé

Gabriel Lamé (Tours, 22 de julho de 1795 - Paris, 01 de maio de 1870) foi um matemático francês. Estudou geometria diferencial, a teoria da elasticidade e, dentre algumas contribuições na teoria dos números, demonstrou o Último Teorema de Fermat para $n = 7$.

Por isso, em meados do século XVIII começou-se a generalizar muitos dos conceitos que lidamos naturalmente nos conjuntos numéricos tradicionais $\mathbb{Z}$, $\mathbb{Q}$ e $\mathbb{R}$. Mesmo assim, essa generalização demorou a ser organizada e axiomatizada em regras que se aplicariam a vários conjuntos.

Um importante passo foi dado por Hamilton em 1843, quando ele criou o conjunto dos quatérnios, que veremos no Exemplo 2.14. Depois, foi Cayley quem ajudou nessa ampliação dos conceitos ao estudar as matrizes, em 1850. Em 1897, David Hilbert cunhou o termo **anel**, enquanto Joseph Wedderburn continuou esse estudo em 1905.

Posteriormente, Adolf Abraham Halevi Fraenkel apresentou uma definição abstrata de anel em sua tese de doutorado [15] em 1914 até que, na década de 1920, Emmy Noether apresentou muitos importantes resultados que, devido à discriminação contra as mulheres, ficaram conhecidos apenas em 1930 quando Van der Waerden publicou [36].

Na primeira seção deste capítulo, estudamos os princípios da definição de anéis, domínios de integridade e corpos. Além disso, veremos importantes propriedades e analisamos exemplos simples e numéricos, que serão utilizados no decorrer deste livro.

Nas demais seções, estudamos individualmente os exemplos clássicos mais importantes dentro da teoria de anéis, a saber, matrizes, funções, produtos diretos, anéis de inteiros módulo n e polinômios. Cada seção estará concentrada em analisar muitas das propriedades que cada um desses conjuntos satisfaz.

2.1 Definições, exemplos e propriedades

Um anel é, simplesmente, um conjunto com duas operações fechadas que satisfazem algumas propriedades. Por operação fechada, queremos dizer que, dados quaisquer dois elementos desse conjunto, quando os operamos por quaisquer uma das duas operações, o resultado também estará nesse conjunto. Por exemplo, a operação de subtração não é fechada no conjunto dos números naturais, pois $2-5$ não pertence a $\mathbb{N}$, enquanto a mesma subtração é fechada em $\mathbb{Z}$, além da adição e da multiplicação.

E é o conjunto dos números inteiros com suas operações de adição e multiplicação, que motivam a definição de anel. Ainda em idade escolar, aprendemos que tal conjunto satisfaz várias propriedades. Por exemplo, sabemos que a ordem na qual somamos dois números inteiros não interfere no resultado $(3+6=6+3)$. Matematicamente falando, isso significa que a adição é **comutativa** em $\mathbb{Z}$. Também sabemos que ao somarmos qualquer número com o 0, a resposta é o próprio número inicial $(2+0=0+2=2)$. Dizemos então que 0 é seu **elemento neutro da adição**.

Assim, analisando as propriedades mais básicas a respeito de $\mathbb{Z}$ com as operações $+$ e $\cdot$, conseguimos definir, de modo geral, o conceito de anel. Aliás, visto que boa parte dos exemplos de anel têm suas duas operações similares à adição e à multiplicação como conhecemos, normalmente utiliza-se os símbolos $+$ e $\cdot$ para representá-las, embora nós veremos alguns exemplos em que as operações tenham naturezas distintas.

Antes da definição de um anel, lembre que dado um conjunto A, definimos o produto cartesiano

$$A \times A = \{(a,b) : a \in A, b \in A\}.$$

Definição 2.1. *Seja A um conjunto com duas operações*

$$+ : A \times A \to A$$
$$(a,b) \mapsto a+b$$

e

$$\cdot : A \times A \to A$$
$$(a,b) \mapsto ab.$$

Anéis, domínios de integridade e corpos

Assim, $(A, +, \cdot)$ é um anel se valem, $\forall\, a, b, c \in A$, as seguintes seis propriedades:

(A1) Associatividade da adição:

$$(a + b) + c = a + (b + c).$$

(A2) Comutatividade da adição:

$$a + b = b + a.$$

(A3) Elemento neutro da adição:

$$\exists\, 0 \in A : \forall\, d \in A,\; d + 0 = d.$$

(A4) Elemento oposto da adição:

$$\forall\, d \in A,\; \exists\, e \in A : d + e = 0.$$

(A5) Associatividade da multiplicação:

$$(ab)c = a(bc).$$

(A6) Distributividade:

$$\begin{cases} a(b + c) = ab + ac \\ (a + b)c = ac + bc. \end{cases}$$

Para que tenhamos a notação mais agradável possível, sempre que as operações forem naturais ou óbvias, nos referiremos apenas ao conjunto, sem repetir os símbolos das operações. Também, sempre que possível denotaremos anéis genéricos por A, e seu elemento neutro da adição por 0. Se estivermos nos referindo a mais de um anel em uma mesma sentença, utilizaremos letras maiúsculas $A, B, C, \ldots$ com elementos neutros $0_A, 0_B, 0_C, \ldots$ respectivamente.

Analisando essa definição, perceba que o item $(A3)$ nos indica que o conjunto vazio não pode ser um anel.

Já sabemos (ou assumimos) que $\mathbb{Z}$ é um anel com suas adição e multiplicação usuais. Com isso, vamos definir outro anel muito importante a seguir.

2.1. Definições, exemplos e propriedades

Exemplo 2.1. *O conjunto dos números racionais*

$$\mathbb{Q} = \left\{ \frac{a}{b} \ : \ a \in \mathbb{Z}, b \in \mathbb{Z}_+^* \right\}$$

com as operações usuais

$$+ : \mathbb{Q} \times \mathbb{Q} \to \mathbb{Q}$$
$$\left(\frac{a}{b}, \frac{c}{d}\right) \mapsto \frac{ad + bc}{bd}$$

e

$$\cdot : \mathbb{Q} \times \mathbb{Q} \to \mathbb{Q}$$
$$\left(\frac{a}{b}, \frac{c}{d}\right) \mapsto \frac{ac}{bd}$$

é um anel.

Antes de provarmos que $\mathbb{Q}$ é um anel com essas operações, vamos lembrar algumas propriedades importantes. Primeiro, para uma notação mais limpa, as frações com o número 1 embaixo são denotadas apenas como o número de cima, por exemplo,

$$\frac{3}{1} = 3.$$

Ademais, lembre que em $\mathbb{Q}$,

$$\frac{a}{b} = \frac{c}{d} \Leftrightarrow ad = bc.$$

Isso nos permite concluir que

$$\frac{a}{a} = 1,$$

$\forall a \in \mathbb{Z}$ e

$$\frac{0}{b} = \frac{0}{c} = \frac{0}{1} = 0,$$

$\forall b, c \neq 0 \in \mathbb{Z}$.

Para que, de fato, $\mathbb{Q}$ seja um anel devemos provar a validade das seis propriedades da Definição 2.1.

$(A1)$

$$\left(\frac{a}{b}+\frac{c}{d}\right)+\frac{e}{f} = \frac{ad+bc}{bd}+\frac{e}{f}$$
$$= \frac{(ad+bc)f+(bd)e}{(bd)f}$$
$$= \frac{adf+bcf+bde}{bdf}$$
$$= \frac{a(df)+b(cf+de)}{b(df)}$$
$$= \frac{a}{b}+\left(\frac{cf+de}{df}\right)$$
$$= \frac{a}{b}+\left(\frac{c}{d}+\frac{e}{f}\right).$$

$(A2)$

$$\frac{a}{b}+\frac{c}{d} = \frac{ad+bc}{bd}$$
$$= \frac{bc+ad}{bd}$$
$$= \frac{cb+da}{db}$$
$$= \frac{c}{d}+\frac{a}{b}.$$

$(A3)$ *Vamos provar que 0 é o elemento neutro de* $\mathbb{Q}$:

$$\frac{a}{b}+0 = \frac{a}{b}+\frac{0}{1}$$
$$= \frac{a\cdot 1+b\cdot 0}{b\cdot 1}$$
$$= \frac{a}{b}.$$

2.1. Definições, exemplos e propriedades

($A4$) Dado $\dfrac{a}{b}$, vamos provar que seu oposto é $\dfrac{-a}{b}$:

$$\frac{a}{b} + \frac{-a}{b} = \frac{ab + b(-a)}{b \cdot b}$$
$$= \frac{0}{b^2}$$
$$= 0.$$

($A5$)
$$\left(\frac{a}{b} \cdot \frac{c}{d}\right) \cdot \frac{e}{f} = \frac{ac}{bd} \cdot \frac{e}{f}$$
$$= \frac{(ac)e}{(bd)f}$$
$$= \frac{a(ce)}{b(df)}$$
$$= \frac{a}{b} \cdot \left(\frac{ce}{df}\right)$$
$$= \frac{a}{b} \cdot \left(\frac{c}{d} \cdot \frac{e}{f}\right).$$

Anéis, domínios de integridade e corpos

($A6$)

$$\frac{a}{b} \cdot \left(\frac{c}{d} + \frac{e}{f}\right) = \frac{a}{b} \cdot \frac{cf + de}{df}$$

$$= \frac{a(cf + de)}{b(df)}$$

$$= \frac{acf + ade}{(bd)f}$$

$$= \frac{(ac)(bf) + (bd)(ae)}{(bd)(bf)}$$

$$= \frac{ac}{bd} + \frac{ae}{bf}$$

$$= \frac{a}{b} \cdot \frac{c}{d} + \frac{a}{b} \cdot \frac{e}{f}.$$

$$\left(\frac{a}{b} + \frac{c}{d}\right) \cdot \frac{e}{f} = \frac{ad + bc}{bd} \cdot \frac{e}{f}$$

$$= \frac{(ad + bc)e}{(bd)f}$$

$$= \frac{ade + bce}{(bd)f}$$

$$= \frac{(ae)(df) + (bf)(ce)}{(bf)(df)}$$

$$= \frac{ae}{bf} + \frac{ce}{df}$$

$$= \frac{a}{b} \cdot \frac{e}{f} + \frac{c}{d} \cdot \frac{e}{f}.$$

□

Outro conjunto numérico crucial para o entendimento pleno da Matemática é o conjunto dos números reais $\mathbb{R}$. Ao considerarmos suas operações usuais de adição e multiplicação, concluímos que $\mathbb{R}$ é também um anel – uma de-

2.1. Definições, exemplos e propriedades

monstração completa utiliza conceitos de convergência dentro do Cálculo, vide Apêndice A.

Mas, como é de se imaginar, nem todo conjunto com duas operações é um anel, como vemos no próximo exemplo.

Exemplo 2.2. *O conjunto dos números naturais $\mathbb{N}$ com a adição e a multiplicação usuais não é um anel. Essas operações são fechadas em $\mathbb{N}$ e satisfazem $(A1), (A2), (A3), (A5)$ e $(A6)$, mas a propriedade $(A4)$ falha. De fato, dado um número natural $d \neq 0$, não conseguimos outro natural e, tal que $d + e = 0$.* □

Um anel pode ser ainda mais especial se satisfaz propriedades extras. A seguir, veremos quais são essas propriedades e quais nomes um anel recebe, ao satisfazê-las.

Definição 2.2. *Seja $(A, +, \cdot)$ um anel. Se*

(A7) $\forall a, b \in A$ vale $ab = ba$

então A é dito um anel comutativo.

Esta propriedade é também chamada de "comutatividade da multiplicação".

Definição 2.3. *Seja $(A, +, \cdot)$ um anel. Se*

(A8) $\exists 1 \in A$, $1 \neq 0$, tal que $\forall a \in A$, $a \cdot 1 = a = 1 \cdot a$

então A é dito um anel com unidade.

Esta propriedade é também conhecida como a existência do "elemento neutro da multiplicação". É comum denotar a unidade da segunda operação de um anel A por 1, novamente por conta da multiplicação nos números inteiros. Se estivermos utilizando mais de um anel com unidade em algum momento, por exemplo A e B, denotaremos seus elementos neutros da multiplicação como 1_A e 1_B.

Observação 2.1. *Algumas bibliografias definem "anel" como o nosso anel com unidade. Ou seja, não há uma unificação do termo anel: ele pode ou não ter a unidade multiplicativa. Por isso, fique atento ao consultar livros e materiais de outros autores.* □

Definição 2.4. *Seja* $(A, +, \cdot)$ *um anel. Se*

(A9) dados $a, b \in A$ *com* $ab = 0$*, temos* $a = 0$ *ou* $b = 0$

então A *é dito um domínio.*

Quando essa propriedade é satisfeita, diz-se que A não possui divisores de zero. Elementos não nulos cujo produto resulte em 0 são chamados de divisores de zero em A.

É importante reforçar que nesta definição, utilizamos o elemento neutro da primeira operação +.

Um anel onde valem $(A7)$ e $(A9)$, ou seja, um anel comutativo sem divisores de zero, recebe o nome de domínio comutativo. No caso de um domínio comutativo em que a propriedade $(A8)$ também é satisfeita – ou seja, um anel onde valem $(A7)$, $(A8)$ e $(A9)$ – tal estrutura algébrica é denominada um domínio de integridade.

Definição 2.5. *Seja* $(A, +, \cdot)$ *um anel com unidade* 1*. Se*

(A10) $\forall a \in A$ *com* $a \neq 0$, $\exists b \in A$ *tal que* $ab = 1 = ba$

então A *é dito um anel de divisão ou um corpo não comutativo.*

Nos referimos a esta propriedade como a existência do "elemento inverso da multiplicação", e um anel onde valem $(A7)$, $(A8)$ e $(A10)$ é dito um corpo.

Além disso, gostaríamos de frisar dois detalhes desse item: primeiro, note que só faz sentido analisar $(A10)$ se o anel satisfaz $(A8)$, pois o elemento neutro da segunda operação é utilizado nessa propriedade. Ademais, perceba que o elemento neutro da primeira operação não possui inverso; de fato, veremos mais a frente que qualquer elemento multiplicado pelo elemento neutro da primeira operação, resulta nesse último.

O conjunto $\mathbb{Z}$ é um domínio de integridade, afinal a multiplicação é comutativa, 1 é seu elemento neutro e, além disso, o produto de dois números inteiros só é zero quando, pelo menos, uma das parcelas é o zero. Esse conjunto não é um corpo pois, por exemplo, não há número inteiro b tal que $2 \cdot b = 1$.

Já o conjunto $\mathbb{R}$ é um domínio de integridade e um corpo pois, sua operação multiplicativa é comutativa, possui elemento neutro 1 e $\mathbb{R}$ também não possui divisores de zero. Além disso, dado um número real não nulo a, seu inverso multiplicativo é a fração $\dfrac{1}{a}$.

2.1. Definições, exemplos e propriedades

Foi Richard Dedekind, na segunda metade do século XIX, quem cunhou o termo corpo, ou corpo de números – *Zahlenkörper* em alemão. Já a primeira definição formal e abstrata desse conceito se deve a Heinrich Weber em 1893, em seu *Die allgemeinen Grundlagen der Galois'schen Gleichungstheorie* [38]

Heinrich Weber

Heinrich Martin Georg Friedrich Weber (Heidelberg, 05 de março de 1842 - Strasbourg, 17 de maio de 1913) foi um matemático alemão. Estudou teoria dos números, álgebra, análise e suas aplicações na física matemática. Trabalhou em várias universidades e foi reitor em três delas. É também lembrado pelo seu grandioso texto, *Lehrbuch der Algebra*.

Exemplo 2.3. *O conjunto $A = \{0\}$, com operações*

$$0 + 0 = 0$$

e

$$0 \cdot 0 = 0$$

é um anel comutativo pois todas as igualdades das propriedades serão satisfeitas através de $0 = 0$. Além disso, seu elemento neutro é o único possível, 0, e A também satisfaz (A9), ou seja, é um domínio comutativo. Este conjunto com estas operações é chamado de anel trivial, ou anel nulo. □

Observação 2.2. *Perceba que no exemplo anterior, o importante é que A tenha apenas um elemento e que o resultado das duas operações seja exatamente tal elemento. Dessa forma, garantimos que as operações são fechadas e que esse elemento se comporta como um elemento neutro, o que nos levou a utilizar o símbolo 0 para denotar o único elemento desse anel.*
Mas poderíamos ter escolhido um outro símbolo qualquer para definir o conjunto e mesmo as operações, por exemplo, $A = \{x\}$, com $x \oplus x = x$ e $x \otimes x = x$ e igualmente teríamos que $(A, \oplus, \otimes)$ é um domínio comutativo. □

Anéis, domínios de integridade e corpos

No próximo exemplo vemos um anel com operações bem mais complicadas do que a adição e a multiplicação com as quais estamos acostumados. Além disso, seus elementos neutros das propriedades ($A3$) e ($A8$) são surpreendentes.

Exemplo 2.4. *Considere novamente o conjunto $\mathbb{Z}$, mas com as operações*

$$a \oplus b = a + b + 1$$

e

$$a \otimes b = a + b + ab.$$

Utilizando o fato que $(\mathbb{Z}, +, \cdot)$ é um domínio de integridade, vamos provar que $(\mathbb{Z}, \oplus, \otimes)$ também é.

($A1$)

$$\begin{aligned}(a \oplus b) \oplus c &= (a + b + 1) \oplus c \\ &= (a + b + 1) + c + 1 \\ &= a + (b + c + 1) + 1 \\ &= a \oplus (b + c + 1) \\ &= a \oplus (b \oplus c).\end{aligned}$$

($A2$)

$$\begin{aligned}a \oplus b &= a + b + 1 \\ &= b + a + 1 \\ &= b \oplus a.\end{aligned}$$

($A3$) *O elemento neutro de $\oplus$ é o número -1:*

$$\begin{aligned}a \oplus (-1) &= a + (-1) + 1 \\ &= a.\end{aligned}$$

($A4$) *Dado $a \in \mathbb{Z}$, demonstramos a seguir que seu oposto é $-2 - a$:*

$$\begin{aligned}a \oplus (-2 - a) &= a + (-2 - a) + 1 \\ &= -1.\end{aligned}$$

2.1. Definições, exemplos e propriedades

($A5$)

$$\begin{aligned}(a \otimes b) \otimes c &= (a+b+ab) \otimes c \\ &= (a+b+ab) + c + (a+b+ab)c \\ &= a+b+ab+c+ac+bc+abc \\ &= a+b+c+bc+ab+ac+abc \\ &= a+(b+c+bc)+a(b+c+bc) \\ &= a \otimes (b+c+bc) \\ &= a \otimes (b \otimes c).\end{aligned}$$

($A6$)

$$\begin{aligned}a \otimes (b \oplus c) &= a \otimes (b+c+1) \\ &= a+(b+c+1)+a(b+c+1) \\ &= a+b+c+1+ab+ac+a \\ &= (a+b+ab)+(a+c+ac)+1 \\ &= (a+b+ab) \oplus (a+c+ac) \\ &= a \otimes b \oplus a \otimes c.\end{aligned}$$

$$\begin{aligned}(a \oplus b) \otimes c &= (a+b+1) \otimes c \\ &= (a+b+1)+c+(a+b+1)c \\ &= a+b+1+c+ac+bc+c \\ &= (a+c+ac)+(b+c+bc)+1 \\ &= (a+c+ac) \oplus (b+c+bc) \\ &= a \otimes c \oplus b \otimes c.\end{aligned}$$

($A7$)

$$\begin{aligned}a \otimes b &= a+b+ab \\ &= b+a+ba \\ &= b \otimes a.\end{aligned}$$

Anéis, domínios de integridade e corpos

($A8$) *O elemento neutro de $\otimes$ é o número 0:*

$$a \otimes 0 = a + 0 + a \cdot 0$$
$$= a.$$

Por ($A7$) também vale $0 \otimes a = a$.

($A9$) *Sejam $a, b \in \mathbb{Z}$ tais que $a \otimes b = -1$, que é o elemento neutro que encontramos em ($A3$). Assim:*

$$a \otimes b = -1 \Leftrightarrow a + b + ab = -1$$
$$\Leftrightarrow ab + a + b + 1 = 0$$
$$\Leftrightarrow (a+1)(b+1) = 0$$
$$\Leftrightarrow a = -1 \text{ ou } b = -1.$$

Logo, ($A9$) é satisfeita.

Esta estrutura algébrica não satisfaz ($A10$) pois, por exemplo, o elemento 1 não possui inverso multiplicativo. De fato, suponha que b seja inverso multiplicativo de 1. Assim,

$$1 \otimes b = 0 \Leftrightarrow 1 + b + 1 \cdot b = 0$$
$$\Leftrightarrow 2b = -1$$

o que é um absurdo em $\mathbb{Z}$. □

Exemplo 2.5. *Vamos revisitar o Exemplo 2.1 para provar que $\mathbb{Q}$ é um domínio de integridade e também um corpo, ou seja, vamos provar que valem ($A7$), ($A8$), ($A9$) e ($A10$).*

($A7$)

$$\frac{a}{b} \cdot \frac{c}{d} = \frac{ac}{bd}$$
$$= \frac{ca}{db}$$
$$= \frac{c}{d} \cdot \frac{a}{b}.$$

2.1. Definições, exemplos e propriedades

($A8$) Vamos provar que $1 = \dfrac{1}{1}$ é a unidade multiplicativa:

$$\frac{a}{b} \cdot 1 = \frac{a}{b} \cdot \frac{1}{1}$$
$$= \frac{a \cdot 1}{b \cdot 1}$$
$$= \frac{a}{b}.$$

($A9$) Suponha que
$$\frac{a}{b} \cdot \frac{c}{d} = 0.$$

Ou seja
$$\frac{ac}{bd} = 0.$$

Isso significa que $ac = 0$ e, como $\mathbb{Z}$ não possui divisores de zero, $a = 0$ ou $c = 0$. Assim, $\dfrac{a}{b} = 0$ ou $\dfrac{c}{d} = 0$.

($A10$) Dado $\dfrac{a}{b} \neq 0$, vamos provar que $\dfrac{b}{a}$ é seu inverso:

$$\frac{a}{b} \cdot \frac{b}{a} = \frac{ab}{ba}$$
$$= 1.$$

$\square$

Veremos, a seguir, algumas propriedades e, para isso, fixemos um anel A com suas operações $+$ e $\cdot$.

Proposição 2.3. *Seja $a \in A$.*

(a) O elemento neutro da adição de A é único;

(b) O oposto de a é único.

Demonstração: (a) Sejam 0 e $0'$ dois elementos neutros de A. Assim, como $0 + 0'$ resulta tanto em 0 quanto em $0'$, pois ambos são elementos neutros:

$$0 = 0 + 0' = 0'.$$

Anéis, domínios de integridade e corpos

(b) Suponha que b e c sejam os opostos de a em A. Assim:

$$b = b + 0 = b + (a + c) = (b + a) + c = 0 + c = c.$$

$\square$

Dessa forma, dado $a \in A$, denotamos seu único oposto como $-a$. Também, dados $a, b \in A$, em alguns momentos utilizaremos a notação $a - b$ para expressar $a + (-b)$.

A seguir, algumas propriedades intuitivas com demonstrações simples, que nos serão úteis ao decorrer de todo conteúdo.

Proposição 2.4. *Sejam $a, b, c \in A$.*

(a) $-(a + b) = (-a) + (-b)$;

(b) $a(-b) = (-a)b = -(ab)$.

Demonstração: (a) Temos

$$(a + b) + [(-a) + (-b)] = a + (-a) + b + (-b) = 0 + 0 = 0$$

ou seja, $(-a) + (-b)$ é igual ao oposto de $a + b$, que é $-(a + b)$.

(b) Note que

$$a(-b) + ab = a(-b + b) = a \cdot 0 = 0.$$

Logo $a(-b)$ é o oposto de ab, que é único e igual a $-(ab)$. Analogamente, prova-se que $(-a)b = -(ab)$.

$\square$

Mais dois resultados, a seguir.

Proposição 2.5. *Sejam $a, b, c \in A$.*

(a) $a \cdot 0 = 0 = 0 \cdot a$;

(b) $-(-a) = a$.

Demonstração: (a) Temos que

$$a \cdot 0 = a(0 + 0) = a \cdot 0 + a \cdot 0.$$

2.1. Definições, exemplos e propriedades

Assim, somando $-(a \cdot 0)$ em ambos os lados dessa igualdade:

$$a \cdot 0 + (-(a \cdot 0)) = a \cdot 0 + a \cdot 0 + (-(a \cdot 0))$$
$$\Rightarrow 0 = a \cdot 0.$$

De forma análoga, mostra-se que $0 = 0 \cdot a$.

(b) Como $-a$ é o oposto de a, temos $(-a) + a = 0$. Mas esta equação também nos diz que a é o oposto de $-a$, ou seja, $a = -(-a)$.

$\square$

Unindo os itens (b) das últimas proposições, temos que

$$(-a)(-b) = ab.$$

Por fim, dois resultados que possuem o mesmo princípio: cancelar elementos repetidos em ambos os lados de uma igualdade.

Proposição 2.6. *Sejam $a, b, c \in A$.*

(a) $a + b = a + c \Leftrightarrow b = c$;

(b) Se A satisfaz $(A9)$ e $a \neq 0$, temos $ab = ac \Leftrightarrow b = c$.

Demonstração: (a) Note que

$$a + b = a + c \Leftrightarrow (-a) + a + b = (-a) + a + c$$
$$\Leftrightarrow 0 + b = 0 + c$$
$$\Leftrightarrow b = c.$$

(b) Temos

$$ab = ac \Leftrightarrow ab + (-ac) = 0$$
$$\Leftrightarrow ab + a(-c) = 0$$
$$\Leftrightarrow a(b - c) = 0.$$

E isso é equivalente, por $(A9)$, a $a = 0$ ou $b - c = 0$. Como por hipótese o primeiro pode ser descartado, temos $b = c$.

$\square$

Anéis, domínios de integridade e corpos

O item (a) dessa proposição é também conhecido como "lei do cancelamento da adição" e, o segundo, como "lei do cancelamento da multiplicação". E nos mesmos termos desse último item (b), prova-se que $ba = ca \Leftrightarrow b = c$.

Esse item (b) também nos indica que, se em um anel não vale a lei do cancelamento da segunda operação, então o anel não satisfaz $(A9)$. É isso que veremos no próximo exemplo, que possui operações completamente distintas das de adição e multiplicação que poderíamos esperar.

Exemplo 2.6. *Seja E um conjunto qualquer e defina A como o conjunto das partes de E, ou seja, A é o conjunto formado por todos os subconjuntos de E. Dados X e Y em A, considere $X^c = E\backslash X$ e defina a seguinte operação:*

$$X \triangle Y = (X \cap Y^c) \cup (Y \cap X^c)$$

Esta é chamada de "diferença simétrica" entre os conjuntos X e Y, e pode ser também escrita como

$$X \triangle Y = (X\backslash Y) \cup (Y\backslash X).$$

Vamos provar que $(A, \triangle, \cap)$ é um anel comutativo com unidade, se baseando em resultados acerca da teoria de conjuntos.

$(A1)$ *Temos:*

$$(X \triangle Y)\triangle Z$$
$$= ((X \cap Y^c) \cup (Y \cap X^c))\triangle Z$$
$$= (((X \cap Y^c) \cup (Y \cap X^c)) \cap Z^c) \cup \left(Z \cap \left((X \cap Y^c) \cup (Y \cap X^c)\right)^c\right)$$
$$= (((X \cap Y^c) \cup (Y \cap X^c)) \cap Z^c) \cup \left(Z \cap (X \cap Y^c)^c \cap (Y \cap X^c)^c\right)$$
$$= ((X \cap Y^c) \cap Z^c) \cup ((Y \cap X^c) \cap Z^c) \cup \left(Z \cap (X \cap Y^c)^c \cap (Y \cap X^c)^c\right)$$
$$= (X \cap Y^c \cap Z^c) \cup (Y \cap X^c \cap Z^c) \cup (Z \cap (X^c \cup Y) \cap (Y^c \cup X))$$
$$= (X \cap Y^c \cap Z^c) \cup (Y \cap X^c \cap Z^c) \cup (Z \cap ((X^c \cap Y^c) \cup (Y \cap X)))$$
$$= (X \cap Y^c \cap Z^c) \cup (Y \cap X^c \cap Z^c) \cup (Z \cap X^c \cap Y^c) \cup (Z \cap Y \cap X)$$
$$= (X \cap Y^c \cap Z^c) \cup (X \cap Z \cap Y) \cup (Y \cap Z^c \cap X^c) \cup (Z \cap Y^c \cap X^c)$$
$$= (X \cap \left((Y^c \cap Z^c) \cup (Z \cap Y)\right)) \cup (Y \cap Z^c \cap X^c) \cup (Z \cap Y^c \cap X^c)$$
$$= (X \cap (Y^c \cup Z) \cap (Z^c \cup Y)) \cup (Y \cap Z^c \cap X^c) \cup (Z \cap Y^c \cap X^c)$$

2.1. Definições, exemplos e propriedades

$$\begin{aligned}
&= (X \cap (Y \cap Z^c)^c \cap (Z \cap Y^c)^c) \cup ((Y \cap Z^c) \cap X^c) \cup ((Z \cap Y^c) \cap X^c) \\
&= (X \cap (Y \cap Z^c)^c \cap (Z \cap Y^c)^c) \cup (((Y \cap Z^c) \cup (Z \cap Y^c)) \cap X^c) \\
&= \left(X \cap ((Y \cap Z^c) \cup (Z \cap Y^c))^c\right) \cup (((Y \cap Z^c) \cup (Z \cap Y^c)) \cap X^c) \\
&= X \triangle ((Y \cap Z^c) \cup (Z \cap Y^c)) \\
&= X \triangle (Y \triangle Z).
\end{aligned}$$

($A2$) $X \triangle Y = (X \cap Y^c) \cup (Y \cap X^c) = (Y \cap X^c) \cup (X \cap Y^c) = Y \triangle X$.

($A3$) *O elemento neutro de $\triangle$ é $\emptyset$:*

$$X \triangle \emptyset = (X \cap \emptyset^c) \cup (\emptyset \cap X^c) = (X \cap E) \cup (\emptyset) = X.$$

($A4$) *O oposto de X na operação $\triangle$, é X:*

$$X \triangle X = (X \cap X^c) \cup (X \cap X^c) = \emptyset \cup \emptyset = \emptyset.$$

($A5$) *Segue, pois $(X \cap Y) \cap Z = X \cap Y \cap Z = X \cap (Y \cap Z)$.*

($A6$) *Temos:*

$$\begin{aligned}
X \cap (Y \triangle Z) &= X \cap ((Y \cap Z^c) \cup (Z \cap Y^c)) \\
&= (X \cap (Y \cap Z^c)) \cup (X \cap (Z \cap Y^c)) \\
&= (X \cap Y \cap Z^c) \cup (X \cap Z \cap Y^c) \\
&= (X \cap Y \cap (X^c \cup Z^c)) \cup (X \cap Z \cap (X^c \cup Y^c)) \\
&= ((X \cap Y) \cap (X \cap Z)^c) \cup ((X \cap Z) \cap (X \cap Y)^c) \\
&= (X \cap Y) \triangle (X \cap Z).
\end{aligned}$$

($A7$) *É verdade pois $X \cap Y = Y \cap X$.*

($A8$) *A unidade da segunda operação, $\cap$, de A é E:*

$$X \cap E = X = E \cap X.$$

A operação $\cap$ não satisfaz ($A9$), afinal dois subconjuntos de E disjuntos têm intersecção nula, e nem ($A10$), pois o único elemento que possui inverso com relação a $\cap$ é o próprio E. □

Anéis, domínios de integridade e corpos

Nesse exemplo, conforme comentado, perceba que dado $X \subsetneq E$, $X \cap X_1 = X \cap X_2$ não necessariamente implica que X_1 e X_2 sejam iguais, afinal, basta tomar $X_1 = X$ e $X_2 = E$.

No exemplo a seguir, apresentamos uma maneira de transformar qualquer conjunto que já possui uma boa operação +, em um anel.

Exemplo 2.7. *Considere um conjunto B com uma operação + que satisfaça $(A1)$, $(A2)$, $(A3)$ e $(A4)$, com elemento neutro da adição 0. Podemos criar uma operação de multiplicação para que este conjunto seja um anel. Defina, $\forall\, a, b \in B$:*

$$a \star b = 0.$$

Veja que a operação $\star$ satisfaz $(A5)$ e, juntamente com +, satisfaz $(A6)$, afinal toda multiplicação resulta em 0. Na verdade, este anel $(B, +, \star)$ é um anel comutativo. □

Proposição 2.7. *Se A possui elemento neutro da multiplicação, então este é único.*

Demonstração: Sejam 1 e $1'$ dois elementos neutros da multiplicação em A. Daí, note que
$$1 = 1 \cdot 1' = 1'.$$

□

Assim como o elemento neutro da multiplicação é único, a seguir abordamos a unicidade do elemento inverso dessa operação.

Proposição 2.8. *Seja A um anel com unidade e $a \in A$ não nulo. Assim, se existem $b, c \in A$ com $ba = 1$ e $ac = 1$, então $b = c$.*

Demonstração: Temos:

$$b = b \cdot 1 = b \cdot (ac) = (ba)c = 1 \cdot c = c.$$

□

Em particular, essa proposição implica que em um anel com unidade, o inverso de um elemento é único pois basta olhar cada um deles como se fosse b e c, respectivamente. Esse único inverso de um elemento a é comumente denotado por a^{-1}.

2.1. Definições, exemplos e propriedades

Proposição 2.9. *Seja A um anel com unidade. Dados $a, b \in A$ que possuam inverso multiplicativo, temos que*

$$(ab)^{-1} = b^{-1}a^{-1}.$$

Demonstração: Sabemos que $(ab)^{-1}(ab) = 1$. E note que

$$(ab)(b^{-1}a^{-1}) = abb^{-1}a^{-1} = 1.$$

Logo, a proposição anterior nos diz que $(ab)^{-1} = b^{-1}a^{-1}$.

$\square$

A seguir, construímos um exemplo de anel que nos apresenta uma nova maneira de expandir o conjunto dos números inteiros.

Exemplo 2.8. *Seja p um número natural primo e defina*

$$\mathbb{Z}[\sqrt{p}] = \{a + b\sqrt{p} \,:\, a, b \in \mathbb{Z}\}.$$

Exemplos de seus elementos são $3 + 2\sqrt{p}$, ou $-4 + 7\sqrt{p}$. Note que esse conjunto possui todos os números inteiros, além de alguns números não inteiros. Considere as seguintes operações:

$$(a + b\sqrt{p}) + (c + d\sqrt{p}) = (a+c) + (b+d)\sqrt{p}$$

e

$$(a + b\sqrt{p}) \cdot (c + d\sqrt{p}) = (ac + pbd) + (ad + bc)\sqrt{p}.$$

Essas operações estão bem definidas e vamos provar que, com elas, $\mathbb{Z}[\sqrt{p}]$ é um domínio de integridade.

$(A1)$

$$\begin{aligned}
(a &+ b\sqrt{p}) + [(c + d\sqrt{p}) + (e + f\sqrt{p})] \\
&= (a + b\sqrt{p}) + [(c + e) + (d + f)\sqrt{p}] \\
&= (a + (c + e)) + (b + (d + f))\sqrt{p} \\
&= ((a + c) + e) + ((b + d) + f)\sqrt{p} \\
&= [(a + c) + (b + d)\sqrt{p}] + (e + f\sqrt{p}) \\
&= [(a + b\sqrt{p}) + (c + d\sqrt{p})] + (e + f\sqrt{p}).
\end{aligned}$$

Anéis, domínios de integridade e corpos

($A2$)

$$(a+b\sqrt{p}) + (c+d\sqrt{p}) = (a+c) + (b+d)\sqrt{p}$$
$$= (c+a) + (d+b)\sqrt{p}$$
$$= (c+d\sqrt{p}) + (a+b\sqrt{p}).$$

($A3$) *Seu elemento neutro da adição será* $0 + 0\sqrt{p}$:

$$(a+b\sqrt{p}) + (0+0\sqrt{p}) = (a+0) + (b+0)\sqrt{p}$$
$$= a + b\sqrt{p}.$$

($A4$) *Dado* $a + b\sqrt{p}$, *seu oposto aditivo será* $(-a) + (-b)\sqrt{p}$:

$$(a+b\sqrt{p}) + ((-a) + (-b)\sqrt{p}) = (a+(-a)) + (b+(-b))\sqrt{p}$$
$$= 0 + 0\sqrt{p}.$$

($A5$)

$$(a+b\sqrt{p}) \cdot [(c+d\sqrt{p}) \cdot (e+f\sqrt{p})]$$
$$= (a+b\sqrt{p}) \cdot [(ce+pdf) + (cf+de)\sqrt{p}]$$
$$= (a(ce+pdf) + pb(cf+de)) + (a(cf+de) + b(ce+pdf))\sqrt{p}$$
$$= ((ac+pbd)e + p(ad+bc)f) + ((ac+pbd)f + (ad+bc)e)\sqrt{p}$$
$$= [(ac+pbd) + (ad+bc)\sqrt{p}] \cdot (e+f\sqrt{p})$$
$$= [(a+b\sqrt{p}) \cdot (c+d\sqrt{p})] \cdot (e+f\sqrt{p}).$$

($A6$)

$$(a+b\sqrt{p}) \cdot [(c+d\sqrt{p}) + (e+f\sqrt{p})]$$
$$= (a+b\sqrt{p}) \cdot [(c+e) + (d+f)\sqrt{p}]$$
$$= (a(c+e) + pb(d+f)) + (a(d+f) + b(c+e))\sqrt{p}$$
$$= (ac+ae+pbd+pbf) + (ad+af+bc+be)\sqrt{p}$$
$$= (ac+pbd) + (ad+bc)\sqrt{p} + (ae+pbf) + (af+be)\sqrt{p}$$
$$= (a+b\sqrt{p}) \cdot (c+d\sqrt{p}) + (a+b\sqrt{p}) \cdot (e+f\sqrt{p}).$$

A segunda parte de ($A6$) se demonstra analogamente.

2.1. Definições, exemplos e propriedades

(A7) *Como $\mathbb{Z}$ é comutativo, $\mathbb{Z}[\sqrt{p}]$ também será:*

$$(a + b\sqrt{p}) \cdot (c + d\sqrt{p}) = (ac + pbd) + (ad + bc)\sqrt{p}$$
$$= (ca + pdb) + (da + cb)\sqrt{p}$$
$$= (c + d\sqrt{p}) \cdot (a + b\sqrt{p}).$$

(A8) *A unidade multiplicativa de $\mathbb{Z}[\sqrt{p}]$ será $1 + 0\sqrt{p}$:*

$$(a + b\sqrt{p}) \cdot (1 + 0\sqrt{p}) = (a \cdot 1 + pb \cdot 0) + (a \cdot 0 + b \cdot 1)\sqrt{p}$$
$$= a + b\sqrt{p}$$
$$= (1 \cdot a + p \cdot 0 \cdot b) + (0 \cdot a + 1 \cdot b)\sqrt{p}$$
$$= (1 + 0\sqrt{p}) \cdot (a + b\sqrt{p}).$$

(A9) *Sejam $a + b\sqrt{p}$ e $c + d\sqrt{p}$ tais que*

$$(0 + 0\sqrt{p}) = (a + b\sqrt{p}) \cdot (c + d\sqrt{p})$$
$$= (ac + pbd) + (ad + bc)\sqrt{p}.$$

Ou seja,

$$\begin{cases} ac + pbd = 0 \\ ad + bc = 0 \end{cases} \Rightarrow \begin{cases} d(ac + pbd) = d \cdot 0 \\ c(ad + bc) = c \cdot 0 \end{cases} \Rightarrow pbd^2 - bc^2 = 0.$$

Daí $b(pd^2 - c^2) = 0$ e, consequentemente, $b = 0$ ou $pd^2 - c^2 = 0$.

Caso 1: *$b = 0$. Assim, as primeiras duas equações das implicações anteriores ficam $ac = 0$ e $ad = 0$. Ou seja, $a = 0$ ou $c = 0 = d$. Dessa forma, $a + b\sqrt{p} = 0$ ou $c + d\sqrt{p} = 0$.*

Caso 2: *$d^2p - c^2 = 0$. Aqui temos que $d^2p = c^2$ o que é um absurdo, pois em c^2 todos os fatores primos que aparecem na fatoração de c devem conter expoente par, enquanto no lado esquerdo da igualdade, o primo p terá expoente ímpar.*

Por fim vamos demonstrar que não vale (A10). Para isso, suponha por absurdo

Anéis, domínios de integridade e corpos

que $0 + 1\sqrt{p}$ possui inverso multiplicativo $c + d\sqrt{p}$. Daí

$$\begin{aligned} 1 + 0\sqrt{p} &= (0 + 1\sqrt{p}) \cdot (c + d\sqrt{p}) \\ &= (0 \cdot c + p \cdot 1 \cdot d) + (0 \cdot d + 1 \cdot c)\sqrt{p} \\ &= pd + c\sqrt{p} \end{aligned}$$

que implicaria $c = 0$ e $pd = 1$, o que é um absurdo. □

Assim, $\mathbb{Z}[\sqrt{p}]$ é um domínio de integridade que não é um corpo. Nos próximos dois exemplos definimos, de forma análoga, os conjuntos $\mathbb{Q}[\sqrt{p}]$ e $\mathbb{Q}[\sqrt[3]{p}]$ para p primo. As demonstrações de que esses conjuntos são corpos são deixadas a cargo do leitor.

Exemplo 2.9. Seja $p \in \mathbb{N}$ primo e considere

$$\mathbb{Q}[\sqrt{p}] = \{a + b\sqrt{p} : a, b \in \mathbb{Q}\}$$

com as operações

$$(a + b\sqrt{p}) + (c + d\sqrt{p}) = (a + c) + (b + d)\sqrt{p}$$

e

$$(a + b\sqrt{p}) \cdot (c + d\sqrt{p}) = (ac + bdp) + (ad + bc)\sqrt{p}.$$

Essa estrutura é um corpo, e sua demonstração é o Exercício 2.13. □

Exemplo 2.10. Vamos generalizar o exemplo anterior para definir $\mathbb{Q}[\sqrt[3]{p}]$. Note que a definição não pode ser idêntica, afinal, como a multiplicação deve ser fechada, devemos garantir que o elemento

$$\sqrt[3]{p} \cdot \sqrt[3]{p} = \sqrt[3]{p^2}$$

esteja no conjunto. Assim, defina

$$\mathbb{Q}[\sqrt[3]{p}] = \left\{ a + b\sqrt[3]{p} + c\sqrt[3]{p^2} : a, b, c \in \mathbb{Q} \right\}$$

2.1. Definições, exemplos e propriedades

com as operações

$$\left(a + b\sqrt[3]{p} + c\sqrt[3]{p^2}\right) + \left(d + e\sqrt[3]{p} + f\sqrt[3]{p^2}\right) = (a+d) + (b+e)\sqrt[3]{p} + (c+f)\sqrt[3]{p^2}$$

e

$$\left(a + b\sqrt[3]{p} + c\sqrt[3]{p^2}\right) \cdot \left(d + e\sqrt[3]{p} + f\sqrt[3]{p^2}\right)$$
$$= (ad + pbf + pce) + (ae + bd + pcf)\sqrt[3]{p} + (af + be + cd)\sqrt[3]{p^2}.$$

No Exercício 2.14, convidamos o leitor a demonstrar que essa estrutura é um corpo. □

De maneira geral, dado um número natural n e um natural primo p, existe o corpo

$$\mathbb{Q}[\sqrt[n]{p}] = \left\{ a_0 + a_1\sqrt[n]{p} + a_2\sqrt[n]{p^2} + \ldots + a_n\sqrt[n]{p^{n-1}} : a_i \in \mathbb{Q}, \forall 0 \leqslant i \leqslant n \right\},$$

com operações generalizadas como no exemplo anterior.

Note que em todos os exemplos de anéis com unidade onde a propriedade $(A10)$ era satisfeita, a $(A9)$ também valia. Pois isso não é coincidência, e veremos a seguir que um corpo é sempre um domínio de integridade.

Proposição 2.10. *Seja A um anel com unidade que satisfaz $(A10)$. Então A satisfaz $(A9)$.*

Demonstração: Sejam $a, b \in A$ tais que $ab = 0$. Precisamos provar que $a = 0$ ou que $b = 0$.

Caso 1: $a = 0$. Dessa forma, o resultado está demonstrado.

Caso 2: $a \neq 0$. Assim, por $(A10)$, existe $a^{-1} \in A$. Com isso:

$$ab = 0 \Rightarrow a^{-1}(ab) = a^{-1} \cdot 0 \Rightarrow (a^{-1}a)b = 0 \Rightarrow 1b = 0 \Rightarrow b = 0.$$

□

A contra-positiva deste resultado é também muito importante e, por isso, vamos enunciá-la incrementada, como uma proposição.

Anéis, domínios de integridade e corpos

Proposição 2.11. *Os divisores de zero de um anel não possuem inverso multiplicativo.*

Demonstração: Sejam a e b não nulos com $ab = 0$ e suponha que a possua inverso multiplicativo. Daí

$$ab = 0 \Rightarrow a^{-1}ab = a^{-1} \cdot 0 \Rightarrow b = 0$$

o que é um absurdo. Analogamente, se existisse b^{-1}, erroneamente concluiríamos que $a = 0$.

$\square$

Assim, um corpo é, automaticamente, um domínio de integridade. O contrário nem sempre é verdade, por exemplo, o conjunto dos números inteiros é um domínio de integridade que não é um corpo. A seguir, estudamos um caso especial onde o contrário vale.

Proposição 2.12. *Um anel A com unidade, que satisfaça (A9) e possua uma quantidade finita de elementos, satisfaz (A10).*

Demonstração: Suponha que A tenha n elementos e vamos nomeá-los

$$A = \{a_1, a_2, \ldots, a_n\}.$$

Vamos encontrar o inverso multiplicativo de um elemento não nulo $a \in A$. Primeiramente, note que dados quaisquer dois elementos distintos $b, c \in A$, os elementos ab e ac também serão distintos. De fato, suponha que $ab = ac$:

$$ab = ac \Leftrightarrow ab - ac = 0$$
$$\Leftrightarrow a(b - c) = 0$$
$$\Leftrightarrow b - c = 0$$
$$\Leftrightarrow b = c,$$

o que é um absurdo. Assim, o conjunto

$$\{aa_1, aa_2, \ldots, aa_n\}$$

também possui n elementos distintos. Como todos eles estão em A, com certeza um desses elementos é igual a 1. Ou seja, a possui inverso multiplicativo em A

2.1. Definições, exemplos e propriedades

e, sem perda de generalidade, vamos supor que $aa_i = 1$ para algum i. Aplicando a mesma ideia para o conjunto

$$\{a_1 a, a_2 a, \ldots, a_n a\}$$

concluiremos, novamente sem perda de generalidade, que $a_j a = 1$ para algum j. Daí, basta aplicar a Proposição 2.8 e concluiremos que a é inversível e seu inverso é único, ou seja, $a_i = a_j$.

□

Observação 2.13. *Em 1905, Joseph Wedderburn demonstrou que todo corpo finito é comutativo. Assim, se juntarmos esse resultado com a proposição anterior, concluímos que um anel finito em que valem (A8) e (A9), também satisfará (A7) e (A10). Esta constatação é chamada de Pequeno Teorema de Wedderburn.*

□

Joseph Wedderburn

Joseph Henry Maclagen Wedderburn (Forfar, 02 de fevereiro de 1882 - Princeton, 09 de outubro de 1948) foi um matemático escocês. Foi um importante algebrista, e contribuiu para a teoria de anéis, de grupos e de matrizes. Publicou em torno de 40 trabalhos, a maioria antes de sua participação na I Guerra Mundial. Durante esse período, criou um equipamento que utilizava o som para detectar a posição de artilharias inimigas ([1]).

Vimos que a partir do conjunto dos números racionais, podemos construir um novo corpo anexando o número irracional $\sqrt{p}$, com p primo. A seguir, fazemos algo parecido, começamos com o conjunto dos números racionais e anexamos uma letra misteriosa, i, que talvez seja conhecida por você.

Exemplo 2.11. *Defina*

$$\mathbb{Q}[i] = \{a + bi \ : \ a, b \in \mathbb{Q}\}$$

Anéis, domínios de integridade e corpos

com as operações

$$(a+bi) + (c+di) = (a+c) + (b+d)i$$

e

$$(a+bi) \cdot (c+di) = (ac-bd) + (ad+bc)i.$$

Em particular, note que

$$i \cdot i = -1.$$

Vamos checar quais propriedades são válidas para esta estrutura algébrica.

(A1)

$$\begin{aligned}
(a+bi) &+ [(c+di) + (e+fi)] \\
&= (a+bi) + [(c+e) + (d+f)i] \\
&= (a + (c+e)) + (b + (d+f))i \\
&= ((a+c) + e) + ((b+d) + f)i \\
&= [(a+c) + (b+d)i] + (e+fi) \\
&= [(a+bi) + (c+di)] + (e+fi).
\end{aligned}$$

(A2)

$$\begin{aligned}
(a+bi) + (c+di) &= (a+c) + (b+d)i \\
&= (c+a) + (d+b)i \\
&= (c+di) + (a+bi).
\end{aligned}$$

(A3) Seu elemento neutro da adição será $0 + 0i$:

$$\begin{aligned}
(a+bi) + (0+0i) &= (a+0) + (b+0)i \\
&= a+bi.
\end{aligned}$$

(A4) Dado $a+bi$, seu oposto será $(-a) + (-b)i$:

$$\begin{aligned}
(a+bi) + ((-a) + (-b)i) &= (a+(-a)) + (b+(-b))i \\
&= 0 + 0i.
\end{aligned}$$

2.1. Definições, exemplos e propriedades

($A5$)

$$\begin{aligned}
&(a+bi) \cdot [(c+di) \cdot (e+fi)] \\
&= (a+bi) \cdot [(ce-df)+(cf+de)i] \\
&= (a(ce-df)-b(cf+de)) + (a(cf+de)+b(ce-df))i \\
&= ((ac-bd)e-(ad+bc)f) + ((ac-bd)f+(ad+bc)e)i \\
&= [(ac-bd)+(ad+bc)i] \cdot (e+fi) \\
&= [(a+bi) \cdot (c+di)] \cdot (e+fi).
\end{aligned}$$

($A6$)

$$\begin{aligned}
&(a+bi) \cdot [(c+di)+(e+fi)] \\
&= (a+bi) \cdot [(c+e)+(d+f)i] \\
&= (a(c+e)-b(d+f)) + (a(d+f)+b(c+e))i \\
&= (ac+ae-bd-bf) + (ad+af+bc+be)i \\
&= (ac-bd)+(ad+bc)i+(ae-bf)+(af+be)i \\
&= (a+bi) \cdot (c+di) + (a+bi) \cdot (e+fi).
\end{aligned}$$

A segunda parte de ($A6$) se demonstra de forma análoga.

($A7$)

$$\begin{aligned}
(a+bi) \cdot (c+di) &= (ac-bd)+(ad+bc)i \\
&= (ca-db)+(da+cb)i \\
&= (c+di) \cdot (a+bi).
\end{aligned}$$

($A8$) A unidade multiplicativa de $\mathbb{Q}[i]$ será $1+0i$:

$$\begin{aligned}
(a+bi) \cdot (1+0i) &= (a \cdot 1 - b \cdot 0) + (a \cdot 0 + b \cdot 1)i \\
&= a+bi \\
&= (1 \cdot a - 0 \cdot b) + (1 \cdot b + 0 \cdot a)i \\
&= (1+0i) \cdot (a+bi).
\end{aligned}$$

($A9$) Seguirá de ($A10$) e da Proposição 2.10.

(A10) *O inverso multiplicativo de $a + bi$ será*

$$\frac{a}{e} + \frac{-b}{e}i$$

onde $e = a^2 + b^2$:

$$(a+b)i \cdot \left(\frac{a}{e} + \frac{-b}{e}i\right) = \left(a\frac{a}{e} - b\frac{-b}{e}\right) + \left(a\frac{-b}{e} + b\frac{a}{e}\right)i$$

$$= \left(\frac{a^2 + b^2}{a^2 + b^2}\right) + \left(\frac{-ab + ba}{a^2 + b^2}\right)i$$

$$= 1 + 0i.$$

E, analogamente, prova-se que

$$1 + 0i = \left(\frac{a}{e} + \frac{-b}{e}i\right) \cdot (a + bi).$$

□

Assim, $\mathbb{Q}[i]$ é um corpo e, também, um domínio de integridade.

Exemplo 2.12. *Seja*
$$\mathbb{Z}[i] = \{a + bi \, : \, a, b \in \mathbb{Z}\}$$
com as operações

$$(a + bi) + (c + di) = (a + c) + (b + d)i$$

e

$$(a + bi) \cdot (c + di) = (ac - bd) + (ad + bc)i.$$

Este conjunto é um domínio de integridade que não é um corpo. □

Generalizando os dois exemplos anteriores, vejamos o conjunto $\mathbb{R}[i]$, que recebe outra notação, dada por $\mathbb{C}$.

Exemplo 2.13. *Defina*

$$\mathbb{C} = \{a + bi \, : \, a, b \in \mathbb{R}\}$$

2.1. Definições, exemplos e propriedades

com as seguintes operações:

$$(a + bi) + (c + di) = (a + c) + (b + d)i$$

e

$$(a + bi) \cdot (c + di) = (ac - bd) + (ad + bc)i.$$

No Exercício 2.17 você demonstrará que essa estrutura algébrica é um corpo, denominada o conjunto dos números complexos. Possivelmente você já ouviu falar dela quando estudou raízes de polinômios de grau 2. □

No próximo exemplo, definimos o que é conhecido como conjunto dos quatérnios. Esse conjunto foi criado por William Hamilton, em 1843.

William Hamilton

William Rowan Hamilton (Dublin, 04 de agosto de 1805 - Dublin, 02 de setembro de 1865) foi um matemático e astrônomo irlandês. Tentou, por vários anos, estender o conjunto dos números complexos para um sistema de 3 coordenadas, até que em 16 de outubro de 1843, ele teve a brilhante ideia de estender esse sistema não para 3, mas para 4 coordenadas. Há uma placa no local exato onde ele teve a ideia, na ponte Broom, em Dublin.

Exemplo 2.14. *Fixemos as letras i, j, k e definamos o conjunto dos quatérnios,*

$$\mathbb{H} = \{a + bi + cj + dk \; : \; a, b, c, d \in \mathbb{R}\}$$

com operações

$$(a_1 + b_1 i + c_1 j + d_1 k) + (a_2 + b_2 i + c_2 j + d_2 k)$$
$$= (a_1 + a_2) + (b_1 + b_2)i + (c_1 + c_2)j + (d_1 + d_2)k$$

e
$$(a_1 + b_1 i + c_1 j + d_1 k) \cdot (a_2 + b_2 i + c_2 j + d_2 k)$$
$$= a_1 a_2 - b_1 b_2 - c_1 c_2 - d_1 d_2$$
$$+ (a_1 b_2 + b_1 a_2 + c_1 d_2 - d_1 c_2)i$$
$$+ (a_1 c_2 + c_1 a_2 + d_1 b_2 - b_1 d_2)j$$
$$+ (a_1 d_2 + d_1 a_2 + b_1 c_2 - c_1 b_2)k.$$

Vamos provar que $\mathbb{H}$ *satisfaz 9 das 10 propriedades, ele falha a* $(A7)$.

$(A1)$ *Segue:*

$$(a_1 + b_1 i + c_1 j + d_1 k)$$
$$+ [(a_2 + b_2 i + c_2 j + d_2 k) + (a_3 + b_3 i + c_3 j + d_3 k)]$$
$$= (a_1 + b_1 i + c_1 j + d_1 k)$$
$$+ [(a_2 + a_3) + (b_2 + b_3)i + (c_2 + c_3)j + (d_2 + d_3)k]$$
$$= (a_1 + (a_2 + a_3)) + (b_1 + (b_2 + b_3))i$$
$$+ (c_1 + (c_2 + c_3))j + (d_1 + (d_2 + d_3))k$$
$$= (a_1 + a_2) + a_3) + ((b_1 + b_2) + b_3)i$$
$$+ ((c_1 + c_2) + c_3)j + ((d_1 + d_2) + d_3)k$$
$$= [(a_1 + a_2) + (b_1 + b_2)i + (c_1 + c_2)j + (d_1 + d_2)k]$$
$$+ (a_3 + b_3 i + c_3 j + d_3 k)$$
$$= [(a_1 + b_1 i + c_1 j + d_1 k) + (a_2 + b_2 i + c_2 j + d_2 k)]$$
$$+ (a_3 + b_3 i + c_3 j + d_3 k).$$

$(A2)$ *Temos:*

$$(a_1 + b_1 i + c_1 j + d_1 k) + (a_2 + b_2 i + c_2 j + d_2 k)$$
$$= (a_1 + a_2) + (b_1 + b_2)i + (c_1 + c_2)j + (d_1 + d_2)k$$
$$= (a_2 + a_1) + (b_2 + b_1)i + (c_2 + c_1)j + (d_2 + d_1)k$$
$$= (a_2 + b_2 i + c_2 j + d_2 k) + (a_1 + b_1 i + c_1 j + d_1 k).$$

2.1. Definições, exemplos e propriedades

($A3$) *Basta tomar* $0 = 0 + 0i + 0j + 0k$:

$$(a_1 + b_1 i + c_1 j + d_1 k) + (0 + 0i + 0j + 0k)$$
$$= (a_1 + 0) + (b_1 + 0)i + (c_1 + 0)j + (d_1 + 0)k$$
$$= a_1 + b_1 i + c_1 j + d_1 k.$$

($A4$) *Dado* $a + bi + cj + dk$, *seu oposto é* $(-a) + (-b)i + (-c)j + (-d)k$:

$$(a + bi + cj + dk) + ((-a) + (-b)i + (-c)j + (-d)k)$$
$$= (a + (-a)) + (b + (-b))i + (c + (-c))j + (d + (-d))k$$
$$= 0 + 0i + 0j + 0k.$$

($A5$) *Vamos lá:*

$$[(a_1 + b_1 i + c_1 j + d_1 k) \cdot (a_2 + b_2 i + c_2 j + d_2 k)] \cdot (a_3 + b_3 i + c_3 j + d_3 k)$$
$$= [a_1 a_2 - b_1 b_2 - c_1 c_2 - d_1 d_2$$
$$+ (a_1 b_2 + b_1 a_2 + c_1 d_2 - d_1 c_2)i$$
$$+ (a_1 c_2 + c_1 a_2 + d_1 b_2 - b_1 d_2)j$$
$$+ (a_1 d_2 + d_1 a_2 + b_1 c_2 - c_1 b_2)k] \cdot (a_3 + b_3 i + c_3 j + d_3 k)$$
$$= [(a_1 a_2 - b_1 b_2 - c_1 c_2 - d_1 d_2)a_3 - (a_1 b_2 + b_1 a_2 + c_1 d_2 - d_1 c_2)b_3$$
$$- (a_1 c_2 + c_1 a_2 + d_1 b_2 - b_1 d_2)c_3 - (a_1 d_2 + d_1 a_2 + b_1 c_2 - c_1 b_2)d_3]$$
$$+ [(a_1 a_2 - b_1 b_2 - c_1 c_2 - d_1 d_2)b_3 + (a_1 b_2 + b_1 a_2 + c_1 d_2 - d_1 c_2)a_3$$
$$+ (a_1 c_2 + c_1 a_2 + d_1 b_2 - b_1 d_2)d_3 - (a_1 d_2 + d_1 a_2 + b_1 c_2 - c_1 b_2)c_3]i$$
$$+ [(a_1 a_2 - b_1 b_2 - c_1 c_2 - d_1 d_2)c_3 + (a_1 c_2 + c_1 a_2 + d_1 b_2 - b_1 d_2)a_3$$
$$+ (a_1 d_2 + d_1 a_2 + b_1 c_2 - c_1 b_2)b_3 - (a_1 b_2 + b_1 a_2 + c_1 d_2 - d_1 c_2)d_3]j$$
$$+ [(a_1 a_2 - b_1 b_2 - c_1 c_2 - d_1 d_2)d_3 + (a_1 d_2 + d_1 a_2 + b_1 c_2 - c_1 b_2)a_3$$
$$+ (a_1 b_2 + b_1 a_2 + c_1 d_2 - d_1 c_2)c_3 - (a_1 c_2 + c_1 a_2 + d_1 b_2 - b_1 d_2)b_3]k$$
$$= [a_1 a_2 a_3 - b_1 b_2 a_3 - c_1 c_2 a_3 - d_1 d_2 a_3 - a_1 b_2 b_3 - b_1 a_2 b_3$$
$$- c_1 d_2 b_3 + d_1 c_2 b_3 - a_1 c_2 c_3 - c_1 a_2 c_3 + b_1 d_2 c_3 - d_1 b_2 c_3$$
$$- a_1 d_2 d_3 - d_1 a_2 d_3 - b_1 c_2 d_3 + c_1 b_2 d_3]$$
$$+ [a_1 a_2 b_3 - b_1 b_2 b_3 - c_1 c_2 b_3 - d_1 d_2 b_3 + a_1 b_2 a_3 + b_1 a_2 a_3$$
$$+ c_1 d_2 a_3 - d_1 c_2 a_3 + a_1 c_2 d_3 + c_1 a_2 d_3 - b_1 d_2 d_3 + d_1 b_2 d_3$$
$$- a_1 d_2 c_3 - d_1 a_2 c_3 - b_1 c_2 c_3 + c_1 b_2 c_3]i$$

Anéis, domínios de integridade e corpos

$$+ [a_1a_2c_3 - b_1b_2c_3 - c_1c_2c_3 - d_1d_2c_3 + a_1c_2a_3 + c_1a_2a_3$$
$$- b_1d_2a_3 + d_1b_2a_3 + a_1d_2b_3 + d_1a_2b_3 + b_1c_2b_3 - c_1b_2b_3$$
$$- a_1b_2d_3 - b_1a_2d_3 - c_1d_2d_3 + d_1c_2d_3]j$$
$$+ [a_1a_2d_3 - b_1b_2d_3 - c_1c_2d_3 - d_1d_2d_3 + a_1d_2a_3 + d_1a_2a_3$$
$$+ b_1c_2a_3 - c_1b_2a_3 + a_1b_2c_3 + b_1a_2c_3 + c_1d_2c_3 - d_1c_2c_3$$
$$- a_1c_2b_3 - c_1a_2b_3 + b_1d_2b_3 - d_1b_2b_3]k.$$

Agora, perceba que o lado direito da última igualdade, após uma grande reordenação, fica

$$[a_1(a_2a_3 - b_2b_3 - c_2c_3 - d_2d_3) - b_1(a_2b_3 + b_2a_3 + c_2d_3 - d_2c_3)$$
$$- c_1(a_2c_3 + c_2a_3 + d_2b_3 - b_2d_3) - d_1(a_2d_3 + d_2a_3 + b_2c_3 - c_2b_3)]$$
$$+ [a_1(a_2b_3 + b_2a_3 + c_2d_3 - d_2c_3) + b_1(a_2a_3 - b_2b_3 - c_2c_3 - d_2d_3)$$
$$+ c_1(a_2d_3 + d_2a_3 + b_2c_3 - c_2b_3) - d_1(a_2c_3 + c_2a_3 + d_2b_3 - b_2d_3)]i$$
$$+ [a_1(a_2c_3 + c_2a_3 + d_2b_3 - b_2d_3) + c_1(a_2a_3 - b_2b_3 - c_2c_3 - d_2d_3)$$
$$+ d_1(a_2b_3 + b_2a_3 + c_2d_3 - d_2c_3) - b_1(a_2d_3 + d_2a_3 + b_2c_3 - c_2b_3)]j$$
$$+ [a_1(a_2d_3 + d_2a_3 + b_2c_3 - c_2b_3) + d_1(a_2a_3 - b_2b_3 - c_2c_3 - d_2d_3)$$
$$+ b_1(a_2c_3 + c_2a_3 - b_2d_3 + d_2b_3) - c_1(a_2b_3 + b_2a_3 + c_2d_3 - d_2c_3)]k$$

e este termo é, na verdade,

$$(a_1 + b_1i + c_1j + d_1k) \cdot [(a_2a_3 - b_2b_3 - c_2c_3 - d_2d_3)$$
$$+ (a_2b_3 + b_2a_3 + c_2d_3 - d_2c_3)i$$
$$+ (a_2c_3 + c_2a_3 + d_2b_3 - b_2d_3)j$$
$$+ (a_2d_3 + d_2a_3 + b_2c_3 - c_2b_3)k)]$$

que é

$$(a_1 + b_1i + c_1j + d_1k) \cdot [(a_2 + b_2i + c_2j + d_2k) \cdot (a_3 + b_3i + c_3j + d_3k)].$$

$(A6)$ *Será deixada a cargo do leitor.*

$(A7)$ *Não vale, pois* $2i \cdot 3j = 6k$ *mas* $3j \cdot 2i = -6k$.

2.1. Definições, exemplos e propriedades

($A8$) *É fácil confirmar que* $1 + 0i + 0j + 0k = 1$ *é a unidade de* $\mathbb{H}$:

$$(a_1 + b_1 i + c_1 j + d_1 k) \cdot (1 + 0i + 0j + 0k)$$
$$= a_1 \cdot 1 - b_1 \cdot 0 - c_1 \cdot 0 - d_1 \cdot 0$$
$$+ (a_1 \cdot 0 + b_1 \cdot 1 + c_1 \cdot 0 - d_1 \cdot 0)i$$
$$+ (a_1 \cdot 0 + c_1 \cdot 1 + d_1 \cdot 0 - b_1 \cdot 0)j$$
$$+ (a_1 \cdot 0 + d_1 \cdot 1 + b_1 \cdot 0 - c_1 \cdot 0)k$$
$$= a_1 + b_1 i + c_1 j + d_1 k,$$

e o mesmo vale para $(1 + 0i + 0j + 0k) \cdot (a_1 + b_1 i + c_1 j + d_1 k)$.

($A9$) *Seguirá da validade do próximo item,* ($A10$), *com a Proposição 2.10.*

($A10$) *Considere o elemento não nulo* $a + bi + cj + dk$ *e vamos provar que seu inverso é*

$$\frac{a}{e} - \frac{b}{e}i - \frac{c}{e}j - \frac{d}{e}k$$

onde $e = a^2 + b^2 + c^2 + d^2$ *é também não nulo por hipótese:*

$$(a + bi + cj + dk) \cdot \left(\frac{a}{e} - \frac{b}{e}i - \frac{c}{e}j - \frac{d}{e} \right)$$

$$= a \left(\frac{a}{e} \right) - b \left(-\frac{b}{e} \right) - c \left(-\frac{c}{e} \right) - d \left(-\frac{d}{e} \right)$$

$$+ \left(a \left(-\frac{b}{e} \right) + b \left(\frac{a}{e} \right) + c \left(-\frac{d}{e} \right) - d \left(-\frac{c}{e} \right) \right) i$$

$$+ \left(a \left(-\frac{c}{e} \right) + c \left(\frac{a}{e} \right) + d \left(-\frac{b}{e} \right) - b \left(-\frac{d}{e} \right) \right) j$$

$$+ \left(a \left(-\frac{d}{e} \right) + d \left(\frac{a}{e} \right) + b \left(-\frac{c}{e} \right) - c \left(-\frac{b}{e} \right) \right) k$$

$$= \frac{e}{e} + 0i + 0j + 0k$$

$$= 1.$$

Anéis, domínios de integridade e corpos

Analogamente, prova-se que

$$\left(\frac{a}{e} - \frac{b}{e}i - \frac{c}{e}j - \frac{d}{e}\right) \cdot (a + bi + cj + dk) = 1.$$

Assim, $\mathbb{H}$ é um anel de divisão, ou um corpo não comutativo. □

Este conjunto que acabamos de estudar possui mais algumas interessantes propriedades. Por exemplo, a equação

$$x^2 = -1$$

possui pelo menos 6 soluções distintas: $i, -i, j, -j, k, -k$.

Também, este conjunto nos mostra que nem todo anel é comutativo (na Seção 2.2 veremos mais exemplos de anéis não comutativos). Mesmo assim, é importante estudar os elementos que comutam, em um anel. Considere a próxima definição.

Definição 2.6. *Dado um anel A, seu centro é o conjunto*

$$Z(A) = \{b \in A : ab = ba, \forall a \in A\}.$$

Ou seja, o centro de um anel é o conjunto daqueles que comutam com todos os elementos do anel. Uma consequência direta é que, se A é comutativo então $Z(A) = A$. Vejamos um bom exemplo de um caso não comutativo.

Exemplo 2.15. *Vamos calcular $Z(\mathbb{H})$, conforme definimos no último exemplo. Seja $a + bi + cj + dk$ um elemento qualquer de $Z(\mathbb{H})$. Daí, ele deve comutar com todos os demais elementos de $\mathbb{H}$. Testando a comutatividade com i:*

$$(a + bi + cj + dk) \cdot i = i \cdot (a + bi + cj + dk)$$
$$\Leftrightarrow -b + ai - dj - ck = -b + ai + dj + ck$$
$$\Leftrightarrow d = 0 = c.$$

Testando a comutatividade com j:

$$(a + bi) \cdot j = j \cdot (a + bi) \Leftrightarrow aj + bk = aj - bk \Leftrightarrow b = 0.$$

Logo $Z(\mathbb{H}) \subseteq \mathbb{R}$. De fato, eles são iguais pois, dado um elemento qualquer

2.1. Definições, exemplos e propriedades

$x \in \mathbb{R}$, temos que $x \in Z(\mathbb{H})$, afinal

$$(a + bi + cj + dk) \cdot x = ax + bxi + cxj + dxk$$
$$= xa + xbi + xcj + xdk$$
$$= x \cdot (a + bi + cj + dk).$$

$\square$

Agora, falando um pouco sobre a comutatividade da adição, vemos a seguir que ela pode ser demonstrada a partir de outras propriedades.

Proposição 2.14. *Seja B um conjunto com duas operações, $+$ e $\cdot$, que satisfazem $(A1)$, $(A3)$, $(A4)$, $(A5)$, $(A6)$ e $(A8)$. Então B satisfaz $(A2)$.*

Demonstração: Tome a e b elementos de B. Note que, aplicando a distributividade sobre $(1+1)$:

$$(a+b)(1+1) = (a+b) + (a+b) = a+b+a+b$$

e, aplicando a distributividade sobre $(a+b)$:

$$(a+b)(1+1) = a(1+1) + b(1+1) = a+a+b+b.$$

Igualando os resultados e utilizando o cancelamento da adição, que vimos na Proposição 2.6, item (a),

$$a+b+a+b = a+a+b+b \Leftrightarrow b+a = a+b.$$

$\square$

E por fim, um último resultado que envolve $(A9)$.

Proposição 2.15. *Seja A um anel com unidade. Assim, se A não possui divisores de zero, então as únicas soluções de $x^2 = x$ são 0 e 1.*

Demonstração: Segue:

$$x^2 = x \Rightarrow x^2 - x = 0 \Rightarrow x(x-1) = 0 \Rightarrow x = 0 \text{ ou } x = 1.$$

$\square$

Anéis, domínios de integridade e corpos

Embora essa proposição pareça inofensiva, sua contrapositiva é uma ótima ferramenta para estudar a existência de divisores de zero: se você sabe que um certo anel com unidade possui mais de duas soluções para a equação $x^2 = x$, então é certo que esse anel possui divisores de zero e não satisfaz $(A9)$.

Exemplo 2.16. *No Exemplo 2.13, definimos o conjunto dos números complexos através do surgimento de um símbolo, i. De forma muito parecida, podemos criar o conjunto dos números duais,*

$$\mathbb{R}[\epsilon] = \{a + b\epsilon \ : \ a, b \in \mathbb{R}\},$$

em que fazemos a imposição de que

$$\epsilon^2 = 0.$$

Dessa forma, suas operações são

$$(a + b\epsilon) + (c + d\epsilon) = (a + c) + (b + d)\epsilon$$

e

$$(a + b\epsilon) \cdot (c + d\epsilon) = ac + (ad + bc)\epsilon.$$

No Exercício 2.20 você demonstrará que essa estrutura algébrica é um anel comutativo com unidade. E note que ela não satisfaz $(A9)$ pois, invocando a proposição que acabamos de demonstrar, o elemento ϵ, é uma solução de $x^2 = x$ distinta de 0 e 1. Consequentemente, a Proposição 2.11 implica que esse anel também não é um corpo. □

Exercícios da Seção 2.1

2.1. *Pesquise sobre:*

(a) Semianel.

(b) Octoniões.

(c) Coquatérnios.

2.1. Definições, exemplos e propriedades

(d) Pequeno Teorema de Wedderburn.

2.2. *Preencha a tabela a seguir, com anéis que satisfaçam as propriedades das linhas, mas não as propriedades das colunas.*

		não satisfaz			
		$A7$	$A8$	$A9$	$A10$
satisfaz	$A7$	–			
	$A8$		–		
	$A9$			–	
	$A10$				–

2.3. *A adição e a multiplicação usuais de números inteiros, sobre o conjunto*

$$B = \{n \in \mathbb{Z} : n \geqslant -7\},$$

são fechadas? Quais propriedades, de (A1) a (A10) são satisfeitas?

2.4. *Sobre o conjunto*

$$T = \left\{ \frac{a}{2} \in \mathbb{Q} : a \in \mathbb{Z} \right\}$$

considere a adição e a multiplicação usuais de números racionais. Elas são fechadas? Quais propriedades, de (A1) a (A10), são satisfeitas?

2.5. *As operações usuais de adição e multiplicação de números racionais, sobre o conjunto*

$$G = \left\{ \frac{a}{2^n} \in \mathbb{Q} : a \in \mathbb{Z}, n \in \mathbb{Z} \right\}$$

são fechadas? Quais propriedades, de (A1) a (A10), são satisfeitas?

2.6. *As operações de adição e multiplicação usuais de números reais são fechadas em*

$$W = \{a\sqrt{2} + b\sqrt{3} \in \mathbb{R} : a, b \in \mathbb{Q}\}?$$

Quais propriedades, de (A1) a (A10), são satisfeitas?

2.7. *No Exemplo 2.4, criamos duas operações $\oplus$ e $\otimes$ para dar uma estrutura diferente ao conjunto $\mathbb{Z}$. Poderíamos definir $\oplus$ diferentemente, somando outro número inteiro em vez de 1, e ainda assim obter um anel? E um domínio de integridade? E um corpo?*

Anéis, domínios de integridade e corpos

2.8. *Seja um conjunto com uma operação de multiplicação que satisfaz $(A5)$. Seria possível criar uma operação de adição para transformar este conjunto num anel, de forma parecida ao que fizemos no Exemplo 2.7?*

2.9. *Dê um exemplo de anel que possua, exatamente, 2 elementos. Descreva suas operações.*

2.10. *Existem anéis com qualquer quantidade de elementos? E corpos?*

2.11. *Seja o anel $(A, +, \cdot)$ onde, para todos $a, b \in A$, vale $a + b = a \cdot b$. Prove que A só possui um elemento.*

2.12. *Demonstre a segunda parte de $(A6)$ do Exemplo 2.8.*

2.13. *Prove que $\mathbb{Q}[\sqrt{p}]$, definido no Exemplo 2.9 com $p \in \mathbb{N}$ primo, é um corpo.*

2.14. *Prove que o conjunto que definimos no Exemplo 2.10, $\mathbb{Q}[\sqrt[3]{p}]$ com $p \in \mathbb{N}$ primo, é um corpo.*

2.15. *Demonstre a segunda parte de $(A6)$ do Exemplo 2.11.*

2.16. *Prove que $\mathbb{Z}[i]$, do Exemplo 2.12, é um domínio de integridade que não é um corpo.*

2.17. *Prove que $\mathbb{C}$, do Exemplo 2.13, satisfaz $(A1) - (A10)$.*

2.18. *Demonstre $(A6)$ do Exemplo 2.14.*

2.19. *Exatamente quantas soluções a equação $x^2 = -1$ possui, no conjunto dos quatérnios?*

2.20. *Prove que $\mathbb{R}[\epsilon]$, que vimos no Exemplo 2.16, é um anel comutativo com unidade. Quem são seus elementos inversíveis?*

2.2 Matrizes

Nesta e nas seções restantes deste capítulo, analisaremos detalhada e individualmente importantes exemplos de anéis, exemplos que surgem em qualquer estudo sobre esta teoria, e que nos fornecerão exemplos e contra-exemplos para os demais capítulos.

O termo matriz foi criado por Sylvester em 1850, embora esse termo só tenha se popularizado com as publicações de Cayley, no final desta década.

2.2. Matrizes

James Joseph Sylvester

James Joseph Sylvester (Londres, 03 de setembro de 1814 - Londres, 15 de março de 1897) foi um matemático inglês. Contribuiu para a teoria das matrizes e para a teoria dos números, principalmente no estudo de equações e das partições. É conhecido por ser o criador de vários termos matemáticos, como o termo "matriz", o termo "totiente" além do nome "discriminante".

Uma matriz é uma tabela composta por números, elementos, funções ou, de maneira geral, símbolos, posicionados nas intersecções de cada uma de suas linhas com as suas colunas. Esses símbolos, no contexto de matrizes, são denominados coeficientes.

Começaremos estudando as matrizes que possuem duas linhas e duas colunas, em que os coeficientes utilizados para preenchê-las são números reais.

Exemplo 2.17. *Considere o conjunto das matrizes 2×2 com coeficientes reais*

$$M_2(\mathbb{R}) = \left\{ \begin{bmatrix} a & b \\ c & d \end{bmatrix} : a, b, c, d \in \mathbb{R} \right\}$$

com as operações

$$\begin{bmatrix} a & b \\ c & d \end{bmatrix} + \begin{bmatrix} e & f \\ g & h \end{bmatrix} = \begin{bmatrix} a+e & b+f \\ c+g & d+h \end{bmatrix}$$

e

$$\begin{bmatrix} a & b \\ c & d \end{bmatrix} \cdot \begin{bmatrix} e & f \\ g & h \end{bmatrix} = \begin{bmatrix} ae+bg & af+bh \\ ce+dg & cf+dh \end{bmatrix}.$$

Provaremos que, dessa forma, obtemos um anel com unidade. Primeiramente note que as operações estão bem definidas, afinal a soma e o produto de números reais é um número real. Também, duas matrizes são iguais quando os coeficientes que estão nas mesmas respectivas posições, são iguais.

($A1$)

$$\left(\begin{bmatrix} a & b \\ c & d \end{bmatrix} + \begin{bmatrix} e & f \\ g & h \end{bmatrix}\right) + \begin{bmatrix} i & j \\ k & l \end{bmatrix}$$

$$= \begin{bmatrix} a+e & b+f \\ c+g & d+h \end{bmatrix} + \begin{bmatrix} i & j \\ k & l \end{bmatrix}$$

$$= \begin{bmatrix} (a+e)+i & (b+f)+j \\ (c+g)+k & (d+h)+l \end{bmatrix}$$

$$= \begin{bmatrix} a+(e+i) & b+(f+j) \\ c+(g+k) & d+(h+l) \end{bmatrix}$$

$$= \begin{bmatrix} a & b \\ c & d \end{bmatrix} + \begin{bmatrix} e+i & f+j \\ g+k & h+l \end{bmatrix}$$

$$= \begin{bmatrix} a & b \\ c & d \end{bmatrix} + \left(\begin{bmatrix} e & f \\ g & h \end{bmatrix} + \begin{bmatrix} i & j \\ k & l \end{bmatrix}\right).$$

($A2$)

$$\begin{bmatrix} a & b \\ c & d \end{bmatrix} + \begin{bmatrix} e & f \\ g & h \end{bmatrix} = \begin{bmatrix} a+e & b+f \\ c+g & d+h \end{bmatrix}$$

$$= \begin{bmatrix} e+a & f+b \\ g+c & h+d \end{bmatrix}$$

$$= \begin{bmatrix} e & f \\ g & h \end{bmatrix} + \begin{bmatrix} a & b \\ c & d \end{bmatrix}.$$

($A3$) *O elemento neutro é* $\begin{bmatrix} 0 & 0 \\ 0 & 0 \end{bmatrix}$:

$$\begin{bmatrix} a & b \\ c & d \end{bmatrix} + \begin{bmatrix} 0 & 0 \\ 0 & 0 \end{bmatrix} = \begin{bmatrix} a+0 & b+0 \\ c+0 & d+0 \end{bmatrix} = \begin{bmatrix} a & b \\ c & d \end{bmatrix}.$$

2.2. Matrizes

(A4) Dado $\begin{bmatrix} a & b \\ c & d \end{bmatrix}$, *vamos provar que seu oposto é* $\begin{bmatrix} -a & -b \\ -c & -d \end{bmatrix}$:

$$\begin{bmatrix} a & b \\ c & d \end{bmatrix} + \begin{bmatrix} -a & -b \\ -c & -d \end{bmatrix} = \begin{bmatrix} a+(-a) & b+(-b) \\ c+(-c) & d+(-d) \end{bmatrix}$$

$$= \begin{bmatrix} 0 & 0 \\ 0 & 0 \end{bmatrix}.$$

(A5)

$$\left(\begin{bmatrix} a & b \\ c & d \end{bmatrix} \cdot \begin{bmatrix} e & f \\ g & h \end{bmatrix}\right) \cdot \begin{bmatrix} i & j \\ k & l \end{bmatrix}$$

$$= \begin{bmatrix} ae+bg & af+bh \\ ce+dg & cf+dh \end{bmatrix} \cdot \begin{bmatrix} i & j \\ k & l \end{bmatrix}$$

$$= \begin{bmatrix} (ae+bg)i+(af+bh)k & (ae+bg)j+(af+bh)l \\ (ce+dg)i+(cf+dh)k & (ce+dg)j+(cf+dh)l \end{bmatrix}$$

$$= \begin{bmatrix} aei+bgi+afk+bhk & aej+bgj+afl+bhl \\ cei+dgi+cfk+dhk & cej+dgj+cfl+dhl \end{bmatrix}$$

$$= \begin{bmatrix} a(ei+fk)+b(gi+hk) & a(ej+fl)+b(gj+hl) \\ c(ei+fk)+d(gi+hk) & c(ej+fl)+d(gj+hl) \end{bmatrix}$$

$$= \begin{bmatrix} a & b \\ c & d \end{bmatrix} \cdot \begin{bmatrix} ei+fk & ej+fl \\ gi+hk & gj+hl \end{bmatrix}$$

$$= \begin{bmatrix} a & b \\ c & d \end{bmatrix} \cdot \left(\begin{bmatrix} e & f \\ g & h \end{bmatrix} \cdot \begin{bmatrix} i & j \\ k & l \end{bmatrix}\right).$$

($A6$)

$$\begin{bmatrix} a & b \\ c & d \end{bmatrix} \cdot \left(\begin{bmatrix} e & f \\ g & h \end{bmatrix} + \begin{bmatrix} i & j \\ k & l \end{bmatrix} \right)$$

$$= \begin{bmatrix} a & b \\ c & d \end{bmatrix} \cdot \begin{bmatrix} e+i & f+j \\ g+k & h+l \end{bmatrix}$$

$$= \begin{bmatrix} a(e+i)+b(g+k) & a(f+j)+b(h+l) \\ c(e+i)+d(g+k) & c(f+j)+d(h+l) \end{bmatrix}$$

$$= \begin{bmatrix} ae+ai+bg+bk & af+aj+bh+bl \\ ce+ci+dg+dk & cf+cj+dh+dl \end{bmatrix}$$

$$= \begin{bmatrix} ae+bg & af+bh \\ ce+dg & cf+dh \end{bmatrix} + \begin{bmatrix} ai+bk & aj+bl \\ ci+dk & cj+dl \end{bmatrix}$$

$$= \begin{bmatrix} a & b \\ c & d \end{bmatrix} \cdot \begin{bmatrix} e & f \\ g & h \end{bmatrix} + \begin{bmatrix} a & b \\ c & d \end{bmatrix} \cdot \begin{bmatrix} i & j \\ k & l \end{bmatrix}.$$

$$\left(\begin{bmatrix} a & b \\ c & d \end{bmatrix} + \begin{bmatrix} e & f \\ g & h \end{bmatrix} \right) \cdot \begin{bmatrix} i & j \\ k & l \end{bmatrix}$$

$$= \begin{bmatrix} a+e & b+f \\ c+g & d+h \end{bmatrix} \cdot \begin{bmatrix} i & j \\ k & l \end{bmatrix}$$

$$= \begin{bmatrix} (a+e)i+(b+f)k & (a+e)j+(b+f)l \\ (c+g)i+(d+h)k & (c+g)j+(d+h)l \end{bmatrix}$$

$$= \begin{bmatrix} ai+ei+bk+fk & aj+ej+bl+fl \\ ci+gi+dk+hk & cj+gj+dl+hl \end{bmatrix}$$

$$= \begin{bmatrix} ai+bk & aj+bl \\ ci+dk & cj+dl \end{bmatrix} + \begin{bmatrix} ei+fk & ej+fl \\ gi+hk & gj+hl \end{bmatrix}$$

$$= \begin{bmatrix} a & b \\ c & d \end{bmatrix} \cdot \begin{bmatrix} i & j \\ k & l \end{bmatrix} + \begin{bmatrix} e & f \\ g & h \end{bmatrix} \cdot \begin{bmatrix} i & j \\ k & l \end{bmatrix}.$$

($A7$) *O produto de matrizes nem sempre comuta. Por exemplo, tome as ma-*

2.2. Matrizes

trizes

$$A = \begin{bmatrix} 1 & 2 \\ 0 & 2 \end{bmatrix} \; e \; B = \begin{bmatrix} 1 & 2 \\ 0 & 3 \end{bmatrix}.$$

Note que

$$AB = \begin{bmatrix} 1 & 8 \\ 0 & 6 \end{bmatrix}$$

mas

$$BA = \begin{bmatrix} 1 & 6 \\ 0 & 6 \end{bmatrix}.$$

($A8$) *Afirmamos que* $\begin{bmatrix} 1 & 0 \\ 0 & 1 \end{bmatrix}$ *é o elemento neutro da multiplicação. De fato, dada uma matriz genérica qualquer:*

$$\begin{bmatrix} a & b \\ c & d \end{bmatrix} \cdot \begin{bmatrix} 1 & 0 \\ 0 & 1 \end{bmatrix} = \begin{bmatrix} a \cdot 1 + b \cdot 0 & a \cdot 0 + b \cdot 1 \\ c \cdot 1 + d \cdot 0 & c \cdot 0 + d \cdot 1 \end{bmatrix} = \begin{bmatrix} a & b \\ c & d \end{bmatrix}$$

assim como

$$\begin{bmatrix} 1 & 0 \\ 0 & 1 \end{bmatrix} \cdot \begin{bmatrix} a & b \\ c & d \end{bmatrix} = \begin{bmatrix} a & b \\ c & d \end{bmatrix}.$$

($A9$) *Não vale pois é possível multiplicarmos duas matrizes não nulas e o produto ser a matriz nula:*

$$\begin{bmatrix} 0 & 1 \\ 0 & 0 \end{bmatrix} \cdot \begin{bmatrix} 1 & 0 \\ 0 & 0 \end{bmatrix} = \begin{bmatrix} 0 \cdot 1 + 1 \cdot 0 & 0 \cdot 0 + 1 \cdot 0 \\ 0 \cdot 0 + 0 \cdot 0 & 0 \cdot 0 + 0 \cdot 0 \end{bmatrix} = \begin{bmatrix} 0 & 0 \\ 0 & 0 \end{bmatrix}.$$

($A10$) *A Proposição 2.11 nos diz que essa propriedade não valerá, pois as matrizes divisoras de zero que apresentamos em* ($A9$) *não possuem inverso multiplicativo.*

Assim, o conjunto $M_2(\mathbb{R})$ é, apenas, um anel com unidade. □

Vamos supor que quiséssemos apresentar uma demonstração diferente de que ($A10$) não vale no exemplo anterior. Para isso, considere a matriz $\begin{bmatrix} 1 & 0 \\ 0 & 0 \end{bmatrix}$

Anéis, domínios de integridade e corpos

e suponha por absurdo que esta possua uma inversa $\begin{bmatrix} a & b \\ c & d \end{bmatrix}$. Dessa forma:

$$\begin{bmatrix} 1 & 0 \\ 0 & 1 \end{bmatrix} = \begin{bmatrix} 1 & 0 \\ 0 & 0 \end{bmatrix} \cdot \begin{bmatrix} a & b \\ c & d \end{bmatrix} = \begin{bmatrix} a & b \\ 0 & 0 \end{bmatrix}$$

o que, de fato, é um absurdo.

Podemos definir conjuntos de matrizes com uma quantidade maior de linhas e de colunas, conforme o exemplo a seguir.

Exemplo 2.18. *Dado $n \in \mathbb{N}$ com $n \geqslant 2$, considere o conjunto*

$$M_n(\mathbb{R}) = \left\{ \begin{bmatrix} a_{11} & a_{12} & \cdots & a_{1n} \\ a_{21} & a_{22} & \cdots & a_{2n} \\ \vdots & \vdots & \ddots & \vdots \\ a_{n1} & a_{n2} & \cdots & a_{nn} \end{bmatrix} : a_{ij} \in \mathbb{R}, \forall\, 1 \leqslant i,j \leqslant n \right\}$$

das matrizes com n linhas, n colunas e entradas reais. Podemos também denotar tal matriz por (a_{ij}). Dadas matrizes $B = (b_{ij})$ e $C = (c_{ij})$, defina as operações de adição e multiplicação por

$$B + C = (b_{ij}) + (c_{ij}) = (b_{ij} + c_{ij})$$

e

$$B \cdot C = (b_{ij}) \cdot (c_{ij}) = (d_{ij}),$$

onde, $\forall\, 1 \leqslant i,j \leqslant n$,

$$d_{ij} = \sum_{k=1}^{n} b_{ik} c_{kj}.$$

Ou seja, a adição é feita realizando a adição, em $\mathbb{R}$, dos coeficientes que estejam na mesma posição em ambas matrizes. Já a multiplicação é mais complicada pois, para obter o elemento da posição ij da multiplicação, deve-se somar o resultado da multiplicação, coordenada a coordenada, da linha i da primeira

2.2. Matrizes

matriz pela coluna j da segunda matriz. Por exemplo, dadas as matrizes 4×4

$$B = \begin{bmatrix} 2 & 3 & -1 & -1 \\ 1 & 4 & 1 & 1 \\ -5 & 1 & 2 & -2 \\ 2 & 0 & 1 & 1 \end{bmatrix}$$

e

$$C = \begin{bmatrix} 2 & 1 & -2 & -3 \\ 0 & 4 & 2 & 2 \\ -1 & 4 & 1 & 3 \\ 3 & 5 & 1 & 0 \end{bmatrix}$$

seu produto é outra matriz 4×4:

$$B \cdot C = \begin{bmatrix} 2 & 3 & -1 & -1 \\ 1 & 4 & 1 & 1 \\ -5 & 1 & 2 & -2 \\ 2 & 0 & 1 & 1 \end{bmatrix} \cdot \begin{bmatrix} 2 & 1 & -2 & -3 \\ 0 & 4 & 2 & 2 \\ -1 & 4 & 1 & 3 \\ 3 & 5 & 1 & 0 \end{bmatrix}$$

em que, por exemplo, o elemento da segunda linha e terceira coluna é dado por

$$1 \cdot (-2) + 4 \cdot 2 + 1 \cdot 1 + 1 \cdot 1 = 8.$$

O produto dessas matrizes fica

$$B \cdot C = \begin{bmatrix} 2 & 5 & 0 & -3 \\ 4 & 26 & 8 & 8 \\ -18 & -3 & 12 & 23 \\ 6 & 11 & -2 & -3 \end{bmatrix}.$$

Esse conjunto $M_n(\mathbb{R})$, *com n natural maior que* 1, *é também um anel com unidade e a demonstração se faz de forma análoga ao caso que estudamos,* $n = 2$. □

Quem já cursou disciplinas de Álgebra Linear conhece bem as matrizes, mas talvez nunca trabalhou com matrizes que possuam coeficientes arbitrários. É isso que apresentamos no exemplo a seguir, onde generalizamos os dois últimos exemplos para construir o anel das matrizes que possuam coeficientes em

Anéis, domínios de integridade e corpos

qualquer outro anel A.

Exemplo 2.19. *Seja A um anel. Tome $n \in \mathbb{N}$ com $n \geq 2$ e defina*

$$M_n(A) = \left\{ \begin{bmatrix} b_{11} & b_{12} & \cdots & b_{1n} \\ b_{21} & b_{22} & \cdots & b_{2n} \\ \vdots & \vdots & \ddots & \vdots \\ b_{n1} & b_{n2} & \cdots & b_{nn} \end{bmatrix} : b_{ij} \in A \right\}.$$

Dadas matrizes $B = (b_{ij})$ e $C = (c_{ij})$, utilizamos as duas operações do anel A para definir as operações em $M_n(A)$ como

$$B + C = (b_{ij}) + (c_{ij}) = (b_{ij} + c_{ij})$$

e

$$B \cdot C = (b_{ij}) \cdot (c_{ij}) = (d_{ij}),$$

em que, $\forall\, 1 \leqslant i, j \leqslant n$,

$$d_{ij} = \sum_{k=1}^{n} b_{ik} c_{kj}.$$

Novamente, perceba que duas matrizes são iguais quando os coeficientes que estão nas respectivas mesmas posições são iguais. Começaremos provando que este conjunto é um anel.

(A1) *Note que os coeficientes na posição ij em $(B+C)+D$ e $B+(C+D)$ são iguais:*

$$\begin{aligned}
((b_{ij}) + (c_{ij})) + (d_{ij}) &= ((b_{ij} + c_{ij})) + (d_{ij}) \\
&= ((b_{ij} + c_{ij}) + (d_{ij})) \\
&= ((b_{ij}) + (c_{ij} + d_{ij})) \\
&= (b_{ij}) + ((c_{ij} + d_{ij})) \\
&= (b_{ij}) + ((c_{ij}) + (d_{ij})).
\end{aligned}$$

Como i e j são arbitrários, $(B+C)+D = B+(C+D)$.

(A2) *Novamente, perceba que*

$$(b_{ij}) + (c_{ij}) = (b_{ij} + c_{ij}) = (c_{ij} + b_{ij}) = (c_{ij}) + (b_{ij}).$$

2.2. Matrizes

Logo $B + C = C + B$.

(A3) Definindo $\mathbf{0} = (0_{ij})$, onde todos 0_{ij} são o elemento neutro da adição de A, temos

$$(b_{ij}) + (0_{ij}) = (b_{ij} + 0_{ij})$$
$$= (b_{ij}).$$

Logo $B + \mathbf{0} = B$.

(A4) Dada $B = (b_{ij}) \in M_n(A)$, vamos provar que sua matriz oposta é $-B = (-b_{ij})$, ou seja, tomamos o oposto de b_{ij} dentro de A:

$$(b_{ij}) + (-b_{ij}) = (b_{ij} + (-b)_{ij})$$
$$= (0_{ij}).$$

Logo $B + (-B) = \mathbf{0}$.

(A5) Vamos demonstrar que os coeficientes na posição ij de $(B \cdot C) \cdot D$ e $B \cdot (C \cdot D)$ são iguais. Perceba que esse coeficiente, em $(B \cdot C) \cdot D$, é dado pela soma dos produtos, termo a termo, dos coeficientes da linha i de $(B \cdot C)$ pelos coeficientes da coluna j de D, ou seja,

$$\sum_{p=1}^{n} \left(\left(\sum_{k=1}^{n} (b_{ik} \cdot c_{kp}) \right) \cdot d_{pj} \right).$$

Mas esse somatório é igual a

$$\sum_{p=1}^{n} \left(\sum_{k=1}^{n} (b_{ik} \cdot c_{kp}) \cdot d_{pj} \right) = \sum_{p=1}^{n} \left(\sum_{k=1}^{n} b_{ik} \cdot (c_{kp} \cdot d_{pj}) \right)$$
$$= \sum_{k=1}^{n} \left(\sum_{p=1}^{n} b_{ik} \cdot (c_{kp} \cdot d_{pj}) \right)$$
$$= \sum_{k=1}^{n} \left(b_{ik} \cdot \sum_{p=1}^{n} (c_{kp} \cdot d_{pj}) \right)$$

que é o coeficiente ij da matriz $B \cdot (C \cdot D)$ Logo, repetindo o processo para todos i e j, concluímos que $(B \cdot C) \cdot D = B \cdot (C \cdot D)$.

($A6$) *Começando as contas com o coeficiente ij da matriz $B \cdot (C + D)$,*

$$\sum_{k=1}^{n} (b_{ik} \cdot (c_{kj} + d_{kj})) = \sum_{k=1}^{n} (b_{ik} \cdot c_{kj} + b_{ik} \cdot d_{kj})$$

$$= \left(\sum_{k=1}^{n} b_{ik} \cdot c_{kj}\right) + \left(\sum_{k=1}^{n} b_{ik} \cdot d_{kj}\right)$$

que é o coeficiente ij de $B \cdot C + B \cdot D$. Logo $B \cdot (C + D) = B \cdot C + B \cdot D$ e, de forma análoga, prova-se que

$$(B + C)D = B \cdot D + C \cdot D.$$

□

As demais propriedades sobre $M_n(A)$ dependem do anel A. Nas proposições a seguir, detalhamos esses resultados.

Proposição 2.16. *Dado um anel A e um natural $n \geqslant 2$, para que $M_n(A)$ não seja comutativo, basta que uma das condições a seguir ocorra:*

(a) O anel A contém um elemento b tal que $b^2 \neq 0$;

(b) O anel A não é comutativo.

Demonstração: (a) Note que

$$\begin{bmatrix} b & 0 & \cdots & 0 \\ 0 & 0 & \cdots & 0 \\ \vdots & \vdots & \ddots & \vdots \\ 0 & 0 & \cdots & 0 \end{bmatrix} \cdot \begin{bmatrix} 0 & b & \cdots & 0 \\ 0 & 0 & \cdots & 0 \\ \vdots & \vdots & \ddots & \vdots \\ 0 & 0 & \cdots & 0 \end{bmatrix} = \begin{bmatrix} 0 & b^2 & \cdots & 0 \\ 0 & 0 & \cdots & 0 \\ \vdots & \vdots & \ddots & \vdots \\ 0 & 0 & \cdots & 0 \end{bmatrix}$$

e

$$\begin{bmatrix} 0 & b & \cdots & 0 \\ 0 & 0 & \cdots & 0 \\ \vdots & \vdots & \ddots & \vdots \\ 0 & 0 & \cdots & 0 \end{bmatrix} \cdot \begin{bmatrix} b & 0 & \cdots & 0 \\ 0 & 0 & \cdots & 0 \\ \vdots & \vdots & \ddots & \vdots \\ 0 & 0 & \cdots & 0 \end{bmatrix} = \begin{bmatrix} 0 & 0 & \cdots & 0 \\ 0 & 0 & \cdots & 0 \\ \vdots & \vdots & \ddots & \vdots \\ 0 & 0 & \cdots & 0 \end{bmatrix}$$

que são matrizes distintas.

2.2. Matrizes

(b) Dados $b, c \in A$ com $bc \neq cb$, são distintas as matrizes:

$$\begin{bmatrix} b & 0 & \cdots & 0 \\ 0 & 0 & \cdots & 0 \\ \vdots & \vdots & \ddots & \vdots \\ 0 & 0 & \cdots & 0 \end{bmatrix} \cdot \begin{bmatrix} c & 0 & \cdots & 0 \\ 0 & 0 & \cdots & 0 \\ \vdots & \vdots & \ddots & \vdots \\ 0 & 0 & \cdots & 0 \end{bmatrix} = \begin{bmatrix} bc & 0 & \cdots & 0 \\ 0 & 0 & \cdots & 0 \\ \vdots & \vdots & \ddots & \vdots \\ 0 & 0 & \cdots & 0 \end{bmatrix}$$

e

$$\begin{bmatrix} c & 0 & \cdots & 0 \\ 0 & 0 & \cdots & 0 \\ \vdots & \vdots & \ddots & \vdots \\ 0 & 0 & \cdots & 0 \end{bmatrix} \cdot \begin{bmatrix} b & 0 & \cdots & 0 \\ 0 & 0 & \cdots & 0 \\ \vdots & \vdots & \ddots & \vdots \\ 0 & 0 & \cdots & 0 \end{bmatrix} = \begin{bmatrix} cb & 0 & \cdots & 0 \\ 0 & 0 & \cdots & 0 \\ \vdots & \vdots & \ddots & \vdots \\ 0 & 0 & \cdots & 0 \end{bmatrix}$$

□

Proposição 2.17. *Seja A um anel e um natural $n \geqslant 2$. Assim, A possui unidade multiplicativa se, e somente se, $M_n(A)$ tem unidade multiplicativa.*

Demonstração: ($\Rightarrow$) Seja 1 a unidade multiplicativa de A. Temos que

$$\begin{bmatrix} 1 & 0 & \cdots & 0 \\ 0 & 1 & \cdots & 0 \\ \vdots & \vdots & \ddots & \vdots \\ 0 & 0 & \cdots & 1 \end{bmatrix}$$

é a unidade multiplicativa de $M_n(A)$:

$$\begin{bmatrix} 1 & 0 & \cdots & 0 \\ 0 & 1 & \cdots & 0 \\ \vdots & \vdots & \ddots & \vdots \\ 0 & 0 & \cdots & 1 \end{bmatrix} \cdot \begin{bmatrix} b_{11} & b_{12} & \cdots & b_{1n} \\ b_{21} & b_{22} & \cdots & b_{2n} \\ \vdots & \vdots & \ddots & \vdots \\ b_{n1} & b_{n2} & \cdots & b_{nn} \end{bmatrix} = \begin{bmatrix} b_{11} & b_{12} & \cdots & b_{1n} \\ b_{21} & b_{22} & \cdots & b_{2n} \\ \vdots & \vdots & \ddots & \vdots \\ b_{n1} & b_{n2} & \cdots & b_{nn} \end{bmatrix}$$

e

$$\begin{bmatrix} b_{11} & b_{12} & \cdots & b_{1n} \\ b_{21} & b_{22} & \cdots & b_{2n} \\ \vdots & \vdots & \ddots & \vdots \\ b_{n1} & b_{n2} & \cdots & b_{nn} \end{bmatrix} \cdot \begin{bmatrix} 1 & 0 & \cdots & 0 \\ 0 & 1 & \cdots & 0 \\ \vdots & \vdots & \ddots & \vdots \\ 0 & 0 & \cdots & 1 \end{bmatrix} = \begin{bmatrix} b_{11} & b_{12} & \cdots & b_{1n} \\ b_{21} & b_{22} & \cdots & b_{2n} \\ \vdots & \vdots & \ddots & \vdots \\ b_{n1} & b_{n2} & \cdots & b_{nn} \end{bmatrix}.$$

Anéis, domínios de integridade e corpos

($\Leftarrow$) Seja

$$\begin{bmatrix} b_{11} & b_{12} & \cdots & b_{1n} \\ b_{21} & b_{22} & \cdots & b_{2n} \\ \vdots & \vdots & \ddots & \vdots \\ b_{n1} & b_{n2} & \cdots & b_{nn} \end{bmatrix}$$

a unidade de $M_n(A)$. Assim, b_{11} é a unidade de A pois, dado $a \in A$:

$$\begin{bmatrix} a & 0 & \cdots & 0 \\ 0 & 0 & \cdots & 0 \\ \vdots & \vdots & \ddots & \vdots \\ 0 & 0 & \cdots & 0 \end{bmatrix} = \begin{bmatrix} a & 0 & \cdots & 0 \\ 0 & 0 & \cdots & 0 \\ \vdots & \vdots & \ddots & \vdots \\ 0 & 0 & \cdots & 0 \end{bmatrix} \cdot \begin{bmatrix} b_{11} & b_{12} & \cdots & b_{1n} \\ b_{21} & b_{22} & \cdots & b_{2n} \\ \vdots & \vdots & \ddots & \vdots \\ b_{n1} & b_{n2} & \cdots & b_{nn} \end{bmatrix}$$

$$= \begin{bmatrix} a \cdot b_{11} & a \cdot b_{12} & \cdots & a \cdot b_{1n} \\ 0 & 0 & \cdots & 0 \\ \vdots & \vdots & \ddots & \vdots \\ 0 & 0 & \cdots & 0 \end{bmatrix}$$

que implica $a = a \cdot b_{11}$. Analogamente, demonstra-se que $a = b_{11} \cdot a$.

$\square$

Proposição 2.18. *Se A é um anel diferente do anel trivial, dado um natural $n \geqslant 2$, temos que $M_n(A)$ não satisfaz (A9).*

Demonstração: Seja então A com, pelo menos, um elemento $a \neq 0$. Note que as duas matrizes não nulas abaixo são divisoras de zero, afinal:

$$\begin{bmatrix} a & 0 & \cdots & 0 \\ 0 & 0 & \cdots & 0 \\ \vdots & \vdots & \ddots & \vdots \\ 0 & 0 & \cdots & 0 \end{bmatrix} \cdot \begin{bmatrix} 0 & 0 & \cdots & 0 \\ 0 & a & \cdots & 0 \\ \vdots & \vdots & \ddots & \vdots \\ 0 & 0 & \cdots & 0 \end{bmatrix} = \begin{bmatrix} 0 & 0 & \cdots & 0 \\ 0 & 0 & \cdots & 0 \\ \vdots & \vdots & \ddots & \vdots \\ 0 & 0 & \cdots & 0 \end{bmatrix}.$$

$\square$

E para finalizar o estudo das matrizes nesta seção, unimos duas proposições para concluir que nem todos elementos dos anéis de matrizes possuem inverso.

Corolário 2.19. *Seja A um anel com unidade 1. Então, dado natural $n \geqslant 2$, nem todos elementos de $M_n(A)$ possuem inverso multiplicativo.*

2.2. Matrizes

Demonstração: É consequência das proposições 2.11 e 2.18.

□

Exercícios da Seção 2.2

2.21. *Pesquise sobre:*

(a) Matrizes triangulares.

(b) Matrizes diagonais.

(c) Matrizes bidiagonais.

(d) Determinante de uma matriz.

(e) Traço de uma matriz.

(f) Matriz de rotação.

2.22. *Cada conjunto desta seção foi formado por matrizes com o mesmo número de linhas e colunas. Seria possível obter um anel de matrizes, com as mesmas operações que utilizamos, com 3 linhas e 4 colunas?*

2.23. *Escreva três elementos de $M_2(\mathbb{Z}[\sqrt{7}])$.*

2.24. *Encontre um elemento inversível de $M_3(\mathbb{Z}[\sqrt{2}])$.*

2.25. *Em $M_2(\mathbb{R})$ seja a matriz inversível*

$$A = \begin{bmatrix} a & b \\ c & d \end{bmatrix}.$$

Qual o inverso de A?

2.26. *Dado p um número natural primo, prove que*

$$A_p = \left\{ \begin{bmatrix} a & bp \\ b & a \end{bmatrix} : a, b \in \mathbb{Z} \right\}$$

é um anel. Valem mais algumas propriedades?

Anéis, domínios de integridade e corpos

2.27. *Prove a segunda parte de $(A6)$, do Exemplo 2.19.*

2.28. *Encontre uma condição para a invertibilidade de elementos em $M_2(\mathbb{Z})$.*

2.29. *Apresente uma matriz $A \in M_2(\mathbb{R})$ tal que $A^n \neq A$ para todo natural $n > 1$.*

2.30. *Encontre um elemento A de $M_2(\mathbb{R})$, diferente da identidade, tal que A^3 seja igual a matriz identidade.*

2.31. *Prove que em $M_2(\mathbb{Q})$, as únicas matrizes que comutam com todas as demais, são as matrizes*
$$\begin{bmatrix} a & 0 \\ 0 & a \end{bmatrix}$$
com $a \in \mathbb{Q}$.

2.3 Funções

Outra importante fonte de exemplos de anéis são as funções, que estudaremos nesta seção.

Uma função $f : A \to B$ é uma regra que associa, a cada elemento de A, algum elemento de B. Essa regra pode ser dada via uma expressão algébrica, que é a maneira como estudamos e estamos acostumados, pode ser dada via seu gráfico, o que nos fornece um aspecto visual e geométrico muito importante, ou pode até mesmo ser apresentada via uma tabela, onde se mostra explicitamente a tal associação.

Aproximadamente 5 mil anos atrás, os babilônios produziam tabelas que continham os quadrados, cubos e mesmo os inversos de números naturais. Tais tabelas podem ser vistas como um dos primeiros indícios desse conceito tão curical para o desenvolvimento da matemática.

Porém, o desenvolvimento e o estudo das funções como objetos que por si só satisfazem inúmeras propriedades, é mais fácil de ser aprofundado quando as vemos ser definidas através de uma lei de formação. Esse estudo mais completo das funções é mais atual, e pode ser visto, por exemplo, em [33], o Almagesto de Ptolomeu.

2.3. Funções

> **Cláudio Ptolomeu**
>
>  Cláudio Ptolomeu (Egito, ~ 85 d.C. - Alexandria, ~ 165 d.C.) foi um matemático egípcio. Estudou astronomia, astrologia, geografia e cartografia, além de contribuir imensamente para a matemática. Seu principal trabalho é o Almagesto, um compilado de treze livros que abordam o movimento planetário e estelar.

Começaremos estudando o conjunto de funções que já conhecemos, que aprendemos ainda em idade escolar, das funções de números reais em números reais.

Exemplo 2.20. *Seja o conjunto das funções de $\mathbb{R}$ em $\mathbb{R}$*

$$\mathcal{F}(\mathbb{R}) = \{f : \mathbb{R} \to \mathbb{R}\}$$

onde, dadas $f, g \in \mathcal{F}(\mathbb{R})$, definimos a adição e a multiplicação como, $\forall\, x \in \mathbb{R}$,

$$(f + g)(x) = f(x) + g(x)$$

e

$$(f \cdot g)(x) = f(x) \cdot g(x).$$

Ou seja, a adição e a multiplicação de funções se dá calculando cada uma delas em um ponto e, depois, somando ou multiplicando o resultado nos reais. Dessa forma, como $\mathbb{R}$ é um corpo, podemos provar que $\mathcal{F}(\mathbb{R})$ é um anel comutativo com unidade.

(A1)

$$\begin{aligned}((f + g) + h)(x) &= (f + g)(x) + h(x) \\ &= (f(x) + g(x)) + h(x) \\ &= f(x) + (g(x) + h(x)) \\ &= f(x) + (g + h)(x) \\ &= (f + (g + h))(x).\end{aligned}$$

($A2$) *Dado* $x \in \mathbb{R}$:

$$(f+g)(x) = f(x) + g(x)$$
$$= g(x) + f(x)$$
$$= (g+f)(x).$$

($A3$) *Considere a função* $c_0(x) = 0$, $\forall x \in \mathbb{R}$:

$$(f+c_0)(x) = f(x) + c_0(x)$$
$$= f(x) + 0$$
$$= f(x).$$

($A4$) *Dada* $f \in \mathcal{F}(\mathbb{R})$, *sua função oposta é* $-f$ *dada por* $(-f)(x) = -f(x)$, $\forall x \in \mathbb{R}$:

$$(f+(-f))(x) = f(x) + (-f)(x)$$
$$= f(x) + (-f(x))$$
$$= 0$$
$$= c_0(x).$$

($A5$) *Dado* $x \in \mathbb{R}$:

$$((f \cdot g) \cdot h)(x) = (f \cdot g)(x) \cdot h(x)$$
$$= (f(x) \cdot g(x)) \cdot h(x)$$
$$= f(x) \cdot (g(x) \cdot h(x))$$
$$= f(x) \cdot (g \cdot h)(x)$$
$$= (f \cdot (g \cdot h))(x).$$

2.3. Funções

($A6$) *Para todo* $x \in \mathbb{R}$:

$$\begin{aligned}(f \cdot (g+h))(x) &= f(x) \cdot (g+h)(x) \\ &= f(x) \cdot (g(x) + h(x)) \\ &= f(x) \cdot g(x) + f(x) \cdot h(x) \\ &= (f \cdot g)(x) + (f \cdot h)(x) \\ &= (f \cdot g + f \cdot h)(x)\end{aligned}$$

e

$$\begin{aligned}((f+g) \cdot h)(x) &= (f+g)(x) \cdot h(x) \\ &= (f(x) + g(x)) \cdot h(x) \\ &= f(x) \cdot h(x) + g(x) \cdot h(x) \\ &= (f \cdot h)(x) + (g \cdot h)(x) \\ &= (f \cdot h + g \cdot h)(x).\end{aligned}$$

($A7$) *Dado* $x \in \mathbb{R}$:

$$(f \cdot g)(x) = f(x) \cdot g(x) = g(x) \cdot f(x) = (g \cdot f)(x).$$

($A8$) *A função* c_1 *definida como* $c_1(x) = 1$, $\forall\, x \in \mathbb{R}$, *é a identidade multiplicativa*:

$$(f \cdot c_1)(x) = f(x) \cdot c_1(x) = f(x) \cdot 1 = f(x).$$

Como já provamos que $\mathcal{F}(\mathbb{R})$ *tem a multiplicação comutativa, também vale* $c_1 \cdot f = f$.

($A9$) *É possível que duas funções não nulas tenham produto nulo. Defina*

$$f(x) = \begin{cases} \pi, & \text{se } x = 2 \\ 0, & \text{caso contrário.} \end{cases}$$

e

$$g(x) = \begin{cases} \sqrt{5}, & \text{se } x = 3 \\ 0, & \text{caso contrário.} \end{cases}$$

Note que $(f \cdot g)(x)$ *é sempre zero pois, dado* $x \in \mathbb{R}$, $f(x) = 0$ *ou* $g(x) = 0$ *(afinal,* $2 \neq 3$*).*

Anéis, domínios de integridade e corpos

($A10$) *A Proposição 2.11 nos diz que é impossível inverter multiplicativamente uma função não nula, que se anule em algum ponto. De fato, seja a função g definida em ($A9$). A sua inversa, se existisse, teria que ser uma função h tal que $g(x) \cdot h(x) = 1$, $\forall x \in \mathbb{R}$. Mas se tentarmos calcular esta igualdade em $x = 8$, teríamos $0 \cdot h(8) = 1$, o que é um absurdo.*

Assim, o conjunto $\mathcal{F}(\mathbb{R})$ é, somente, um anel comutativo com unidade. □

Dados $a, b \in \mathbb{R}$, com $a < b$, define-se de forma análoga e com operações similares o anel comutativo com unidade

$$\mathcal{F}([a,b]) = \{f : [a,b] \to \mathbb{R}\}.$$

Mas esses casos apenas envolvem o conjunto dos números reais. Felizmente, podemos generalizá-los para quaisquer conjuntos, conforme o exemplo a seguir.

Exemplo 2.21. *Seja A um anel e X um conjunto qualquer não vazio. Defina*

$$\mathcal{F}(X, A) = \{f : X \to A\}$$

o conjunto das funções de X em A. Dadas $f, g \in \mathcal{F}(X, A)$, considere as seguintes operações em $\mathcal{F}(X, A)$, $\forall x \in X$:

$$(f + g)(x) = f(x) + g(x)$$

e

$$(f \cdot g)(x) = f(x) \cdot g(x).$$

Perceba que a definição das operações sobre as funções utiliza, no lado direito das igualdades, as operações do anel A. Vamos demonstrar que $\mathcal{F}(X, A)$ é um anel:

($A1$) *Dado $x \in X$:*

$$\begin{aligned}((f + g) + h)(x) &= (f + g)(x) + h(x) \\ &= (f(x) + g(x)) + h(x) \\ &= f(x) + (g(x) + h(x)) \\ &= f(x) + (g + h)(x) \\ &= (f + (g + h))(x).\end{aligned}$$

2.3. Funções

($A2$) *Para todo $x \in X$:*

$$(f+g)(x) = f(x) + g(x)$$
$$= g(x) + f(x)$$
$$= (g+f)(x).$$

($A3$) *Considere a função $c_0(x) = 0_A$, $\forall x \in X$:*

$$(f+c_0)(x) = f(x) + c_0(x)$$
$$= f(x) + 0_A$$
$$= f(x).$$

($A4$) *Sendo $f \in \mathcal{F}(X,A)$, sua oposta da adição é $-f$, onde $(-f)(x) = -f(x)$, $\forall x \in X$:*

$$(f+(-f))(x) = f(x) + (-f)(x)$$
$$= f(x) + (-f(x))$$
$$= 0_A$$
$$= c_0(x).$$

($A5$) *Dado $x \in X$:*

$$((f \cdot g) \cdot h)(x) = (f \cdot g)(x) \cdot h(x)$$
$$= (f(x) \cdot g(x)) \cdot h(x)$$
$$= f(x) \cdot (g(x) \cdot h(x))$$
$$= f(x) \cdot (g \cdot h)(x)$$
$$= (f \cdot (g \cdot h))(x).$$

(A6) *Novamente,* $\forall\, x \in X$:

$$\begin{aligned}
(f \cdot (g+h))(x) &= f(x) \cdot (g+h)(x) \\
&= f(x) \cdot (g(x) + h(x)) \\
&= f(x) \cdot g(x) + f(x) \cdot h(x) \\
&= (f \cdot g)(x) + (f \cdot h)(x) \\
&= (f \cdot g + f \cdot h)(x)
\end{aligned}$$

e

$$\begin{aligned}
((f+g) \cdot h)(x) &= (f+g)(x) \cdot h(x) \\
&= (f(x) + g(x)) \cdot h(x) \\
&= f(x) \cdot h(x) + g(x) \cdot h(x) \\
&= (f \cdot h)(x) + (g \cdot h)(x) \\
&= (f \cdot h + g \cdot h)(x).
\end{aligned}$$

$\square$

Assim como no caso das matrizes, as demais propriedades devem ser analisadas caso a caso, pois sua validade sobre $\mathcal{F}(X, A)$ depende do conjunto X e, principalmente, das propriedades do anel A.

Proposição 2.20. *Seja A um anel e X um conjunto qualquer não vazio. Assim,*

$$A \text{ é comutativo} \Leftrightarrow \mathcal{F}(X, A) \text{ é comutativo}.$$

Demonstração: ($\Rightarrow$) Sejam $f, g \in \mathcal{F}(X, A)$. Assim, para qualquer $x \in X$:

$$(f \cdot g)(x) = f(x) \cdot g(x) = g(x) \cdot f(x) = (g \cdot f)(x)$$

ou seja, $f \cdot g = g \cdot f$ e $\mathcal{F}(X, A)$ é comutativo.

($\Leftarrow$) Sejam $a, b \in A$ e considere as funções de $\mathcal{F}(X, A)$ dadas por

$$c_a(x) = a \text{ e } c_b(x) = b$$

para todo $x \in X$. Assim, para algum elemento $x_0 \in X$,

$$ab = c_a(x_0) \cdot c_b(x_0) = (c_a \cdot c_b)(x_0) = (c_b \cdot c_a)(x_0) = c_b(x_0) \cdot c_a(x_0) = ba.$$

2.3. Funções

Logo, A é comutativo.

$\square$

Proposição 2.21. *Seja A um anel e X um conjunto qualquer não vazio. Daí,*

$$A \text{ possui unidade} \Leftrightarrow \mathcal{F}(X, A) \text{ possui unidade.}$$

Demonstração: ($\Rightarrow$) Seja 1 a unidade de A e defina $c_1(x) = 1$. Tomando $f \in \mathcal{F}(X, A)$ temos, para qualquer $x \in X$:

$$(f \cdot c_1)(x) = f(x) \cdot c_1(x) = f(x) \cdot 1 = f(x).$$

De modo análogo, prova-se que $c_1 \cdot f = f$.

($\Leftarrow$) Seja $f \in \mathcal{F}(X, A)$ sua unidade multiplicativa. Vamos provar que $f(t)$ é a unidade multiplicativa de A, onde t é um elemento qualquer de X. Para isso, seja $a \in A$ e considere a função constante $c_a(x) = a$, $\forall x \in X$. Daí:

$$a \cdot f(t) = c_a(t) \cdot f(t) = (c_a \cdot f)(t) = c_a(t) = a.$$

Analogamente, $f(t) \cdot a = a$.

$\square$

Proposição 2.22. *Seja A um anel com elemento neutro 0 e, pelo menos, um elemento não nulo. Seja, também, X um conjunto com pelo menos dois elementos. Assim, $\mathcal{F}(X, A)$ possui divisores de zero, ou seja, não satisfaz (A9).*

Demonstração: Sejam $x_0, x_1 \in X$ distintos e $a \in A$ não nulo. Defina

$$f(x) = \begin{cases} a, & \text{se } x = x_0 \\ 0, & \text{caso contrário} \end{cases}$$

e

$$g(x) = \begin{cases} a, & \text{se } x = x_1 \\ 0, & \text{caso contrário.} \end{cases}$$

Assim, ambas essas funções são não nulas, porém seu produto é a função nula de $\mathcal{F}(X, A)$.

$\square$

Anéis, domínios de integridade e corpos

Novamente pela contra-positiva da Proposição 2.10, segue que sob as condições da proposição recém apresentada, nem todo elemento de $\mathcal{F}(X, A)$ possui inverso multiplicativo.

Mesmo assim, podemos especular sobre alguns elementos inversíveis.

Proposição 2.23. *Seja A um anel com unidade 1 e X um conjunto não vazio. Se um elemento $a \in A$ possui inverso multiplicativo, então a função $c_a(x) = a$, $\forall x \in X$, é inversível em $\mathcal{F}(X, A)$.*

Demonstração: A Proposição 2.21 nos diz que $\mathcal{F}(X, A)$ possui unidade c_1. Assim, dado qualquer $x \in X$:

$$(c_a \cdot c_{a^{-1}})(x) = c_a(x) \cdot c_{a^{-1}}(x) = a \cdot a^{-1} = 1 = c_1(x)$$

o que implica que $c_a \cdot c_{a^{-1}} = c_1$. Analogamente, $c_{a^{-1}} \cdot c_a = c_1$.

$\square$

Exercícios da Seção 2.3

2.32. *Pesquise sobre:*

(a) Função bijetora.

(b) Composição de funções.

2.33. *Se X possui 3 elementos e A possui 4 elementos, quantos elementos possui o anel $\mathcal{F}(X, A)$?*

2.34. *Apresente 2 elementos de*

$$\mathcal{F}(\mathbb{Z}[\sqrt{5}], M_3(\mathbb{R})).$$

2.35. *Dê 3 exemplos de elementos inversíveis em*

$$\mathcal{F}(\mathbb{Z}, M_2(\mathbb{R})).$$

2.36. *O conjunto das funções deriváveis de $\mathbb{R}$ em $\mathbb{R}$, é um anel?*

2.4. Produto direto

2.37. *Defina o seguinte subconjunto de $\mathcal{F}(\mathbb{R},\mathbb{R})$:*

$$W = \left\{ a_0 + \sum_{k=1}^{n}(a_k \cos(kx) + b_k \operatorname{sen}(kx)) \mid a_i \in \mathbb{R}, n \in \mathbb{N}^* \right\}.$$

Prove que W é um anel comutativo com unidade. Ele é chamado de anel das funções trigonométricas.

2.38. *O conjunto $\mathcal{F}(\mathbb{R},\mathbb{R})$ é um anel, se considerarmos a operação de adição e, como segunda operação, a composição?*

2.4 Produto direto

Nesta seção, veremos como construir um novo anel, partindo de dois ou mais anéis. Para isso, utilizamos o conceito de produto cartesiano, que é bem conhecido ao se estudar como desenhar gráficos de uma função.

Para obter um produto direto de anéis, o que faremos é tomar o produto cartesiano de dois anéis e, utilizando as operações destes, dar uma estrutura de anel ao produto cartesiano através da definição de duas operações, como vemos na definição a seguir.

Definição 2.7. *Sejam dois anéis $(A, \oplus, \otimes)$ e $(B, \ddagger, \diamond)$ e considere seu produto cartesiano*

$$A \times B = \{(a,b) : a \in A, b \in B\}.$$

Definimos o anel produto direto, ou o produto direto de anéis, como esse conjunto com as operações

$$(a_1, b_1) + (a_2, b_2) = (a_1 \oplus a_2, b_1 \ddagger b_2)$$

e

$$(a_1, b_1) \cdot (a_2, b_2) = (a_1 \otimes a_2, b_1 \diamond b_2).$$

Dessa forma, do lado direito das igualdades temos as operações de cada anel: nas primeiras coordenadas, as operações de A e, nas segundas, as operações de B. Sabendo que

$$(a_1, b_1) = (a_2, b_2) \Leftrightarrow a_1 = a_2 \text{ e } b_1 = b_2$$

vamos provar que esta estrutura algébrica é um anel.

($A1$)
$$((a_1,b_1)+(a_2,b_2))+(a_3,b_3) = (a_1 \oplus a_2, b_1 \ddagger b_2)+(a_3,b_3)$$
$$= ((a_1 \oplus a_2) \oplus a_3, (b_1 \ddagger b_2) \ddagger b_3)$$
$$= (a_1 \oplus (a_2 \oplus a_3), b_1 \ddagger (b_2 \ddagger b_3))$$
$$= (a_1, b_1) + (a_2 \oplus a_3, b_2 \ddagger b_3)$$
$$= (a_1, b_1) + ((a_2, b_2) + (a_3, b_3)).$$

($A2$)
$$(a_1, b_1) + (a_2, b_2) = (a_1 \oplus a_2, b_1 \ddagger b_2)$$
$$= (a_2 \oplus a_1, b_2 \ddagger b_1)$$
$$= (a_2, b_2) + (a_1, b_1).$$

($A3$) Seu elemento neutro é $(0_A, 0_B)$:
$$(a,b) + (0_A, 0_B) = (a \oplus 0_A, b \ddagger 0_B)$$
$$= (a,b).$$

($A4$) Dado $(a,b) \in A \times B$, seu oposto é $(-a,-b)$, em que $-a$ é o oposto de a em A, e $-b$ é o oposto de b em B:
$$(a,b) + (-a,-b) = (a \oplus (-a), b \ddagger (-b))$$
$$= (0_A, 0_B).$$

($A5$)
$$((a_1,b_1) \cdot (a_2,b_2)) \cdot (a_3,b_3) = (a_1 \otimes a_2, b_1 \diamond b_2) \cdot (a_3, b_3)$$
$$= ((a_1 \otimes a_2) \otimes a_3, (b_1 \diamond b_2) \diamond b_3)$$
$$= (a_1 \otimes (a_2 \otimes a_3), b_1 \diamond (b_2 \diamond b_3))$$
$$= (a_1, b_1) \cdot (a_2 \otimes a_3, b_2 \diamond b_3)$$
$$= (a_1, b_1) \cdot ((a_2, b_2) \cdot (a_3, b_3)).$$

2.4. Produto direto

($A6$)

$$\begin{aligned}(a_1,b_1)\cdot((a_2,b_2)+(a_3,b_3)) &= (a_1,b_1)\cdot(a_2\oplus a_3, b_2\ddagger b_3)\\ &= (a_1\otimes(a_2\oplus a_3), b_1\diamond(b_2\ddagger b_3))\\ &= ((a_1\otimes a_2)\oplus(a_1\otimes a_3),(b_1\diamond b_2)\ddagger(b_1\diamond b_3))\\ &= (a_1\otimes a_2, b_1\diamond b_2)+(a_1\otimes a_3, b_1\diamond b_3)\\ &= (a_1,b_1)\cdot(a_2,b_2)+(a_1,b_1)\cdot(a_3,b_3)\end{aligned}$$

e

$$\begin{aligned}((a_1,b_1)+(a_2,b_2))\cdot(a_3,b_3) &= (a_1\oplus a_2, b_1\ddagger b_2)\cdot(a_3,b_3)\\ &= ((a_1\oplus a_2)\otimes a_3,(b_1\ddagger b_2)\diamond b_3))\\ &= ((a_1\otimes a_3)\oplus(a_2\otimes a_3),(b_1\diamond b_3)\ddagger(b_2\diamond b_3))\\ &= (a_1\otimes a_3, b_1\diamond b_3)+(a_2\otimes a_3, b_2\diamond b_3)\\ &= (a_1,b_1)\cdot(a_3,b_3)+(a_2,b_2)\cdot(a_3,b_3).\end{aligned}$$

Dependendo das propriedades que os anéis A e B satisfazem, seu produto direto pode também satisfazer algo a mais.

Proposição 2.24. *Sejam A e B anéis. Dessa forma,*

$$A \text{ e } B \text{ são comutativos} \Leftrightarrow A\times B \text{ é comutativo.}$$

Demonstração: ($\Rightarrow$) Temos

$$(a_1,b_1)\cdot(a_2,b_2) = (a_1\otimes a_2, b_1\diamond b_2) = (a_2\otimes a_1, b_2\diamond b_1) = (a_2,b_2)\cdot(a_1,b_1).$$

($\Leftarrow$) Sejam $a_1, a_2 \in A$. Assim, como $A\times B$ é comutativo:

$$(a_1\otimes a_2, 0_B) = (a_1, 0_B)\cdot(a_2, 0_B) = (a_2, 0_B)\cdot(a_1, 0_B) = (a_2\otimes a_1, 0_B)$$

ou seja, $a_1\otimes a_2 = a_2\otimes a_1$ e A é comutativo. De forma análoga, prova-se que B também é comutativo.

$\square$

Proposição 2.25. *Dados anéis A e B, temos que*

$$A \text{ e } B \text{ possuem unidade} \Leftrightarrow A\times B \text{ possui unidade.}$$

Anéis, domínios de integridade e corpos

Demonstração: ($\Rightarrow$) Sejam 1_A e 1_B as respectivas unidades de A e B. Assim, $(1_A, 1_B)$ é a unidade de $A \times B$:

$$\begin{aligned}(a,b) \cdot (1_A, 1_B) &= (a \otimes 1_A, b \diamond 1_B) \\ &= (a,b) \\ &= (1_A \otimes a, 1_B \diamond b) \\ &= (1_A, 1_B) \cdot (a,b).\end{aligned}$$

($\Leftarrow$) Seja (x,y) a unidade de $A \times B$. Assim, x será a unidade de A e y será a unidade de B:

$$(a,b) = (a,b) \cdot (x,y) = (a \otimes x, b \diamond y) \Rightarrow a = a \otimes x \text{ e } b = b \diamond y.$$

Analogamente, conclui-se que $x \otimes a = a$ e $y \diamond b = b$.

$\square$

Proposição 2.26. *Dados dois anéis A e B onde cada um deles possui pelo menos um elemento não nulo, seu produto direto $A \times B$ não satisfaz $(A9)$.*

Demonstração: Sejam a e b os elementos não nulos de A e B, respectivamente. Assim $(a, 0_B)$ e $(0_A, b)$ são divisores de zero de $A \times B$, pois

$$(0_A, 0_B) = (a, 0_B) \cdot (0_A, b).$$

$\square$

Consequentemente, existem elementos que não possuem inverso na multiplicação. Ou seja, o produto direto também não satisfará a propriedade $(A10)$. Mas, podemos descobrir quem são seus elementos inversíveis.

Proposição 2.27. *Dados anéis A e B, os elementos inversíveis de seu produto direto $A \times B$ são da forma (a, b), onde a e b são inversíveis em A e B, respectivamente.*

Demonstração: Primeiro, vamos demonstrar que tais elementos descritos no enunciado da proposição são, de fato, inversíveis. Se a e b são inversíveis em

2.4. Produto direto

seus respectivos anéis, temos que

$$(a,b) \cdot (a^{-1}, b^{-1}) = (a \otimes a^{-1}, b \diamond b^{-1})$$
$$= (1_A, 1_B)$$
$$= (a^{-1} \otimes a, b^{-1} \diamond b)$$
$$= (a^{-1}, b^{-1})(a,b)$$

e (a,b) é inversível.

Agora, para mostrar que esses são os únicos, suponha que um (x,y) qualquer é inversível em $A \times B$. Isso significa que existe (p,q) com

$$(x,y) \cdot (p,q) = (x \otimes p, y \diamond q) = (1_A, 1_B)$$

e

$$(p,q) \cdot (x,y) = (p \otimes x, q \diamond y) = (1_A, 1_B).$$

Disso, concluímos que p é o inverso de x em A e que q é o inverso de y em B.

$\square$

Pode-se tomar, também, o produto direto de mais de dois anéis, basta generalizar as definições, as operações e as proposições de forma natural. Por exemplo,

$$\mathbb{Z} \times \mathbb{Q} \times \mathbb{R} = \{(a,b,c) : a \in \mathbb{Z}, b \in \mathbb{Q}, c \in \mathbb{R}\}$$

com as operações

$$(a_1, b_1, c_1) + (a_2, b_2, c_2) = (a_1 + a_2, b_1 + b_2, c_1 + c_2)$$

e

$$(a_1, b_1, c_1) \cdot (a_2, b_2, c_2) = (a_1 \cdot a_2, b_1 \cdot b_2, c_1 \cdot c_2)$$

é um anel comutativo com unidade. Um elemento típico seu é

$$\left(3, \frac{1}{7}, -\pi\right).$$

Adicionalmente, é possível criar o produto direto de infinitos anéis, como vemos no exemplo a seguir.

Anéis, domínios de integridade e corpos

Exemplo 2.22. *Sejam* $\{A_j\}_{j\in\mathbb{N}}$ *anéis. Então*

$$\prod_{j\in\mathbb{N}} A_j = \{(a_0, a_1, a_2, \ldots) : a_j \in A_j\}$$

com as operações

$$(a_0, a_1, a_2, \ldots) + (b_0, b_1, b_2, \ldots) = (a_0 + b_0, a_1 + b_1, a_2 + b_2, \ldots)$$

e

$$(a_0, a_1, a_2, \ldots) \cdot (b_0, b_1, b_2, \ldots) = (a_0 b_0, a_1 b_1, a_2 b_2, \ldots)$$

é um anel. Note que se os A_j são comutativos e possuem unidade, o produto direto infinito deles também será. □

Além disso, valem as generalizações das Proposições 2.24, 2.25 e 2.26.

Vimos que definindo as operações coordenada a coordenada, o produto direto de anéis se torna um anel muito interessante. Agora veremos que mantendo a mesma adição mas definindo uma outra segunda operação, também obtemos um importante objeto.

Exemplo 2.23. *Seja um anel A e sobre o produto cartesiano $A \times A$, considere as seguintes operações:*

$$(a_1, b_1) + (a_2, b_2) = (a_1 + a_2, b_1 + b_2)$$

e

$$(a_1, b_1) \bullet (a_2, b_2) = (a_1 a_2 - b_1 b_2, a_1 b_2 + b_1 a_2).$$

Veja que cada coordenada do resultado da multiplicação envolve as quatro coordenadas iniciais – é por isso que essa construção pode não dar certo sobre um produto cartesiano do tipo $A \times B$. Vamos demonstrar que esta estrutura algébrica, $(A \times A, +, \bullet)$, também é um anel.

De fato, como as quatro primeiras propriedades envolvem apenas a adição, suas demonstrações são idênticas às do produto direto, definido no início da seção. Assim, valem as propriedades $(A1)$, $(A2)$, $(A3)$ e $(A4)$. Vejamos as próximas.

2.4. Produto direto

($A5$)

$$((a_1,b_1) \bullet (a_2,b_2)) \bullet (a_3,b_3) = (a_1a_2 - b_1b_2, a_1b_2 + b_1a_2) \bullet (a_3,b_3)$$
$$= ((a_1a_2 - b_1b_2)a_3 - (a_1b_2 + b_1a_2)b_3,$$
$$(a_1a_2 - b_1b_2)b_3 + (a_1b_2 + b_1a_2)a_3)$$
$$= (a_1a_2a_3 - b_1b_2a_3 - a_1b_2b_3 - b_1a_2b_3,$$
$$a_1a_2b_3 - b_1b_2b_3 + a_1b_2a_3 + b_1a_2a_3)$$
$$= (a_1(a_2a_3 - b_2b_3) - b_1(a_2b_3 + b_2a_3),$$
$$a_1(a_2b_3 + b_2a_3) + b_1(a_2a_3 - b_2b_3))$$
$$= (a_1,b_1) \bullet (a_2a_3 - b_2b_3, a_2b_3 + b_2a_3)$$
$$= (a_1,b_1) \bullet ((a_2,b_2) \bullet (a_3,b_3)).$$

($A6$)

$$(a_1,b_1) \bullet ((a_2,b_2) + (a_3,b_3))$$
$$= (a_1,b_1) \bullet (a_2 + a_3, b_2 + b_3)$$
$$= (a_1(a_2 + a_3) - b_1(b_2 + b_3), a_1(b_2 + b_3) + b_1(a_2 + a_3))$$
$$= (a_1a_2 + a_1a_3 - b_1b_2 - b_1b_3, a_1b_2 + a_1b_3 + b_1a_2 + b_1a_3)$$
$$= (a_1a_2 - b_1b_2, a_1b_2 + b_1a_2) + (a_1a_3 - b_1b_3, a_1b_3 + b_1a_3)$$
$$= (a_1,b_1) \bullet (a_2,b_2) + (a_1,b_1) \bullet (a_3,b_3)$$

e

$$((a_1,b_1) + (a_2,b_2)) \bullet (a_3,b_3)$$
$$= (a_1 + a_2, b_1 + b_2) \bullet (a_3,b_3)$$
$$= ((a_1 + a_2)a_3 - (b_1 + b_2)b_3, (a_1 + a_2)b_3 + (b_1 + b_2)a_3)$$
$$= (a_1a_3 + a_2a_3 - b_1b_3 - b_2b_3, a_1b_3 + a_2b_3 + b_1a_3 + b_2a_3)$$
$$= (a_1a_3 - b_1b_3, a_1b_3 + b_1a_3) + (a_2a_3 - b_2b_3, a_2b_3 + b_2a_3)$$
$$= (a_1,b_1) \bullet (a_3,b_3) + (a_2,b_2) \bullet (a_3,b_3).$$

$\square$

Assim, obtemos um outro anel a partir do conjunto $A \times A$. Dependendo do anel A, $(A \times A, +, \bullet)$ pode satisfazer mais algumas propriedades, como veremos nas próximas proposições.

Proposição 2.28. *Seja A um anel. Assim,*

$$A \text{ é comutativo} \Leftrightarrow (A \times A, +, \bullet) \text{ é comutativo.}$$

Demonstração: ($\Rightarrow$) Segue:

$$(a_1, 0) \bullet (a_2, 0) = (a_1 a_2 - 0 \cdot 0, a_1 \cdot 0 + 0 \cdot a_2)$$
$$= (a_2 a_1 - 0 \cdot 0, 0 \cdot a_1 + a_2 \cdot 0)$$
$$= (a_2, 0) \bullet (a_1, 0).$$

($\Leftarrow$) Tome $a_1, a_2 \in A$ e, como $A \times A$ é comutativo:

$$(a_1 a_2, 0) = (a_1 a_2 - 0 \cdot 0, a_1 \cdot 0 + 0 \cdot a_2)$$
$$= (a_1, 0) \bullet (a_2, 0)$$
$$= (a_2, 0) \bullet (a_1, 0)$$
$$= (a_2 a_1 - 0 \cdot 0, a_2 \cdot 0 + 0 \cdot a_1)$$
$$= (a_2 \cdot a_1, 0).$$

Assim A é comutativo.

$\square$

Proposição 2.29. *Considere o anel A. Assim,*

$$A \text{ possui unidade} \Leftrightarrow (A \times A, +, \bullet) \text{ possui unidade.}$$

Demonstração: ($\Rightarrow$) Se 1 é a unidade de A, temos que $(1, 0)$ é a unidade de $(A \times A, +, \bullet)$:

$$(a, b) \bullet (1, 0) = (a \cdot 1 - b \cdot 0, a \cdot 0 + b \cdot 1)$$
$$= (a, b)$$
$$= (1 \cdot a - 0 \cdot b, 1 \cdot b + 0 \cdot a)$$
$$= (1, 0) \bullet (a, b).$$

($\Leftarrow$) Seja (x, y) a unidade de $(A \times A, +, \bullet)$. Assim, x será a unidade de A:

$$(a, 0) = (a, 0) \cdot (x, y) = (ax - 0 \cdot y, ay + 0 \cdot x) \Rightarrow a = ax.$$

2.4. Produto direto

De forma análoga, prova-se que $xa = a$.

$\square$

Note que y também é uma unidade para A, o que nos leva a concluir que $x = y$. A análise de $(A9)$ e $(A10)$ não é simples, mas podemos fazê-la para um caso especial.

Exemplo 2.24. *Considere $A = \mathbb{R}$ e construa $(\mathbb{R} \times \mathbb{R}, +, \bullet)$. Assim, note que esse conjunto é um anel comutativo com unidade $(1, 0)$, pois $\mathbb{R}$ o é. Vamos provar que, na verdade, este anel é um corpo (e consequentemente um domínio de integridade).*

Precisamos demonstrar que $(\mathbb{R} \times \mathbb{R}, +, \bullet)$ satisfaz $(A10)$, ou seja, que todos seus elementos não nulos possuem inverso multiplicativo. Assim, dado um seu elemento (a, b) não nulo, perceba que $a^2 + b^2$ é diferente de zero. Vamos demonstrar que

$$\left(\frac{a}{a^2 + b^2}, \frac{-b}{a^2 + b^2} \right)$$

é seu inverso:

$$(a, b) \bullet \left(\frac{a}{a^2 + b^2}, \frac{-b}{a^2 + b^2} \right)$$

$$= \left(a \cdot \frac{a}{a^2 + b^2} - b \cdot \frac{-b}{a^2 + b^2}, a \cdot \frac{-b}{a^2 + b^2} + b \cdot \frac{a}{a^2 + b^2} \right)$$

$$= \left(\frac{a^2}{a^2 + b^2} + \frac{b^2}{a^2 + b^2}, \frac{-ab}{a^2 + b^2} + \frac{ab}{a^2 + b^2} \right)$$

$$= (1, 0).$$

Em particular, perceba que

$$(a, a)^{-1} = \left(\frac{1}{2a}, \frac{-1}{2a} \right)$$

$\square$

Exemplo 2.25. *De forma análoga podemos definir o "anel dos inteiros de Gauss", $(\mathbb{Z} \times \mathbb{Z}, +, \bullet)$, e o "anel dos racionais de Gauss", $(\mathbb{Q} \times \mathbb{Q}, +, \bullet)$.* $\square$

Johann Carl Friedrich Gauss

Johann Carl Friedrich Gauss (Brunswick, 30 de abril de 1777 - Göttingen, 23 de fevereiro de 1855) foi um matemático e físico alemão. Contribuiu para o desenvolvimento da teoria dos números, da análise, da geometria diferencial, da astronomia e da ótica. É conhecido por realizar instantaneamente a soma de 1 até 100 quando desafiado aos sete anos de idade. Publicou mais de 70 artigos na década de 1820.

Exercícios da Seção 2.4

2.39. *Pesquise sobre:*

(a) Soma direta.

2.40. *Escreva três elementos de $M_2(\mathbb{R}) \times \mathbb{Z}[\sqrt{5}]$.*

2.41. *Escreva três elementos de $\mathcal{F}(\mathbb{R}) \times \mathbb{H}$, este último sendo o anel dos quatérnios.*

2.42. *Apresente três elementos inversíveis de $M_3(\mathbb{R}) \times \mathcal{F}(\mathbb{Q})$.*

2.43. *Apresente três elementos de $\mathcal{F}(\mathbb{Z}) \times M_3(\mathbb{Q}) \times \mathbb{R}$.*

2.44. *Demonstre o Exemplo 2.22.*

2.45. *Efetue*
$$(3, \sqrt{2}) \bullet (5\sqrt{2}, 4)$$
em $(\mathbb{R} \times \mathbb{R}, +, \bullet)$.

2.46. *As proposições dessa seção nos garantem que $(\mathbb{Z} \times \mathbb{Z}, +, \bullet)$ é um anel comutativo com unidade. Ele satisfará $(A9)$ e $(A10)$?*

2.47. *Demonstre que $(\mathbb{Q} \times \mathbb{Q}, +, \bullet)$ é um corpo.*

2.48. *Quais propriedades, de $(A1)$ até $(A10)$, são satisfeitas por $(\mathbb{H} \times \mathbb{H}, +, \bullet)$?*

2.5 Anel dos inteiros módulo n

Nesta seção, apresentaremos um anel de extrema importância que nasce a partir do simples conceito da divisão euclidiana. Basicamente, dado um $n \in \mathbb{N}^*$, queremos construir um anel em que cada elemento seu represente um possível resto da divisão dos números inteiros por n.

Sua construção formal nos leva a começar introduzindo um conceito muito relevante na matemática, chamado relação de equivalência. Novamente, seja $(A, +, \cdot)$ um anel com elemento neutro 0.

Uma relação $\sim$ em um anel A é uma regra que associa dois elementos quaisquer, desde que obedecendo a receita desta relação. Por exemplo, podemos dizer que $a \sim b \Leftrightarrow a = b$. Ou $a \sim b \Leftrightarrow ab = 0$.

Quando temos uma relação, podemos nos perguntar se ela satisfaz propriedades interessantes – [37] traz uma lista dessas propriedades no Apêndice A. E algumas delas serão importantes nesta seção, como vemos na definição a seguir.

Definição 2.8. *Uma relação $\sim$ em A é dita uma relação de equivalência quando satisfaz as seguintes três regras, para $a, b, c \in A$:*

(R1) (Reflexividade) $a \sim a$;

(R2) (Simetria) $a \sim b \Rightarrow b \sim a$;

(R3) (Transitividade) $a \sim b$, $b \sim c \Rightarrow a \sim c$.

A relação que apresentamos a seguir é aquela que nos levará à definição de um dos mais importantes anéis da teoria.

Exemplo 2.26. *Fixe um número natural $n \geq 1$. No anel $\mathbb{Z}$, considere a relação*

$$a \sim_n b \Leftrightarrow a - b \text{ é múltiplo de } n.$$

Esta relação é de equivalência:

(R1) Como $a - a = 0 = n \cdot 0$, temos que $a \sim_n a$.

(R2) Note que $a \sim_n b$ significa que $a - b$ é múltiplo de n. Dessa forma, $b - a$ também será, basta multiplicar por -1. Logo $b \sim_n a$.

(R3) *Segue:*

$$a \sim_n b,\ b \sim_n c \Rightarrow a - b = np\ e\ b - c = nq,\ onde\ p, q \in \mathbb{Z}$$
$$\Rightarrow a - c = n(p + q),\ onde\ p + q \in \mathbb{Z}$$
$$\Rightarrow a \sim_n c.$$

□

Quando temos uma relação de equivalência, a matemática transborda e podemos definir novos e interessantes conceitos, como as classes de equivalência.

Definição 2.9. *Seja uma relação de equivalência $\sim$ num anel A. Definimos, para todo $a \in A$:*

$$\overline{a} = \{b \in A : a \sim b\}.$$

Esses conjuntos são chamados de classes de equivalência.

Assim, quando temos uma relação de equivalência, ela nos ajuda a quebrar o anel em vários pedaços, onde cada pedaço contém apenas elementos que estejam relacionados entre si.

Na proposição a seguir, vemos algumas propriedades que esses pedaços satisfazem.

Proposição 2.30. *Seja A um anel e $\sim$ uma relação de equivalência em A. Então valem:*

(a) $a \sim b \Leftrightarrow \overline{a} = \overline{b}$;

(b) $a \not\sim b \Leftrightarrow \overline{a} \cap \overline{b} = \emptyset$;

(c) $A = \bigcup\limits_{a \in A} \overline{a}.$

Demonstração: (a) $(\Rightarrow)$ Vamos provar que os conjuntos $\overline{a}$ e $\overline{b}$ são iguais. Para isso, devemos mostrar que $\overline{a} \subseteq \overline{b}$ e $\overline{a} \supseteq \overline{b}$.

$(\subseteq)$ Note que $x \in \overline{a}$ implica que $x \sim a$. Como, por hipótese, $a \sim b$, segue pela transitividade que $x \sim b$. Logo $x \in \overline{b}$.

$(\supseteq)$ É análogo.

$(\Leftarrow)$ Como $a \sim a$, segue que $a \in \overline{a}$. Como $\overline{a} = \overline{b}$, segue que $a \in \overline{b}$ e, daí, $a \sim b$.

2.5. Anel dos inteiros módulo n

(b) ($\Rightarrow$) Suponha, por absurdo, que $x \in \overline{a} \cap \overline{b}$. Daí, $x \sim a$ e $x \sim b$. Pela simetria e pela transitividade, segue que $a \sim b$, o que é um absurdo pois contraria a hipótese.

($\Leftarrow$) É consequência da contra-positiva da ida do item (a).

(c) Como $A \supseteq \bigcup_{a \in A} \overline{a}$, nos resta provar que $A \subseteq \bigcup_{a \in A} \overline{a}$. Para isso, note que dado $a \in A$, temos $a \in \overline{a} \subseteq \bigcup_{a \in A} \overline{a}$.

$\square$

Observação 2.31. *Perceba que na demonstração dessa proposição, não utilizamos a estrutura do anel, apenas o fato de $\sim$ ser uma relação de equivalência. Isso nos diz que dada uma relação de equivalência em um conjunto qualquer, então teremos as mesmas conclusões.* $\square$

Observação 2.32. *A proposição acima diz que cada elemento de A pertence a uma, e somente uma, classe de equivalência. Ademais, a união dessas classes que equivalência disjuntas é o próprio anel A. Dizemos assim, que uma relação de equivalência induz uma partição do anel A.* $\square$

Definição 2.10. *Dado um anel A com uma relação de equivalência $\sim$, definimos*
$$A/_\sim = \{\overline{a} : a \in A\}.$$
Esse conjunto é denominado o quociente do anel A pela relação $\sim$.

Exemplo 2.27. *Retomando o Exemplo 2.26, sabemos que dado $a \in \mathbb{Z}$, existem únicos $q, r \in \mathbb{Z}$ com $0 \leq r < n$ tais que $a = nq + r$. Assim, $a - r = nq$ é múltiplo de n, o que nos diz que $a \sim_n r$ e, portanto, $\overline{a} = \overline{r}$. Ou seja, temos apenas n classes de equivalência distintas, que são as classes dos números r que satisfazem $0 \leq r < n$.*
Consequentemente, temos que
$$\mathbb{Z}/_{\sim_n} = \{\overline{0}, \overline{1}, \cdots, \overline{n-1}\}$$
que é denotado por
$$\mathbb{Z}_n$$

Anéis, domínios de integridade e corpos

e denominado o conjunto dos inteiros módulo n. Note que

$$\overline{0} = \{\ldots, -2n, -n, 0, n, 2n, \ldots\}$$
$$\overline{1} = \{\ldots, -2n+1, -n+1, 1, n+1, 2n+1, \ldots\}$$
$$\vdots$$
$$\overline{n-1} = \{\ldots, -n-1, -1, n-1, 2n-1, 3n-1, \ldots\}.$$

□

Observação 2.33. *Alguns livros utilizam essa mesma notação para um conjunto diferente, denominado anel dos inteiros p-ádicos, que você pode conhecer no Apêndice B. Então, quando você encontrar essa notação em suas leituras, tenha a certeza de qual o seu significado.* □

Dependendo da relação $\sim$ a partir da qual o conjunto $A/_\sim$ foi criado, é possível transformar este quociente em uma estrutura algébrica. Aqui, queremos adicionar uma estrutura algébrica sobre $\mathbb{Z}_n$, e faremos isso também na Seção 4.6 a partir de outra relação de equivalência.

Definição 2.11. *Dados $\overline{a}, \overline{b} \in \mathbb{Z}_n$, defina as operações*

$$\overline{a} + \overline{b} = \overline{a+b}$$

e

$$\overline{a} \cdot \overline{b} = \overline{ab}.$$

Assim, se em $\mathbb{Z}_6$ queremos somar $\overline{3}$ e $\overline{5}$, temos

$$\overline{3} + \overline{5} = \overline{3+5} = \overline{8}$$

e como $8 \sim_6 2$, concluímos que

$$\overline{3} + \overline{5} = \overline{8} = \overline{2}.$$

Perceba que para somar duas classes de equivalência, devemos tomar um representante de cada uma delas, somar dentro de $\mathbb{Z}$, e aí tomar a classe de equivalência. Por conta disso, devemos ter a garantia de que esse resultado não

2.5. Anel dos inteiros módulo n

vai mudar se tomarmos representantes distintos para uma mesma classe. Essa busca pela garantia significa demonstrar que, de fato, essas operações estão bem definidas.

Por exemplo, a adição que realizamos antes do parágrafo anterior poderia ter sido realizada da seguinte forma, visto que $3 \sim_6 -3$ e $5 \sim_6 17$:

$$\overline{3} + \overline{5} = \overline{-3} + \overline{17} = \overline{-3 + 17} = \overline{14}$$

que também é igual a $\overline{2}$.

De maneira geral, suponha que a_1 e a_2 sejam representantes de uma mesma classe, assim como b_1 e b_2 também sejam representantes de uma mesma classe. Assim, $\overline{a_1} = \overline{a_2}$ e $\overline{b_1} = \overline{b_2}$. Isso significa que $a_1 \sim_n a_2$ e $b_1 \sim_n b_2$, ou seja, $a_1 - a_2 = np$ e $b_1 - b_2 = nq$ onde $p, q \in \mathbb{Z}$. Dessa forma,

$$a_1 + b_1 - (a_2 + b_2) = a_1 - a_2 + b_1 - b_2 = np - nq = n(p - q).$$

Ou seja, $(a_1 + b_1) \sim_n (a_2 + b_2)$ que implica $\overline{a_1 + b_1} = \overline{a_2 + b_2}$.
Para a multiplicação:

$$\begin{aligned} a_1 \cdot b_1 - a_2 \cdot b_2 &= a_1 \cdot b_1 - a_1 \cdot b_2 + a_1 \cdot b_2 - a_2 \cdot b_2 \\ &= a_1 \cdot (b_1 - b_2) + (a_1 - a_2) \cdot b_2 \\ &= a_1 nq + npb_2 = n(a_1 q + pb_2). \end{aligned}$$

Logo $(a_1 \cdot b_1) \sim_n (a_2 \cdot b_2)$ e, daí, $\overline{a_1 \cdot b_1} = \overline{a_2 \cdot b_2}$.

Exemplo 2.28. *Vamos demonstrar que, com as operações recém definidas, o conjunto $\mathbb{Z}_n$ é um anel comutativo com unidade. Sejam $a, b, c \in \mathbb{Z}$.*
(A1) *Temos*

$$\begin{aligned} \overline{a} + (\overline{b} + \overline{c}) &= \overline{a} + \overline{b + c} \\ &= \overline{a + (b + c)} \\ &= \overline{(a + b) + c} \\ &= \overline{a + b} + \overline{c} \\ &= (\overline{a} + \overline{b}) + \overline{c}. \end{aligned}$$

(A2) *Segue de $\overline{a} + \overline{b} = \overline{a + b} = \overline{b + a} = \overline{b} + \overline{a}$.*
(A3) *O elemento neutro da adição é $\overline{0}$, afinal, $\overline{a} + \overline{0} = \overline{a + 0} = \overline{a}$.*

(A4) Dado $\bar{a}$, seu oposto é $\overline{n-a}$, pois, $\bar{a} + \overline{n-a} = \overline{a+n-a} = \bar{n} = \bar{0}$.

(A5) Temos

$$\bar{a} \cdot (\bar{b} \cdot \bar{c}) = \bar{a} \cdot \overline{bc}$$
$$= \overline{a(bc)}$$
$$= \overline{(ab)c}$$
$$= \overline{ab} \cdot \bar{c}$$
$$= (\bar{a} \cdot \bar{b}) \cdot \bar{c}.$$

(A6) Temos

$$\bar{a} \cdot (\bar{b} + \bar{c}) = \bar{a} \cdot \overline{b+c}$$
$$= \overline{a(b+c)}$$
$$= \overline{ab+ac}$$
$$= \overline{ab} + \overline{ac}$$
$$= \bar{a} \cdot \bar{b} + \bar{a} \cdot \bar{c}$$

e

$$(\bar{a} + \bar{b}) \cdot \bar{c} = \overline{a+b} \cdot \bar{c}$$
$$= \overline{(a+b)c}$$
$$= \overline{ac+bc}$$
$$= \overline{ac} + \overline{bc}$$
$$= \bar{a} \cdot \bar{c} + \bar{b} \cdot \bar{c}.$$

(A7) De fato, $\bar{a} \cdot \bar{b} = \overline{ab} = \overline{ba} = \bar{b} \cdot \bar{a}$.

(A8) É verdade pois $\bar{a} \cdot \bar{1} = \overline{a \cdot 1} = \bar{a} = \overline{1 \cdot a} = \bar{1} \cdot \bar{a}$. □

A análise das propriedades (A9) e (A10) deve ser feita de forma mais cuidadosa, com suposições sobre n.

Proposição 2.34. *Se n não é um número primo, então $\mathbb{Z}_n$ não satisfaz (A9).*

Demonstração: Suponha que $n = ab$ com $1 < a, b < n$. Assim, $\bar{a}$ e $\bar{b}$ são

2.5. Anel dos inteiros módulo n

divisores de zero de $\mathbb{Z}_n$, pois:

$$\overline{0} = \overline{n} = \overline{ab} = \overline{a} \cdot \overline{b}.$$

□

Consequentemente, tais elementos $\overline{a}$ com a divisor de n não são inversíveis em $\mathbb{Z}_n$.

Proposição 2.35. *Se p é um número primo, então $\mathbb{Z}_p$ é um corpo.*

Demonstração: Primeiramente, note que $\overline{1}$ é inverso de si mesmo. Assim, seja $\overline{a} \in \mathbb{Z}_p$, não nulo, com $1 < a < p$. Como a e p são primos entre si, a Identidade de Bézout garante que existem $x, y \in \mathbb{Z}$ tais que $ax + py = 1$. Tomando as classes:

$$\begin{aligned}\overline{1} &= \overline{ax + py} \\ &= \overline{ax} + \overline{py} \\ &= \overline{a} \cdot \overline{x} + \overline{p} \cdot \overline{y} \\ &= \overline{a} \cdot \overline{x} + \overline{0} \cdot \overline{y} \\ &= \overline{a} \cdot \overline{x}.\end{aligned}$$

Ou seja, $\overline{a}$ possui inverso. Assim, $\mathbb{Z}_p$ satisfaz $(A10)$.

□

Pela Proposição 2.10, segue que quando p é primo, o conjunto $\mathbb{Z}_p$ é também um domínio de integridade, transformando a Proposição 2.34 em um "se, e somente se".

Os conjuntos $\mathbb{Z}_n$ são curiosos pois se comportam de forma contra-intuitiva em alguns aspectos. Por exemplo, em $\mathbb{Z}_6$, a equação

$$x^2 = x$$

possui quatro soluções: $\overline{0}, \overline{1}, \overline{3}, \overline{4}$. Utilizando a contra-positiva da Proposição 2.15, concluiríamos de uma maneira diferente que $\mathbb{Z}_6$ não satisfaz $(A9)$ e, consequentemente, não seria um domínio de integridade.

Por fim, note que construímos uma quantidade infinita de corpos que possuem uma quantidade finita de elementos. Tais corpos "finitos" são ditos corpos de Galois.

Anéis, domínios de integridade e corpos

Evariste Galois

Evariste Galois (Bourn-la-Reine, 25 de outubro de 1811 - Paris, 31 de maio de 1832) foi um matemático francês. Considerado um dos grandes estudiosos da teoria de grupos, apresentou um método que determina se uma equação polinomial pode ser resolvida via radicais. Seu trabalho gerou uma subárea da álgebra, chamada "teoria de Galois". Faleceu muito jovem, ao participar de um duelo.

Exercícios da Seção 2.5

2.49. *Pesquise sobre:*

(a) Números p-ádicos.

2.50. *Encontre as soluções de $x^2 = x$ em $\mathbb{Z}_7$ e em $\mathbb{Z}_{12}$.*

2.51. *Encontre as soluções de $x^3 = x$ em $\mathbb{Z}_8$ e em $\mathbb{Z}_{11}$.*

2.52. *Encontre todos divisores de zero de $\mathbb{Z}_{20}$ e de $\mathbb{Z}_{45}$.*

2.53. *Quem são os divisores de zero de $\mathbb{Z}_4 \times \mathbb{Z}_5$?*

2.54. *Quem são os divisores de zero de $\mathbb{Z}_3 \times \mathbb{Z}_5$?*

2.55. *Quem são os elementos inversíveis de $\mathbb{Z}_3 \times \mathbb{Z}_4$?*

2.56. *Quem são os elementos inversíveis de $\mathbb{Z}_5 \times \mathbb{Z}_7$?*

2.57. *Quem é $\mathbb{Z}_0$?*

2.58. *Dados $m, n \in \mathbb{N}^*$, quantos elementos possui o conjunto*

$$\mathcal{F}(\mathbb{Z}_m, \mathbb{Z}_n)?$$

2.59. *Quantas soluções a equação $x^2 - x = 0$ possui, em $\mathcal{F}(\mathbb{N}, \mathbb{Z}_2)$?*

2.6. Polinômios (parte 1)

2.60. *Poderíamos construir $\mathbb{R}_7$, de forma análoga à construção de $\mathbb{Z}_7$?*

2.61. *Dê um exemplo de anel não comutativo que possua, exatamente, 125 elementos.*

2.6 Polinômios (parte 1)

Nesta seção, estudaremos os anéis de polinômios. Ainda na escola temos nosso primeiro contato com os polinômios, e aqui estudaremos esse conjunto de forma mais rigorosa.

Defina

$$A[x] = \{a_0 + a_1 x + a_2 x^2 + \cdots + a_n x^n : \text{todos } a_i \in A,\, n \in \mathbb{N}\}$$

como o conjunto de todos polinômios, com todos graus possíveis, que tenham coeficientes em A. Lembre que podemos representar um polinômio utilizando o símbolo de somatório:

$$\sum_{i=0}^{n} a_i x^i = a_0 + a_1 x + a_2 x^2 + \cdots + a_n x^n.$$

Sem perda de generalidade, suponha que $m \leq n$. Assim, defina as operações:

$$\sum_{i=0}^{m} a_i x^i + \sum_{j=0}^{n} b_j x^j = \sum_{j=0}^{n} (a_j + b_j) x^j$$

onde $a_{m+1} = a_{m+2} = \cdots = a_n = 0$ e

$$\left(\sum_{i=0}^{m} a_i x^i\right) \cdot \left(\sum_{j=0}^{n} b_j x^j\right) = \sum_{k=0}^{m+n} d_k x^k$$

onde

$$d_k = \sum_{t=0}^{k} a_t \cdot b_{k-t}$$

e, novamente, inserimos a_i e b_j iguais a 0, sempre que necessário. Perceba que nas notações $(a_j + b_j)$ e $a_t \cdot b_{k-t}$ estamos utilizando as operações de A.

Note que $d_0 = a_0 b_0$ e $d_{m+n} = a_m b_n$ e, com isso, o grau do produto é, no máximo, a soma dos graus dos polinômios. Além disso, temos que

$$\sum_{i=0}^{m} a_i x^i = \sum_{j=0}^{n} b_j x^j \Leftrightarrow m = n \text{ e } a_i = b_i, \forall 0 \leqslant i \leqslant m.$$

O polinômio $c_0(x) = 0$ se diz polinômio nulo de $A[x]$ e, dado $a \in A$, o polinômio

$$c_a(x) = a$$

é o polinômio constante igual a a. Note que podemos ver os elementos de A dentro de $A[x]$ através desses polinômios constantes e, ao realizarmos uma multiplicação de um polinômio constante **a** por outro polinômio qualquer, basta multiplicar todos os coeficientes deste último por a.

Exemplo 2.29. *Provemos que $A[x]$ é um anel.*
Sejam $\sum_{i=0}^{m} a_i x^i$, $\sum_{j=0}^{n} b_j x^j$ e $\sum_{j=0}^{p} d_j x^j$ com $m \leq n \leq p$.
$(A1)$

$$\sum_{i=0}^{m} a_i x^i + \left(\sum_{j=0}^{n} b_j x^j + \sum_{t=0}^{p} d_t x^t \right) = \sum_{i=0}^{m} a_i x^i + \left(\sum_{t=0}^{p} (b_t + d_t) x^t \right)$$

$$= \sum_{t=0}^{p} (a_t + (b_t + d_t)) x^t$$

$$= \sum_{t=0}^{p} ((a_t + b_t) + d_t) x^t$$

$$= \left(\sum_{j=0}^{n} (a_j + b_j) x^j \right) + \sum_{t=0}^{p} d_t x^t$$

$$= \left(\sum_{i=0}^{m} a_i x^i + \sum_{j=0}^{n} b_j x^j \right) + \sum_{t=0}^{p} d_t x^t.$$

2.6. Polinômios (parte 1)

($A2$)

$$\sum_{i=0}^{m} a_i x^i + \sum_{j=0}^{n} b_j x^j = \sum_{j=0}^{n} (a_j + b_j) x^j$$

$$= \sum_{j=0}^{n} (b_j + a_j) x^j$$

$$= \sum_{j=0}^{n} b_j x^j + \sum_{i=0}^{m} a_i x^i.$$

($A3$) O elemento neutro da adição será $c_0(x) = 0$:

$$\sum_{i=0}^{m} a_i x^i + c_0(x) = \sum_{i=0}^{m} (a_i + 0) x^i$$

$$= \sum_{i=0}^{m} a_i x^i.$$

($A4$) Dado $\sum_{i=0}^{m} a_i x^i$, seu oposto será $\sum_{i=0}^{m} (-a_i) x^i$:

$$\sum_{i=0}^{m} a_i x^i + \sum_{i=0}^{m} (-a_i) x^i = \sum_{i=0}^{m} (a_i + (-a_i)) x^i$$

$$= \sum_{i=0}^{m} 0 \cdot x^i$$

$$= 0$$

$$= c_0(x).$$

($A5$)

$$\sum_{i=0}^{m} a_i x^i \cdot \left(\sum_{j=0}^{n} b_j x^j \cdot \sum_{t=0}^{p} d_t x^t \right) = \sum_{i=0}^{m} a_i x^i \cdot \sum_{k=0}^{n+p} \left(\sum_{q=0}^{k} b_q \cdot d_{k-q} \right) x^k$$

$$= \sum_{r=0}^{m+n+p} \left(\sum_{s=0}^{r} a_s \left(\sum_{q=0}^{r-s} b_q \cdot d_{r-s-q} \right) \right) x^r$$

Anéis, domínios de integridade e corpos

$$= \sum_{r=0}^{m+n+p} \left(\sum_{s=0}^{r} \left(\sum_{v=0}^{r-s} a_v \cdot b_{r-s-v} \right) d_s \right) x^r$$

$$= \left(\sum_{u=0}^{m+n} \left(\sum_{v=0}^{u} a_v \cdot b_{u-v} \right) x^u \right) \cdot \sum_{t=0}^{p} d_t x^t$$

$$= \left(\sum_{i=0}^{m} a_i x^i \cdot \sum_{j=0}^{n} b_j x^j \right) \cdot \sum_{t=0}^{p} d_t x^t.$$

Na segunda e terceira linhas, note que a soma dos índices dos coeficientes é r.

$(A6)$

$$\sum_{i=0}^{m} a_i x^i \cdot \left(\sum_{j=0}^{n} b_j x^j + \sum_{t=0}^{p} d_t x^t \right)$$

$$= \sum_{i=0}^{m} a_i x^i \cdot \left(\sum_{t=0}^{p} (b_t + d_t) x^t \right)$$

$$= \sum_{r=0}^{m+p} \left(\sum_{v=0}^{r} a_v (b_{r-v} + d_{r-v}) \right) x^r$$

$$= \sum_{r=0}^{m+p} \left(\sum_{v=0}^{r} a_v \cdot b_{r-v} + \sum_{v=0}^{r} a_v \cdot d_{r-v} \right) x^r$$

$$= \sum_{u=0}^{m+n} \left(\sum_{v=0}^{u} a_v \cdot b_{u-v} \right) x^u + \sum_{r=0}^{m+p} \left(\sum_{v=0}^{r} a_v \cdot d_{r-v} \right) x^r$$

$$= \sum_{i=0}^{m} a_i x^i \cdot \sum_{j=0}^{n} b_j x^j + \sum_{i=0}^{m} a_i x^i \cdot \sum_{t=0}^{p} d_t x^t.$$

A segunda parte de $(A6)$ se demonstra analogamente. □

Dependendo das condições sobre A, o anel $A[x]$ pode satisfazer mais algumas propriedades, como vemos nas proposições a seguir.

Proposição 2.36. *O anel A é comutativo se, e somente se, $A[x]$ é comutativo.*

2.6. Polinômios (parte 1)

Demonstração: ($\Rightarrow$) Temos

$$\sum_{i=0}^{m} a_i x^i \cdot \sum_{j=0}^{n} b_j x^j = \sum_{u=0}^{m+n} \left(\sum_{v=0}^{u} a_v \cdot b_{u-v} \right) x^u$$

$$= \sum_{u=0}^{m+n} \left(\sum_{v=0}^{u} b_{u-v} \cdot a_v \right) x^u$$

$$= \sum_{j=0}^{n} b_j x^j \cdot \sum_{i=0}^{m} a_i x^i.$$

($\Leftarrow$) É imediato pois, dados $a, b \in A$:

$$ab = c_a(x)c_b(x) = (c_a c_b)(x) = (c_b c_a)(x) = c_b(x)c_a(x) = ba.$$

$\square$

Proposição 2.37. *O anel A possui unidade multiplicativa se, e somente se, $A[x]$ possuir.*

Demonstração: ($\Rightarrow$) Seja 1 a unidade de A. Assim, o polinômio constante $c_1(x) = 1$ será a unidade de $A[x]$:

$$\sum_{i=0}^{m} a_i x^i \cdot c_1(x) = \sum_{i=0}^{m} (a_i \cdot 1) x^i$$

$$= \sum_{i=0}^{m} a_i x^i.$$

($\Leftarrow$) Seja $a \in A$ e considere $\sum_{j=0}^{n} b_j x^j$ a unidade de $A[x]$. Assim, b_0 é a unidade de A pois,

$$a = c_a(x) = c_a(x) \cdot \sum_{j=0}^{n} b_j x^j = \sum_{j=0}^{n} (ab_j) x^j$$

implica que $a = ab_0$, além de $b_i = 0$ para $i \geq 1$.

$\square$

Anéis, domínios de integridade e corpos

Para analisar se $A[x]$ possui divisores de zero, devemos demonstrar um importante lema. Denote por $\delta(f)$ o grau do polinômio $f \in K[x]$.

Lema 2.38. *Seja A um anel sem divisores de zero, ou seja, onde vale $(A9)$. Então, dados f, g em $A[x]$,*

$$\delta(f \cdot g) = \delta(f) + \delta(g).$$

Demonstração: Sejam f e g com graus m e n, respectivamente. Daí

$$\left(\sum_{i=0}^{m} a_i x^i\right) \cdot \left(\sum_{j=0}^{n} b_j x^j\right) = \sum_{k=0}^{m+n} d_k x^k$$

nos diz que o termo de maior grau do produto é $a_m b_n x^{m+n}$. Como A não possui divisores de zero, segue que esse termo não é nulo. Logo

$$\delta(f \cdot g) = m + n = \delta(f) + \delta(g).$$

□

Exemplo 2.30. *Dados $f(x) = x^2 - 2$ e $g(x) = x^3 - x + 4$ em $\mathbb{R}[x]$, temos*

$$h(x) = (f \cdot g)(x) = f(x)g(x) = x^5 - 3x^3 + 4x^2 - 2x - 8$$

com

$$5 = \delta(h) = \delta(f \cdot g) = \delta(f) + \delta(g) = 2 + 3.$$

□

Proposição 2.39. *O anel A não possui divisores de zero se, e somente se, $A[x]$ não possuir.*

Demonstração: ($\Rightarrow$) Vamos provar que o produto de polinômios distintos de $c_0(x) = 0$ é, também, não nulo. Sejam f e g não nulos. Assim, f possui um monômio de maior grau, digamos $a_n x^n$ e, g, $b_m x^m$, onde $n, m \in \mathbb{N}$ e a_n, b_m são não nulos. Assim, o produto desses polinômios possui termo de maior grau $a_n b_m x^{n+m}$ e, como A não possui divisores de zero, $a_n b_m$ é também não nulo. Portanto, o produto dos polinômios é não nulo.

2.6. Polinômios (parte 1)

($\Leftarrow$) Novamente é imediato, considerando os polinômios constantes:

$$ab = 0 \Leftrightarrow c_a(x)c_b(x) = c_0(x)$$
$$\Leftrightarrow (c_a c_b)(x) = c_0(x).$$

Disso, $c_a(x) = c_0(x)$ ou $c_b(x) = c_0(x)$, ou seja, $a = 0$ ou $b = 0$.

$\square$

Por fim, note que não temos como inverter multiplicativamente o termo x. Portanto, os inversos em $A[x]$ só podem ser polinômios em que não aparece o x, conforme nos conta a proposição a seguir.

Proposição 2.40. *Dado um corpo não comutativo A, os únicos elementos inversíveis de $A[x]$ são os polinômios constantes.*

Demonstração: De fato, o inverso de um polinômio constante c_a é o polinômio constante $c_{a^{-1}}$, dado pelo inverso de a em A.
Porém, é impossível inverter polinômios que possuam monômios que acompanhem x (x não é inversível em $A[x]$). Suponha, por absurdo, que o polinômio $id(x) = x$ é inversível. Assim, existe $f \in A[x]$ tal que $(id \cdot f)(x) = c_1(x)$. Avaliando esta igualdade em $x = 0$, teríamos $0 = 1$, que é um absurdo.

$\square$

Portanto, se A é um domínio de integridade, temos que $A[x]$ é um domínio de integridade que não é um corpo. Na Seção 4.4 analisaremos mais detalhes sobre $A[x]$.

Esses anéis podem ser generalizados de duas formas. Na primeira, basta aplicar essa construção a um anel que já seja de polinômios.

Exemplo 2.31. *Dado um anel A, construa*

$$A[x, y] = \{a_0 + a_1 y + a_2 y^2 + \cdots : a_i \in A[x]\}.$$

$\square$

Como A é um anel, temos que $A[x]$ também é, e portanto podemos definir

$$(A[x])[y]$$

Anéis, domínios de integridade e corpos

que denotamos por $A[x, y]$. Repetindo esse processo, definem-se anéis com qualquer quantidade de variáveis

$$A[x_1, x_2, \ldots, x_n] = A[x_1][x_2]\ldots[x_n].$$

A segunda generalização é através da definição de polinômios "infinitos".

Exemplo 2.32. *Defina*

$$A[[x]] = \{a_0 + a_1 x + a_2 x^2 + \cdots : a_i \in A\}$$

com adição e multiplicação de formas análogas às de $A[x]$. É denominado o anel das séries de potências formais sobre A. □

O estudo do anel que acabamos de definir, embora envolva uma soma infinita, pode ser feito da mesma forma que em $A[x]$. Pode-se provar que $A[[x]]$ também é um domínio de integridade que não é um corpo.

2.6.1 Raízes

Considere K um corpo. Sempre que recebemos um polinômio $f(x) \in K[x]$, automaticamente queremos partir para o cálculo de suas raízes, ou seja, a busca pelos valores $x \in K$, tais que $f(x) = 0$. Como é de se imaginar, há muita teoria envolvida nesse processo, e nesta subseção vamos descobrir alguns resultados importantes relacionados a esse estudo.

Tudo o que veremos começa no teorema a seguir, que fornece a base matemática para algo que certamente já conhecemos, o algoritmo da divisão para polinômios. Esse algoritmo nos fornece a mecânica para encontrar as raízes, assim como nos garante a existência de um número máximo de raízes, quando K é um corpo.

Na Seção 4.4 veremos também, que este teorema nos auxilia a estudar conceitos mais gerais sobre $K[x]$.

Teorema 2.41. *Dado o corpo K, sejam $f, g \in K[x]$ com $g(x) \neq c_0(x)$. Então, existem únicos $q, r \in K[x]$ tais que*

$$f = g \cdot q + r$$

onde $r(x) = c_0(x) = 0$ ou $\delta(r) < \delta(g)$.

2.6. Polinômios (parte 1)

Demonstração: Começaremos demonstrando a existência de tais polinômios. Primeiramente, perceba que se $\delta(f) < \delta(g)$, basta tomar $q(x) = c_0(x) = 0$ e $r(x) = f(x)$. Assim, vamos supor que $\delta(g) \leqslant \delta(f)$ e vamos fazer esta demonstração por indução sobre $\delta(f)$.

$\delta(f) = 0$: Daí $\delta(g) = 0$, $f(x) = c_a(x) = a$, $g(x) = c_b(x) = b$ e basta tomar

$$q(x) = ab^{-1}$$

e $r(x) = c_0(x)$.

Agora, suponha que a afirmação vale para todas funções com grau menor que k. Vamos demonstrar que a existência valerá para f com grau k. Denote

$$f(x) = \sum_{i=0}^{k} a_i x^i$$

e

$$g(x) = \sum_{j=0}^{n} b_j x^j$$

onde $n < k$, por hipótese. Considere o polinômio

$$\widetilde{f}(x) = f(x) - a_k b_n^{-1} x^{k-n} g(x)$$

que possui grau menor que $\delta(f) = k$ afinal, em $a_k b_n^{-1} x^{k-n} g(x)$, o termo de maior grau é $a_k x^k$. Pela hipótese de indução, existem $\widetilde{q}, \widetilde{r}$ com

$$\widetilde{f} = g \cdot \widetilde{q} + \widetilde{r}$$

onde $\widetilde{r}(x) = c_0(x) = 0$ ou $\delta(\widetilde{r}) < \delta(g)$. Dessa forma,

$$\widetilde{f}(x) = f(x) - a_i b_i^{-1} x^{k-n} g(x)$$
$$\Rightarrow f(x) = g(x) \cdot \widetilde{q}(x) + \widetilde{r}(x) + a_i b_i^{-1} x^{k-n} g(x)$$
$$\Rightarrow f(x) = g(x) \cdot (\widetilde{q}(x) + a_i b_i^{-1} x^{k-n}) + \widetilde{r}(x).$$

Mas note que $\widetilde{r}(x) = c_0(x)$ ou $\delta(\widetilde{r}) < \delta(g)$.

Anéis, domínios de integridade e corpos

Vamos, agora, demostrar a unicidade. Suponha que

$$f = g \cdot q + r$$

e

$$f = g \cdot \tilde{q} + \tilde{r}$$

conforme as condições do teorema. Assim,

$$g \cdot q + r = g \cdot \tilde{q} + \tilde{r} \Rightarrow g \cdot (q - \tilde{q}) = \tilde{r} - r.$$

Suponha, por absurdo, que $q \neq \tilde{q}$. Daí, por esta ultima igualdade,

$$\delta(\tilde{r} - r) = \delta(g \cdot (q - \tilde{q})) = \delta(g) + \delta(q - \tilde{q})$$

que é impossível, pois $\delta(\tilde{r} - r) < \delta(g)$. Logo $q = \tilde{q}$ e, por consequência, $r = \tilde{r}$.

□

Observação 2.42. *O teorema anterior nos diz que δ é uma função euclidiana, e que $K[x]$ é um domínio euclidiano quando K é um corpo. Para mais detalhes, consulte o Apêndice C.*   □

Para encontrar q e r, basta realizar uma divisão polinomial.

Exemplo 2.33. *Vamos dividir $f(x) = x^3 - 2x$ por $g(x) = x + 3$:*

$$
\begin{array}{rr|l}
x^3 \quad\quad - 2x & & x + 3 \\
\underline{- x^3 - 3x^2} & & \overline{x^2 - 3x + 7} \\
- 3x^2 - 2x & & \\
\underline{3x^2 + 9x} & & \\
7x & & \\
\underline{- 7x - 21} & & \\
- 21 & &
\end{array}
$$

Logo,

$$x^3 - 2x = (x + 3)(x^2 - 3x + 7) + (-21).$$

□

2.6. Polinômios (parte 1)

A demonstração do Teorema 2.41 deixa claro o motivo de necessitarmos que K seja um corpo. Por exemplo, vamos tentar aplicá-lo em $\mathbb{Z}[x]$ para realizar a divisão de $x^2 - 2$ por $2x - 1$. Para isso, note que os graus tanto do quociente quanto do resto seriam no máximo 1 e, assim, teríamos

$$x^2 - 2 = (ax + b) \cdot (2x - 1) + (cx + d).$$

Mas, note que no lado esquerdo, o coeficiente do monômio x^2 é 1 enquanto, do lado direito, é $2a$. Infelizmente, em $\mathbb{Z}$, sabemos que não existe tal a.

A seguir, definimos outro importante conceito a respeito de polinômios.

Definição 2.12. *Seja $f \in K[x]$ não nulo. Se $\alpha \in K$ é tal que $f(\alpha) = 0$, dizemos que α é uma raiz de f em K.*

Exemplo 2.34. *As raízes de $f(x) = x^3 - 2x$ em $\mathbb{R}$ são $x = 0$, $x = -\sqrt{2}$ e $x = \sqrt{2}$. Note que, em $\mathbb{Q}$, esse polinômio só possui uma raiz, $x = 0$.* □

Esse exemplo nos mostra que a quantidade de raízes de um polinômio varia de acordo com o conjunto sobre o qual o estamos considerando. O próximo teorema nos fornece, pelo menos, um número máximo de raízes sobre corpos.

Teorema 2.43. *Seja K um corpo. Então seus polinômios de grau n possuem, no máximo, n raízes em K.*

Demonstração: Vamos, também, realizar esta demonstração por indução sobre $\delta(f)$.

$\delta(f) = 0$: Daí $f(x) = c_a(x) = a \in K$ que não possui raízes, ou seja, possui no máximo 0 raízes.

Suponha que o teorema valha para todas funções com grau menor que n. Vamos analisar o que acontece com f que tenha grau n. Se f não possui raízes, vale o teorema. Vamos supor, então, que $\alpha \in K$ seja uma raiz de f. Assim, aplicando o Teorema 2.41 para f e $x - \alpha \in K[x]$,

$$f(x) = (x - \alpha) \cdot q(x) + r(x)$$

com $r(x) = c_0(x)$ ou $\delta(r) < \delta(x - \alpha) = 1$. Ou seja, em ambos os casos $r(x) = c_b(x) = b \in K$. Porém, tomando $x = \alpha$:

$$0 = f(\alpha) = (\alpha - \alpha) \cdot q(\alpha) + r(\alpha) = r(\alpha)$$

ou seja, $b = 0$ e $r(x) = c_0(x)$. Assim, $f(x) = (x - \alpha) \cdot q(x)$ com, obviamente, $\delta(q) = n - 1$. Seja, agora, β outra raiz de f e note que

$$0 = f(\beta) = (\beta - \alpha) \cdot q(\beta).$$

Como K é um corpo e um domínio de integridade, segue que $\beta = \alpha$, ou β é raiz de q. Assim, as raízes de f são α e as raízes de q. Pela hipótese de indução, q possui no máximo $n - 1$ raízes, logo f possui, no máximo, $n = \delta(f)$ raízes.

□

Exemplo 2.35. *O polinômio $x^3 - 2$ possui*

0 raízes em $\mathbb{Q}$,
1 raiz em $\mathbb{R}$,
3 raízes em $\mathbb{C}$.

□

Os próximos exemplos nos mostram o que pode acontecer quando estudamos polinômios sobre conjuntos que não são corpos.

Exemplo 2.36. *O polinômio $x^2 + 1$ possui infinitas raízes em $\mathbb{H}$, o anel dos quatérnios, que vimos na Definição 2.14. De fato, seja $a + bi + cj + dk$ uma raiz desse polinômio. Então:*

$$0 = (a + bi + cj + dk)^2 + 1$$
$$= (a^2 - b^2 - c^2 - d^2) + 2abi + 2acj + 2adk + 1$$

que nos leva a

$$a^2 - b^2 - c^2 - d^2 = -1$$
$$ab = 0$$
$$ac = 0$$
$$ad = 0.$$

Se $a \neq 0$, teríamos $b = c = d = 0$ que nos levaria a $a^2 = -1$, que é um absurdo. Logo $a = 0$ e $b^2 + c^2 + d^2 = 1$ que possui infinitas soluções: os pontos de uma

2.6. Polinômios (parte 1)

esfera de centro em $(0,0,0)$ e raio 1 em $\mathbb{R}^3$, associando b, c, d aos eixos x, y, z respectivamente. □

Exemplo 2.37. *O polinômio $x^2 + x$ possui quatro raízes no anel comutativo com unidade $\mathbb{Z}_6$: $\bar{0}, \bar{2}, \bar{3}$ e $\bar{5}$.* □

Há outras situações peculiares que podem acontecer mesmo quando calculamos polinômios sobre corpos. A seguir, vemos dois polinômios distintos que resultam sempre nos mesmos elementos.

Exemplo 2.38. *Considere o polinômio $f(x) = x^3 - x$ em $\mathbb{Z}_3[x]$. Perceba que f é diferente do polinômio nulo $c_0(x) = 0$ pois seus coeficientes são distintos. Porém,*

$$f(\bar{0}) = \bar{0}^3 - \bar{0} = \bar{0} = c_0(\bar{0});$$
$$f(\bar{1}) = \bar{1}^3 - \bar{1} = \bar{0} = c_0(\bar{1});$$
$$f(\bar{2}) = \bar{2}^3 - \bar{2} = \bar{6} = \bar{0} = c_0(\bar{2}).$$

□

Mas, esse problema só acontece sobre corpos que possuem uma quantidade finita de elementos, como podemos conferir na proposição a seguir.

Proposição 2.44. *Sejam $f, g \in K[x]$ onde K é um corpo com infinitos elementos. Então*
$$f = g \Leftrightarrow f(b) = g(b), \forall b \in K.$$

Demonstração: ($\Rightarrow$) Vale, por definição.

($\Leftarrow$) Defina $h = f - g$. Assim, os infinitos elementos de K são raízes do polinômio h, o que contradiz o Teorema 2.43. Portanto, só nos resta que $h(x)$ seja o polinômio nulo, o que implica em

$$f = g.$$

□

Anéis, domínios de integridade e corpos

Para finalizar essa seção, vimos no Exemplo 2.35 que um polinômio em $K[x]$, com K corpo, não necessariamente tem raízes em K. Isto está intimamente ligado ao conceito de K ser algebricamente fechado.

Definição 2.13. *Seja K um corpo. Se todos os polinômios não constantes em $K[x]$ possuem pelo menos uma raiz em K, dizemos que K é um corpo algebricamente fechado.*

Exemplo 2.39. *O corpo $\mathbb{R}$ não é algebricamente fechado, pois, por exemplo, $x^2 + 1 \in \mathbb{R}[x]$ e não possui raiz em $\mathbb{R}$.* □

O corpo $\mathbb{C}$ dos números complexos é algebricamente fechado, mas sua demonstração requer alguns conceitos ainda não vistos, como extensão de corpos e algum conhecimento de teoria de grupos e de Galois, que fogem do escopo do livro. Para o leitor curioso basta checar [27], que por sua vez é uma variação da demonstração de Artin para a demonstração original de Gauss.

Uma consequência imediata do algoritmo da divisão para polinômios (Teorema 2.41) é que em um corpo algebricamente fechado, todo polinômio pode ser escrito como produto de polinômios de grau 1, como vemos na seguinte proposição.

Proposição 2.45. *Sejam K um corpo algebricamente fechado e $f(x) \in K[x]$. Então, existem elementos $\alpha_1, \ldots, \alpha_n \in K$ e $c \in K$, tais que*

$$f(x) = c(x - \alpha_1) \cdots (x - \alpha_n).$$

Demonstração: Vamos proceder indutivamente. Considere $\alpha_1 \in K$ uma raiz de $f(x)$, que existe por hipótese, e aplique o Teorema 2.41 em $f(x)$ e $x - \alpha_1$. Assim, podemos escrever

$$f(x) = q_1(x)(x - \alpha_1) + r_1(x),$$

onde $\delta(r) < \delta(x - \alpha_1)$. Como $\delta(x - \alpha_1) = 1$ concluímos que r_1 é um polinômio constante, e já que $f(\alpha_1) = 0$, temos que

$$0 = f(\alpha_1) = q_1(\alpha_1)(\alpha_1 - \alpha_1) + r_1(\alpha_1) = r(\alpha_1).$$

Consequentemente $r = 0$ e $f(x) = q_1(x)(x - \alpha_1)$ e, portanto, $\delta(q_1) = \delta(f) - 1$. Se q_1 é constante a demonstração está terminada. Se q_1 não é contante, note

2.6. Polinômios (parte 1)

que podemos encontrar $\alpha_2 \in K$, raiz de f e, consequentemente, raiz de q_1, tal que
$$f(x) = q_2(x)(x - \alpha_1)(x - \alpha_2).$$

Procedendo indutivamente quantas vezes forem necessárioas, mantemos esse procedimento até q_n ser constante, e poderemos concluir a demonstração.

□

Segue imediatamente dessa proposição que se K é um corpo algebricamente fechado, então o polinômio $f(x) \in K[x]$ possui exatamente n raízes em K. Em particular, todo polinômio de grau n em $\mathbb{C}$ possui exatamente n raízes complexas, resultado esse que é conhecido como Teorema Fundamental da Álgebra.

Exercícios da Seção 2.6

2.62. *Pesquise sobre:*

(a) Monômio.

(b) Algoritmo da divisão para polinômios.

(c) Equação diofantina.

2.63. *Demonstre a segunda parte de (A6) do Exemplo 2.29.*

2.64. *Considere o conjunto*
$$Int(\mathbb{Z}) = \{f \in \mathbb{Q}[x] \mid f(\mathbb{Z}) \subseteq \mathbb{Z}\}.$$

Prove que esse conjunto é um anel comutativo com unidade, com as mesmas operações de $\mathbb{Q}[x]$. Dado um corpo K e um domínio de integridade $D \subseteq K$, esse conjunto pode ser generalizado para
$$Int(D) = \{f \in K[x] \mid f(D) \subseteq D\}.$$

Em [6] é apresentado um estudo completo dos vários aspectos de tais conjuntos.

2.65. *Dado um anel A, quais propriedades são satisfeitas por $A[x, y]$, conforme definido no Exemplo 2.31?*

Anéis, domínios de integridade e corpos

2.66. *Prove que $A[[x]]$, definido no Exemplo 2.32, é um domínio de integridade que não é um corpo.*

2.67. *Encontre as raízes de $f(x) = x^3 + 3x^2 + 2x + 6 \in \mathbb{C}[x]$.*

2.68. *Encontre todas as raízes de*
$$f(x) = x^5 + (-5+i)x^4 + (-2-5i)x^3 + (10-2i)x^2 + (10i)x \in \mathbb{C}[x].$$

2.69. *Prove que não existe polinômio $f \in \mathbb{R}[x]$ tal que $(f \cdot f)(x) = 1 + x + x^3$.*

2.70. *Considere $f(x) = ax^2 + bx + c \in \mathbb{R}[x]$. Sob quais condições em a, b, c, temos que existe $g(x) \in \mathbb{R}[x]$ com $f(x) = (g(x)) \cdot (g(x))$?*

2.71. *Dado um polinômio quadrático $f(x) = ax^2 + bx + c$, com $a \neq 0$, em $\mathbb{R}[x]$, prove que suas raízes são*
$$\frac{-b + \sqrt{b^2 - 4ac}}{2a}$$
e
$$\frac{-b - \sqrt{b^2 - 4ac}}{2a}.$$
Essa é conhecida como a "fórmula de Bhaskara".

CAPÍTULO 3

Subestruturas e homomorfismos

No Capítulo 2, aprendemos o que são anéis, domínios de integridade e corpos. Depois de estudarmos os principais exemplos da teoria, estamos prontos para nos aprofundarmos um pouco mais.

Começaremos nos dedicando a analisar anéis que compartilham a estrutura com outros anéis, ou seja, estudaremos a situação em que temos dois anéis A e B em que $B \subseteq A$, e cujas operações de A, quando calculadas sobre elementos de B, são exatamente as mesmas operações de B. Nessa situação, dizemos que B é um subanel de A e, utilizando um pouco de abuso de linguagem, que as operações de A e B são iguais. Veremos que muitas, mas nem todas as propriedades válidas para o anel A serão satisfeitas pelos seus subanéis.

Além disso, veremos que há um tipo especial de subanel, chamado ideal. Os ideais são a base para a construção de uma estrutura ainda mais importante, chamada anel quociente, que também abordaremos nas páginas deste capítulo.

Por fim, estudaremos funções entre anéis que preservam a estrutura, os homomorfismos. Ou seja, um homomorfismo é uma aplicação entre dois anéis de tal forma que, operar elementos em um deles equivale a operar as respectivas imagens, no outro. Com essas definições, veremos quatro importantes teoremas que unem todos os conteúdos vistos nesse capítulo de uma forma muito concisa.

3.1 Subanéis e extensões de corpos

Dentre os muitos exemplos de anéis que já conhecemos, vimos que alguns estão contidos um dentro do outro. Por exemplo, as operações $+$ e $\cdot$ usuais do anel dos números inteiros $\mathbb{Z}$ efetuam o mesmo que as operações $+$ e $\cdot$ do anel dos números racionais $\mathbb{Q}$ aplicadas no subconjunto $\mathbb{Z}$.

Isso significa que $\mathbb{Z}$ compartilha a estrutura de $\mathbb{Q}$ e, como ambos são anéis, dizemos que $\mathbb{Z}$ é um subanel de $\mathbb{Q}$. De maneira geral, temos a seguinte definição.

Definição 3.1. *Sejam A e B anéis tais que $B \subseteq A$ com as mesmas operações. Dizemos então que B é um subanel de A e denotamos por*

$$B \leqslant A.$$

Um anel A sempre possui subanéis óbvios: os conjuntos $\{0\}$ e A. Estes são ditos subanéis triviais de A. Em notação matemática,

$$\{0\} \leqslant A$$

e

$$A \leqslant A.$$

Se relembrarmos os resultados do Capítulo 2, temos que

$$\mathbb{Z} \leqslant \mathbb{Q} \leqslant \mathbb{R} \leqslant \mathbb{C}.$$

Perceba que em todos esses exemplos, o elemento neutro da adição é sempre o mesmo, o número 0. De fato, um anel e seus subanéis compartilham o elemento neutro da adição.

Proposição 3.1. *Seja A e B anéis com $B \leqslant A$. Então $0_B = 0_A$.*

Demonstração: Como $0_B \in B$, vale que $0_B = 0_B + 0_B$. Mas, como $0_B \in B \subseteq A$, temos que $0_B = 0_B + 0_A$. Daí:

$$0_B + 0_B = 0_B + 0_A.$$

Pela Proposição 2.6, item (a), basta cancelarmos 0_B de cada lado e obtemos que $0_B = 0_A$.

□

3.1. Subanéis e extensões de corpos

É também verdade que dado b um elemento do subanel B de A, então seus opostos em B e em A são iguais. A demonstração deste fato é deixada a cargo do leitor, no Exercício 3.6.

A priori, esse conceito de subanel parece completamente desnecessário, pois parece apenas introduzir uma nova nomenclatura. Porém, isso nos permite economizar contas em alguns momentos. Basicamente, suponha que queremos demonstrar que um certo conjunto $(B, +, \cdot)$ é um anel. Se conseguirmos colocar B dentro de um anel com as mesmas operações, ele satisfará, automaticamente, $(A1)$, $(A2)$, $(A5)$ e $(A6)$, sempre que for possível realizar tais operações.

Assim, para provar que B é um anel, bastará demonstrar a existência de elemento neutro, oposto e o fechamento das operações. E é isso que a próxima proposição nos informa.

Proposição 3.2. *Seja* $(A, +, \cdot)$ *um anel e suponha que* $B \subseteq A$. *Assim,* $B \leqslant A$ *se, e somente se*

(SA1) $0_A \in B$;

(SA2) $a, b \in B \Rightarrow a + (-b) \in B$;

(SA3) $a, b \in B \Rightarrow ab \in B$.

Demonstração: ($\Rightarrow$) Suponha, então, que B é subanel de A e vamos provar os três itens.

$(SA1)$ Pela proposição anterior, $0_A = 0_B \in B$ e vale $(SA1)$.

$(SA2)$ Sejam $a, b \in B$. Como B é um anel, $-b \in B$. Daí, como B é fechado pela adição, $a + (-b) \in B$.

$(SA3)$ Tome $a, b \in B$ e, como B é um anel, segue que $ab \in B$.

($\Leftarrow$) Vamos, agora, supôr a validade dos três itens para provar que $B \leqslant A$. Primeiramente, note que a multiplicação é fechada em B pelo item $(SA3)$. Também, o item $(SA1)$ implica na validade de $(A3)$.
Além disso, podemos aplicar o item $(SA2)$ para 0_A e b para obter $-b = 0_A + (-b) \in B$. Ou seja, vale $(A4)$. Ademais, utilizando novamente o item $(SA2)$ com a e $-b$, $a + b = a + (-(-b)) \in B$, ou seja, B é fechado pela adição.
Por fim, como B está contido em A, as propriedades $(A1)$, $(A2)$, $(A5)$ e $(A6)$ são automaticamente validadas. Portanto, B é um anel e $B \leqslant A$.

□

Subestruturas e homomorfismos

Assim, essa proposição garante que as operações de A funcionam bem também em B e que, particularmente, B é um anel.

Exemplo 3.1. *O conjunto dos números inteiros pares*

$$2\mathbb{Z} = \{2a : a \in \mathbb{Z}\}$$

está contido em $\mathbb{Z}$. *Vamos provar que* $2\mathbb{Z} \leqslant \mathbb{Z}$ *através da Proposição 3.2.*

$(SA1)$ *O elemento neutro de* $\mathbb{Z}$ *é* 0, *que é igual a* $2 \cdot 0$, *estando em* $2\mathbb{Z}$.

$(SA2)$ *Dados* $2a$ *e* $2b$ *em* $2\mathbb{Z}$, *temos* $2a + 2b = 2(a+b) \in 2\mathbb{Z}$.

$(SA3)$ *Novamente com* $2a$ *e* $2b$ *em* $2\mathbb{Z}$, *temos* $2a \cdot 2b = 2(2ab) \in 2\mathbb{Z}$.

Assim $2\mathbb{Z} \leqslant \mathbb{Z}$ *e* $2\mathbb{Z}$ *é um anel.*

Agora, podemos analisar se $2\mathbb{Z}$ *satisfaz mais alguma propriedade, lembrando que* $\mathbb{Z}$ *é um domínio de integridade.*

$(A7)$ *Segue do fato que* $2\mathbb{Z} \subseteq \mathbb{Z}$ *e, portanto, essa propriedade é herdada de* $\mathbb{Z}$.

$(A8)$ *Suponha que* $2\mathbb{Z}$ *possua um elemento neutro da forma* $2x$. *Assim, dado* $2a$ *não nulo em* $2\mathbb{Z}$:

$$2a = 2a \cdot 2x = 2(2ax) \Rightarrow 0 = 2a(1 - 2x) \Rightarrow 1 = 2x$$

o que é impossível. Logo não há elemento neutro da multiplicação em $2\mathbb{Z}$.

$(A9)$ *Novamente, essa propriedade é herdada de* $\mathbb{Z}$.

$(A10)$ *Impossível, afinal* $2\mathbb{Z}$ *não possui elemento neutro da multiplicação.*

Dessa forma, $2\mathbb{Z}$ *é um domínio comutativo. Não é um domínio de integridade e nem um corpo.* □

Observação 3.3. *Assim, perceba que quando* $B \leqslant A$ *com* A *um anel com unidade e sem divisores de zero, então* B *também herdará essas propriedades. Consequentemente, um subanel de um anel comutativo sem divisores de zero, é também um anel comutativo sem divisores de zero.* □

3.1. Subanéis e extensões de corpos

De maneira geral, $\forall\, n \in \mathbb{Z}$ os conjuntos

$$n\mathbb{Z} = \{na : a \in \mathbb{Z}\}$$

são anéis comutativos sem divisores de zero e $n\mathbb{Z} \leqslant \mathbb{Z}$.

Além disso, sempre que $a|b$ em $\mathbb{Z}$,

$$b\mathbb{Z} \leqslant a\mathbb{Z}.$$

Exemplo 3.2. *Defina*

$$\Theta = \left\{ \frac{a}{b} \in \mathbb{Q} : b \text{ é ímpar, } a \text{ é par e } mdc(a,b) = 1 \right\}$$

com as operações herdadas de $\mathbb{Q}$. Vamos provar que $\Theta \leqslant \mathbb{Q}$ através da proposição que acabamos de ver e, para isso, lembre que o produto de números inteiros ímpares é ímpar e a adição de números inteiros pares, é par.

Primeiramente, perceba que a soma e a multiplicação de elementos de Θ resulta em elementos de Θ pois, dados seus elementos $\frac{a}{b}$ e $\frac{c}{d}$, sua soma

$$\frac{ad + bc}{bd}$$

possui numerador par e denominador ímpar. Além disso, como esse denominador é ímpar, se for necessário fazer uma simplificação na fração, essa simplificação não será por 2 e, portanto, o numerador continuará sendo par e, o denominador, ímpar. Por fim, a simplificação garantirá que o mdc entre o numerador e o denominador é 1.

Assim, vamos finalmente provar que esse conjunto é um subanel.

$(SA1)$ $0 = \dfrac{0}{1} \in \Theta$.

$(SA2)$ *Sejam* $\dfrac{a}{b}$ *e* $\dfrac{c}{d}$ *em* Θ. *Assim*

$$\frac{a}{b} + \frac{-c}{d} = \frac{ad - bc}{bd}$$

com bd ímpar e $ad - bc$ par. Logo este elemento está em Θ.

(*SA*3) Temos
$$\frac{a}{b} \cdot \frac{c}{d} = \frac{ac}{bd}$$
que também está em Θ.

Assim $\Theta \leqslant \mathbb{Q}$ e Θ é um anel. Ademais, ele herda de $\mathbb{Q}$ os fatos de ser comutativo e de não ter divisores de zero. □

Vejamos dois subanéis do anel comutativo com unidade $\prod_{j \in \mathbb{N}} \mathbb{R}$, visto no Exemplo 2.22.

Exemplo 3.3. *Considere o subconjunto das sequências limitadas de* $\prod_{j \in \mathbb{N}} \mathbb{R}$,

$$\mathcal{B} = \left\{ (a_0, a_1, a_2, \ldots) \in \prod_{j \in \mathbb{N}} \mathbb{R} : \exists M \in \mathbb{R}_+ \text{ com } |a_j| \leqslant M, \forall j \in \mathbb{N} \right\}.$$

Provemos que $\mathcal{B} \leqslant \prod_{j \in \mathbb{N}} \mathbb{R}$.

(*SA*1) Temos $(0, 0, \ldots) \in \mathcal{B}$ afinal, tomando M um número real qualquer não negativo, $0 \leqslant M$.

(*SA*2) Dados $(a_0, a_1, \ldots)$ e $(b_0, b_1, \ldots) \in \mathcal{B}$, temos M_1 e M_2 reais tais que $|a_j| \leqslant M_1$ e $|b_j| \leqslant M_2$, para todo $j \in \mathbb{R}$. Utilizando a desigualdade triangular,

$$|a_j - b_j| \leqslant |a_j| + |b_j| \leqslant M_1 + M_2$$

e, portanto,

$$(a_0, a_1, \ldots) - (b_0, b_1, \ldots) = (a_0 - b_0, a_1 - b_1, \ldots) \in \mathcal{B}.$$

(*SA*3) Analogamente,
$$|a_j b_j| = |a_j||b_j| \leqslant M_1 M_2.$$

Logo
$$(a_0, a_1, \ldots) \cdot (b_0, b_1, \ldots) = (a_0 b_0, a_1 b_1, \ldots) \in \mathcal{B}$$

e $\mathcal{B}$ é um anel. Adicionalmente, ele é comutativo, pois herda de $\prod_{j \in \mathbb{N}} \mathbb{R}$, e possui unidade $(1, 1, 1, \ldots)$. □

3.1. Subanéis e extensões de corpos

Exemplo 3.4. *Seja o subconjunto de $\prod_{j \in \mathbb{N}} \mathbb{R}$ dado por*

$$\mathcal{N} = \left\{ (a_0, a_1, a_2, \ldots) \in \prod_{j \in \mathbb{N}} \mathbb{R} \ : \ \lim_{j \to \infty} a_j = 0 \right\}.$$

Novamente, $\mathcal{N} \leqslant \prod_{j \in \mathbb{N}} \mathbb{R}$:

(SA1) Obviamente que $\lim_{j \to \infty} 0 = 0$. Logo, $(0, 0, \ldots) \in \mathcal{N}$.

(SA2) Sejam $(a_0, a_1, \ldots)$ e $(b_0, b_1, \ldots) \in \mathcal{N}$. Disso, $\lim_{j \to \infty} a_j = 0$ e $\lim_{j \to \infty} b_j = 0$, que implicam em

$$\lim_{j \to \infty} (a_j - b_j) = \lim_{j \to \infty} a_j - \lim_{j \to \infty} b_j = 0 - 0 = 0.$$

Assim,

$$(a_0, a_1, \ldots) - (b_0, b_1, \ldots) = (a_0 - b_0, a_1 - b_1, \ldots) \in \mathcal{N}.$$

(SA3) Da mesma forma,

$$\lim_{j \to \infty} (a_j b_j) = \lim_{j \to \infty} a_j \cdot \lim_{j \to \infty} b_j = 0 \cdot 0 = 0.$$

Daí

$$(a_0, a_1, \ldots) \cdot (b_0, b_1, \ldots) = (a_0 b_0, a_1 b_1, \ldots) \in \mathcal{N}.$$

Logo, $\mathcal{N}$ é um anel, e também é comutativo. □

Continuando nosso estudo de subanéis, veremos nos próximos exemplos alguns subanéis de funções. Para isso, relembre o Exemplo 2.20, onde estudamos o anel comutativo com unidade $\mathcal{F}(\mathbb{R})$, das funções de $\mathbb{R}$ em $\mathbb{R}$. Ademais, é necessário um conhecimento prévio de cálculo diferencial e integral.

Exemplo 3.5. *Defina*

$$\mathcal{C}(\mathbb{R}) = \{ f \in \mathcal{F}(\mathbb{R}) \ : \ f \text{ é uma função contínua} \}.$$

Nos cursos de cálculo, aprende-se que a subtração e a multiplicação de funções contínuas, é uma função contínua. Além disso, a função $c_0(x) = 0$ é contínua *pois todas as funções constantes o são. Logo*

$$\mathcal{C}(\mathbb{R}) \leqslant \mathcal{F}(\mathbb{R}).$$

e $\mathcal{C}(\mathbb{R})$ é um anel. Na verdade esse anel é comutativo com unidade, pois o produto de funções em $\mathcal{F}(\mathbb{R})$ é comutativo e a função $\mathbf{1}(x) = 1$ é contínua. □

Dados $x, y \in \mathbb{R}$, podemos generalizar este exemplo e concluir que

$$\mathcal{C}([x,y]) = \{f \in \mathcal{F}([x,y]) : f \text{ é uma função contínua}\},$$

é um anel comutativo com unidade, com

$$\mathcal{C}([x,y]) \leqslant \mathcal{F}([x,y]).$$

Exemplo 3.6. *Defina*

$$\mathcal{C}^\infty(\mathbb{R}) = \{f \in \mathcal{C}(\mathbb{R}) : f \text{ é infinitamente derivável}\}.$$

Sabemos que a função nula é infinitamente derivável ($SA1$), e que a subtração ($SA2$) e o produto ($SA3$) de tais funções mantém essa propriedade. Assim,

$$\mathcal{C}^\infty(\mathbb{R}) \leqslant \mathcal{C}(\mathbb{R})$$

e esse anel é também comutativo com unidade. □

Por fim, vejamos um conjunto de funções que não é um subanel de $\mathcal{C}(\mathbb{R})$.

Exemplo 3.7. *Denote o conjunto das funções de $\mathbb{R}$ em $\mathbb{R}$ cujas integrais, de zero a infinito, convergem,*

$$\mathcal{L}(\mathbb{R}) = \left\{ f \in \mathcal{F}(\mathbb{R}) : \int_0^\infty f(x)dx \text{ converge} \right\}.$$

Este conjunto é fechado pela subtração ($SA2$) e contém a função nula ($SA1$).

3.1. Subanéis e extensões de corpos

Porém, não é fechado pelo produto, afinal, a função

$$f(x) = \begin{cases} 0, & se\ x = 0; \\ \dfrac{1}{\sqrt{x}}, & se\ 0 < x \leqslant 1; \\ 0, & se\ 1 < x \end{cases}$$

está em $\mathcal{L}(\mathbb{R})$, *porém*

$$\int_0^\infty (f(x))^2\, dx \to \infty.$$

□

Nos próximos resultados veremos que é possível criar novos subanéis a partir de subanéis conhecidos, envolvendo produtos diretos, polinômios e intersecções.

Proposição 3.4. *Sejam* $B_1 \leqslant A_1$ *e* $B_2 \leqslant A_2$. *Então*

$$B_1 \times B_2 \leqslant A_1 \times A_2.$$

Demonstração: $(SA1)$ $(0_{A_1}, 0_{A_2}) \in B_1 \times B_2$;

$(SA2)$ Sejam (b_1, b_2) e $(c_1, c_2) \in B_1 \times B_2$. Então

$$(b_1, b_2) - (c_1, c_2) = (b_1 - c_1, b_2 - c_2) \in B_1 \times B_2.$$

$(SA3)$ Temos
$$(b_1, b_2) \cdot (c_1, c_2) = (b_1 c_1, b_2 c_2) \in B_1 \times B_2.$$

□

Na verdade, essa proposição pode ser generalizada para produtos diretos de mais anéis.

Além disso podemos, também, construir subanéis do anel comutativo com unidade $(\mathbb{R} \times \mathbb{R}, +, \bullet)$, definido no Exemplo 2.24.

Exemplo 3.8. *Seja* $(\mathbb{R} \times \mathbb{R}, +, \bullet)$ *com operações*

$$(a_1, b_1) + (a_2, b_2) = (a_1 + a_2, b_1 + b_2)$$

e
$$(a_1, b_1) \bullet (a_2, b_2) = (a_1 a_2 - b_1 b_2, a_1 b_2 + b_1 a_2).$$

Já sabemos pelo Exemplo 2.23 que $(\mathbb{Z} \times \mathbb{Z}, +, \bullet)$ *é um anel e que, portanto,* $(\mathbb{Z} \times \mathbb{Z}, +, \bullet) \leqslant (\mathbb{R} \times \mathbb{R}, +, \bullet)$. *Mesmo assim, para praticarmos essa nova maneira de estudar anéis, vamos demonstrar que isso é verdade através da Proposição 3.2.*

$(SA1)$ *Vale, pois* $(0,0) \in \mathbb{Z} \times \mathbb{Z}$.

$(SA2)$ *Dados* (a_1, a_2) *e* $(b_1, b_2) \in \mathbb{Z} \times \mathbb{Z}$, *como* $\mathbb{Z}$ *é fechado pela subtração, segue que:*
$$(a_1, a_2) - (b_1, b_2) = (a_1 - b_1, a_2 - b_2) \in \mathbb{Z} \times \mathbb{Z}.$$

$(SA3)$ *Temos*
$$(a_1, a_2) \bullet (b_1, b_2) = (a_1 b_1 - a_2 b_2, a_1 b_2 + a_2 b_1) \in \mathbb{Z} \times \mathbb{Z}.$$

$\square$

Assim, temos que
$$(\mathbb{Z} \times \mathbb{Z}, +, \bullet) \leqslant (\mathbb{Q} \times \mathbb{Q}, +, \bullet) \leqslant (\mathbb{R} \times \mathbb{R}, +, \bullet),$$
todos comutativos com unidade.

Vimos na Seção 2.6 que, dado um anel A, podemos definir o anel de polinômios $A[x]$. Com isso, temos a seguinte propriedade.

Proposição 3.5. *Suponha que* $B \leqslant A$. *Então* $B[x] \leqslant A[x]$.

Demonstração: Vamos demonstrar os três itens da Proposição 3.2.

$(SA1)$ Como B é subanel de A, temos que seus elementos neutros são iguais, digamos a 0. Assim, como o elemento neutro da adição de $A[x]$ é o polinômio constante igual a 0, ele estará também em $B[x]$.

$(SA2)$ Sejam $\sum_{i=0}^{m} a_i x^i$ e $\sum_{j=0}^{n} b_j x^j$ em $B[x]$ com $m \leq n$. Como B é um anel, definindo $a_{m+1} = \ldots = a_n = 0$ segue que $a_j - b_j \in B$ e
$$\sum_{i=0}^{m} a_i x^i + \sum_{j=0}^{n} (-b_j) x^j = \sum_{j=0}^{n} (a_j - b_j) x^j \in B[x].$$

3.1. Subanéis e extensões de corpos

$(SA3)$ Temos

$$\left(\sum_{i=0}^{m} a_i x^i\right) \cdot \left(\sum_{j=0}^{n} b_j x^j\right) = \sum_{k=0}^{m+n} \left(\sum_{t=0}^{k} a_t \cdot b_{k-t}\right) x^k$$

que está em $B[x]$, novamente pelo fato de B ser um anel.

□

Em particular, segue que

$$n\mathbb{Z}[x] \leqslant \mathbb{Z}[x] \leqslant \mathbb{Q}[x] \leqslant \mathbb{R}[x] \leqslant \mathbb{C}[x],$$

todos comutativos.

Por fim, podemos criar subanéis a partir da intersecção.

Proposição 3.6. *Sejam B_1 e B_2 subanéis de A. Então $B_1 \cap B_2 \leqslant A$.*

Demonstração: Vejamos:

$(SA1)$ $0_A \in B_1$ e $0_A \in B_2$, logo $0_A \in B_1 \cap B_2$.

$(SA2)$ Sejam $a, b \in B_1 \cap B_2$. Assim $a, b \in B_1$ e $a, b \in B_2$. Daí, por $(SA2)$ nos subanéis, $a + (-b) \in B_1$ e $a + (-b) \in B_2$, que implica em $a + (-b) \in B_1 \cap B_2$.

$(SA3)$ Muito parecido com a anterior, sejam $a, b \in B_1 \cap B_2$. Assim $a, b \in B_1$ e B_2. Daí, por $(SA3)$ em B_1 e B_2, $ab \in B_1$ e $ab \in B_2$ e, daí $ab \in B_1 \cap B_2$.

□

Já a união de subanéis não necessariamente é um subanel. Vejamos um exemplo que ilustra este fato.

Exemplo 3.9. *Sabemos que $2\mathbb{Z}$ e $3\mathbb{Z}$ são subanéis de $\mathbb{Z}$. Porém, sua união não é, afinal, os números 2 e 3 pertencem a $2\mathbb{Z} \cup 3\mathbb{Z}$ mas $3 - 2 = 1 \notin 2\mathbb{Z} \cup 3\mathbb{Z}$.* □

Quando queremos provar que um subconjunto é um subanel de um anel, é importante termos certeza que o primeiro está contido no segundo. No próximo exemplo, analisamos esse problema.

Exemplo 3.10. *Considere os conjuntos*

$$\mathbb{Z}_3 = \{\bar{0}, \bar{1}, \bar{2}\}$$
$$\mathbb{Z}_8 = \{\bar{0}, \bar{1}, \bar{2}, \bar{3}, \bar{4}, \bar{5}, \bar{6}, \bar{7}\}.$$

Pode parecer que $\mathbb{Z}_3 \subseteq \mathbb{Z}_8$, o que nos levaria a tentar provar que $\mathbb{Z}_3$ é um subanel de $\mathbb{Z}_8$. Mas isso é falso. Seus elementos, embora denotados pelos mesmos símbolos, possuem naturezas distintas. O elemento $\bar{1} \in \mathbb{Z}_3$ é o conjunto dos números inteiros que deixam resto 1 na divisão por 3, porém $\bar{1} \in \mathbb{Z}_8$ é o conjunto dos números da forma $\{8k+1 : k \in \mathbb{Z}\}$. □

No Exemplo 2.17, estudamos o anel $M_2(\mathbb{R})$. Vejamos um subanel desse conjunto.

Exemplo 3.11. *Defina*

$$D = \left\{ \begin{bmatrix} a & 0 \\ 0 & b \end{bmatrix} \in M_2(\mathbb{R}) : a, b \in \mathbb{R} \right\}.$$

Vamos provar que $D \leqslant M_2(\mathbb{R})$.

(SA1) Vale, pois

$$\begin{bmatrix} 0 & 0 \\ 0 & 0 \end{bmatrix} \in D.$$

(SA2) Temos

$$\begin{bmatrix} a_1 & 0 \\ 0 & b_1 \end{bmatrix} + \begin{bmatrix} a_2 & 0 \\ 0 & b_2 \end{bmatrix} = \begin{bmatrix} a_1 - a_2 & 0 \\ 0 & b_1 - b_2 \end{bmatrix} \in D.$$

(SA3) Por fim,

$$\begin{bmatrix} a_1 & 0 \\ 0 & b_1 \end{bmatrix} \cdot \begin{bmatrix} a_2 & 0 \\ 0 & b_2 \end{bmatrix} = \begin{bmatrix} a_1 a_2 + 0 \cdot 0 & a_1 \cdot 0 + 0 \cdot b_2 \\ 0 \cdot a_2 + b_1 \cdot 0 & 0 \cdot 0 + b_1 b_2 \end{bmatrix}$$

$$= \begin{bmatrix} a_1 a_2 & 0 \\ 0 & b_1 b_2 \end{bmatrix} \in D.$$

□

3.1. Subanéis e extensões de corpos

Note que o subanel D que acabamos de conhecer é na verdade um anel com unidade
$$\begin{bmatrix} 1 & 0 \\ 0 & 1 \end{bmatrix},$$
a mesma unidade de $M_2(\mathbb{R})$. Infelizmente ao estudarmos subanéis, podem aparecer algumas peculiaridades envolvendo essas unidades multiplicativas. Por exemplo, é possível que um anel com unidade possua um subanel sem unidade, como no caso de $2\mathbb{Z} \leqslant \mathbb{Z}$.

Além disso, voltando às matrizes, algo ainda mais estranho pode acontecer: é possível termos um anel e um subanel com unidades diferentes.

Exemplo 3.12. *Defina*
$$I = \left\{ \begin{bmatrix} a & b \\ 0 & 0 \end{bmatrix} \in M_2(\mathbb{R}) : a, b \in \mathbb{R} \right\},$$

e
$$J = \left\{ \begin{bmatrix} c & 0 \\ d & 0 \end{bmatrix} \in M_2(\mathbb{R}) : c, d \in \mathbb{R} \right\}$$

$$B = \left\{ \begin{bmatrix} e & 0 \\ 0 & 0 \end{bmatrix} \in M_2(\mathbb{R}) : e \in \mathbb{R} \right\}.$$

Note que esses três conjuntos estão contidos em $M_2(\mathbb{R})$ e, na verdade, todos são subanéis de $M_2(\mathbb{R})$. Façamos a demonstração para I, pois para J e B são análogas.

(SA1) É óbvio pois
$$\begin{bmatrix} 0 & 0 \\ 0 & 0 \end{bmatrix} \in I.$$

(SA2) Temos
$$\begin{bmatrix} a_1 & b_1 \\ 0 & 0 \end{bmatrix} + \begin{bmatrix} -c_1 & -d_1 \\ 0 & 0 \end{bmatrix} = \begin{bmatrix} a_1 - c_1 & b_1 - d_1 \\ 0 & 0 \end{bmatrix} \in I.$$

($SA3$) Veja que

$$\begin{bmatrix} a_1 & b_1 \\ 0 & 0 \end{bmatrix} \cdot \begin{bmatrix} c_1 & d_1 \\ 0 & 0 \end{bmatrix} = \begin{bmatrix} a_1 c_1 + b_1 \cdot 0 & a_1 d_1 + b_1 \cdot 0 \\ 0 \cdot c_1 + 0 \cdot 0 & 0 \cdot d_1 + 0 \cdot 0 \end{bmatrix}$$

$$= \begin{bmatrix} a_1 c_1 & a_1 d_1 \\ 0 & 0 \end{bmatrix} \in I.$$

Porém, note que B possui unidade multiplicativa

$$\begin{bmatrix} 1 & 0 \\ 0 & 0 \end{bmatrix}$$

enquanto a unidade de $M_2(\mathbb{R})$ é a matriz identidade

$$\begin{bmatrix} 1 & 0 \\ 0 & 1 \end{bmatrix}.$$

□

Então, é natural nos perguntarmos sob quais condições um anel e seus subanéis possuem a mesma unidade. E a resposta segue na próxima proposição.

Proposição 3.7. *Seja A um anel com unidade 1_A sem divisores de zero. Assim, não existe subanel $B \leqslant A$ com unidade distinta de 1_A.*

Demonstração: Seja, então, um subanel B de A que possua identidade 1_B e vamos provar que $1_B = 1_A$. Tome $c \in B$ não nulo:

$$\begin{cases} c \in B, & \Rightarrow c \cdot 1_B = c \\ c \in A, & \Rightarrow c \cdot 1_A = c \end{cases} \Rightarrow c \cdot 1_B - c \cdot 1_A = c - c \Rightarrow c(1_B - 1_A) = 0.$$

Como A não possui divisores de zero, vale que $c = 0$ ou $1_B - 1_A = 0$. Como c foi tomado não nulo, temos que $1_B = 1_A$.

□

Assim, em domínios de integridade ou em corpos, os subanéis que possuem unidade têm a mesma unidade da estrutura que os contém. Ademais, quando temos $A \leqslant B$ com ambos sendo também corpos, utilizamos uma nomenclatura especial.

3.1. Subanéis e extensões de corpos

Definição 3.2. *Se A e B são corpos com as mesmas operações e $B \subseteq A$, dizemos que A é uma extensão do corpo B.*

Podemos também dizer que B é um subcorpo de A.

Exemplo 3.13. *No Exemplo 2.13 conhecemos o corpo dos números complexos, $\mathbb{C}$ e, no Exemplo 2.11, vimos que $\mathbb{Q}[i]$ também é um corpo, com as mesmas operações. Como $\mathbb{Q}[i] \subseteq \mathbb{C}$, temos que*

$$\mathbb{C} \text{ é uma extensão do corpo } \mathbb{Q}[i].$$

Além disso, como $\mathbb{R}$ é um corpo com as mesmas operações de $\mathbb{C}$, temos também que

$$\mathbb{C} \text{ é uma extensão do corpo } \mathbb{R}.$$

□

As Proposições 3.1 e 3.7 nos garantem que um corpo B e sua extensão A têm a mesma unidade aditiva e a mesma unidade multiplicativa.

Pela definição que apresentamos, para demonstrar que um corpo é extensão de outro devemos provar que ambos satisfazem os nove itens da definição de corpos e que um está contido no outro. Mas, felizmente, assim como no caso dos subanéis, muitas das propriedades do conjunto maior são herdadas pelo menor. Portanto, temos o seguinte resultado.

Proposição 3.8. *Seja $(A, +, \cdot)$ um corpo e $B \subseteq A$ com pelo menos dois elementos. Então A é uma extensão do corpo B se, e somente se*

$(SA1)$ $0_A \in B$;

$(SA2)$ $a, b \in B \Rightarrow a + (-b) \in B$;

$(SA4)$ $a, b \in B \Rightarrow ab^{-1} \in B$.

Demonstração: Vamos demonstrar que B satisfazer as 9 propriedades de corpos equivale a satisfazer as três propriedades da proposição.

($\Rightarrow$) Seja A uma extensão de B e vamos provar que valem os três itens. Note que, em particular, B é subanel de A e então, pela Proposição 3.2, valem $(SA1)$ e $(SA2)$. Para $(SA4)$, sejam $a, b \in B$ e, como B é um corpo, pela Proposição 2.8, b possui um único inverso b^{-1} em B. Logo, como o produto é fechado em

B, $ab^{-1} \in B$.

($\Leftarrow$) Vamos, agora, provar que aqueles três itens implicam que A é uma extensão do corpo B, ou seja, vamos provar que B têm as operações fechadas e satisfaz $(A1) - (A8)$ e $(A10)$. Para isso, sejam $a, b \in B$.

Como B está contido em A, as propriedades $(A1)$, $(A2)$, $(A5)$, $(A6)$ e $(A7)$ (e até $(A9)$, se fosse necessário) são automaticamente herdadas.

O item $(SA1)$ implica que B satisfaz $(A3)$.

Como $0_A \in B$, o item $(SA2)$ para 0_A e b implica $-b = 0_A + (-b) \in B$. Ou seja, vale $(A4)$.

Mais uma vez pelo item $(SA2)$, agora com a e $-b$, temos $a + b = a + (-(-b)) \in B$, ou seja, B é fechado pela adição.

Como B possui pelo menos dois elementos, suponhamos a partir de agora que b é não nulo. Assim, o item $(SA4)$ aplicado em b e b implica em $(A8)$.

Novamente o item $(SA4)$, mas aplicado a 1 e b, implica $(A10)$.

Por fim, $(SA4)$ aplicado em a e b^{-1} implica que a multiplicação em B é fechada.

Portanto, A é uma extensão do corpo B.

$\square$

Assim, uma segunda ferramenta que esta proposição nos fornece é que para descobrir se um dado conjunto é um corpo, basta vê-lo dentro de outro corpo com as mesmas operações e demonstrar que valem os três itens $(SA1)$, $(SA2)$ e $(SA4)$.

Na Seção 4.5 veremos mais alguns ótimos exemplos de extensões de corpos.

Exercícios da Seção 3.1

3.1. *Pesquise sobre:*

(a) Extensão separável de corpos.

(b) Torre de corpos.

(c) Anel de inteiros quadráticos.

(d) Quaternios de Hurwitz.

3.1. Subanéis e extensões de corpos

3.2. *Prove que o produto de números inteiros ímpares é ímpar e a adição de números inteiros pares, é par.*

3.3. *Dado $n \in \mathbb{N}$, prove que $n\mathbb{Z}$ é um anel comutativo sem divisores de zero.*

3.4. *Prove que dados $a, b \in \mathbb{Z}$, sempre que $a|b$ em $\mathbb{Z}$ temos*

$$b\mathbb{Z} \leqslant a\mathbb{Z}.$$

3.5. *O conjunto*

$$P = \left\{ \frac{a}{b} \in \mathbb{Q} : a \text{ e } b \text{ são pares} \right\}.$$

é um subcorpo de $\mathbb{Q}$?

3.6. *Dados anéis $B \leqslant A$ e $b \in B$, prove que o oposto de b em B é igual ao oposto de b em A.*

3.7. *Dado um anel A, demonstre que $Z(A) \leqslant A$.*

3.8. *Prove que, se A é um anel de divisão (ou corpo não comutativo), então $Z(A)$ é um corpo.*

3.9. *Encontre subanéis de $\mathbb{Z}$ cuja união é, também, um subanel.*

3.10. *Dados anéis $B \leqslant A$, se A satisfaz (A8) e (A10), explique porque não podemos automaticamente afirmar que B as satisfaz.*

3.11. *Sejam $B_1, B_2, \ldots$ uma quantidade infinita de subanéis do anel A. Prove que sua intersecção é, também, um subanel de A.*

3.12. *Demonstre que a intersecção de dois subcorpos de um corpo K, é um subcorpo de K.*

3.13. *Prove que $\{\overline{0}, \overline{2}, \overline{4}\}$, com as mesmas operações de $\mathbb{Z}_6$, é um subanel de $\mathbb{Z}_6$.*

3.14. *O subconjunto $\{0_A, 1_A\}$ é um subcorpo do corpo A?*

3.15. *Quantos subcorpos $\mathbb{R}$ possui?*

3.16. *Prove que $\mathbb{Q}$ é o menor subcorpo de $\mathbb{R}$, ou seja, que não existe um corpo K de $\mathbb{R}$ tal que $K \subsetneq \mathbb{Q}$.*

3.17. *Demonstre que $J \leqslant M_2(\mathbb{R})$ e $B \leqslant M_2(\mathbb{R})$, do Exemplo 3.12.*

3.18. *Ainda no Exemplo 3.12, mostre que a unidade multiplicativa de B é*

$$\begin{bmatrix} 1 & 0 \\ 0 & 0 \end{bmatrix}.$$

Os subanéis I e J possuem unidade?

3.19. *O conjunto das matrizes com coeficientes não nulos em $M_2(\mathbb{Z})$ é um subanel deste conjunto?*

3.20. *Prove que $\{\overline{0}, \overline{3}\}$ é um subanel de $\mathbb{Z}_6$. É um corpo? É um domínio de integridade?*

3.2 Ideais

Na teoria de anéis, existem alguns tipos de subanéis que são muito especiais, chamados ideais. Eles foram introduzidos no final do século XIX por Dedekind.

Julius Wilhelm Richard Dedekind

Julius Wilhelm Richard Dedekind (Braunschweig, 06 de outubro de 1831 - Braunschweig, 12 de fevereiro de 1916) foi um matemático alemão. Suas duas principais contribuições foram os cortes de Dedekind, subconjuntos de $\mathbb{Q}$ que auxiliam na construção de $\mathbb{R}$, além da definição formal de um ideal.

Definição 3.3. *Seja A um anel e $J \leqslant A$. Dizemos que J é um ideal à esquerda de A se vale*

$(SA5)$ $aj \in J$, sempre que $a \in A$ e $j \in J$.

Dizemos que J é um ideal à direita de A se vale

$(SA6)$ $ja \in J$, sempre que $a \in A$ e $j \in J$.

3.2. Ideais

Definição 3.4. *Seja J um subanel do anel A. Se J satisfaz os itens (SA5) e (SA6) da definição anterior, dizemos que J é um ideal de A, o que denotamos por*

$$J \trianglelefteq A.$$

Ou seja, um ideal é um subanel que age como um ímã, com relação ao produto. Sempre que multiplicarmos um elemento do ideal por um outro do anel, o produto estará dentro do ideal.

Note também que se o anel A é comutativo, então os itens $(SA5)$ e $(SA6)$ são equivalentes, e não precisamos fazer distinção entre ideal, ideal à esquerda e ideal à direita.

Um último detalhe sutil antes de analisarmos alguns exemplos é que, se queremos demonstrar que $J \trianglelefteq A$ sem saber previamente que J é um subanel de A, ao provarmos que vale $(SA5)$ ou $(SA6)$ automaticamente teremos a validade de $(SA3)$.

De fato, seja $J \subseteq A$ onde vale $(SA5)$ e tome $j_1, j_2 \in J$ para provar que vale $(SA3)$. Como j_1 também está em A, basta utilizar $(SA5)$ e concluir que $j_1 j_2 \in J$, logo valerá $(SA3)$.

Mesmo assim, sempre demonstraremos também $(SA3)$ para reforçarmos métodos de demonstração e ideias interessantes. Para começar, dado um anel A, perceba que $\{0\}$ e A são ideais de A. Isso segue do fato que multiplicar por zero resulta sempre em zero, pelo item (a) da Proposição 2.5, e do fato da multiplicação em A ser fechada. Estes são chamados ideais triviais de A.

Ideais que não são triviais são ditos ideais próprios. Vejamos um exemplo de ideal contido no anel das funções contínuas, que estudamos no Exemplo 3.5.

Exemplo 3.14. *Fixe $b \in [0,1]$ e defina*

$$I_b = \{f \in \mathcal{C}([0,1]) : f(b) = 0\}.$$

Vamos provar que I_b é um ideal de $\mathcal{C}([0,1])$.

$(SA1)$ *O elemento neutro de $\mathcal{C}([0,1])$, a função c_0 dada por $c_0(x) = 0$ para todos $x \in [0,1]$ satisfaz, em particular, $c_0(b) = 0$. Logo $c_0 \in I_b$.*

$(SA2)$ *Sejam $f, g \in I_b$. Assim, $f(b) = 0 = g(b)$. Logo*

$$(f - g)(b) = f(b) + (-g(b)) = 0 - g(b) = 0 - 0 = 0$$

e $f - g \in I_b$.

($SA3$) Dadas $f, g \in I_b$, $f(b) = 0 = g(b)$. Então

$$(f \cdot g)(b) = f(b) \cdot g(b) = 0 \cdot 0 = 0.$$

Assim, $f \cdot g \in I_b$. Dessa forma, provamos que I_b é um subanel de $\mathcal{C}([0,1])$. Vamos provar, agora, que I_b é um ideal de $\mathcal{C}([0,1])$.

($SA5$) Sejam $f \in A$ e $g \in I_b$. Assim, $g(b) = 0$ e

$$(f \cdot g)(b) = f(b) \cdot g(b) = f(b) \cdot 0 = 0.$$

Assim, $f \cdot g \in I_b$ e como esse anel é comutativo, $g \cdot f \in I_b$ e também vale ($SA6$). Disso, concluímos que

$$I_b \trianglelefteq \mathcal{C}([0,1]).$$

$\square$

No Capítulo 2, Seção 2.6, vimos que $\mathbb{Z}[x]$ é um domínio de integridade. A seguir, vejamos um ideal deste conjunto.

Exemplo 3.15. *Considere*

$$J = \{f \in \mathbb{Z}[x] : \exists q \in \mathbb{Z}[x] \text{ com } f(x) = (x^2 + 1) \cdot q(x)\}.$$

Vamos provar que $J \trianglelefteq \mathbb{Z}[x]$.

($SA1$) *Como* $c_0(x) = (x^2 + 1) \cdot c_0(x)$ *temos que* $c_0 \in J$.

($SA2$) *Sejam* $f, g \in J$. *Assim,* $f(x) = (x^2 + 1) \cdot q_1(x)$ *e* $g(x) = (x^2 + 1) \cdot q_2(x)$. *Daí*

$$\begin{aligned}(f - g)(x) &= f(x) + (-g(x)) \\ &= (x^2 + 1) \cdot q_1(x) - (x^2 + 1) \cdot q_2(x) \\ &= (x^2 + 1) \cdot (q_1(x) - q_2(x)).\end{aligned}$$

Logo, $f - g \in J$.

3.2. Ideais

(SA3) Nas mesmas condições do item anterior,

$$\begin{aligned}(f \cdot g)(x) &= f(x) \cdot g(x) \\ &= [(x^2+1) \cdot q_1(x)] \cdot [(x^2+1) \cdot q_2(x)] \\ &= (x^2+1) \cdot [q_1(x) \cdot (x^2+1) \cdot q_2(x)].\end{aligned}$$

Assim, $f \cdot g \in J$ e $J \leqslant \mathbb{Z}[x]$.

Vejamos agora que $J \trianglelefteq \mathbb{Z}[x]$ e, para isso, basta analisarmos (SA5) pois $\mathbb{Z}[x]$ é comutativo.

(SA5) Sejam $h \in \mathbb{Z}[x]$ e $f \in J$. Assim, $f(x) = (x^2+1) \cdot q(x)$ e

$$(h \cdot f)(x) = h(x) \cdot f(x) = h(x) \cdot (x^2+1) \cdot q(x) = (x^2+1) \cdot [h(x) \cdot q(x)].$$

Assim, $h \cdot f \in J$.
Portanto, concluímos que

$$J \trianglelefteq \mathbb{Z}[x].$$

□

Agora, um exemplo de ideal do domínio de integridade $\mathbb{C}[[x]]$, que vimos no Exemplo 2.32.

Exemplo 3.16. *Defina*

$$I = \{a_1 x + a_2 x^2 + \cdots \in \mathbb{C}[[x]]\}$$

ou seja, os polinômios de $\mathbb{C}[[x]]$ cujo coeficiente que não acompanha x é igual a 0. Vamos provar que $I \trianglelefteq \mathbb{C}$.

(SA1) Vale pois o polinômio nulo de $\mathbb{C}[[x]]$ possui coeficiente constante igual a 0.

(SA2) A subtração de dois polinômios com coeficiente constante 0, terá coeficiente constante igual a 0.

(SA3) Perceba que o produto de dois polinômios onde todos os termos acompanham alguma potência de x, possuirá todos os termos acompanhando, pelo menos, x^2. Logo, seu coeficiente constante é igual a 0.

Subestruturas e homomorfismos

(SA5) *Ao multiplicarmos um polinômio qualquer por outro onde todos seus termos possuem potências variadas não nulas de x, concluímos que todos os termos desse produto acompanharão a variável x. Portanto seu coeficiente constante também será 0.* □

Exemplo 3.17. *No Exemplo 3.12 demonstramos que*

$$I = \left\{ \begin{bmatrix} a & b \\ 0 & 0 \end{bmatrix} : a, b \in \mathbb{R} \right\}$$

e

$$J = \left\{ \begin{bmatrix} c & 0 \\ d & 0 \end{bmatrix} : c, d \in \mathbb{R} \right\}$$

são subanéis de $M_2(\mathbb{R})$. Primeiramente, vamos provar que I é um ideal à direita de $M_2(\mathbb{R})$:

(SA6)

$$\begin{bmatrix} a & b \\ 0 & 0 \end{bmatrix} \cdot \begin{bmatrix} m & n \\ p & q \end{bmatrix} = \begin{bmatrix} am + bp & an + bq \\ 0m + 0p & 0n + 0q \end{bmatrix} \in I.$$

O subanel I não é um ideal à esquerda de $M_2(\mathbb{R})$, pois:

$$\begin{bmatrix} 1 & 1 \\ 1 & 1 \end{bmatrix} \cdot \begin{bmatrix} 1 & 1 \\ 0 & 0 \end{bmatrix} = \begin{bmatrix} 1 \cdot 1 + 1 \cdot 1 & 1 \cdot 1 + 1 \cdot 1 \\ 1 \cdot 1 + 1 \cdot 0 & 1 \cdot 1 + 1 \cdot 0 \end{bmatrix} = \begin{bmatrix} 2 & 2 \\ 1 & 1 \end{bmatrix} \notin I.$$

Agora, vamos provar que J é um ideal à esquerda de $M_2(\mathbb{R})$, mas não à direita.

(SA5)

$$\begin{bmatrix} m & n \\ p & q \end{bmatrix} \cdot \begin{bmatrix} c & 0 \\ d & 0 \end{bmatrix} = \begin{bmatrix} ac + nd & m \cdot 0 + n \cdot 0 \\ pc + qd & p \cdot 0 + q \cdot 0 \end{bmatrix} \in J$$

mas

$$\begin{bmatrix} 1 & 0 \\ 1 & 0 \end{bmatrix} \cdot \begin{bmatrix} 1 & 1 \\ 1 & 1 \end{bmatrix} = \begin{bmatrix} 1 \cdot 1 + 0 \cdot 1 & 1 \cdot 1 + 0 \cdot 1 \\ 1 \cdot 1 + 0 \cdot 1 & 1 \cdot 1 + 0 \cdot 1 \end{bmatrix} = \begin{bmatrix} 1 & 1 \\ 1 & 1 \end{bmatrix} \notin J.$$

□

3.2. Ideais

Perceba que como esse anel de matrizes não é comutativo, tivemos de analisar $(SA5)$ e $(SA6)$ cuidadosamente. Ademais, um questionamento natural que podemos fazer é se $M_2(\mathbb{R})$ possui ideais, não triviais. Provaremos que não e, por isso, $M_2(\mathbb{R})$ receberá um nome especial.

Definição 3.5. *Um anel que não possui ideais não triviais é dito anel simples.*

Para efetivamente demonstrar que $M_2(\mathbb{R})$ é um anel simples, utilizaremos alguns importantes resultados, que veremos a seguir.

Proposição 3.9. *Sejam A um anel com unidade 1 e J um ideal à esquerda, à direita, ou um ideal de A. Se $1 \in J$ então $J = A$.*

Demonstração: Demonstraremos o caso onde J é um ideal à esquerda de A, pois os demais são análogos. Sabemos que $J \subseteq A$ e queremos provar que $A \subseteq J$ para concluir que eles são iguais. Sendo assim, tome $a \in A$. Daí, como $1 \in J$, segue por $(SA5)$ que $a = a \cdot 1 \in J$ e, portanto, $A \subseteq J$.

□

Corolário 3.10. *Sejam A um anel com unidade 1 e J um ideal à esquerda, à direita, ou um ideal de A. Se J contém um elemento inversível de A, então $J = A$.*

Demonstração: Novamente, demonstraremos apenas o caso onde J é um ideal à esquerda de A, pois os outros casos são análogos. Visto que $J \subseteq A$, basta provar que $A \subseteq J$ para concluir que eles são iguais. Sendo assim, tome $j \in J$ inversível em A. Daí, temos que $j^{-1} \in A$ e, segue por $(SA5)$, que $1 = j^{-1} \cdot j \in J$. Pela proposição anterior, $A = J$.

□

Proposição 3.11. $M_2[\mathbb{R}]$ *é um anel simples.*

Demonstração: Seja J um ideal, diferente de $\{0\}$, de $M_2[\mathbb{R}]$. Vamos demonstrar que $J = M_2[\mathbb{R}]$.
Como J é não vazio, contém um elemento não nulo

$$\begin{bmatrix} a & b \\ c & d \end{bmatrix}.$$

Uma matriz ser não nula significa que, pelo menos, um de seus coeficientes é diferente de zero. Assim, sem perda de generalidade, vamos supor que $a \neq 0$. Por $(SA5)$, J contém o elemento

$$\begin{bmatrix} 1 & 0 \\ 0 & 0 \end{bmatrix} \cdot \begin{bmatrix} a & b \\ c & d \end{bmatrix} = \begin{bmatrix} a & b \\ 0 & 0 \end{bmatrix}.$$

Agora por $(SA6)$, J contém o elemento

$$\begin{bmatrix} a & b \\ 0 & 0 \end{bmatrix} \cdot \begin{bmatrix} 1 & 0 \\ 0 & 0 \end{bmatrix} = \begin{bmatrix} a & 0 \\ 0 & 0 \end{bmatrix}.$$

Novamente, utilizando primeiro $(SA5)$ e depois $(SA6)$:

$$\begin{bmatrix} 0 & 0 \\ 1 & 0 \end{bmatrix} \cdot \begin{bmatrix} a & b \\ c & d \end{bmatrix} = \begin{bmatrix} 0 & 0 \\ a & b \end{bmatrix}$$

e

$$\begin{bmatrix} 0 & 0 \\ a & b \end{bmatrix} \cdot \begin{bmatrix} 0 & 1 \\ 0 & 0 \end{bmatrix} = \begin{bmatrix} 0 & 0 \\ 0 & a \end{bmatrix}$$

está em J. Como J é um subanel, é fechado pela soma. Logo

$$\begin{bmatrix} a & 0 \\ 0 & 0 \end{bmatrix} + \begin{bmatrix} 0 & 0 \\ 0 & a \end{bmatrix} = \begin{bmatrix} a & 0 \\ 0 & a \end{bmatrix}$$

está em J. Mas note que este elemento é inversível, com inverso

$$\begin{bmatrix} a^{-1} & 0 \\ 0 & a^{-1} \end{bmatrix}$$

e, portanto, pelo Corolário 3.10, $J = M_2(\mathbb{R})$.

□

Este exemplo pode ser generalizado para $M_n(K)$, com $n \in \mathbb{N}$, $n \geqslant 2$ e K um corpo qualquer. E na verdade, tal resultado também vale para K.

Exemplo 3.18. *Todo corpo K é um anel simples pois dado um ideal não trivial, ele conterá um elemento não nulo que será inversível. Logo, o Corolário 3.10 implica que esse ideal é o corpo inteiro.* □

3.2. Ideais

No próximo exemplo, veremos que $\mathbb{Z}$ não é um anel simples. Na verdade, ele possui infinitos ideais.

Exemplo 3.19. *Sejam $a_1, a_2, \ldots, a_n$ uma sequência de números naturais tais que $a_i | a_{i+1}$, $\forall\, i \in \{1, 2, \ldots, n-1\}$. Vamos provar que*

$$a_n \cdot \mathbb{Z} \trianglelefteq a_{n-1} \cdot \mathbb{Z} \trianglelefteq \ldots \trianglelefteq a_2 \cdot \mathbb{Z} \trianglelefteq a_1 \cdot \mathbb{Z}.$$

Do Exemplo 3.1 e dos comentários posteriores, sabemos que todos esses conjuntos são anéis comutativos. Assim, só nos resta provar $(SA5)$, e vamos fazê-lo para concluir que $a_2 \cdot \mathbb{Z} \trianglelefteq a_1 \cdot \mathbb{Z}$, pois todos os demais são análogos.
Sejam $a_1 x \in a_1 \cdot \mathbb{Z}$ e $a_2 y \in a_2 \cdot \mathbb{Z}$. Daí

$$(a_1 x)(a_2 y) = a_2(a_1 x y) \in a_2 \cdot \mathbb{Z}.$$

Em particular, vale que

$$a\mathbb{Z} \trianglelefteq \mathbb{Z}$$

para todo $a \in \mathbb{N}$. Podemos sintetizar alguns dos ideais de $\mathbb{Z}$ em um diagrama, baseados nos números primos e suas potências:

$$\begin{array}{ccccccccc}
\cdots & \trianglelefteq & 2^n\mathbb{Z} & \trianglelefteq & \cdots \trianglelefteq & 4\mathbb{Z} & \trianglelefteq & 2\mathbb{Z} & \\
\cdots & \trianglelefteq & 3^n\mathbb{Z} & \trianglelefteq & \cdots \trianglelefteq & 9\mathbb{Z} & \trianglelefteq & 3\mathbb{Z} & \trianglelefteq \\
\cdots & \trianglelefteq & 5^n\mathbb{Z} & \trianglelefteq & \cdots \trianglelefteq & 25\mathbb{Z} & \trianglelefteq & 5\mathbb{Z} & \\
\vdots & & \vdots & & \vdots\ \vdots & \vdots & & \vdots &
\end{array} \quad 1\mathbb{Z} = \mathbb{Z}$$

$\square$

No exemplo a seguir, apresentamos um ideal do anel $\prod_{j \in \mathbb{N}} A_j$, definido no Exemplo 2.22.

Exemplo 3.20. *Considere*

$$\bigoplus_{j \in \mathbb{N}} A_j = \left\{ (a_0, a_1, a_2, \ldots) \in \prod_{j \in \mathbb{N}} A_j \,:\, \exists\, k \in \mathbb{N} \text{ com } a_j = 0_{A_j},\, \forall j \geqslant k \right\}$$

Subestruturas e homomorfismos

que é o subconjunto de $\prod_{j\in\mathbb{N}} A_j$ das sequências que, a partir de algum termo, são sempre o elemento neutro do respectivo anel. Vamos provar que

$$\bigoplus_{j\in\mathbb{N}} A_j \trianglelefteq \prod_{j\in\mathbb{N}} A_j.$$

$(SA1)$ O elemento $(0_{A_1}, 0_{A_2}, \ldots)$ está no conjunto acima pois $a_j = 0_{A_j}$, $\forall j \geqslant 0$.

$(SA2)$ Dados $(a_0, a_1, \ldots)$ e $(b_0, b_1, \ldots)$ em $\bigoplus_{j\in\mathbb{N}} A_j$, ambos possuem entradas nulas a partir dos índices i e j respectivamente. Daí

$$(a_0, a_1, \ldots) - (b_0, b_1, \ldots) = (a_0, a_1, \ldots) + (-b_0, -b_1, \ldots)$$
$$= (a_0 - b_0, a_1 - b_1, \ldots)$$

terá todas entradas nulas a partir do índice $\max\{i,j\}$ e, portanto, estará em $\bigoplus_{j\in\mathbb{N}} A_j$.

$(SA3)$ Nos mesmos termos de $(SA2)$, como a multiplicação é coordenada a coordenada, o produto das sequências terá entradas nulas a partir do termo $\min\{i,j\}$.

$(SA5)$ Seja $(a_0, a_1, \ldots) \in \bigoplus_{j\in\mathbb{N}} A_j$ e $(b_0, b_1, \ldots) \in \prod_{j\in\mathbb{N}} A_j$. Daí, novamente, se o primeiro elemento possui entradas todas nulas a partir de um índice j, segue que

$$(b_0, b_1, \ldots) \cdot (a_0, a_1, \ldots) = (b_0 \cdot a_0, b_1 \cdot a_1, \ldots)$$

terá todas entradas nulas a partir do mesmo índice j e pertence a $\bigoplus_{j\in\mathbb{N}} A_j$.

$(SA6)$ Análogo a $(SA5)$.

Assim, segue que

$$\bigoplus_{j\in\mathbb{N}} A_j \trianglelefteq \prod_{j\in\mathbb{N}} A_j.$$

□

A seguir, veremos algumas formas de, partindo de ideais, criar novos ideais.

Proposição 3.12. *Sejam I e J ideais de um anel A. Então, $I \cap J \trianglelefteq A$.*

Demonstração: A Proposição 3.6 garante que $I \cap J$ é um subanel de A. Falta provar $(SA5)$ e $(SA6)$.

3.2. Ideais

($SA5$) Tome $a \in A$ e $b \in I \cap J$. Daí $b \in I$ e $b \in J$ que nos permitem concluir que $ab \in I$ e $ab \in J$. Logo $ab \in I \cap J$.

($SA6$) Analogamente, tome $a \in A$ e $b \in I \cap J$. Como $b \in I$ e $b \in J$, temos $ba \in I$ e $ba \in J$. Assim, $ba \in I \cap J$.

□

Proposição 3.13. *Sejam $B_1 \trianglelefteq A_1$ e $B_2 \trianglelefteq A_2$. Então $B_1 \times B_2 \trianglelefteq A_1 \times A_2$.*

Demonstração: Pela Proposição 3.4, já sabemos que $B_1 \times B_2$ é um subanel de $A_1 \times A_2$. Vamos provar que é, também, um ideal. Sejam $(a_1, a_2) \in A_1 \times A_2$ e $(b_1, b_2) \in B_1 \times B_2$.

($SA5$) $(a_1, a_2) \cdot (b_1, b_2) = (a_1 b_1, a_2 b_2) \in B_1 \times B_2$.

($SA6$) $(b_1, b_2) \cdot (a_1, a_2) = (b_1 a_1, b_2 a_2) \in B_1 \times B_2$.

□

Este resultado é também válido para produtos diretos de uma quantidade qualquer de estruturas.

Exemplo 3.21. *Pela proposição anterior, segue que*

$$\{0_{A_1}\} \times A_2 \times A_3 \times \ldots$$

é um ideal de $\prod_{j \in \mathbb{N}} A_j$. Na verdade, dado qualquer $k \in \mathbb{N}^*$, são ideais os conjuntos

$$A_1 \times \ldots \times A_{k-1} \times \{0_{A_k}\} \times A_{k+1} \times \ldots.$$

□

Dados dois subconjuntos I e J de um anel A, definimos sua soma e seu produto como

$$I + J = \{i + j : i \in I, j \in J\}$$

e

$$IJ = \left\{ \sum_{k=1}^{n} i_k j_k : i_k \in I, j_k \in J, n \in \mathbb{N}^* \right\}.$$

Proposição 3.14. *Dados ideais I e J de A, sua soma e seu produto são ideais de A.*

Demonstração: Comecemos com $I+J$.

$(SA1)$ $0 = 0 + 0 \in I + J$.

$(SA2)$ Sejam $i_1 + j_1$ e $i_2 + j_2 \in I + J$. Daí

$$(i_1 + j_1) - (i_2 + j_2) = (i_1 - i_2) + (j_1 - j_2) \in I + J.$$

$(SA3)$ Analogamente,

$$(i_1 + j_1) \cdot (i_2 + j_2) = i_1 i_2 + i_1 j_2 + j_1 i_2 + j_1 j_2$$
$$= i_1(i_2 + j_2) + j_1(i_2 + j_2) \in I + J$$

afinal, $i_2 + j_2 \in J \subseteq A$ e I e J satisfazem $(SA6)$.

$(SA5)$ Dados $a \in A$ e $i_1 + j_1 \in I + J$, como I e J satisfazem $(SA5)$:

$$a(i_1 + j_1) = ai_1 + aj_1 \in I + J.$$

$(SA6)$ De forma análoga, dados $a \in A$ e $i_1 + j_1 \in I + J$, como I e J satisfazem $(SA6)$:

$$(i_1 + j_1)a = i_1 a + j_1 a \in I + J.$$

Vejamos, agora, IJ.

$(SA1)$ $0 = 0 \cdot 0 \in IJ$.

$(SA2)$ Sejam $\sum_{k=1}^{n} i_k j_k$ e $\sum_{t=1}^{m} p_t q_t \in IJ$. Note que sua subtração continuará sendo a adição de produtos de um termo de I com um termo de J. Para sermos mais rigorosos, podemos definir $i_{n+t} j_{n+t} = -p_t q_t$ para $1 \leq t \leq m$ e denotar

$$\sum_{k=1}^{n} i_k j_k - \sum_{t=1}^{m} p_t q_t = \sum_{k=1}^{n+m} i_k j_k$$

que claramente está em IJ.

$(SA3)$ Nos termos do item $(SA2)$, perceba que $j_k \cdot (\sum_{t=1}^{m} p_t q_t)$ está em J, pois

3.2. Ideais

este é um ideal de A. Portanto, denotando cada termo desse por l_k, temos

$$\left(\sum_{k=1}^{n} i_k j_k\right) \cdot \left(\sum_{t=1}^{m} p_t q_t\right) = \sum_{k=1}^{n} i_k \left(j_k \sum_{t=1}^{m} p_t q_t\right)$$

$$= \sum_{k=1}^{n} i_k l_k \in IJ.$$

$(SA5)$ Dados $a \in A$ e $\sum_{k=1}^{n} i_k j_k \in IJ$, como I satisfaz $(SA5)$:

$$a\left(\sum_{k=1}^{n} i_k j_k\right) = \sum_{k=1}^{n}(ai_k)j_k \in IJ$$

pois $ai_k \in I$, para todos k.

$(SA6)$ Analogamente, dados $a \in A$ e $\sum_{k=1}^{n} i_k j_k \in IJ$, como J satisfaz essa propriedade:

$$\left(\sum_{k=1}^{n} i_k j_k\right) a = \sum_{k=1}^{n} i_k(j_k a) \in IJ$$

pois $j_k a \in J$, para todos k.

□

Também valem algumas importantes propriedades que envolvem a soma e o produto de ideais.

Proposição 3.15. *Sejam I, J e K ideais de A. Então*

(a) $I \subseteq I+J$ e $J \subseteq I+J$.

(b) $I \subsetneq I+J \Leftrightarrow J \nsubseteq I$.

(c) $I \subseteq K$ e $J \subseteq K \Rightarrow I+J \subseteq K$.

(d) $I \subseteq K$ e $J \subseteq K \Rightarrow IJ \subseteq K$.

Demonstração: (a) Seja $i \in I$. Como J é um ideal de A, vale que $0 \in J$. Então $i = i + 0 \in I + J$. Analogamente, vale a segunda parte.

(b) ($\Rightarrow$) Sejam $i \in I$ e $j \in J$. Então

$$I \subsetneq I + J \Rightarrow \exists\, i + j \in I + J \text{ com } i + j \notin I$$
$$\Rightarrow j = (-i) + (i + j) \notin I$$
$$\Rightarrow J \not\subseteq I.$$

($\Leftarrow$) O item (a) garante que $I \subseteq I + J$, agora temos que provar que eles são distintos. Note que $J \not\subseteq I$ implica $\exists\, j \notin I$ com $j \in J$ e, pelo item (a), $j \in I+J$. Assim, segue que I e $I + J$ são distintos, ou seja, $I \subsetneq I + J$.

(c) Tomemos $i + j \in I + J$. Daí, $i \in I \subseteq K$ e $j \in J \subseteq K$. Como K é um ideal, é fechado pela soma. Logo $i + j \in K$.

(d) Considere $\sum_{k=1}^{n} i_k j_k \in IJ$. Assim, como I é um ideal e os $j_t \in J \subset A$, segue que todos $i_t j_t \in I \subseteq K$. Como a soma em K é fechada, temos que $\sum_{k=1}^{n} i_k j_k \in K$.

$\square$

Existe, também, uma maneira de construirmos ideais a partir de elementos de um anel A quaisquer. Para defini-los, dado $k \in \mathbb{Z}^*$ e $a \in A$, utilizaremos a seguinte notação.

Se k é positivo:

$$ka = \underbrace{a + a + \ldots + a}_{k \text{ parcelas}}.$$

Se k é negativo:

$$ka = \underbrace{(-a) + (-a) + \ldots + (-a)}_{-k \text{ parcelas}}.$$

Se $k = 0$:

$$ka = 0_A.$$

Definição 3.6. *O ideal principal à esquerda gerado pelo elemento a de A é*

$$Aa = \{xa + ka \,:\, x \in A,\, k \in \mathbb{Z}\}.$$

De forma análoga, definimos

$$aA = \{ax + ka \,:\, x \in A\}$$

3.2. Ideais

que se denomina ideal principal à direita gerado por a em A e, por fim,

$$AaA = \left\{ \left(\sum_{i=0}^{n} x_i a y_i \right) + xa + ay + ka : x_i, y_i, x, y \in A,\, n \in \mathbb{N} \right\}$$

é o ideal principal gerado por a em A.

Note que esses três conjuntos possuem a, bastando considerar, para todos os índices i, $x_i = y_i = x = y = 0_A$ em A e $k = 1$ em $\mathbb{Z}$. No próximo exemplo, analisaremos mais algumas propriedades de Aa, além de demonstrar que de fato tal conjunto é um ideal à esquerda.

Exemplo 3.22. *Dado $a \in A$, Aa é o menor ideal à esquerda de A que contém a. De fato, dados $x, y \in A$ e $k_1, k_2 \in \mathbb{Z}$, começamos provando que é um ideal à esquerda.*

$(SA1)$ $0 = 0 \cdot a \in Aa$;

$(SA2)$ $(xa + k_1 a) - (ya + k_2 a) = (x-y)a + (k_1 - k_2)a \in Aa$;

$(SA3)$

$$(xa + k_1 a) \cdot (ya + k_2 a) = (xaya) + (xak_2 a) + (k_1 aya) + (k_1 ak_2 a)$$
$$= (xay + k_2 xa + k_1 ay + k_1 k_2 a)a \in Aa.$$

$(SA5)$ $y \cdot (xa + k_1 a) = (yxa) + (yk_1 a) = (yx + k_1 y)a \in Aa$.

Em anéis não comutativos, este ideal à esquerda pode não ser à direita, pois não conseguimos garantir que, dados $x, y \in A$, $(xa)y \in Aa$.

Para provar que Aa é o menor ideal à esquerda de A que contém a, suponha que J seja um ideal à esquerda de A que contém a. Assim, J satisfaz $(SA5)$ e, daí, contém todos os elementos da forma xa, com $x \in A$. Além disso, dado $k \in \mathbb{Z}$, J contém ka por $(SA2)$. Logo, dado $xa + ka \in Aa$, este elemento também estará em J. □

De forma análoga, pode-se demonstrar que aA é o menor ideal à direita em A que contém a, e não necessariamente é ideal à esquerda. Além disso, seguindo os mesmos passos pode-se provar que AaA é o menor ideal de A que contém a.

Ademais, perceba que em anéis comutativos vale que $Aa = aA = AaA$, e

nesse caso, eles são denotados por $< a >$. E quando o anel A possui unidade, pode-se demonstrar que
$$Aa = \{xa : x \in A\},$$

$$aA = \{ax : x \in A\}$$
e
$$AaA = \left\{ \sum_{i=0}^{n} x_i a y_i : x_i, y_i \in A, n \in \mathbb{N} \right\}.$$

Note que em um anel A, o ideal trivial $\{0\}$ é principal igual a $0 \cdot A = A \cdot 0$. E no caso em que A possui unidade, então A também é um ideal principal, gerado por essa unidade 1, ou seja, $A = 1 \cdot A = A \cdot 1$.

Observação 3.16. *De maneira análoga, pode-se definir ideais gerados por mais de um elemento. Por exemplo, considere $a_1, a_2, \ldots, a_n$ em um anel com unidade A. Assim, temos o ideal à esquerda*

$$A(a_1, a_2 \ldots a_n) = Aa_1 + Aa_2 + \ldots + Aa_n,$$

o ideal à direita

$$(a_1, a_2 \ldots a_n)A = a_1 A + a_2 A + \ldots + a_n A$$

e o ideal

$$A(a_1, a_2 \ldots a_n)A = Aa_1 A + Aa_2 A + \ldots + Aa_n A$$

de A gerados por $a_1, a_2, \ldots, a_n$. No caso comutativo, todos são iguais e denotados por

$$< a_1, a_2, \ldots, a_n >.$$

□

Todas essas definições nos prepararam para a seguinte nomenclatura.

Definição 3.7. *Um anel que só possui ideais principais é dito um anel principal.*

Analogamente, um domínio que só possui ideais principais é dito um domínio principal.

3.2. Ideais

Exemplo 3.23. *Vamos provar que o conjunto $\mathbb{Z}$ é um domínio principal.*

Primeiramente, já sabemos que os ideais triviais são principais com $\{0\} = 0 \cdot \mathbb{Z}$ e $\mathbb{Z} = 1 \cdot \mathbb{Z}$.
Agora, suponha que J seja um ideal não trivial de $\mathbb{Z}$. Assim, pelo Princípio do Menor Inteiro, existe um menor inteiro positivo, digamos d, que está em J. Vamos provar que $J = d \cdot \mathbb{Z}$.

($J \subseteq d \cdot \mathbb{Z}$): Tome $a \in J$. Dividindo-o por d, obtemos únicos inteiros q, r tais que $a = dq + r$, com $0 \leq r < d$. Como d está em J, dq também está. Assim, $a - dq = r \in J$ e, como d é o menor elemento positivo de J, só resta que $r = 0$. Logo, $a = dq \in d \cdot \mathbb{Z}$.

($J \supseteq d \cdot \mathbb{Z}$): Dado $x \in \mathbb{Z}$, tome $dx \in d \cdot \mathbb{Z}$. Como $d \in J$, temos por $(SA6)$ que $dx \in J$. Logo $d \cdot \mathbb{Z} \subseteq J$. □

Assim, qualquer ideal de $\mathbb{Z}$ é da forma $d \cdot \mathbb{Z} = <d>$, para algum d inteiro positivo. No próximo exemplo, descobriremos como encontrar esse d em algumas situações.

Exemplo 3.24. *Sejam $a, b \in \mathbb{Z}$. Como $a\mathbb{Z} + b\mathbb{Z}$ é um ideal de $\mathbb{Z}$, que é um anel principal, temos*

$$a\mathbb{Z} + b\mathbb{Z} = d\mathbb{Z}$$

para algum $d \in \mathbb{Z}$. Portanto, esse elemento d pode ser escrito na forma $ax + by$, com $x, y \in \mathbb{Z}$. A Proposição 4.21 de [37], que é uma implicação da Identidade de Bézout, implica que $mdc(a,b)|d$. Mas pelo exemplo anterior, esse d é o menor inteiro positivo que satisfaz essa propriedade. Logo,

$$d = mdc(a,b).$$

□

Ou seja, em particular,
$$6\mathbb{Z} + 10\mathbb{Z} = 2\mathbb{Z}$$

e
$$4\mathbb{Z} + 7\mathbb{Z} = \mathbb{Z}.$$

Neste último exemplo ficou claro que utilizamos o menor inteiro positivo

Subestruturas e homomorfismos

dentro do ideal que estudamos, para construir o ideal principal respectivo. É essa mesma ideia que utilizaremos para estudar o domínio de integridade $\mathbb{Z}[\sqrt{2}]$, que conhecemos no Exemplo 2.8.

Exemplo 3.25. *Nosso objetivo neste exemplo é demonstrar que $\mathbb{Z}[\sqrt{2}]$ é principal. Para isso, começamos definindo a seguinte função, sobre os elementos não nulos de nosso domínio de integridade,*

$$\beta : \mathbb{Z}[\sqrt{2}]^* \to \mathbb{Z}_+$$
$$a + b\sqrt{2} \mapsto |a^2 - 2b^2|.$$

Perceba que
$$|a^2 - 2b^2| = |(a + b\sqrt{2})(a - b\sqrt{2})|$$

e como 2 é primo, esse número é não nulo. Também note que β preserva o produto:

$$\beta((a + b\sqrt{2})(c + d\sqrt{2}))$$
$$= \beta((ac + 2bd) + (ad + bc)\sqrt{2})$$
$$= |(ac + 2bd)^2 - 2(ad + bc)^2|$$
$$= |a^2c^2 + 4abcd + 4b^2d^2 - 2a^2d^2 - 4abcd - 2b^2c^2|$$
$$= |a^2c^2 - 2a^2d^2 - 2b^2c^2 + 4b^2d^2|$$
$$= |a^2 - 2b^2||c^2 - 2d^2|$$
$$= \beta((a + b\sqrt{2}))\beta((c + d\sqrt{2})).$$

Assim, considere um ideal $I \trianglelefteq \mathbb{Z}[\sqrt{2}]$ não trivial, afinal os triviais são principais. Visto que I contém elementos não nulos, seja $a + b\sqrt{2}$ um elemento não nulo de I tal que $\beta(a+b\sqrt{2})$ seja o menor possível. Perceba que certamente teremos um elemento que satisfaça essa propriedade, basta aplicar o Princípio da Boa Ordem sobre $\mathbb{N}^*$. Também, podemos ter mais de um elemento de I com essa propriedade, o que não é um problema. Vamos provar que $I = (a+b\sqrt{2})\mathbb{Z}[\sqrt{2}]$.

$I \supseteq (a + b\sqrt{2})\mathbb{Z}[\sqrt{2}]$: *Dado $(c + d\sqrt{2}) \in \mathbb{Z}[\sqrt{2}]$, como $(a + b\sqrt{2}) \in I$ temos que $(a + b\sqrt{2})(c + d\sqrt{2})$ está em I.*

$I \subseteq (a + b\sqrt{2})\mathbb{Z}[\sqrt{2}]$: *Considere $c + d\sqrt{2} \in I$. Defina q_1 como o inteiro mais*

3.2. Ideais

próximo de
$$p_1 = \frac{ac - 2bd}{a^2 - 2b^2}$$

e q_2 o inteiro mais próximo de
$$p_2 = \frac{ad - bc}{a^2 - 2b^2},$$

ou seja, temos que $|p_1 - q_1| \leqslant \frac{1}{2}$ e $|p_2 - q_2| \leqslant \frac{1}{2}$, visto que um número real sempre está a uma distância menor ou igual do que $\frac{1}{2}$ a um deles. Agora, construa o elemento $s = q_1 + q_2\sqrt{2} \in \mathbb{Z}[\sqrt{2}]$ e o número real

$$z = (p_1 - q_1) + (p_2 - q_2)\sqrt{2}.$$

Note que

$$z = \left(\frac{ac - 2bd}{a^2 - 2b^2} - q_1\right) + \left(\frac{ad - bc}{a^2 - 2b^2} - q_2\right)\sqrt{2}$$

$$= \left(\frac{ac - 2bd + (ad - bc)\sqrt{2}}{a^2 - 2b^2}\right) - q_1 - q_2\sqrt{2}$$

$$= \frac{(c + d\sqrt{2})(a - b\sqrt{2})}{(a + b\sqrt{2})(a - b\sqrt{2})} - (q_1 + q_2\sqrt{2})$$

$$= \left(\frac{c + d\sqrt{2}}{a + b\sqrt{2}}\right)\left(\frac{a - b\sqrt{2}}{a - b\sqrt{2}}\right) - s$$

$$= \frac{c + d\sqrt{2}}{a + b\sqrt{2}} - s,$$

o que nos diz que

$$c + d\sqrt{2} = s(a + b\sqrt{2}) + z(a + b\sqrt{2}).$$

Denotando $r = z(a + b\sqrt{2})$, como

$$r = (c + d\sqrt{2}) - (s(a + b\sqrt{2})),$$

$c + d\sqrt{2} \in I$ e $s(a + b\sqrt{2}) \in (a + b\sqrt{2})\mathbb{Z}[\sqrt{2}] \subseteq I$, *temos que $r \in I$. Mas note* que

$$\beta(r) = \beta(z)\beta(a+b\sqrt{2})$$
$$= |(p_1-q_1)^2 - 2(p_2-q_2)^2|\beta(a+b\sqrt{2})$$
$$\leqslant \left(|(p_1-q_1)^2| + 2|(p_2-q_2)^2|\right)\beta(a+b\sqrt{2})$$
$$\leqslant \left(\left(\frac{1}{2}\right)^2 + 2\left(\frac{1}{2}\right)^2\right)\beta(a+b\sqrt{2})$$
$$\leqslant \frac{3}{4}\beta(a+b\sqrt{2}),$$

o que é um absurdo quanto à minimalidade de $\beta(a+b\sqrt{2})$. Assim, só nos resta concluir que $r = 0$ e, portanto,

$$c + d\sqrt{2} = z(a+b\sqrt{2}) \in (a+b\sqrt{2})\mathbb{Z}[\sqrt{2}].$$

$\square$

Observação 3.17. *O exemplo anterior parece ser complicado e com muitas ideias "tiradas do bolso" mas, na verdade, o que fizemos foi apresentar uma função, β, que é uma função euclidiana. Consequentemente, $\mathbb{Z}[\sqrt{2}]$ é um domínio euclidiano. O Teorema C.2 nos diz que todo domínio euclidiano é um domínio principal, e sua demonstração foi a inspiração para este exemplo.* $\square$

Exemplo 3.26. *Se relembrarmos o Exemplo 2.16, onde definimos o anel dos números duais*

$$\mathbb{R}[\epsilon] = \{a + b\epsilon \ : \ a, b \in \mathbb{R}\},$$

pode-se demonstrar que este anel possui somente três ideais:

$$\{0\}, < \epsilon >, \mathbb{R}[\epsilon].$$

Consequentemente ele é um anel principal, visto que os triviais também são principais, gerados por 0 e 1 respectivamente. $\square$

3.2. Ideais

3.2.1 Ideais primos e ideais maximais

A seguir, estudaremos dois tipos importantes de ideais que aprofundam a teoria e nos fornecerão ferramentas muito úteis para as próximas seções.

Definição 3.8. *Um ideal P de A é dito um ideal primo quando:*

$(SA7)$ $P \neq A$ *e, se* I *e* J *são ideais de* A *tais que* $IJ \subseteq P$, *então* $I \subseteq P$ *ou* $J \subseteq P$.

De forma equivalente, a contra-positiva dessa definição nos diz que um ideal P de A é primo quando $I \not\subseteq P$ e $J \not\subseteq P$ implicam que $IJ \not\subseteq P$.

Exemplo 3.27. *Vamos provar que o ideal que só contém a matriz nula, $\{0\}$, é primo em $M_2(\mathbb{R})$.*

Primeiramente, note que $\{0\} \neq M_2(\mathbb{R})$.

Agora, sejam dois ideais I e J de $M_2(\mathbb{R})$ tais que $IJ \subseteq \{0\}$. Sabemos pela Proposição 3.11 que $M_2(\mathbb{R})$ é um anel simples, logo I e J só podem ser $M_2(\mathbb{R})$ ou $\{0\}$. Mas perceba que não podemos ter ambos iguais ao primeiro, pois como $IJ \subseteq \{0\}$, teríamos que, por exemplo, a matriz identidade estaria em $\{0\}$. Logo, certamente ou I ou J é igual a $\{0\}$, e esse ideal é primo. □

Em anéis comutativos, a definição de ideal primo é mais simples.

Proposição 3.18. *Em um anel comutativo A, um ideal P é primo se, e somente se,*

$(SA7c)$ $P \neq A$ *e, dados $a, b \in A$ com $ab \in P$, então $a \in P$ ou $b \in P$.*

Demonstração: Ou seja, precisamos demonstrar que no contexto de um anel comutativo, $(SA7) \Leftrightarrow (SA7c)$.

($\Rightarrow$) Suponha que $ab \in P$. Então

$$(Aa)(bA) \subseteq P.$$

De fato, perceba que os elementos do ideal do lado esquerdo são dados como a soma de termos do tipo $(xa)(by) = x(ab)y$, $a(by) = (ab)y$ ou $(xa)b = x(ab)$. Como $ab \in P$ e P é um ideal, segue que $(ab)y \in P$, $x(ab) \in P$ e, daí, $x(ab)y \in P$. Ora, mas P é fechado pela soma. Logo, vale a afirmação. Por hipótese, $Aa \subseteq P$

ou $bA \subseteq P$. No primeiro caso, $a \in P$ e, no segundo, $b \in P$.

($\Leftarrow$) Sejam I e J ideais de A tais que $IJ \subseteq P$ e suponha que $I \not\subseteq P$. Vamos provar que $J \subseteq P$. Tome $i \in I$ tal que $i \notin P$ e, também, $j \in J$. Dessa forma, $ij \in IJ \subseteq P$. Por hipótese, $i \in P$ ou $j \in P$. Como a primeira não é verdadeira, segue que $j \in P$ e, portanto, $J \subseteq P$.

$\square$

Assim, se lembrarmos que um ideal contém produtos de um elemento seu por outro elemento qualquer do anel em questão, um ideal primo satisfaz algo próximo da implicação contrária no caso comutativo, pois se ele contém um produto, algum dos fatores tem que estar no ideal primo.

Aliás, se retomarmos o Exemplo 3.27 do ideal primo nas matrizes, que é um anel não comutativo, veja que o ideal nulo não satisfaz ($SA7c$), pois sabemos que podemos escolher duas matrizes não nulas com produto nulo, como vimos na Proposição 2.18.

Nosso próximo exemplo de ideal primo é aquele que apresentamos no Exemplo 3.14, onde fixamos $b \in [0,1]$ e definimos o ideal

$$I_b = \{f \in \mathcal{C}([0,1]) : f(b) = 0\}.$$

Exemplo 3.28. *Vamos provar que I_b é um ideal primo do anel comutativo $\mathcal{C}([0,1])$, demonstrando ($SA7c$).*
Sejam f e g elementos de $\mathcal{C}([0,1])$ tais que $fg \in I_b$. Assim

$$(fg)(b) = 0 \Rightarrow f(b)g(b) = 0$$

e, como $\mathbb{R}$ não possui divisores de zero, $f(b) = 0$ ou $g(b) = 0$. Ou seja, f ou g está em I_b.

$\square$

Definição 3.9. *Um ideal M de A é dito maximal se*

($SA8$) $M \neq A$ e dado ideal J tal que $M \subseteq J \subseteq A$, então $J = M$ ou $J = A$.

Ou seja, como o próprio nome já nos indica, um ideal é maximal quando não há outro ideal próprio maior que ele. Comecemos demonstrando que o ideal definido no Exemplo 3.16,

$$I = \{a_1 x + a_2 x^2 + \cdots : a_i \in \mathbb{C}\},$$

3.2. Ideais

é maximal.

Exemplo 3.29. *Vamos provar que I, apresentado acima, é maximal em $\mathbb{C}[[x]]$. Suponha que J é um ideal distinto de I tal que $I \subseteq J \subseteq A$. Devemos provar que $J = A$. Visto que J é distinto de I, o ideal J deve conter algum polinômio que não está em I, ou seja, um polinômio que possua coeficiente constante não nulo. Assim, suponha que*

$$b_0 + b_1 x + b_2 x^2 + \cdots \in J.$$

Assim, como a soma de elementos de J está em J e $I \subseteq J$, segue que

$$b_0 = (b_0 + b_1 x + b_2 x^2 + \cdots) + (-b_1 x - b_2 x^2 - \cdots) \in J.$$

O Corolário 3.10 implica, então, que $J = A$. □

A próxima proposição nos diz que, em $\mathbb{Z}$, os conceitos de ideal primo e ideal maximal são equivalentes.

Proposição 3.19. *Considere um número inteiro $p \neq 0$. São equivalentes:*

(a) O número inteiro p é primo;

(b) $p\mathbb{Z}$ é ideal primo de $\mathbb{Z}$;

(c) $p\mathbb{Z}$ é ideal maximal de $\mathbb{Z}$.

Demonstração: $(a) \Rightarrow (b)$ Vamos provar que vale $(SA7c)$. Se $ab \in p\mathbb{Z}$, temos que $ab = px$, com $x \in \mathbb{Z}$. Daí, $p|ab$ que implica que $p|a$ ou $p|b$, ou seja, $a \in p\mathbb{Z}$ ou $b \in p\mathbb{Z}$.

$(a) \Leftarrow (b)$ Suponha que $p = ab$ em $\mathbb{Z}$ e, daí, $ab \in p\mathbb{Z}$. Assim, $a \in p\mathbb{Z}$ ou $b \in p\mathbb{Z}$. Na primeira, $a = px$ que implicaria que $p = pbx$, ou seja, $x = \pm 1 = b$. Na segunda teríamos $b = py$ que nos levaria a $p = apy$, ou seja, $a = \pm 1 = y$. Em ambos os casos, concluiríamos que p é um número inteiro primo.

$(a) \Rightarrow (c)$ Seja $a\mathbb{Z}$ um ideal (pois $\mathbb{Z}$ é principal) de $\mathbb{Z}$ tal que $p\mathbb{Z} \subseteq a\mathbb{Z} \subseteq \mathbb{Z}$. Vamos supor que $a\mathbb{Z} \neq p\mathbb{Z}$ e, daí, existe $ax \in a\mathbb{Z}$ que não está em $p\mathbb{Z}$. Assim, p não divide a e, como p é primo, segue que $\mathrm{mdc}(a,p) = 1$. Pela Identidade de Bézout, temos que existem inteiros x e y tais que $ax + py = 1$. Assim, como $py \in p\mathbb{Z} \subset a\mathbb{Z}$, segue que $1 = ax + py \in a\mathbb{Z}$. Logo $a\mathbb{Z} = \mathbb{Z}$, pela Proposição 3.9.

Subestruturas e homomorfismos

$(a) \Leftarrow (c)$ Suponha que $p = ab$ em $\mathbb{Z}$ com, sem perda de generalidade, a e b primos. Dessa forma, para qualquer $x \in \mathbb{Z}$, temos $px = (ab)x = a(bx) \in a\mathbb{Z}$. Assim, $p\mathbb{Z} \subseteq a\mathbb{Z} \subseteq \mathbb{Z}$. Como $p\mathbb{Z}$ é ideal maximal, temos que $a\mathbb{Z} = p\mathbb{Z}$ ou $a\mathbb{Z} = \mathbb{Z}$. Na primeira, $p = a$ e, na segunda $p = b$, ou seja, p é primo.

$\square$

Em particular, essa proposição nos diz que um anel pode ter infinitos ideais maximais. Ademais, nos exercícios 3.47 e 3.48, convidamos o leitor para generalizar esses resultados.

Observação 3.20. *Na demonstração de* $(a) \Leftarrow (c)$, *caso o número p tivesse n fatores primos, concluiríamos no fim dela que p seria o primeiro fator primo ou seria o produto dos $n-1$ fatores primos restantes. Aplicando a mesma ideia até $n-2$ vezes, teríamos que p seria, finalmente, primo.* $\square$

Exemplo 3.30. *A proposição anterior nos diz, em particular, que $2\mathbb{Z}$ é um ideal maximal de $\mathbb{Z}$. Vamos provar que $2\mathbb{Z} \times \mathbb{Z}$ é ideal maximal de $\mathbb{Z} \times \mathbb{Z}$. Pela Proposição 3.13, já sabemos que $2\mathbb{Z} \times \mathbb{Z} \triangleleft \mathbb{Z} \times \mathbb{Z}$.*

(SA8) Suponha que $2\mathbb{Z} \times \mathbb{Z} \subseteq M_1 \times M_2 \subseteq \mathbb{Z} \times \mathbb{Z}$. Automaticamente vale que $M_2 = \mathbb{Z}$. Por outro lado, $2\mathbb{Z} \subseteq M_1 \subseteq \mathbb{Z}$, que implica $M_1 = 2\mathbb{Z}$ ou $M_1 = \mathbb{Z}$. Assim, $M_1 \times M_2 = 2\mathbb{Z} \times \mathbb{Z}$ ou $M_1 \times M_2 = \mathbb{Z} \times \mathbb{Z}$. $\square$

Exemplo 3.31. *Pelo Exemplo 3.19 e a Proposição 3.13, temos que $\{0\} \times \mathbb{Z} \triangleleft \mathbb{Z} \times \mathbb{Z}$. Vamos provar que, na verdade, este ideal é primo mas não é maximal.*

(SA7c) Sejam (a_1, b_1) e $(a_2, b_2) \in \mathbb{Z} \times \mathbb{Z}$ tais que seu produto está em $\{0\} \times \mathbb{Z}$. Então

$$(a_1, b_1) \cdot (a_2, b_2) = (a_1 a_2, b_1 b_2) \in \{0\} \times \mathbb{Z}.$$

Disso, temos que $a_1 a_2 = 0$ e, como $\mathbb{Z}$ não tem divisores de zero, implica em $a_1 = 0$ ou $a_2 = 0$. Logo $(a_1, b_1) = (0, b_1)$ ou $(a_2, b_2) = (0, b_2)$.

Este ideal não é maximal, pois

$$\{0\} \times \mathbb{Z} \subsetneq 2\mathbb{Z} \times \mathbb{Z} \subsetneq \mathbb{Z} \times \mathbb{Z}.$$

$\square$

3.2. Ideais

Pode acontecer de todo ideal maximal de um anel A ser, também, primo. Veremos a seguir que, em um desses casos, este fato está intimamente ligado à igualdade $A^2 = A$.

Para qualquer anel, sempre vale $A^2 \subseteq A$ mas, o contrário, é mais delicado. Basicamente, nem sempre é possível escrever os elementos de A como soma de produtos de elementos de A.

Teorema 3.21. *Seja um anel A. Assim, valem as seguintes duas afirmações.*

(a) Se $A^2 = A$, então todo ideal maximal de A, é um ideal primo;

(b) Se $A^2 \neq A$, então os ideais maximais que contém A^2 não são primos.

Demonstração: (a) Seja M um ideal maximal de A e vamos provar que se I e J são ideais tais que $I \not\subseteq M$ e $J \not\subseteq M$, então $IJ \not\subseteq M$.
Pelo item (b) da Proposição 3.15, segue que $M \subsetneq M + I \subseteq A$ e, também, que $M \subsetneq M + J \subseteq A$. Isso, pela maximalidade de M, implica em $M + I = A = M + J$. Pelo item (a) da mesma proposição, $M \subset M + IJ \subseteq A$ e, como

$$\begin{aligned} A &= A^2 \\ &= (M+I)(M+J) \\ &= M^2 + IM + MJ + IJ \\ &\subseteq M + M + M + IJ \\ &= M + IJ \\ &\subseteq A. \end{aligned}$$

temos que $M + IJ = A \neq M$, ou seja, $IJ \not\subseteq M$ por (b) da Proposição 3.15.

(b) Seja M um ideal maximal de A, que contenha A^2. Daí como $M \neq A$, temos que $A^2 \subseteq M$ mas $A \not\subseteq M$. Logo, M não é primo.

$\square$

Corolário 3.22. *Em um anel A com unidade, todo ideal maximal é primo.*

Demonstração: Se A possui unidade, $A^2 \supseteq A$ pois $a = a \cdot 1$. Consequentemente, como já sabemos que $A^2 \subseteq A$, temos $A^2 = A$ e o item (a) do teorema anterior pode ser aplicado.

$\square$

Exemplo 3.32. *Em* $2\mathbb{Z}$, *temos que* $4\mathbb{Z}$ *é um ideal maximal que não é primo.*
□

Ou, de maneira geral, dado um primo p, temos que $p^2\mathbb{Z}$ é um ideal maximal mas não primo em $p\mathbb{Z}$.

Por fim, veremos um último importante conceito que envolve ideais maximais em um anel. Estudaremos apenas o caso comutativo, mas esse conceito pode ser facilmente generalizado para anéis não comutativos.

Definição 3.10. *Um anel comutativo é dito um anel local se só possui um ideal maximal.*

Exemplo 3.33. *Todo corpo é um anel local, afinal, seu único ideal é* $\{0\}$ *que é, portanto, maximal.*
□

Exemplo 3.34. *A Proposição 3.19 nos diz que* $\mathbb{Z}$ *não é um anel local, afinal, possui infinitos ideais maximais.*
□

E para finalizar essa seção, vamos provar que $\mathbb{C}[[x]]$ é um anel local, com seu único ideal maximal sendo

$$I = \{a_1 x + a_2 x^2 + \cdots : a_i \in \mathbb{C}\},$$

conforme estudado nos Exemplos 3.16 e 3.29.

Exemplo 3.35. *Seja* J *um ideal maximal qualquer de* $\mathbb{C}[[x]]$. *Desta forma, o Corolário 3.10 nos diz que* J *só contém elementos que não são inversíveis.*

Mas, note que em $\mathbb{C}[[x]]$, *um elemento é inversível, quando seu coeficiente constante é não nulo. Por exemplo, o inverso de*

$$b_0 + b_1 x + b_2 x^2 + \cdots$$

é

$$b_0^{-1} + (-b_1 b_0^{-2})x + (-b_2 b_0^{-1} + b_1^2 b_0^{-3})x^2 + \cdots$$

Assim, como I *contém todos os elementos que não são inversíveis, segue que* $J \subseteq I \subseteq \mathbb{C}[[x]]$, *o que implica que* $J = I$.
□

3.2. Ideais

Exercícios da Seção 3.2

3.21. *Pesquise sobre:*

(a) *Ideais coprimos.*

(b) *Anel artiniano.*

(c) *Anel noetheriano.*

3.22. *Suponha que $I \trianglelefteq A$. Prove que $I + I = I$ e $I^2 \subseteq I$.*

3.23. *A soma e o produto de subanéis de um anel A, são subanéis de A?*

3.24. *Apresente um exemplo de ideal de um anel tal que $I^2 \neq I$.*

3.25. *Seja I um ideal à esquerda e J um ideal à direita do anel A. Prove que IJ é um ideal de A.*

3.26. *Prove que aA é um ideal à direita de A.*

3.27. *Prove que AaA é um ideal de A.*

3.28. *Dado anel A, porque $A^2 \subseteq A$?*

3.29. *Faz sentido definir "corpo principal"?*

3.30. *Dados ideais I, J, M do anel A, prove que*

$$(M + I)(M + J) = M^2 + IM + MJ + IJ.$$

3.31. *Sejam I e J ideais do anel A com $I \cap J = \{0_A\}$. Prove que $ab = 0$, $\forall\, a \in I, b \in J$.*

3.32. *Seguindo as ideias do Exemplo 3.25, prove que o anel $\mathbb{Z}[\sqrt{3}]$ é um anel principal.*

3.33. *Novamente baseado no Exemplo 3.25, demonstre que o anel $\mathbb{Z}[i]$ é um anel principal.*

3.34. *Para quais $d \in \mathbb{Z}$, temos que*
$$I_d = \{a + b\sqrt{d} : a - b \text{ é par}\}$$
é um ideal de $\mathbb{Z}[\sqrt{d}]$?

3.35. *Prove que, se o anel A possui unidade multiplicativa, temos que os conjuntos apresentados na Definição 3.6 podem ser escritos na forma mais simplificada apresentada antes da Observação 3.16,*
$$Aa = \{xa : x \in A, k \in \mathbb{Z}\},$$

$$aA = \{ax : x \in A\}$$
e
$$AaA = \left\{ \sum_{i=0}^{n} x_i a y_i : x_i, y_i \in A, n \in \mathbb{N} \right\}.$$

3.36. *Seja I um ideal do anel comutativo A. Prove que*
$$J = \{a \in A : \exists n \in \mathbb{N}^* \text{ com } a^n \in I\}$$
é um ideal de A.

3.37. *Prove que*
$$J = \{a_0 + a_1 x + a_2 x^2 + \ldots + a_n x^n : a_i \in 2\mathbb{Z}, n \in \mathbb{N}\}$$
é um ideal de $\mathbb{Z}[x]$.

3.38. *O conjunto*
$$K = \{a_0 + a_1 x + a_2 x^2 + \ldots + a_n x^n : a_i \in \mathbb{Z}, n \in \mathbb{N}, a_0 + a_1 = 0\}$$
é um ideal de $\mathbb{Z}[x]$?

3.39. *No Exemplo 3.2 provamos que*
$$\Theta = \left\{ \frac{a}{b} \in \mathbb{Q} : b \text{ é ímpar, } a \text{ é par e } mdc(a,b) = 1 \right\}.$$

3.2. Ideais

é um anel. Prove que

$$\Omega = \left\{ \frac{a}{b} \in \mathbb{Q} : b \text{ é ímpar e } mdc(a,b) = 1 \right\}$$

com as mesmas operações de Θ, é um subanel de $\mathbb{Q}$ e que $\Theta \trianglelefteq \Omega$.

3.40. Prove que os subanéis dos Exemplos 3.3 e 3.4 não são ideais de $\prod_{j \in \mathbb{N}} \mathbb{R}$.

3.41. Lembre do anel definido no Exemplo 3.6:

$$\mathcal{C}^\infty(\mathbb{R}) = \{ f \in \mathcal{C}(\mathbb{R}) : f \text{ é infinitamente derivável} \}.$$

Prove que

$$\mathcal{C}_0^\infty(\mathbb{R}) = \left\{ f \in \mathcal{C}^\infty(\mathbb{R}) : f(0) = 0, \frac{\delta f}{\delta x}(0) = 0 \right\}$$

é um ideal de $\mathcal{C}^\infty(\mathbb{R})$.

3.42. Dado um número $p \in \mathbb{N}$ primo, prove que $p\mathbb{Z} \times \mathbb{Z}$ é um ideal primo e maximal de $\mathbb{Z} \times \mathbb{Z}$.

3.43. Vamos generalizar o Exemplo 3.15. Fixado $p \in \mathbb{Z}[x]$, prove que

$$J = \{ f \in \mathbb{Z}[x] : \exists q(x) \in \mathbb{Z}[x] \text{ com } f = p \cdot q \}.$$

é um ideal de $\mathbb{Z}[x]$.

3.44. Dado um número primo p, prove que $p^2 \mathbb{Z}$ é um ideal maximal mas não primo em $p\mathbb{Z}$.

3.45. Demonstre que $< \epsilon >$ é um ideal primo de $\mathbb{R}[\epsilon]$.

3.46. Prove que $\mathbb{R}[\epsilon]$ é um anel local.

3.47. Para generalizar a Proposição 3.19, prove que se $P \trianglelefteq \mathbb{Z}$ é um ideal primo, então existe um número primo $p \in \mathbb{Z}$ tal que $P = p\mathbb{Z}$.

3.48. Demonstre que se $M \trianglelefteq \mathbb{Z}$ é um ideal maximal, então existe um número primo $p \in \mathbb{Z}$ tal que $P = p\mathbb{Z}$.

3.49. Seja P um ideal primo de I, que é um ideal do anel comutativo A. Prove que P é um ideal de A.

Subestruturas e homomorfismos

3.50. Dê um exemplo de ideal primo P de I, que é um ideal do anel não comutativo A, de tal forma que P não seja um ideal de A.

3.51. Prove que os ideais definidos no Exemplo 3.21 são ideais maximais. Qual condição sobre os A_j implicaria que eles são, também, ideais primos?

3.52. Inspirados no Exemplo 3.35, prove o seguinte: seja A um anel e suponha que o conjunto dos elementos não inversíveis de A seja um ideal. Prove que A é um anel local.

3.3 Anel quociente

No Capítulo 2, Seção 2.5, estudamos o anel dos inteiros módulo n, que fora construído através de uma relação de equivalência. O que fizemos foi, a partir de uma tal relação, construir um conjunto chamado de quociente que foi transformado em um anel através da definição de duas operações. Aqui faremos o mesmo, e o ponto chave é a definição de uma relação utilizando os ideais de um dado anel.

Para isso, fixemos um anel A e um ideal J de A.

Definição 3.11. *Em A, definimos a relação $\sim_J$ como*

$$a \sim_J b \Leftrightarrow a - b \in J.$$

Vamos provar que, tal relação, é uma relação de equivalência, conforme a Definição 2.8.

Proposição 3.23. *A relação $\sim_J$ é uma relação de equivalência.*

Demonstração: Sejam $a, b, c \in A$.

(R1) Note que $a - a = 0 \in J$. Logo, $a \sim_J a$.

(R2) Se $a \sim_J b$, então $a - b \in J$. Mas como J é um ideal, os opostos de seus elementos estão em J. Ou seja, $b - a = -(a - b) \in J$. Logo $b \sim_J a$.

3.3. Anel quociente

($R3$) Segue do fato de J ser fechado pela soma:

$$a \sim_J b,\ b \sim_J c \Rightarrow a - b \in J \text{ e } b - c \in J$$
$$\Rightarrow a - c = (a - b) + (b - c) \in J$$
$$\Rightarrow a \sim_J c.$$

$\square$

Observação 3.24. *Note que em momento algum utilizamos o fato de J ser um ideal de A. Portanto, se J fosse apenas um subanel de A, a relação $\sim_J$ continuaria sendo uma relação de equivalência.* $\square$

Assim, para todo $a \in A$, conseguimos construir as classes de equivalência

$$\overline{a} = \{b \in A : a \sim_J b\}.$$

Definição 3.12. *Dado um ideal J de um anel A, definimos*

$$A/J = \{\overline{a} : a \in A\}.$$

Este conjunto é denominado quociente de A por J e também pode ser denotado por

$$\frac{A}{J}.$$

Lembre que as classes de equivalência satisfazem a Proposição 2.30, e seu item (a) nos permite concluir que

$$\overline{a} = \overline{0} \Leftrightarrow a - 0 \in J \Leftrightarrow a \in J.$$

Essa mesma proposição nos mostra que duas classes de equivalência ou são disjuntas ou são idênticas. Portanto, não devemos imaginar que, para cada a em um anel, teremos uma classe distinta $\overline{a}$. Então, nessa notação de conjunto quociente, é comum haver elementos repetidos, que devem ser suprimidos.

Por exemplo, relembrando o Exemplo 2.27, embora a notação

$$\mathbb{Z}/_{\sim_n} = \{\overline{a} : a \in \mathbb{Z}\}$$

possa parecer significar que há infinitas classes nesse quociente, temos que ele só possui n classes,

$$\mathbb{Z}/\sim_n = \{\overline{0}, \overline{1}, \cdots, \overline{n-1}\}.$$

Queremos inferir, no conjunto quociente, uma estrutura algébrica para transformá-lo em um anel. Ou seja, queremos definir uma operação de adição e, outra, de multiplicação.

Definição 3.13. *Dados $\overline{a}$ e $\overline{b}$ em A/J, definimos*

$$\overline{a} + \overline{b} = \overline{a+b}$$

e

$$\overline{a} \cdot \overline{b} = \overline{ab}.$$

Note que essa definição segue a mesma linha do que fizemos na Definição 2.11. Por isso, devemos demonstrar que essas operações estão bem definidas.

Proposição 3.25. *As operações em A/J estão bem definidas.*

Demonstração: Sejam $\overline{a_1} = \overline{a_2}$ e $\overline{b_1} = \overline{b_2}$ em A/J. Então $a_1 \sim_J a_2$ e $b_1 \sim_J b_2$, ou seja, $a_1 - a_2$ e $b_1 - b_2 \in J$. Como J é um ideal, é fechado pela soma e, assim:

$$(a_1 + b_1) - (a_2 + b_2) = (a_1 - a_2) + (b_1 - b_2) \in J$$

que implica $\overline{a_1 + b_1} = \overline{a_2 + b_2}$.
Da mesma forma,

$$(a_1 b_1) - (a_2 b_2) = a_1 b_1 - a_1 b_2 + a_1 b_2 - a_2 b_2$$
$$= a_1(b_1 - b_2) + (a_1 - a_2)b_2.$$

Como J é um ideal e $b_1 - b_2$ e $a_1 - a_2$ estão em J, segue que cada termo da soma da última igualdade na equação anterior está em J. Logo, $a_1 b_1 - a_2 b_2 \in J$ e, portanto, $\overline{a_1 b_1} = \overline{a_2 b_2}$.

$\square$

Nessa demonstração fica evidente que o conjunto quociente só possui chances de se tornar um anel quando J é um ideal de A. Se J é somente um subanel de A não é possível definir duas operações sobre o quociente, então esse seria meramente um conjunto sem estrutura algébrica.

3.3. Anel quociente

Proposição 3.26. *Dado o ideal J do anel A, o conjunto A/J com as operações que definimos anteriormente, é um anel.*

Demonstração: Sejam $\bar{a}, \bar{b}$ e $\bar{c} \in A/J$. A demonstração é análoga ao Exemplo 2.28.

($A1$) Temos
$$\begin{aligned}\bar{a} + (\bar{b} + \bar{c}) &= \bar{a} + \overline{b+c} \\ &= \overline{a + (b+c)} \\ &= \overline{(a+b) + c} \\ &= \overline{a+b} + \bar{c} \\ &= (\bar{a} + \bar{b}) + \bar{c}.\end{aligned}$$

($A2$) $\bar{a} + \bar{b} = \overline{a+b} = \overline{b+a} = \bar{b} + \bar{a}$.

($A3$) Se 0 é o elemento neutro de A, temos que $\bar{0}$ é o elemento neutro de A/J:
$$\bar{a} + \bar{0} = \overline{a+0} = \bar{a}.$$

($A4$) O oposto de $\bar{a}$ é $\overline{-a}$, pois, $\bar{a} + \overline{-a} = \overline{a-a} = \overline{0_A}$.

($A5$) Segue
$$\begin{aligned}\bar{a} \cdot (\bar{b} \cdot \bar{c}) &= \bar{a} \cdot \overline{bc} \\ &= \overline{a(bc)} \\ &= \overline{(ab)c} \\ &= \overline{ab} \cdot \bar{c} \\ &= (\bar{a} \cdot \bar{b}) \cdot \bar{c}.\end{aligned}$$

($A6$) Temos
$$\begin{aligned}\bar{a} \cdot (\bar{b} + \bar{c}) &= \bar{a} \cdot \overline{b+c} \\ &= \overline{a(b+c)} \\ &= \overline{ab + ac} \\ &= \overline{ab} + \overline{ac} \\ &= \bar{a} \cdot \bar{b} + \bar{a} \cdot \bar{c}\end{aligned}$$

Subestruturas e homomorfismos

e
$$(\bar{a}+\bar{b}) \cdot \bar{c} = \overline{a+b} \cdot \bar{c}$$
$$= \overline{(a+b)c}$$
$$= \overline{ac+bc}$$
$$= \overline{ac}+\overline{bc}$$
$$= \bar{a}\cdot\bar{c}+\bar{b}\cdot\bar{c}.$$

□

Dado um anel A, é um bom exercício mostrar que
$$\frac{A}{A} = \{\bar{0}\}.$$

Vejamos alguns exemplos para clarear nossas ideias.

Exemplo 3.36. *No Exemplo 3.19 vimos que, dado $n \in \mathbb{N}$, temos $n\mathbb{Z} \trianglelefteq \mathbb{Z}$. Vamos analisar $\mathbb{Z}/n\mathbb{Z}$. Note que duas classes de equivalência $\bar{a}$ e $\bar{b}$ neste quociente são iguais quando $a - b \in n\mathbb{Z}$. Ou seja, quando $n | a - b$, que é a regra de definição da relação estudada nos Exemplos 2.26 e 2.27. Logo,*
$$\frac{\mathbb{Z}}{n\mathbb{Z}} = \mathbb{Z}_n = \{\bar{0}, \bar{1}, \cdots, \overline{n-1}\}.$$

□

Exemplo 3.37. *Vimos no Exemplo 3.31 que*
$$\{0\} \times \mathbb{Z} \trianglelefteq \mathbb{Z} \times \mathbb{Z}.$$

Vamos analisar seu quociente. Começamos analisando quando que duas classes são iguais e, para isso, considere (a_1, b_1) e (a_2, b_2) em $\mathbb{Z} \times \mathbb{Z}$:
$$\overline{(a_1, b_1)} = \overline{(a_2, b_2)} \Leftrightarrow (a_1, b_1) - (a_2, b_2) \in \{0\} \times \mathbb{Z}$$
$$\Leftrightarrow (a_1 - a_2, b_1 - b_2) \in \{0\} \times \mathbb{Z}$$

que só acontece quando $a_1 = a_2$. Assim, duas classes são iguais se, e somente se, suas primeiras coordenadas são iguais. Além disso, perceba que a segunda

3.3. Anel quociente

coordenada do elemento não influencia na igualdade ou não das classes. Ou seja,
$$\overline{(a,b_1)} = \overline{(a,b_2)}, \ \forall \, a, b_1, b_2 \in \mathbb{Z}.$$

Dessa forma, tomando a segunda coordenada igual a 0 para representar as classes, podemos concluir que

$$\frac{\mathbb{Z} \times \mathbb{Z}}{\{0\} \times \mathbb{Z}} = \left\{ \overline{(a,0)} \, : \, a \in \mathbb{Z} \right\}.$$

$\square$

Perceba que nesses dois exemplos, os anéis iniciais $\mathbb{Z}$ e $\mathbb{Z} \times \mathbb{Z}$ são comutativos e possuem unidade. Isso nos permite concluir que seus anéis quocientes também serão comutativos com unidade, como veremos nas próximas proposições.

Proposição 3.27. *Seja $J \trianglelefteq A$. Se A é um anel comutativo então A/J é comutativo.*

Demonstração: Dados $\overline{a}$ e $\overline{b} \in A/J$:
$$\overline{a} \cdot \overline{b} = \overline{ab} = \overline{ba} = \overline{b} \cdot \overline{a}.$$

$\square$

Proposição 3.28. *Seja $J \trianglelefteq A$. Se A possui unidade multiplicativa então A/J também possui.*

Demonstração: Seja 1 a unidade de A. Então, provaremos que $\overline{1}$ é a unidade multiplicativa de A/J:
$$\overline{a} \cdot \overline{1} = \overline{a1} = \overline{a} = \overline{1a} = \overline{1} \cdot \overline{a}.$$

$\square$

A recíproca dessas duas proposições nem sempre é verdadeira, pois
$$\overline{a} \cdot \overline{b} = \overline{b} \cdot \overline{a} \Rightarrow \overline{ab} = \overline{ba} \Rightarrow ab - ba \in J$$

e
$$\overline{a} \cdot \overline{x} = \overline{a} \Rightarrow \overline{ax} = \overline{a} \Rightarrow ax - a \in J$$

o que não nos permite concluir que $ab = ba$ e que $ax = a$. Isso só seria possível caso $J = \{0\}$.

Exemplo 3.38. *Analisemos o quociente*

$$\frac{\mathcal{C}([0,1])}{I_b},$$

baseados no Exemplo 3.14. Dadas $f, g \in \mathcal{C}([0,1])$, vejamos quando que suas classes são iguais.

$$\overline{f} = \overline{g} \Leftrightarrow (f - g) \in I_b$$
$$\Leftrightarrow (f - g)(b) = 0$$
$$\Leftrightarrow f(b) - g(b) = 0$$
$$\Leftrightarrow f(b) = g(b).$$

Consequentemente, duas funções estão na mesma classe se, e somente se, as respectivas funções calculadas em b, resultam no mesmo número real. Assim, dada $f \in \mathcal{C}([0,1])$ em que $f(b) = c \in \mathbb{R}$, temos que $\overline{f} = \overline{c}$ onde $c(x) = c$, para todo $x \in [0,1]$. Ou seja, as funções constantes podem ser vistas como representantes para as classes. Logo

$$\frac{\mathcal{C}([0,1])}{I_b} = \{\overline{c} : c \in \mathbb{R}\}.$$

□

Utilizando a divisão polinomial, podemos calcular alguns anéis quocientes de $\mathbb{Z}[x]$.

Exemplo 3.39. *No Exemplo 3.15, vimos que*

$$J = \{p \in \mathbb{Z}[x] : (x^2 + 1) | p(x)\}$$

é um ideal do domínio de integridade $\mathbb{Z}[x]$. Vamos calcular seu quociente. Sejam p, q em $\mathbb{Z}[x]$ e note que suas classes são iguais quando

$$(x^2 + 1) | (p(x) - q(x))$$

ou seja, quando p e q deixam restos iguais ao serem divididos por $x^2 + 1$. Dessa

3.3. Anel quociente

forma, todo polinômio de grau 2 ou mais está na mesma classe que o resto deixado pela sua divisão por $x^2 + 1$, ou seja, os representantes no quociente podem ser tomados como polinômios com grau 0 ou 1, conforme o Teorema 2.41.

Agora, perceba que a diferença entre dois polinômios com grau 0 ou 1 também tem grau 0 ou 1. Logo, essa diferença ou é o polinômio nulo, ou certamente não será múltipla de $x^2 + 1$. Assim,

$$\frac{Z[x]}{J} = \{\overline{p} \in \mathbb{Z}[x] \,:\, \delta(p) = 0 \text{ ou } \delta(p) = 1\}.$$

□

Os exemplos dessa seção deixam claro que para analisar um anel quociente, um bom começo é descobrir quando que duas classes são iguais.

Para finalizar esta seção veremos dois resultados que mostram que, em anéis comutativos com unidade, propriedades sobre os ideais refletem de maneiras distintas nos respectivos anéis quocientes.

Teorema 3.29. *Seja M um ideal do anel comutativo, com unidade, A. Assim*

$$M \text{ é ideal maximal de } A \Leftrightarrow \frac{A}{M} \text{ é um corpo.}$$

Demonstração: ($\Rightarrow$) Como M é um ideal, já sabemos que A/M é um anel comutativo com unidade. Suponha então que M é maximal e vamos provar que vale $(A10)$. Seja $\overline{a} \in A/M$ diferente de $\overline{0}$. Assim, $a = a - 0 \notin M$ e, considerando o ideal $K = M+ <a>$, o item $a)$ da Proposição 3.15 implica que $M \subsetneq K \subseteq A$. Como M é maximal, temos então que $K = A$. Agora, como $1 \in A$, temos que existem $m \in M$ e $x \in A$ tais que

$$1 = m + ax.$$

Note que $x \neq 0$ pois, caso contrário, $1 = m \in M$ que faria M ser igual a A, que é um absurdo. Assim, tomando as classes:

$$\overline{1} = \overline{m + ax} = \overline{m} + \overline{ax} = \overline{0} + \overline{ax} = \overline{a} \cdot \overline{x}.$$

Logo o inverso de $\overline{a}$ é $\overline{x}$, e vale $(A10)$.

Subestruturas e homomorfismos

($\Leftarrow$) Vamos provar que o ideal M satisfaz $(SA8)$. Considere um ideal J de A tal que $M \subseteq J \subseteq A$ e vamos supor que $J \neq M$, ou seja, existe $a \in J$ tal que $a \notin M$. Assim, $\overline{a} \neq \overline{0}$ é inversível no quociente A/M, ou seja, existe $x \in A$ tal que
$$\overline{1} = \overline{a} \cdot \overline{x} = \overline{ax}.$$
Assim, $ax - 1 \in M \subseteq J$. Mas note que $a \in J$, que implica $ax \in J$. Como J satisfaz $(SA2)$, temos
$$1 = ax - (ax - 1) \in J$$
e $J = A$ pela Proposição 3.9. Assim, M é maximal.

$\square$

Teorema 3.30. *Seja P um ideal do anel comutativo, com unidade, A. Assim*
$$P \text{ é ideal primo de } A \Leftrightarrow \frac{A}{P} \text{ é um domínio de integridade.}$$

Demonstração: ($\Rightarrow$) Suponha que P é um ideal primo de A e já sabemos que A/P é um anel comutativo com unidade. Vamos provar que esse anel também satisfaz $(A9)$. Sejam $\overline{a}$ e $\overline{b} \in A/P$ tais que $\overline{a} \cdot \overline{b} = \overline{0}$. Daí $\overline{ab} = \overline{0}$, ou seja, $ab = ab - 0 \in P$. Como P é primo, segue que $a \in P$ ou $b \in P$, ou seja, $\overline{a} = \overline{0}$ ou $\overline{b} = \overline{0}$.

($\Leftarrow$) Para provar que P é primo, suponha que $ab \in P$ e, devemos provar, que a ou b estão em P. Mas note que
$$\overline{a} \cdot \overline{b} = \overline{ab} = \overline{0}$$
e como A/P é um domínio de integridade, não possui divisores de zero. Assim, segue que $\overline{a} = \overline{0}$ ou $\overline{b} = \overline{0}$, ou seja, $a \in P$ ou $b \in P$.

$\square$

Exercícios da Seção 3.3

3.53. *Pesquise sobre:*

(a) *Corpo de resíduos.*

3.3. Anel quociente

3.54. *Dado um anel A, prove que*
$$\frac{A}{A} = \{\overline{0}\}.$$

3.55. *Dado um anel A, prove que se $a, b \in A$ são distintos, então em*
$$\frac{A}{\{0\}}$$
as respectivas classes também são distintas.

3.56. *Seja I um ideal do anel A. Prove que $\overline{a}$ é inversível em $\frac{A}{I}$ se, e somente se, existe $b \in A$ tal que $ab - 1_A \in I$.*

3.57. *Dado p um natural primo, calcule o quociente*
$$\frac{\mathbb{Z} \times \mathbb{Z}}{p\mathbb{Z} \times \mathbb{Z}}.$$

3.58. *Considere $n \in \mathbb{N}^*$. Dados $p_1, p_2, \ldots p_n$ números naturais primos, calcule o quociente*
$$\frac{\mathbb{Z} \times \mathbb{Z} \times \ldots \times \mathbb{Z}}{p_1\mathbb{Z} \times p_2\mathbb{Z} \times \ldots \times p_n\mathbb{Z}}.$$

3.59. *Prove que*
$$\frac{\mathbb{Z}_2[x]}{<\overline{1}x^2 + \overline{1}x + \overline{1}>} = \left\{\overline{\overline{0}}, \overline{\overline{1}}, \overline{\overline{1}x}, \overline{\overline{1}x + \overline{1}}\right\}.$$

Para isso, você deve demonstrar que essas quatro classes são distintas, e que qualquer outra classe é igual a uma destas. Ademais, esse anel é um corpo?

3.60. *Dê um exemplo de anel quociente com unidade, onde o anel inicial não possui unidade.*

3.61. *Calcule $\frac{\Omega}{\Theta}$, definidos no Exercício 3.39.*

3.62. *Seja A um anel comutativo com unidade, onde para cada elemento $a \in A$, existe $n > 1$ natural tal que $a^n = a$. Prove que todo ideal primo de A é maximal.*

3.4 Homomorfismos

Existem anéis que, apesar de terem elementos distintos, se comportam de maneiras muito parecidas. Por exemplo, considere os anéis $\mathbb{Z}$ e o anel produto direto $\{0\} \times \mathbb{Z}$, com suas operações usuais coordenada a coordenada. Perceba que os elementos de $\{0\} \times \mathbb{Z}$ diferem dos de $\mathbb{Z}$ apenas pelo mesmo 0 que aparece na primeira coordenada. Logo, podemos conectar, mesmo que informalmente, os elementos $(0, a) \in \{0\} \times \mathbb{Z}$ com $a \in \mathbb{Z}$.

Pois perceba que essa conexão é estruturalmente compatível, afinal, se somarmos ou multiplicarmos 2 e 5 e também $(0, 2)$ e $(0, 5)$ em seus respectivos conjuntos, os resultados são 7 e $(0, 7)$, e 10 e $(0, 10)$ que continuam seguindo nossa conexão.

Assim, os referidos anéis são estruturalmente iguais através dessa conexão, que recebe um nome mais matemático na definição a seguir.

Definição 3.14. *Dados os anéis A e B, uma função $f : A \to B$ é dita um homomorfismo de anéis quando, $\forall\, a, b \in A$,*

(H1) $f(a + b) = f(a) + f(b)$;

(H2) $f(a \cdot b) = f(a) \cdot f(b)$.

Daí, dizemos que A e B são homomorfos.

Note que as operações do lado esquerdo das igualdades acima são as operações $+$ e $\cdot$ de A, enquanto as operações do lado direito, são de B. Além disso, relembrando da nomenclatura utilizada por funções, o conjunto A é chamado o domínio de f, enquanto B é chamado de contra-domínio de f. Ademais, note que os homomorfismos preservam no contra-domínio a estrutura do domínio, ou seja, os homomorfismos preservam no contra-domínio as relações entre os elementos do domínio.

Observação 3.31. *Perceba, então, que a partir de agora a palavra "domínio" está sendo utilizada em dois contextos distintos. Por um lado, um anel recebe o nome de domínio quando ele não possui divisores de zero. Por outro lado, dado um homomorfismo $f : A \to B$, o conjunto A é conhecido como o domínio de f.* □

3.4. Homomorfismos

Os homomorfismos de A em A são ditos endomorfismos, e seu conjunto é denotado por

$$End(A) = \{f \in \mathcal{F}(A) : f \text{ é um homomorfismo}\}.$$

Existem mais algumas nomenclaturas importantes relacionadas aos homomorfismos, como vemos a seguir.

Definição 3.15. *Seja $f : A \to B$ um homomorfismo de anéis. O núcleo de f é dado por*

$$\text{Ker}(f) = \{x \in A : f(x) = 0_B\}.$$

Algumas bibliografias utilizam a notação $N(f)$.

Definição 3.16. *A imagem de um homomorfismo de anéis $f : A \to B$ é denotada por $\text{Im}(f)$:*

$$\text{Im}(f) = \{f(x) \in B : x \in A\}.$$

Em particular, quando $C \subseteq A$ denotamos

$$f(C) = \{f(c) \in B : c \in C\}.$$

Assim, podemos denotar $\text{Im}(f)$ por $f(A)$. Visto que homomorfismos são funções, podemos nos perguntar se eles são injetores, sobrejetores e bijetores. Vamos relembrar as definições desses conceitos, básicos, porém muito importantes.

Definição 3.17. *Um homomorfismo de anéis $f : A \to B$ é dito injetor quando, dados $a, b \in A$,*

$$f(a) = f(b) \Rightarrow a = b,$$

e é dito sobrejetor quando

$$\text{Im}(f) = B.$$

Se f é injetor e sobrejetor, dizemos que ele é bijetor.

Utilizando a contra-positiva dessa definição, uma outra forma de demonstrar que um homomorfismo é injetor é provando que

$$a \neq b \Rightarrow f(a) \neq f(b).$$

Subestruturas e homomorfismos

Já a sobrejetividade se demonstra provando que $B \subseteq \text{Im}(f)$, visto que a inclusão contrária sempre vale.

Ou seja, um homomorfismo é injetor quando elementos diferentes do domínio possuem imagens diferentes, e é sobrejetor quando todo elemento do contra-domínio é atingido pela função. Dessa forma, ele é bijetor quando todo elemento do contra-domínio possui um único correspondente no domínio.

A seguir, veremos uma série de exemplos para que o leitor entenda conceitualmente e intuitivamente, os homomorfismos.

Exemplo 3.40. *Considere*

$$t : \mathbb{C} \to \mathbb{C}$$
$$a + bi \mapsto a - bi.$$

Vamos provar que t é um homomorfismo.

$(H1)$

$$\begin{aligned} t((a+bi) + (c+di)) &= t((a+c) + (b+d)i) \\ &= (a+c) - (b+d)i \\ &= (a-bi) + (c-di) \\ &= t(a+bi) + t(c+di). \end{aligned}$$

$(H2)$

$$\begin{aligned} t((a+bi)(c+di)) &= t((ac-bd) + (ad+bc)i) \\ &= (ac-bd) - (ad+bc)i \\ &= (a-bi)(c-di) \\ &= t(a+bi)t(c+di). \end{aligned}$$

Ele também é injetor, afinal

$$\begin{aligned} t(a+bi) = t(c+di) &\Rightarrow a - bi = c - di \\ &\Rightarrow a = c \text{ e } b = d \\ &\Rightarrow a + bi = c + di. \end{aligned}$$

Também, dado um complexo qualquer $c + di$, ele é igual a $t(c - di)$. Portanto $\text{Im}(t) = \mathbb{C}$, e isso nos diz que t é sobrejetor.

3.4. Homomorfismos

E, por fim, $\operatorname{Ker}(t) = \{0\}$, pois

$$t(a+bi) = 0 \Leftrightarrow a - bi = 0$$
$$\Leftrightarrow a = b = 0$$
$$\Leftrightarrow a + bi = 0.$$

$\square$

Exemplo 3.41. *Defina*

$$s : \mathbb{Z} \to \mathbb{Z}_2$$
$$2m \mapsto \overline{0}$$
$$2m+1 \mapsto \overline{1}$$

ou seja, essa função leva os números pares de $\mathbb{Z}$ em $\overline{0}$ e, os ímpares, em $\overline{1}$, em $\mathbb{Z}_2$. É um homomorfismo:

Caso 1: *Dois números pares.*

$$s(2m + 2n) = s(2(m+n)) = \overline{0} = \overline{0} + \overline{0} = s(2m) + s(2n)$$

e

$$s(2m \cdot 2n) = s(2(2mn)) = \overline{0} = \overline{0} \cdot \overline{0} = s(2m)s(2n).$$

Caso 2: *Dois números ímpares.*

$$s((2m+1) + (2n+1)) = s(2(m+n+1))$$
$$= \overline{0}$$
$$= \overline{1} + \overline{1}$$
$$= s(2m+1) + s(2n+1)$$

e

$$s((2m+1)(2n+1)) = s(2(2mn+m+n)+1)$$
$$= \overline{1}$$
$$= \overline{1} \cdot \overline{1}$$
$$= s(2m+1)s(2n+1).$$

Subestruturas e homomorfismos

Caso 3: *Um número par e outro ímpar.*

$$s((2m) + (2n+1)) = s(2(m+n)+1)$$
$$= \overline{1}$$
$$= \overline{0} + \overline{1}$$
$$= s(2m) + s(2n+1)$$

e

$$s((2m)(2n+1)) = s(2(2mn+m)) = \overline{0} = \overline{0} \cdot \overline{1} = s(2m)s(2n+1).$$

Note que s não é injetora, pois 2 e 4 têm a mesma imagem, $\overline{0}$. Além disso, sua definição implica que $\text{Im}(s) = \mathbb{Z}_2$, logo s é sobrejetora, e que $\text{Ker}(s) = 2\mathbb{Z}$. □

Exemplo 3.42. *Quando $A \subseteq B$ com elemento neutro da adição 0, a função*

$$id : A \to B$$
$$a \mapsto a$$

é um homomorfismo. Vejamos:

(H1) $id(a_1 + a_2) = a_1 + a_2 = id(a_1) + id(a_2)$.

(H2) $id(a_1 a_2) = a_1 a_2 = id(a_1)id(a_2)$.

Agora vamos analisar se id é bijetor. Perceba que é injetor:

$$a \neq b \Rightarrow id(a) \neq id(b).$$

Além disso, $\text{Im}(id) = A$ pois

$$b \in A \Leftrightarrow id(b) = b \Leftrightarrow b \in \text{Im}(id),$$

que nos diz que se $B \neq A$, id não é sobrejetor.

Por fim, $\text{Ker}(id) = \{0\}$ pois,

$$id(a) = 0 \Leftrightarrow a = 0.$$

□

3.4. Homomorfismos

Os homomorfismos como nesse exemplo são chamados de homomorfismos inclusão. Caso $A = B$, o homomorfismo

$$id : A \to A$$
$$a \mapsto a$$

é chamado de homomorfismo identidade e está em $End(A)$.

Exemplo 3.43. *A função*

$$c_0 : A \to B$$
$$a \mapsto 0_B$$

é um homomorfismo.

$(H1)$
$$c_0(a+b) = 0_B = 0_B + 0_B = c_0(a) + c_0(b).$$

$(H2)$
$$c_0(ab) = 0_B = 0_B \cdot 0_B = c_0(a)c_0(b).$$

Se A possui mais de um elemento, esse homomorfismo não é injetor, pois todos seus elementos têm a mesma imagem. E se B possui mais de um elemento, c_0 não é sobrejetora pois sua definição nos diz que $\mathrm{Im}(c_0) = \{0_B\}$.

Por fim, note que $\mathrm{Ker}\,(c_0) = A$. $\square$

Esse homomorfismo anterior recebe o nome de homomorfismo trivial, pois leva todos elementos de seu domínio no elemento neutro da adição de seu contra-domínio.

Vejamos, a seguir, um exemplo de função entre anéis que não é um homomorfismo.

Exemplo 3.44. *A função*

$$f : \mathbb{Z} \to n\mathbb{Z}$$
$$a \mapsto na$$

com n um natural maior que 1, não é um homomorfismo.

De fato, embora $(H1)$ *valha*

$$f(a+b) = n(a+b)$$
$$= na + nb$$
$$= f(a) + f(b)$$

temos que $(H2)$ *falha, pois*

$$f(ab) = n(ab) \neq nanb = f(a)f(b).$$

$\square$

Voltando aos homomorfismos, considere o seguinte exemplo.

Exemplo 3.45. *Seja A um anel com unidade. Vamos provar que*

$$j : \mathbb{Z} \to A$$

$$n \mapsto \begin{cases} \underbrace{1 + \ldots + 1}_{n \text{ parcelas}}, & \text{se } n > 0, \\ 0_A, & \text{se } n = 0, \\ \underbrace{-1 - \ldots - 1}_{-n \text{ parcelas}}, & \text{se } n < 0 \end{cases}$$

é um homomorfismo. Realizemos essa demonstração no caso em que $m, n < 0$, pois os demais são análogos.

$(H1)$

$$j(m+n) = \underbrace{-1 - \ldots - 1}_{-(m+n) \text{ parcelas}}$$

$$= \left(\underbrace{-1 - \ldots - 1}_{-m \text{ parcelas}} \right) + \left(\underbrace{-1 - \ldots - 1}_{-n \text{ parcelas}} \right)$$

$$= j(m) + j(n).$$

3.4. Homomorfismos

$(H2)$

$$j(mn) = \underbrace{1 + \ldots + 1}_{mn \text{ parcelas}}$$

$$= \left(\underbrace{-1 - \ldots - 1}_{-m \text{ parcelas}} \right) \cdot \left(\underbrace{-1 - \ldots - 1}_{-n \text{ parcelas}} \right)$$

$$= j(m) \cdot j(n).$$

A análise da injetividade, da sobrejetividade e o cálculo do núcleo e da imagem de j não são simples, pois envolvem descobrir quais elementos de A podem ser escritos como a soma do elemento neutro da multiplicação de A com ele mesmo. Retornaremos a esse assunto na Seção 4.3, e encontraremos $\mathrm{Ker}(j)$ no Exemplo 4.24. □

Perceba que esse homomorfismo leva o elemento neutro de $\mathbb{Z}$ no elemento neutro de A, assim como ele preserva elementos opostos pois, por exemplo, sabemos que -3 é o oposto de 3 e, também, $1_A + 1_A + 1_A = f(3)$ tem como oposto o elemento $-1_A - 1_A - 1_A = f(-3)$. Isso nos dá uma pista de que os homomorfismos, que já preservam a estrutura dos anéis, podem também preservar elementos neutros e opostos.

E é isso que respondemos na próxima proposição.

Proposição 3.32. *Seja $f : A \to B$ um homomorfismo de anéis e $a \in A$. Então*

(a) $f(0_A) = 0_B$;

(b) $f(-a) = -f(a)$.

Demonstração: (a) Pela lei do cancelamento da adição, vista no item (a) da Proposição 2.6, temos

$$0_B + f(0_A) = f(0_A) \Rightarrow 0_B + f(0_A) = f(0_A + 0_A)$$
$$\Rightarrow 0_B + f(0_A) = f(0_A) + f(0_A)$$
$$\Rightarrow 0_B = f(0_A).$$

(b) Como o oposto é único, segue:

$$f(a) + f(-a) = f(a + (-a)) \Rightarrow f(a) + f(-a) = f(0_A)$$
$$\Rightarrow f(a) + f(-a) = 0_B$$
$$\Rightarrow -f(a) = f(-a).$$

□

O item (a) dessa proposição nos diz que sempre temos $0_A \in \text{Ker}(f)$, dado um homomorfismo com domínio A. Mas, se analisarmos calmamente os exemplos 3.42 e 3.40, percebemos que seus núcleos só continham esse elemento. Além disso, eles eram homomorfismos injetores. Pois isso não é coincidência.

Proposição 3.33. *Seja $f : A \to B$ um homomorfismo de anéis. Assim, f é injetora se, e somente se, $\text{Ker}(f) = \{0_A\}$.*

Demonstração: ($\Leftarrow$) Sejam $a, b \in A$ tais que $f(a) = f(b)$. Daí $f(a - b) = f(a) - f(b) = 0_B$, ou seja, $a - b \in \text{Ker}(f) = \{0_A\}$, que significa $a = b$.

($\Rightarrow$) Pelo item (a) da proposição anterior, já sabemos que $\{0_A\} \subseteq \text{Ker}(f)$. Para a inclusão reversa, suponha que $a \in \text{Ker}(f)$ e note que

$$f(a) = 0_B = f(0_A) \Rightarrow a = 0_A.$$

Logo $\text{Ker}(f) = \{0_A\}$.

□

Portanto, para demonstrar que um homomorfismo f entre os anéis A e B é injetor, podemos utilizar essa proposição e demonstrar que o núcleo do referido homomorfismo contém somente 0_A. Ou seja, você supõe que $a \in \text{Ker}(f)$, e deve demonstrar que $a = 0_A$, como fazemos no próximo exemplo.

Exemplo 3.46. *Defina*

$$f : \mathbb{Z} \to \mathbb{Z} \times \mathbb{Z}$$
$$a \mapsto (a, 0).$$

Esta função é um homomorfismo.

(H1)
$$f(a + b) = (a + b, 0) = (a, 0) + (b, 0) = f(a) + f(b).$$

3.4. Homomorfismos

($H2$)
$$f(ab) = (ab, 0) = (a, 0) \cdot (b, 0) = f(a) \cdot f(b).$$

Também, $\text{Ker}(f) = \{0\}$ pois, dado $a \in \text{Ker}(f)$,

$$f(a) = (0,0) \Leftrightarrow (a,0) = (0,0) \Leftrightarrow a = 0.$$

Logo f é injetor e sua definição nos permite concluir que $\text{Im}(f) = \mathbb{Z} \times \{0\}$, o que nos diz que f não é sobrejetor. $\square$

Mas note que esse homomorfismo não preserva elementos neutros da multiplicação, visto que $f(1) = (1,0)$ que é distinto da unidade $(1,1)$ de $\mathbb{Z} \times \mathbb{Z}$. Também, veja que apesar de 1 ser inversível em $\mathbb{Z}$ com inverso 1, temos que $f(1) = (1,0)$ não é inversível em $\mathbb{Z} \times \mathbb{Z}$.

Isso nos diz que, diversamente do que acontece com o elemento neutro e com os opostos da adição, um homomorfismo nem sempre preseva o elemento neutro e os inversos da multiplicação. Para que isso aconteça, precisamos de mais algumas hipóteses como veremos na próxima proposição.

Proposição 3.34. *Seja $f : A \to B$ um homomorfismo não trivial entre anéis com unidades 1_A e 1_B, respectivamente. Assim, se B é um anel sem divisores de zero ou se f é sobrejetora, temos*

(a) $f(1_A) = 1_B$;

(b) se a é inversível, então $f(a)$ também é, com $f(a)^{-1} = f(a^{-1})$.

Demonstração: (a) Primeiramente, suponha que B não possui divisores de zero. Assim, note que $f(1_A) = f(1_A \cdot 1_A) = f(1_A)f(1_A)$. Daí

$$\begin{aligned} 0_B &= f(1_A) - f(1_A) \\ &= f(1_A)f(1_A) - f(1_A) \\ &= f(1_A)(f(1_A) - 1_B) \end{aligned}$$

que implica em $f(1_A) = 0_B$ ou $f(1_A) = 1_B$. O segundo caso é um dos desejados e, se o primeiro acontece, perceba que dado $a \in A$,

$$f(a) = f(a \cdot 1_A) = f(a)f(1_A) = f(a) \cdot 0_B = 0_B$$

Subestruturas e homomorfismos

e f é o homomorfismo trivial, que não faz parte das nossas hipóteses.

Agora suponha que f é sobrejetor e vamos provar que $f(1_A)$ é a unidade de B. Seja $b \in B$ e, como f é sobrejetora, existe $a \in A$ tal que $f(a) = b$. Assim:

$$b \cdot f(1_A) = f(a) \cdot f(1_A) = f(a \cdot 1_A) = f(a) = b$$

e, analogamente, $f(1_A) \cdot b = b$. Como o elemento neutro em B é único, pela Proposição 2.7, segue que $f(1_A) = 1_B$.

(b) Utilizando o item (a),

$$f(a)f(a^{-1}) = f(aa^{-1}) = f(1_A) = 1_B$$

e, analogamente, $f(a^{-1})f(a) = 1_B$. Logo $f(a^{-1}) = f(a)^{-1}$.

$\square$

No próximo exemplo estudamos um importante homomorfismo, que envolve anéis quocientes.

Exemplo 3.47. *Seja $J \trianglelefteq A$ e defina*

$$\begin{aligned} \pi : A &\to A/J \\ a &\mapsto \overline{a}. \end{aligned}$$

Provemos que π é um homomorfismo.

(H1)
$$\pi(a+b) = \overline{a+b} = \overline{a} + \overline{b} = \pi(a) + \pi(b).$$

(H2)
$$\pi(ab) = \overline{ab} = \overline{a} \cdot \overline{b} = \pi(a) \cdot \pi(b).$$

Também, $\operatorname{Ker}(f) = J$:

$$\pi(a) = \overline{0} \Leftrightarrow \overline{a} = \overline{0} \Leftrightarrow a - 0 \in J \Leftrightarrow a \in J,$$

o que nos diz que π é injetor se, e somente se, $J = \{0_A\}$.

Por fim, veja que $\operatorname{Im}(\pi) = A/J$ pois, dado $\overline{a} \in A/J$, temos $\pi(a) = \overline{a}$. Logo π é sobrejetor.

$\square$

3.4. Homomorfismos

Este homomorfismo recebe um nome especial, é dito o homomorfismo projeção de A sobre J. Ele nos indica que, dado um ideal qualquer de um anel, sempre é possível construir um homomorfismo cujo núcleo é exatamente aquele ideal. Aliás, como π é sobrejetor, a proposição anterior nos diz que

$$\pi(1) = \overline{1}$$

e, caso $a \in A$ seja inversível,

$$\pi(a^{-1}) = (\overline{a})^{-1}.$$

Além disso, perceba que neste e nos outros exemplos desta seção, os núcleos dos homomorfismos sempre são ideais de seus domínios e, as imagens, subanéis do contra-domínio. A próxima proposição confirma estes fatos.

Proposição 3.35. *Considere $f : A \to B$ um homomorfismo de anéis. Portanto:*

(a) $\operatorname{Ker}(f) \trianglelefteq A$;

(b) $C \leqslant A \Rightarrow f(C) \leqslant B$.

Demonstração: (a) Vamos provar, primeiro, que valem as três condições da Proposição 3.2.

$(SA1)$ $f(0_A) = 0_B \Rightarrow 0_A \in \operatorname{Ker}(f)$.

$(SA2)$
$$a, b \in \operatorname{Ker}(f) \Rightarrow f(a-b) = f(a) + f(-b) = 0_B + 0_B = 0_B$$
$$\Rightarrow a - b \in \operatorname{Ker}(f).$$

$(SA3)$
$$a, b \in \operatorname{Ker}(f) \Rightarrow f(ab) = f(a) \cdot f(b) = 0_B \cdot 0_B = 0_B$$
$$\Rightarrow ab \in \operatorname{Ker}(f).$$

Para provar que é um ideal, tome $a \in A$ e $j \in \operatorname{Ker}(f)$ e consideremos a Definição 3.3:

$(SA5)$ $f(aj) = f(a)f(j) = f(a) \cdot 0 = 0$, logo $aj \in \operatorname{Ker}(f)$;

$(SA6)$ $f(ja) = f(j)f(a) = 0 \cdot f(a) = 0$, logo $ja \in \operatorname{Ker}(f)$.

(b) Tome $f(a), f(b) \in f(C)$. Note que C é um subanel e, portanto, 0_A, $a - b$ e ab estão em C. Assim:

$(SA1)$ $0_B = f(0_A) \in f(C)$.

$(SA2)$ $f(a) - f(b) = f(a - b) \in f(C)$.

$(SA3)$ $f(a) \cdot f(b) = f(ab) \in f(C)$.

$\square$

Em particular, o item (b) implica que

$$\operatorname{Im}(f) \leqslant B.$$

Exemplo 3.48. *Vamos provar que*

$$h : \mathbb{Z}_2 \to M_2(\mathbb{Z}_2)$$
$$\overline{a} \mapsto \begin{bmatrix} \overline{a} & \overline{0} \\ \overline{0} & \overline{0} \end{bmatrix}$$

é um homomorfismo injetor que não é sobrejetor.

$(H1)$ Temos

$$h(\overline{a} + \overline{b}) = \begin{bmatrix} \overline{a} + \overline{b} & \overline{0} \\ \overline{0} & \overline{0} \end{bmatrix} = \begin{bmatrix} \overline{a} & \overline{0} \\ \overline{0} & \overline{0} \end{bmatrix} + \begin{bmatrix} \overline{b} & \overline{0} \\ \overline{0} & \overline{0} \end{bmatrix} = h(\overline{a}) + h(\overline{b}).$$

$(H2)$ Também,

$$h(\overline{a} \cdot \overline{b}) = \begin{bmatrix} \overline{a} \cdot \overline{b} & \overline{0} \\ \overline{0} & \overline{0} \end{bmatrix} = \begin{bmatrix} \overline{a} & \overline{0} \\ \overline{0} & \overline{0} \end{bmatrix} \cdot \begin{bmatrix} \overline{b} & \overline{0} \\ \overline{0} & \overline{0} \end{bmatrix} = h(\overline{a})h(\overline{b}).$$

Agora, $\operatorname{Ker}(f) = \{\overline{0}\}$ pois

$$h(\overline{a}) = \begin{bmatrix} \overline{0} & \overline{0} \\ \overline{0} & \overline{0} \end{bmatrix} \Leftrightarrow \begin{bmatrix} \overline{a} & \overline{0} \\ \overline{0} & \overline{0} \end{bmatrix} = \begin{bmatrix} \overline{0} & \overline{0} \\ \overline{0} & \overline{0} \end{bmatrix} \Leftrightarrow \overline{a} = \overline{0}$$

3.4. Homomorfismos

e h é injetor. Para finalizar, perceba que a definição de h nos indica que

$$\text{Im}(h) = \left\{ \begin{bmatrix} \overline{a} & \overline{0} \\ \overline{0} & \overline{0} \end{bmatrix} \in M_2(\mathbb{Z}_2) \right\}$$

e h não é sobrejetora. Também, a proposição anterior nos informa que esse conjunto é um subanel de $M_2(\mathbb{Z}_2)$, que é muito parecido com o subanel B de $M_2(\mathbb{R})$, que vimos no Exemplo 3.12. □

Antes do próximo exemplo, vamos demonstrar um resultado que nos facilita a análise sobre a injetividade de um homomorfismo. Sua inspiração é o exemplo anterior, onde h era um homomorfismo de um corpo em um anel não trivial. Nessas configurações, o homomorfismo será sempre injetor.

Proposição 3.36. *Seja $f : A \to B$ um homomorfismo não nulo entre o corpo A e o anel não nulo B. Então f é injetor.*

Demonstração: O item (a) da Proposição 3.35 nos diz que $\text{Ker}(f) \trianglelefteq A$, mas como A é um corpo, seus únicos ideais são $\{0_A\}$ e A, como vimos no Exemplo 3.18. Mas $\text{Ker}(f) = A$ significa que f seria o homomorfismo nulo, que não queremos. Logo, só nos resta que $\text{Ker}(f) = \{0_A\}$ e f é injetor.

□

Assim, se estamos estudando um homomorfismo não trivial de um corpo em um anel que possua pelo menos dois elementos, automaticamente saberemos que ele é injetor.

Na próxima proposição, estudamos a composição de homomorfismos.

Proposição 3.37. *Sejam $f : A \to B$ e $g : B \to C$ homomorfismos entre anéis. Então*
$$g \circ f : A \to C$$
é também um homomorfismo.

Demonstração: Sejam $a, b \in A$.

Subestruturas e homomorfismos

($H1$)

$$\begin{aligned}(g \circ f)(a+b) &= g(f(a+b)) \\ &= g(f(a)+f(b)) \\ &= g(f(a))+g(f(b)) \\ &= (g \circ f)(a) + (g \circ f)(b).\end{aligned}$$

($H2$)

$$\begin{aligned}(g \circ f)(ab) &= g(f(ab)) \\ &= g(f(a)f(b)) \\ &= g(f(a))g(f(b)) \\ &= (g \circ f)(a) \cdot (g \circ f)(b).\end{aligned}$$

□

Exemplo 3.49. *Vamos compor os homomorfismos que estudamos nos exemplos 3.41 e 3.48, para obter o homomorfismo*

$$s \circ h : \mathbb{Z} \to M_2(\mathbb{Z}_2)$$
$$2m \mapsto \begin{bmatrix} \overline{0} & \overline{0} \\ \overline{0} & \overline{0} \end{bmatrix}$$
$$2m+1 \mapsto \begin{bmatrix} \overline{1} & \overline{0} \\ \overline{0} & \overline{0} \end{bmatrix},$$

afinal para todo $m \in \mathbb{Z}$ *temos que* $\overline{2m+1} = \overline{1}$, *visto que* $(2m+1)-1 = 2m \in 2\mathbb{Z}$ *e* $\mathbb{Z}_2 = \mathbb{Z}/2\mathbb{Z}$. □

Quando um homomorfismo é bijetor, ele recebe um nome especial.

Definição 3.18. *Um homomorfismo* $f : A \to B$ *é um isomorfismo entre A e B se f for, também, bijetor.*
Neste caso, dizemos que A e B são isomorfos e denotamos

$$A \cong B.$$

3.4. Homomorfismos

O conjunto dos isomorfismos de A em A é denotado por

$$Aut(A) = \{f \in \mathcal{F}(A) : f \text{ é um isomorfismo}\}.$$

Também chamado de conjunto dos automorfismos de A. Perceba que esse conjunto nunca é vazio, visto que a função identidade de A em A é sempre um isomorfismo.

Assim, para que um homomorfismo $f : A \to B$ seja um isomorfismo, precisamos que $\mathrm{Ker}\,(f) = \{0_A\}$ e $\mathrm{Im}(f) = B$. O homomorfismo t do Exemplo 3.40 é um isomorfismo de $\mathbb{C}$ em $\mathbb{C}$, ou seja,

$$t \in Aut(\mathbb{C}).$$

A seguir, veremos mais alguns exemplos.

Exemplo 3.50. *Neste exemplo utilizaremos três anéis quocientes simultaneamente. Por conta disso, utilizaremos notações diferentes para as classes, conforme a definição a seguir:*

$$\begin{aligned} w : \mathbb{Z}_6 &\to \mathbb{Z}_2 \times \mathbb{Z}_3 \\ \overline{a} &\mapsto (\overline{\overline{a}}, \overline{\overline{\overline{a}}}). \end{aligned}$$

Começamos fazendo alguns comentários sobre w. Para calculá-la em $\overline{a} \in \mathbb{Z}_6$, consideramos um representante dessa classe e tomamos sua classe em $\mathbb{Z}_2$ e em $\mathbb{Z}_3$. Por conta disso, devemos mostrar que essa função independe do representante de $\overline{a}$.

Bem-definida: *Suponha que a e b sejam ambos representantes de uma mesma classe $\overline{a}$, ou seja, $a - b \in \mathbb{Z}_6$. Logo $a - b = 6k$, para algum $k \in \mathbb{Z}$. Daí, $a - b = 2(3k)$ e $a - b = 3(2k)$, o que nos indica que $\overline{\overline{a}} = \overline{\overline{b}}$ e $\overline{\overline{\overline{a}}} = \overline{\overline{\overline{b}}}$ em $\mathbb{Z}_2$ e em $\mathbb{Z}_3$ respectivamente. Portanto, w está bem-definida.*

Agora, vamos provar que w é um isomorfismo.

Subestruturas e homomorfismos

(*H*1) *Temos*

$$w(\bar{a}+\bar{b}) = w(\overline{a+b})$$
$$= (\overline{\overline{a+b}}, \overline{\overline{\overline{a+b}}})$$
$$= (\overline{\overline{a}}+\overline{\overline{b}}, \overline{\overline{\overline{a}}}+\overline{\overline{\overline{b}}})$$
$$= (\overline{\overline{a}}, \overline{\overline{\overline{a}}}) + (\overline{\overline{b}}, \overline{\overline{\overline{b}}})$$
$$= w(\bar{a}) + w(\bar{b}).$$

(*H*2) *Segue*

$$w(\bar{a}\cdot\bar{b}) = w(\overline{ab})$$
$$= (\overline{\overline{ab}}, \overline{\overline{\overline{ab}}})$$
$$= (\overline{\overline{a}}\cdot\overline{\overline{b}}, \overline{\overline{\overline{a}}}\cdot\overline{\overline{\overline{b}}})$$
$$= (\overline{\overline{a}}, \overline{\overline{\overline{a}}}) \cdot (\overline{\overline{b}}, \overline{\overline{\overline{b}}})$$
$$= w(\bar{a}) \cdot w(\bar{b}).$$

Injetora: *Note que*

$$w(\bar{a}) = w(\bar{b}) \Rightarrow (\overline{\overline{a}}, \overline{\overline{\overline{a}}}) = (\overline{\overline{b}}, \overline{\overline{\overline{b}}})$$
$$\Rightarrow \overline{\overline{a}} = \overline{\overline{b}} \text{ em } \mathbb{Z}_2 \text{ e } \overline{\overline{\overline{a}}} = \overline{\overline{\overline{b}}} \text{ em } \mathbb{Z}_3$$
$$\Rightarrow a-b \in 2\mathbb{Z} \text{ e } a-b \in 3\mathbb{Z}.$$

Assim, $2|(a-b)$ e $3|(a-b)$. Como 2 e 3 são primos entre si com produto igual a 6, segue que $6|(a-b)$, ou seja, $\bar{a}=\bar{b}$ em $\mathbb{Z}_6$. Logo $\text{Ker}(w) = \{\bar{0}\}$.

Sobrejetora: *Vamos mostrar que todos elementos de $\mathbb{Z}_2 \times \mathbb{Z}_3$ são a imagem*

3.4. Homomorfismos

de alguém de $\mathbb{Z}_6$:

$$(\bar{\bar{0}}, \bar{\bar{0}}) = w(\bar{0});$$
$$(\bar{\bar{0}}, \bar{\bar{1}}) = w(\bar{4});$$
$$(\bar{\bar{0}}, \bar{\bar{2}}) = w(\bar{2});$$
$$(\bar{\bar{1}}, \bar{\bar{0}}) = w(\bar{3});$$
$$(\bar{\bar{1}}, \bar{\bar{1}}) = w(\bar{1});$$
$$(\bar{\bar{1}}, \bar{\bar{2}}) = w(\bar{5}).$$

Ou seja, $\text{Im}(w) = \mathbb{Z}_2 \times \mathbb{Z}_3$. *Logo, temos que*

$$\mathbb{Z}_6 \cong \mathbb{Z}_2 \times \mathbb{Z}_3.$$

□

A sobrejetividade nesse exemplo segue, também, do fato que temos uma função injetora entre conjuntos com a mesma quantidade de elementos, seis.

A seguir, vamos demonstrar que os corpos dos exemplos 2.24 e 2.13 são isomorfos.

Exemplo 3.51. *Defina*

$$g : (\mathbb{R} \times \mathbb{R}, +, \bullet) \to \mathbb{C}$$
$$(a, b) \mapsto a + bi.$$

Então, g é um isomorfismo:

(H1) Temos

$$\begin{aligned}
g((a,b) + (c,d)) &= g(a+c, b+d) \\
&= (a+c) + (b+d)i \\
&= (a+bi) + (c+di) \\
&= g(a,b) + g(c,d).
\end{aligned}$$

(*H*2) *Segue*

$$\begin{aligned}g((a,b)\bullet(c,d)) &= g(ac-bd, ad+bc)\\ &= (ac-bd)+(ad+bc)i\\ &= ac+adi+bci-bd\\ &= (a+bi)(c+di)\\ &= g(a,b)g(c,d).\end{aligned}$$

Injetora: *Segue da Proposição 3.36.*

Sobrejetora: *Dado qualquer* $a+bi \in \mathbb{C}$, *temos*

$$g((a,b)) = a+bi.$$

Portanto,

$$(\mathbb{R}\times\mathbb{R}, +, \bullet) \cong \mathbb{C}.$$

□

Nas próximas proposições e exemplos, veremos que podemos construir isomorfismos novos a partir de outros já conhecidos. Começamos complementando a Proposição 3.37 acerca das composições.

Proposição 3.38. *Sejam* $f: A \to B$ *e* $g: B \to C$ *isomorfismos entre anéis. Então* $g \circ f$ *é também um isomorfismo.*

Demonstração: Como f e g são homomorfismos, já sabemos que sua composição é um homomorfismo. Vamos provar que essa composição é bijetora.

Injetora: Tome $a \in \mathrm{Ker}\,(g \circ f)$ e lembre que $\mathrm{Ker}\,(f) = \{0_A\}$ e $\mathrm{Ker}\,(g) = \{0_B\}$. Então

$$\begin{aligned}0_C &= (g \circ f)(a)\\ &= g(f(a))\end{aligned}$$

que implica que $f(a) \in \mathrm{Ker}\,(g)$, ou seja, $f(a) = 0_B$. Mas então $a \in \mathrm{Ker}\,(f)$, que significa que $a = 0_A$.

Sobrejetora: Dado $c \in C$, como g é sobrejetora existe $b \in B$ tal que $g(b) = c$.

3.4. Homomorfismos

Agora, como f é sobrejetora, existe $a \in A$ com $f(a) = b$. Logo

$$c = g(b) = g(f(a)) = (g \circ f)(a)$$

e a composta é sobrejetora. Portanto, $g \circ f$ é um isomorfismo entre A e C.

□

Exemplo 3.52. *Podemos tomar a composição dos isomorfismos dos exemplos 3.40 e 3.51 para obter o isomorfismo*

$$t \circ g : (\mathbb{R} \times \mathbb{R}, +, \bullet) \to \mathbb{C}$$
$$(a, b) \mapsto a - bi.$$

□

Agora, construiremos o inverso de um isomorfismo. Lembre que dada uma função $f : A \to B$, sua inversa, se existir, é

$$f^{-1} : B \to A$$

com

$$f^{-1}(b) = a \Leftrightarrow f(a) = b.$$

Proposição 3.39. *Dado um isomorfismo $f : A \to B$, temos que $f^{-1} : B \to A$ também é um isomorfismo.*

Demonstração: Primeiramente, vamos fixar a notação. Sejam b_1 e b_2 elementos de B. Como f é sobrejetora, existem a_1 e a_2 em A tais que $f(a_1) = b_1$ e $f(a_2) = b_2$, ou seja, $f^{-1}(b_1) = a_1$ e $f^{-1}(b_2) = a_2$.

(H1) Note que $f(a_1 + a_2) = f(a_1) + f(a_2) = b_1 + b_2$, ou seja:

$$f^{-1}(b_1 + b_2) = a_1 + a_2 = f^{-1}(b_1) + f^{-1}(b_2).$$

(H2) Como $f(a_1 a_2) = f(a_1) \cdot f(a_2) = b_1 b_2$, temos

$$f^{-1}(b_1 b_2) = a_1 a_2 = f^{-1}(b_1) \cdot f^{-1}(b_2).$$

Injetora: Perceba que

$$f^{-1}(b_1) = f^{-1}(b_2) \Rightarrow a_1 = a_2 \Rightarrow f(a_1) = f(a_2) \Rightarrow b_1 = b_2.$$

Sobrejetora: Dado $a_1 \in A$, note que $f(a_1) = b_1$ e $f^{-1}(b_1) = a_1$, ou seja, $f^{-1}(f(a_1)) = a_1$. Logo, como $f(a_1) \in B$, vale a sobrejetividade.

□

Exemplo 3.53. *Assim, aplicando esse teorema ao Exemplo 3.51, obtemos o isomorfismo inverso*
$$g^{-1} : \mathbb{C} \to (\mathbb{R} \times \mathbb{R}, +, \bullet)$$
$$a + bi \mapsto (a, b).$$

□

Sabemos que os dois conjuntos isomorfos desse último exemplo são comutativos e sem divisores de zero. A seguir, veremos que isomorfismos preservam essas propriedades.

Proposição 3.40. *Seja f um isomorfismo entre os anéis A e B. Assim, se A é comutativo então B também será. Também, se A satisfaz (A9), B também satisfará.*

Demonstração: Começamos provando que B é comutativo. Devemos tomar dois elementos de B, mas como f é sobrejetora, podemos escolhê-los na forma $f(a)$ e $f(b)$. Daí

$$f(a)f(b) = f(ab) = f(ba) = f(b)f(a).$$

Para mostrar que B não possui divisores de zero, suponha que $f(a)f(b) = 0_B$, ou seja, $f(ab) = 0_B$. Como f é injetora, segue que $ab = 0_A$, que implica que a ou b é igual a 0_A. Daí, pela Proposição 3.32, temos que $f(a)$ ou $f(b)$ é igual a 0_B.

□

Essa proposição deixa muito clara a real importância dos isomorfismos. Basicamente, ao estudar um anel complicado, pode ser um bom caminho encontrar um outro anel isomorfo àquele, que seja mais fácil de ser analisado.

Por fim, é importante descobrir quantos automorfismos um dado anel possui. É o que fazemos no último exemplo desta seção.

Exemplo 3.54. *Vamos provar que $Aut(\mathbb{Z})$ só contém o isomorfismo identidade de $\mathbb{Z}$. Seja $f \in Aut(\mathbb{Z})$ e perceba que $f \neq c_0$, pois esta última não é sobrejetora e*

3.4. Homomorfismos

nem injetora. Sabemos pela Proposição 3.32 que $f(0) = 0$ e, como $\mathbb{Z}$ é um anel com unidade e sem divisores de zero, segue da Proposição 3.34 que $f(1) = 1$. Dessa forma, tomando $a \in \mathbb{Z}$ positivo:

$$f(a) = f(\underbrace{1 + 1 + \ldots + 1}_{a \text{ parcelas}})$$

$$= \underbrace{f(1) + f(1) + \ldots + f(1)}_{a \text{ parcelas}}$$

$$= \underbrace{1 + 1 + \ldots + 1}_{a \text{ parcelas}}$$

$$= a.$$

Novamente pela Proposição 3.32 dado $-a \in \mathbb{Z}$ negativo, como a é positivo teremos que

$$f(-a) = f(-(a)) = -f(a) = -(a) = -a.$$

Ou seja, f é de fato a identidade em $\mathbb{Z}$. □

3.4.1 Teoremas do isomorfismo para anéis

Agora estudaremos quatro importantes teoremas que nos fornecem resultados cruciais para um total entendimento acerca de homomorfismos e anéis. Após seus enunciados e demonstrações, utilizaremos alguns exemplos para tentar deixá-los mais amigáveis. Eles foram publicados no início do século XX, em diferentes contextos, por Dedekind e por Emmy Noether.

O primeiro teorema nos permite construir um isomorfismo a partir de um homomorfismo. Veremos, nos exemplos que virão, que seu principal uso é o de calcular anéis quocientes.

Teorema 3.41. *(1° Teorema do isomorfismo para anéis) Seja um homomorfismo de anéis $f : A \to B$. Então valem*

(a) $\operatorname{Ker}(f) \trianglelefteq A$;

(b) $\operatorname{Im}(f) \leqslant B$;

(c) $\dfrac{A}{\operatorname{Ker}(f)} \cong \operatorname{Im}(f)$.

Subestruturas e homomorfismos

Demonstração: (a) Já foi provado na Proposição 3.35, item (a).

(b) Já foi provado na Proposição 3.35, item (b).

(c) Defina
$$g : \frac{A}{\operatorname{Ker}(f)} \to \operatorname{Im}(f)$$
$$\overline{a} \mapsto f(a).$$

Bem definida:
$$\overline{a_1} = \overline{a_2} \Rightarrow a_1 - a_2 \in \operatorname{Ker}(f)$$
$$\Rightarrow f(a_1 - a_2) = 0$$
$$\Rightarrow f(a_1) - f(a_2) = 0$$
$$\Rightarrow f(a_1) = f(a_2)$$
$$\Rightarrow g(\overline{a_1}) = g(\overline{a_2}).$$

Vamos provar que g é um isomorfismo.

$(H1)$ Note que
$$g(\overline{a_1} + \overline{a_2}) = g(\overline{a_1 + a_2})$$
$$= f(a_1 + a_2)$$
$$= f(a_1) + f(a_2)$$
$$= g(\overline{a_1}) + g(\overline{a_2}).$$

$(H2)$ Temos
$$g(\overline{a_1} \cdot \overline{a_2}) = g(\overline{a_1 a_2})$$
$$= f(a_1 a_2)$$
$$= f(a_1) f(a_2)$$
$$= g(\overline{a_1}) g(\overline{a_2}).$$

3.4. Homomorfismos

Injetora: Perceba que

$$g(\overline{a_1}) = g(\overline{a_2}) \Rightarrow f(a_1) = f(a_2)$$
$$\Rightarrow f(a_1) - f(a_2) = 0$$
$$\Rightarrow f(a_1 - a_2) = 0$$
$$\Rightarrow a_1 - a_2 \in \text{Ker}(f)$$

que, por definição, significa $\overline{a_1} = \overline{a_2}$.

Sobrejetora: Dado $f(a) \in \text{Im}(f)$ temos, por definição, que $g(\overline{a}) = f(a)$.

$\square$

Exemplo 3.55. *Aplicando este teorema no Exemplo 3.41, concluímos que*

$$\frac{\mathbb{Z}}{2\mathbb{Z}} \cong \mathbb{Z}_2.$$

$\square$

Exemplo 3.56. *Dado um anel A e considerando os homomorfismos $\text{id}: A \to A$ e $c_0 : A \to A$ dos exemplos 3.42 e 3.43, temos respectivamente que*

$$\frac{A}{\{0\}} \cong A$$

e

$$\frac{A}{A} \cong \{0\}.$$

$\square$

Exemplo 3.57. *Agora, se utilizarmos esse teorema no Exemplo 3.46, temos que*

$$\frac{\mathbb{Z}}{\{0\}} \cong \mathbb{Z} \times \{0\},$$

que pelo exemplo anterior também são isomorfos a $\mathbb{Z}$. Generalizando essa afirmação, temos que

$$\mathbb{Z} \cong \mathbb{Z} \times \{0\} \times \{0\} \times \dots.$$

$\square$

Exemplo 3.58. *Vamos demonstrar que*

$$\frac{\mathbb{R}[x]}{<x^2>} \cong \mathbb{R}[\epsilon].$$

Defina

$$f: \mathbb{R}[x] \to \mathbb{R}[\epsilon]$$
$$g(x) \mapsto g(\epsilon).$$

É uma conta simples – que encorajamos o leitor a realizar no Exercício 3.109 – demonstrar que f é um homomorfismo. Ademais, note que

$$g(x) = a + bx + cx^2 + \cdots + kx^i,$$

e quando calcularmos $g(\epsilon)$, os monômios ϵ^2, ϵ^3, $\cdots$, ϵ^i zerarão, e sobrará apenas

$$g(\epsilon) = a + b\epsilon.$$

Dito isso, é imediato ver que a função f é sobrejetora. Por fim, isso também nos diz que o núcleo de f é formado pelo polinômio nulo e pelos polinômios que possuem apenas monômios de grau dois ou mais. Ou seja,

$$Ker(f) = <x^2>.$$

Assim, o item (c) do 1° Teorema do isomorfismo para anéis nos diz que

$$\frac{\mathbb{R}[x]}{<x^2>} \cong \mathbb{R}[\epsilon].$$

□

O próximo teorema nos mostra como relacionar diferentes anéis quocientes, utilizando a intersecção e a soma de subanéis.

Teorema 3.42. *(2° Teorema do isomorfismo para anéis) Seja A um anel, $B \leqslant A$ e $I \trianglelefteq A$. Então valem*

(a) $B + I$ é subanel de A;

(b) $B \cap I \trianglelefteq B$;

3.4. Homomorfismos

(c) $\dfrac{B+I}{I} \cong \dfrac{B}{B \cap I}$.

Demonstração: (a) Tomemos $b_1 + i_1$ e $b_2 + i_2$ em $B+I$. Visto que B e I são subanéis de A temos:

(SA1) Visto que $0 \in B$ e $0 \in I$, temos $0 = 0 + 0 \in B + I$;

(SA2) $(b_1 + i_1) - (b_2 + i_2) = (b_1 - b_2) + (i_1 - i_2) \in B + I$;

(SA3) $(b_1 + i_1)(b_2 + i_2) = b_1 b_2 + b_1 i_2 + i_1 b_2 + i_1 i_2$ que está em $B+I$ afinal, $b_1 i_2 + i_1 b_2 + i_1 i_2 \in J$ pois I é um ideal de A.

(b) Começamos demonstrando que $B \cap I$ é um subanel de B. Sejam $t_1, t_2 \in B \cap I$:

(SA1) $0 \in B$ e $0 \in I \Rightarrow 0 \in B \cap I$;

(SA2) $t_1, t_2 \in B$ e $t_1, t_2 \in I \Rightarrow t_1 - t_2 \in B$ e $t_1 - t_2 \in I \Rightarrow t_1 - t_2 \in B \cap I$;

(SA3) $t_1, t_2 \in B$ e $t_1, t_2 \in I \Rightarrow t_1 t_2 \in B$ e $t_1 t_2 \in I \Rightarrow t_1 t_2 \in B \cap I$.

Agora, provemos que $B \cap I$ é, de fato, um ideal de B. Sejam $b \in B$ e $t \in B \cap I$ e note que $t \in B$ e $t \in I$. Disso:

(SA5) $bt \in B$ e $bt \in I$, logo $bt \in B \cap I$;

(SA6) $tb \in B$ e $tb \in I$, logo $tb \in B \cap I$.

(c) Visto que precisamos apresentar um isomorfismo entre dois conjuntos quocientes, utilizaremos notações distintas para suas classes. Para o primeiro utilizaremos uma barra, como sempre fizemos. Já para o segundo, utilizaremos duas barras. Defina

$$g : \dfrac{B+I}{I} \to \dfrac{B}{B \cap I}$$
$$\overline{b+i} \mapsto \overline{\overline{b}}$$

Note que g está bem definida.

$$\overline{b_1 + i_1} = \overline{b_2 + i_2} \Rightarrow (b_1 + i_1) - (b_2 + i_2) \in I$$
$$\Rightarrow (b_1 - b_2) + (i_1 - i_2) \in I.$$

Como $(i_1 - i_2) \in I$,

$$b_1 - b_2 = (b_1 - b_2) + (i_1 - i_2) - (i_1 - i_2) \in I.$$

Daí, visto que $b_1 - b_2 \in B$, segue que $b_1 - b_2 \in B \cap I$, ou seja, $\overline{\overline{b_1}} = \overline{\overline{b_2}}$ e $g(\overline{b_1 + i_1}) = g(\overline{b_2 + i_2})$.
Vamos provar que g é um isomorfismo.
(H1) Temos

$$\begin{aligned}
g\left(\overline{b_1 + i_1} + \overline{b_2 + i_2}\right) &= g\left(\overline{(b_1 + b_2) + (i_1 + i_2)}\right) \\
&= \overline{\overline{b_1 + b_2}} \\
&= \overline{\overline{b_1}} + \overline{\overline{b_2}} \\
&= g\left(\overline{b_1 + i_1}\right) + g\left(\overline{b_2 + i_2}\right);
\end{aligned}$$

(H2) Temos

$$\begin{aligned}
g\left((\overline{b_1 + i_1}) \cdot (\overline{b_2 + i_2})\right) &= g\left(\overline{(b_1 + i_1)(b_2 + i_2)}\right) \\
&= g\left(\overline{b_1 b_2 + b_1 i_2 + i_1 b_2 + i_1 i_2}\right).
\end{aligned}$$

Mas $b_1 i_2 + i_1 b_2 + i_1 i_2 \in I$ pois este é um ideal. Logo

$$\begin{aligned}
g\left(\overline{b_1 b_2 + b_1 i_2 + i_1 b_2 + i_1 i_2}\right) &= \overline{\overline{b_1 b_2}} \\
&= \overline{\overline{b_1}} \cdot \overline{\overline{b_2}} \\
&= g\left(\overline{b_1 + i_1}\right) g\left(\overline{b_2 + i_2}\right).
\end{aligned}$$

Injetora: Perceba que

$$g\left(\overline{b_1 + i_1}\right) = g\left(\overline{b_2 + i_2}\right) \Rightarrow \overline{\overline{b_1}} = \overline{\overline{b_2}}$$

em $B/(B \cap I)$, ou seja, $b_1 - b_2 \in B \cap I$. Disso, temos que

$$(b_1 + i_1) - (b_2 + i_2) = (b_1 - b_2) + (i_1 - i_2) \in I$$

e, portanto, $\overline{b_1 + i_1} = \overline{b_2 + i_2}$.
Sobrejetora: Dado $\overline{\overline{b}} \in B/(B \cap I)$ segue que $g(\overline{b + 0}) = \overline{\overline{b}}$.

□

3.4. Homomorfismos

Exemplo 3.59. *Considere em* $\mathbb{Z}$, *o subanel* $4\mathbb{Z}$ *e o ideal* $6\mathbb{Z}$. *Pelo teorema anterior, temos que*
$$\frac{4\mathbb{Z} + 6\mathbb{Z}}{6\mathbb{Z}} \cong \frac{4\mathbb{Z}}{4\mathbb{Z} \cap 6\mathbb{Z}}.$$
Como $2 = \mathrm{mdc}(4,6)$, *o Exemplo 3.24 junto ao Exercício 3.99 nos dizem que uma outra forma de ver esse isomorfismo é*
$$\frac{2\mathbb{Z}}{6\mathbb{Z}} \cong \frac{4\mathbb{Z}}{12\mathbb{Z}},$$
e ainda pode-se demonstrar que eles são isomorfos a $\mathbb{Z}_3$. □

Exemplo 3.60. *Uma consequência desse teorema é que, quando temos um anel* A, $B \leqslant A$ *e* $I \trianglelefteq A$ *com* $B \cap I = \{0\}$, *então*
$$\frac{B+I}{I} \cong B.$$
□

O terceiro teorema do isomorfismo nos mostra como construir subanéis e ideais em um quociente.

Teorema 3.43. *(3° Teorema do isomorfismo para anéis) Seja* A *um anel e* $I \trianglelefteq A$. *Então valem*

(a) *Se* B *é subanel de* A *com* $I \subseteq B$ *então* B/I *é subanel de* A/I;

(b) *Todo subanel de* A/I *é da forma* B/I, *com* B *um subanel de* A *tal que* $I \subseteq B$;

(c) *Se* J *é ideal de* A *com* $I \subseteq J$ *então* J/I *é ideal de* A/I;

(d) *Todo ideal de* A/I *é da forma* J/I, *com* J *um ideal de* A *tal que* $I \subseteq J$;

(e) *Se* $J \trianglelefteq A$ *com* $I \subseteq J$, *então*
$$\frac{A/I}{J/I} \cong \frac{A}{J}.$$

Demonstração: (a) Vamos provar que valem as propriedades de subanel.

($SA1$) Visto que B é um subanel de A, temos que $0_A \in B$. Assim, $\overline{0_A} \in B/I$;

($SA2$) Sejam $\overline{b_1}$ e $\overline{b_2}$ em B/I. Assim, como $b_1 - b_2 \in B$, segue que

$$\overline{b_1} - \overline{b_2} = \overline{b_1 - b_2} \in B/I.$$

($SA3$) Analogamente, como $b_1 b_2 \in B$:

$$\overline{b_1} \cdot \overline{b_2} = \overline{b_1 b_2} \in B/I.$$

(b) Seja C subanel de A/I. Defina

$$B = \{b \in A : \pi(b) \in C\}$$

onde π é o homomorfismo sobrejetor de A em A/I, definido no Exemplo 3.47. Vamos provar que B é um subanel de A.

($SA1$) $\pi(0_A) = \overline{0_A} \in C$, pois este é um subanel. Logo $0_A \in B$;

($SA2$) $b_1, b_2 \in B \Rightarrow \pi(b_1), \pi(b_2) \in C \Rightarrow \pi(b_1 - b_2) = \pi(b_1) - \pi(b_2) \in C \Rightarrow b_1 - b_2 \in B$;

($SA3$) $b_1, b_2 \in B \Rightarrow \pi(b_1), \pi(b_2) \in C \Rightarrow \pi(b_1 b_2) = \pi(b_1)\pi(b_2) \in c \Rightarrow b_1 b_2 \in B$.

Note, também, que $I \subseteq B$, pois dado $i \in I$, temos que $\pi(i) = \overline{0_A} \in C$. Logo, $i \in B$.

Por fim, vamos demonstrar que $B/I \cong C$. Defina

$$\pi_B : B \to C$$
$$b \mapsto \pi(b).$$

Pela definição de B, a função acima está bem definida e é sobrejetora. Como π é um homomorfismo, é evidente que π_B também é. Além disso, note que $\mathrm{Ker}\,(\pi_B) = I$:

($\subseteq$): Seja $i \in \mathrm{Ker}\,(\pi_B)$. Daí, $\pi(i) = \pi_B(i) = \overline{0}$ em A/I, ou seja, $i \in I$.

3.4. Homomorfismos

($\supseteq$): Dado $i \in I$, temos que $\overline{0} = \pi(i) = \pi_B(i)$, ou seja, $i \in \text{Ker}(\pi_B)$. Pelo item (c) do Teorema 3.41, segue o isomorfismo desejado.

(c) Pelo item (a) já sabemos que J/I é subanel de A/I. Considere $\overline{j} \in J/I$ e $\overline{a} \in A/I$. Como aj e ja estão em J, pois J é ideal de A, é fácil provar que J/I é ideal de A/I:

$(SA5)$ $\overline{a} \cdot \overline{j} = \overline{aj} \in J/I$;

$(SA6)$ $\overline{j} \cdot \overline{a} = \overline{ja} \in J/I$.

(d) Seja C ideal de A/I e, pelo item (b), definindo
$$B = \{b \in A : \pi(b) \in C\}$$
temos que B/I é subanel de A/I e $B/I \cong C$. Note que B é ideal de A pois, para $b \in B$ e $a \in A$, como C é ideal de A/I:

$(SA5)$ $\pi(ab) = \pi(a)\pi(b) \in C \Rightarrow ab \in B$;

$(SA6)$ $\pi(ba) = \pi(b)\pi(a) \in C \Rightarrow ba \in B$.

Assim, é fácil provar que B/I satisfaz as propriedades para ser um ideal. Sejam $\overline{b} \in B/I$ e $\overline{a} \in A/I$:

$(SA5)$ $\overline{a} \cdot \overline{b} = \overline{ab} \in B/I$;

$(SA6)$ $\overline{b} \cdot \overline{a} = \overline{ba} \in B/I$.

(e) Defina, novamente utilizando duas barras para representar uma classe do conjunto do lado direito,
$$h : A/I \to A/J$$
$$\overline{a} \mapsto \overline{\overline{a}}.$$

É trivial provar que h é um homomorfismo sobrejetor. Vamos demostrar que $\text{Ker}(h) = J/I$.

($\subseteq$): Seja $\overline{j} \in \text{Ker}(h)$. Daí, $h(\overline{j}) = \overline{\overline{j}} = \overline{\overline{0}}$ em A/J, ou seja, $j \in J$. Disso, segue que $\overline{j} \in J/I$.

($\supseteq$): Dado $\bar{j} \in J/I$, como $j \in J$, temos que $\bar{\bar{0}} = \bar{\bar{j}} = h(\bar{j})$. Isso significa que $\bar{j} \in \text{Ker}(h)$.
Novamente, o item (c) do Teorema 3.41 implica no isomorfismo desejado.

$\square$

Exemplo 3.61. *Para ilustrar este teorema, sabemos que* $5\mathbb{Z} \trianglelefteq \mathbb{Z}$, $20\mathbb{Z} \trianglelefteq \mathbb{Z}$ *e* $20\mathbb{Z} \subseteq 5\mathbb{Z}$. *Logo* $\dfrac{5\mathbb{Z}}{20\mathbb{Z}} \trianglelefteq \dfrac{\mathbb{Z}}{20\mathbb{Z}}$ *e*

$$\frac{\frac{\mathbb{Z}}{20\mathbb{Z}}}{\frac{5\mathbb{Z}}{20\mathbb{Z}}} \cong \frac{\mathbb{Z}}{5\mathbb{Z}},$$

que pelo Exemplo 3.36, é igual a $\mathbb{Z}_5$.

$\square$

Por fim, o quarto e último dos teoremas é uma consequência do terceiro. Basicamente, dados $I \trianglelefteq A$, ele relaciona o conjunto dos subanéis de A que contém I e o conjunto dos subanéis do quociente A/I.

Teorema 3.44. *(4º Teorema do isomorfismo para anéis) Seja A um anel e $I \trianglelefteq A$. Denote por $S_I(A)$ o conjunto de subanéis de A que contém o ideal I e por $S(A/I)$ o conjunto de subanéis de A/I. Então, existe uma bijeção que preserva inclusão entre $S_I(A)$ e $S(A/I)$.*

Demonstração: Seguirá, essencialmente, do Teorema 3.43. Defina

$$f : S_I(A) \to S(A/I)$$
$$J \mapsto J/I.$$

O item (a) daquele teorema implica que a função está bem definida e, o item (b), que f é sobrejetora. Vamos provar que é, também, injetora.
Sejam J_1 e $J_2 \in S_I(A)$ tais que $f(J_1) = f(J_2)$, ou seja, temos $J_1/I = J_2/I$. Vamos provar que $J_1 = J_2$.

($\subseteq$): Seja $j \in J_1$. Daí, $\bar{j} \in J_1/I = J_2/I$, ou seja, $j \in J_2$.

($\supseteq$): É análogo.

$\square$

3.4. Homomorfismos

Exemplo 3.62. *Esse último teorema aplicado ao isomorfismo do Exemplo 3.58 nos permite concluir que há uma bijeção entre os subanéis de $\mathbb{R}[x]$ que contém $<x^2>$ e os subanéis de $\mathbb{R}[\epsilon]$, relacionando*

$$<x^2> \mapsto \{0\}$$
$$<x> \mapsto <\epsilon>$$
$$\mathbb{R}[x] \mapsto \mathbb{R}[\epsilon].$$

$\square$

Exercícios da Seção 3.4

3.63. *Pesquise sobre:*

(a) Epimorfismo.

(b) Monomorfismo.

(c) Diagrama comutativo para o $1°$ Teorema do isomorfismo.

3.64. *Demonstre os demais casos do Exemplo 3.45.*

3.65. *A função*
$$f : \mathbb{Q} \to \mathbb{Z}$$
$$\frac{a}{b} \mapsto a$$
está bem definida?

3.66. *Dado um homomorfismo sobrejetor f do anel A no anel B, prove que a relação*
$$a_1 \sim a_2 \Leftrightarrow f(a_1) = f(a_2)$$
é uma relação de equivalência. Calcule $A/\sim$.

3.67. *Dê um exemplo de um homomorfismo de anéis $f : A \to B$ tal que exista um elemento não inversível $a \in A$ com $f(a)$ inversível em B.*

3.68. *A imagem de um ideal via um homomorfismo de anéis é um ideal?*

3.69. *Prove que a imagem inversa de um ideal primo via um homomorfismo entre anéis comutativos é um ideal primo, desde que esse homomorfismo leve a unidade multiplicativa na unidade multiplicativa.*

3.70. *Dê um exemplo que contradiga o exercício anterior para anéis não comutativos. Dê outro exemplo que contradiga o exercício anterior para um homomorfismo que não preserve a unidade multiplicativa.*

3.71. *Encontre um exemplo de homomorfismo $f : A \to B$ e um ideal I maximal em B tal que $f^{-1}(I)$ é um ideal não maximal de A.*

3.72. *Prove que*
$$f : \mathbb{C} \to M_2(\mathbb{R})$$
$$a + bi \mapsto \begin{bmatrix} a & -b \\ b & a \end{bmatrix}$$
é um homomorfismo. É injetor? E sobrejetor?

3.73. *Para quais $m \geqslant n \in \mathbb{N}$ a função*
$$f : M_m(\mathbb{R}) \to M_n(\mathbb{R})$$
$$\begin{bmatrix} a_{11} & \cdots & a_{1n} & \cdots & a_{1m} \\ a_{21} & \cdots & a_{2n} & \cdots & a_{2m} \\ \vdots & \ddots & \vdots & \cdots & \vdots \\ a_{n1} & \cdots & a_{nn} & \cdots & a_{nm} \\ \vdots & \cdots & \vdots & \ddots & \vdots \\ a_{m1} & \cdots & a_{mn} & \cdots & a_{mm} \end{bmatrix} \mapsto \begin{bmatrix} a_{11} & \cdots & a_{1n} \\ a_{21} & \cdots & a_{2n} \\ \vdots & \ddots & \vdots \\ a_{n1} & \cdots & a_{nn} \end{bmatrix}$$
é um homomorfismo? É injetora? Sobrejetora?

3.74. *As funções determinante e traço, de $M_2(\mathbb{Z})$ em $\mathbb{Z}$, são homomorfismos?*

3.75. *Analise se as funções abaixo, de $\mathbb{Z} \times \mathbb{Z}$ em $\mathbb{Z} \times \mathbb{Z}$, são homomorfismos. Nos casos positivos, calcule os núcleos e as imagens.*

(a) $f(x,y) = (y,x)$;

(b) $g(x,y) = (0,y)$;

(c) $h(x,y) = (-y,-x)$.

3.4. Homomorfismos

3.76. Prove se as funções abaixo, de $\mathbb{Z}$ em $\mathbb{Z} \times \mathbb{Z}$, são homomorfismos. Nos casos positivos, calcule os núcleos e as imagens.

(a) $f(x) = (0, x)$;

(b) $g(x) = (2x, 0)$.

3.77. A função
$$f : \mathbb{Z}[x] \to \mathbb{Z}[x]$$
$$p(x) \mapsto p(x+5)$$
é um homomorfismo? É injetora? Sobrejetora?

3.78. A função
$$q : \mathbb{Z}_{15} \to \mathbb{Z}_{15}$$
$$\overline{a} \mapsto \overline{4a}$$
é um homomorfismo? É injetora? Sobrejetora?

3.79. Considere um anel A e $X = \{1, 2, \ldots, n\}$. Prove que
$$\mathcal{F}(X, A) \cong \underbrace{A \times A \times \ldots \times A}_{n \text{ parcelas}},$$
conforme definidos nas seções 2.3 e 2.4.

3.80. A partir de uma discussão análoga à que fizemos no Exemplo 3.10, podemos concluir que $\mathbb{Z}_2$ não é um subanel de $\mathbb{Z}_4$. Prove que existe um homomorfismo injetor de $\mathbb{Z}_2$ em $\mathbb{Z}_4$ cuja imagem é um subanel de $\mathbb{Z}_4$.

3.81. Encontre todos homomorfismos de $\mathbb{Z}$ em $\mathbb{Z}_4$.

3.82. Suponha que a função $f(x) = 4x + 8$ representa um isomorfismo entre $\mathbb{Z}$, com as operações usuais, e $2\mathbb{Z}$ com duas operações quaisquer. Quem são os elementos neutros das duas operações de $2\mathbb{Z}$?

3.83. Seja f um homomorfismo entre os anéis A e B. Prove que $\text{Ker}(f) = A$ implica que f é o homomorfismo nulo.

3.84. Seja $f : A \to B$ um homomorfismo entre anéis. Prove, ou dê um contra-exemplo, de que se $a \in A$ é um divisor de zero em A, então $f(a) \in B$ é um divisor de zero em B.

3.85. *Prove que A_2 e A_3, conforme definidos no Exercício 2.26, não são isomorfos.*

3.86. *Seja $f: A \to B$ um homomorfismo de anéis. Dado $J \trianglelefteq B$, prove que*
$$f^{-1}(J) = \{a \in A : f(a) \in J\}$$
é um ideal de A.

3.87. *Seja $f: A \to B$ um homomorfismo sobrejetor de anéis com A um anel local, não trivial. Mostre que B é um anel local.*

3.88. *Prove que $\cong$ é uma relação de equivalência sobre o conjunto de todos os anéis.*

3.89. *Construa o isomorfismo e demonstre que*
$$\frac{\mathbb{Z}}{12\mathbb{Z}} \cong \frac{\mathbb{Z}}{3\mathbb{Z}} \times \frac{\mathbb{Z}}{4\mathbb{Z}}.$$

3.90. *Seja n um número natural que é igual ao produto de k primos distintos*
$$n = p_1 \cdot p_2 \cdot \ldots \cdot p_k.$$
Prove que
$$\mathbb{Z}_n \cong \mathbb{Z}_{p_1} \times \mathbb{Z}_{p_2} \times \ldots \times \mathbb{Z}_{p_k}.$$

3.91. *Sejam $k, n \in \mathbb{N}^*$ coprimos. Prove que*
$$\begin{aligned} f_k : \mathbb{Z}_n &\to \mathbb{Z}_n \\ \overline{a} &\mapsto \overline{ka} \end{aligned}$$
é bijetora, mas não é um isomorfismo.

3.92. *Defina*
$$\begin{aligned} N : \mathbb{Z}[i] &\to \mathbb{Z} \\ a+bi &\mapsto a^2 + b^2. \end{aligned}$$
Prove que N satisfaz (H2) e falha (H1). É injetora? E sobrejetora? Essa função é chamada norma, no anel dos inteiros de Gauss.

3.93. *Calcule $\mathrm{Aut}(\mathbb{Q})$.*

3.4. Homomorfismos

3.94. *Calcule $End(\mathbb{Z}[i])$.*

3.95. *Calcule $Aut(\mathbb{Q}[i])$.*

3.96. *Existe algum isomorfismo entre $\mathbb{R} \times \mathbb{R}$ e $\mathbb{C}$?*

3.97. *Seja p um número natural primo. Dado um corpo finito com p elementos, prove que ele é isomorfo a $\mathbb{Z}_p$.*

3.98. *Dado um número natural primo p, prove que se um corpo finito possui p elementos, então todo elemento é igual a soma de dois quadrados.*

3.99. *Prove que*
$$4\mathbb{Z} \cap 6\mathbb{Z} = 12\mathbb{Z}.$$

3.100. *Mostre que*
$$\frac{2\mathbb{Z}}{6\mathbb{Z}} \cong \mathbb{Z}_3.$$

3.101. *Dados $n, p \in \mathbb{N}^*$ com p primo, mostre que*
$$\frac{n\mathbb{Z}}{(np)\mathbb{Z}} \cong \mathbb{Z}_p.$$

3.102. *Demonstre que*
$$\frac{\mathbb{Z}[i]}{<1+3i>} \cong \mathbb{Z}_{10}.$$

3.103. *Prove que*
$$\frac{\mathbb{Z}[x]}{<2,x>} \cong \mathbb{Z}_2.$$

3.104. *Dado um ideal I do anel A, prove que*
$$\frac{A[x]}{I[x]} \cong \left(\frac{A}{I}\right)[x].$$

3.105. *Quem é*
$$\frac{\mathbb{Z}[x]}{<6x>}?$$

3.106. *No Exemplo 2.37 definimos o anel das funções trigonométricas W. Prove que*
$$\frac{\mathbb{R}[x,y]}{<x^2+y^2-1>} \cong W.$$

3.107. *Apresente um isomorfismo que represente*

$$\frac{\frac{\mathbb{Z}}{20\mathbb{Z}}}{\frac{5\mathbb{Z}}{20\mathbb{Z}}} \cong \frac{\mathbb{Z}}{5\mathbb{Z}}.$$

3.108. *Dados $B_1 \trianglelefteq A_1$ e $B_2 \trianglelefteq A_2$ com A_1 e A_2 anéis, prove que*

$$\frac{A_1 \times A_2}{B_1 \times B_2} \cong \frac{A_1}{B_1} \times \frac{A_2}{B_2}.$$

3.109. *Complete os detalhes do Exemplo 3.58.*

CAPÍTULO 4

Divisibilidade e corpos especiais

Até aqui, o que fizemos foi transformar toda a base da aritmética em conceitos abstratos, o que nos permitiu ampliar nossos conhecimentos e entender que podemos trabalhar com conjuntos mais complicados como se fossem conjuntos numéricos. Neste capítulo continuaremos generalizando conceitos, porém conceitos mais complicados já nos conjuntos numéricos.

A divisibilidade, os números primos, a construção de frações e o cálculo do máximo divisor comum são alguns desses conceitos que vamos aprofundar para um ambiente mais geral.

Mais uma vez, manteremos fixo um anel A, com elemento neutro da adição 0. Sempre que precisarmos de mais condições ou de uma notação diferenciada, enunciaremos.

4.1 Elementos idempotentes e elementos nilpotentes

Começaremos estudando algumas peculiaridades que os elementos de um anel podem satisfazer. As nomenclaturas "idempotente" e "nilpotente" foram utilizadas pela primeira vez por Peirce.

Benjamin Peirce

Benjamin Peirce (Salem, 04 de abril de 1809 - Cambridge, 06 de outubro de 1880) foi um matemático estadunidense. Estudou mecânica celeste, teoria dos números e a álgebra, entre outras áreas. É considerado o pai da matemática pura nos Estados Unidos.

Definição 4.1. *Um elemento $a \in A$ é dito idempotente se*

$$a^2 = a.$$

O elemento neutro da adição sempre é idempotente e, se o anel possui unidade, essa unidade também é idempotente. Em particular, os únicos elementos idempotentes de $\mathbb{Z}$, $\mathbb{Q}$ e $\mathbb{R}$ são o 0 e o 1.

Exemplo 4.1. *No conjunto de funções $\mathcal{F}(\mathbb{R})$, que vimos no Exemplo 2.20, uma função f é idempotente se, e somente se,*

$$\mathrm{Im}(f) \subseteq \{0,1\}.$$

De fato, $(f^2)(x) = f(x) \cdot f(x)$ só será igual a $f(x)$ se, e somente se, $f(x)$ é idempotente em $\mathbb{R}$, para todo $x \in \mathbb{R}$. Mas isso é o mesmo que dizer que $\mathrm{Im}(f) \subseteq \{0,1\}$. □

O exemplo anterior pode ser generalizado para qualquer $\mathcal{F}(X, A)$, onde f será idempotente se, e somente se, sua imagem está contida no conjunto dos idempotentes de A.

Exemplo 4.2. *Nos conjuntos $\mathbb{Z}_{n^2-n}$, que vimos no Exemplo 2.28, com n na-*

4.1. Elementos idempotentes e elementos nilpotentes

tural maior que 1, o elemento $\bar{n}$ é idempotente, afinal

$$\begin{aligned}(\bar{n})^2 &= \overline{n^2} \\ &= \overline{n^2 - n + n} \\ &= \overline{n^2 - n} + \bar{n} \\ &= \bar{0} + \bar{n} \\ &= \bar{n}.\end{aligned}$$

□

Normalmente um anel possui poucos elementos idempotentes. Por exemplo, $\mathbb{Z}$ só possui dois idempotentes dentre seus infinitos elementos. Mas, em alguns anéis, pode acontecer de todo elemento ser idempotente. Nesses casos, eles recebem nomes especiais.

Definição 4.2. *Um anel é chamado anel Booleano quando todos seus elementos são idempotentes.*

Exemplo 4.3. *O anel $\mathbb{Z}_2$ é Booleano pois seus elementos $\bar{0}$ e $\bar{1}$ são idempotentes.*
□

Exemplo 4.4. *Os anéis definidos como no Exemplo 2.6 são anéis Booleanos, afinal $X^2 = X \cap X = X$ para qualquer conjunto X.*
□

Agora, a outra definição básica desta seção.

Definição 4.3. *Um elemento $a \in A$ é dito nilpotente se $\exists k \in \mathbb{N}^*$ tal que*

$$a^k = 0.$$

O elemento neutro da adição de A é sempre nilpotente com $k = 1$ e, em $\mathbb{Z}$, $\mathbb{Q}$ e $\mathbb{R}$, esse é seu único nilpotente. O anel dos números duais, que vimos no Exemplo 2.16, possui, além do 0, infinitos nilpotentes $b\epsilon$, com $b \in \mathbb{R}$, já que

$$(b\epsilon)^2 = b^2 \epsilon^2 = b^2 \cdot 0 = 0.$$

Vejamos alguns exemplos em anéis de matrizes.

Divisibilidade e corpos especiais

Exemplo 4.5. *Em $M_2(\mathbb{R})$, é fácil verificar que as matrizes*

$$\begin{bmatrix} 1 & 0 \\ 0 & 0 \end{bmatrix}, \begin{bmatrix} 0 & 0 \\ 0 & 1 \end{bmatrix} e \begin{bmatrix} 1 & 0 \\ 0 & 1 \end{bmatrix}$$

são idempotentes. Além disso, a matriz

$$\begin{bmatrix} 0 & 1 \\ 0 & 0 \end{bmatrix}$$

é nilpotente com $k = 2$:

$$\begin{bmatrix} 0 & 1 \\ 0 & 0 \end{bmatrix}^2 = \begin{bmatrix} 0 & 0 \\ 0 & 0 \end{bmatrix}.$$

□

Exemplo 4.6. *Em $M_3(\mathbb{R})$, a matriz*

$$\begin{bmatrix} 0 & 1 & 0 \\ 0 & 0 & 1 \\ 0 & 0 & 0 \end{bmatrix}$$

é nilpotente com $k = 3$:

$$\begin{bmatrix} 0 & 1 & 0 \\ 0 & 0 & 1 \\ 0 & 0 & 0 \end{bmatrix}^3 = \begin{bmatrix} 0 & 1 & 0 \\ 0 & 0 & 1 \\ 0 & 0 & 0 \end{bmatrix}^2 \cdot \begin{bmatrix} 0 & 1 & 0 \\ 0 & 0 & 1 \\ 0 & 0 & 0 \end{bmatrix}$$

$$= \begin{bmatrix} 0 & 0 & 1 \\ 0 & 0 & 0 \\ 0 & 0 & 0 \end{bmatrix} \cdot \begin{bmatrix} 0 & 1 & 0 \\ 0 & 0 & 1 \\ 0 & 0 & 0 \end{bmatrix}$$

$$= \begin{bmatrix} 0 & 0 & 0 \\ 0 & 0 & 0 \\ 0 & 0 & 0 \end{bmatrix}.$$

□

4.1. Elementos idempotentes e elementos nilpotentes

Exemplo 4.7. *Em um anel de funções genérico $\mathcal{F}(X, A)$ conforme o Exemplo 2.21, a existência de nilpotentes está conectada com os nilpotentes de A, o que não é surpresa. Um resultado que podemos demonstrar é que se o conjunto dos nilpotentes de A é finito, uma função f será nilpotente se, e somente se, sua imagem estiver contida nele. De fato, suponha que*

$$\{a_1, a_2, \ldots, a_n\}$$

é o conjunto dos nilpotentes de A de tal forma que

$$a_1^{k_1} = 0,$$
$$a_2^{k_2} = 0,$$
$$\vdots$$
$$a_n^{k_n} = 0.$$

Daí, uma função cujos elementos de sua imagem são nilpotentes em A certamente satisfará

$$f^{k_1 k_2 \ldots k_n} = c_0,$$

afinal dado $x \in X$, como $f(x) = a_i$ para algum dos a_i, temos

$$f^{k_1 k_2 \ldots k_n}(x) = a_i^{k_1 k_2 \ldots k_n} = (a_i^{k_i})^{k_1 \ldots k_{i-1} k_{i+1} \ldots k_n} = 0.$$

Logo f será nilpotente. □

Na próxima proposição, veremos como caracterizar os elementos nilpotentes e os idempotentes em um produto direto.

Proposição 4.1. *Sejam A e B anéis.*

(a) (a, b) é idempotente em $A \times B$ se, e somente se, a é idempotente em A e b é idempotente em B.

(b) (a, b) é nilpotente em $A \times B$ se, e somente se, a é nilpotente em A e b é nilpotente em B.

Divisibilidade e corpos especiais

Demonstração: (a) Temos que

$$(a,b) \text{ é idempotente em } A \times B \Leftrightarrow (a,b)^2 = (a,b)$$
$$\Leftrightarrow (a^2, b^2) = (a,b)$$
$$\Leftrightarrow a^2 = a \text{ e } b^2 = b$$
$$\Leftrightarrow a \text{ e } b \text{ são idempotentes.}$$

(b) $(\Rightarrow)$ Suponha que $(a,b)^k = (0_A, 0_B)$ em $A \times B$. Assim,

$$(a,b)^k = (0_A, 0_B) \Rightarrow (a^k, b^k) = (0_A, 0_B)$$
$$\Rightarrow a^k = 0_A \text{ e } b^k = 0_B$$

e ambos são nilpotentes.

$(\Leftarrow)$ Vamos supor que $a^k = 0_A$ e $b^j = 0_B$. Daí

$$(a,b)^{kj} = (a^{kj}, b^{kj}) = \left((a^k)^j, (b^j)^k\right) = (0_A^j, 0_B^k) = (0_A, 0_B).$$

□

Exemplo 4.8. *Em $\mathbb{Z}_{n^k}$, com n e k naturais maiores que 1, o elemento $\overline{n}$ é nilpotente, pois*

$$(\overline{n})^k = \overline{n^k} = \overline{0}.$$

□

Exemplo 4.9. *Dado um anel A com unidade e sem divisores de zero, os idempotentes de $A[x]$ são os polinômios $c_a(x) = a$, com a idempotente em A, enquanto seus nilpotentes são os polinômios $c_b(x) = b$, em que $b \in A$ é nilpotente. Isso acontece pois, sempre que multiplicamos dois polinômios, o grau do resultado é a soma dos graus dos polinômios iniciais. No caso de multiplicarmos dois polinômios constantes não nulos, esse produto também será não nulo, visto que A não possui divisores de zero.* □

Veja que nesse exemplo, o fato de A satisfazer $(A9)$ foi crucial para o estudo dos nilpotentes em $A[x]$. Na próxima proposição, aprenderemos que há uma forte conexão entre a quantidade de elementos nilpotentes, idempotentes e a validade de $(A9)$.

4.1. Elementos idempotentes e elementos nilpotentes

Proposição 4.2. *Seja A um domínio com unidade.*

(a) O único nilpotente de A é 0.

(b) Os únicos idempotentes de A são o 0 e o 1.

Demonstração: (a) Suponha que $d \in D$ é um nilpotente. Assim, para algum expoente $k \in \mathbb{N}^*$, $d^k = 0$. Como D não possui divisores de zero, $d = 0$ ou $d^{n-1} = 0$. Aplicando o mesmo processo quantas vezes forem necessárias concluiremos, em algum momento, que $d = 0$.

(b) Se $d \in D$ é um idempotente de D, temos que

$$d^2 = d \Rightarrow d^2 - d = 0_D \Rightarrow d(d - 1_D) = 0_D.$$

Como D não possui divisores de zero, $d = 0_D$ ou $d = 1_D$.

□

Consequentemente, essa proposição também vale para os domínios de integridade e para os corpos, afinal eles são domínios com unidade.

Exemplo 4.10. *A proposição anterior nos diz que 0 e 1 são os únicos idempotentes, e que 0 é o único nilpotente de* $\mathbb{Z}[\sqrt{p}]$, $\mathbb{Q}[\sqrt{p}]$, $\mathbb{Q}[\sqrt[3]{p}]$, $\mathbb{Q}[i]$, $\mathbb{Z}[i]$, $\mathbb{C}$ *e* $\mathbb{H}$, *exemplos da Seção 2.1.* □

Por fim, uma importante propriedade que envolve os nilpotentes de um anel comutativo. Aliás, dado um anel comutativo A, o conjunto de seus elementos nilpotentes é chamado de nilradical e é denotado por

$$Nil(A).$$

Proposição 4.3. *O conjunto dos elementos nilpotentes de um anel comutativo A é um ideal de A.*

Demonstração: $(SA1)$ $0^1 = 0$, portanto 0 é nilpotente.

$(SA2)$ Sejam a, b nilpotentes. Daí, $\exists m, n \in \mathbb{N}^*$ com $a^m = 0 = b^n$. Assim, utilizando o Binômio de Newton, sabemos que $(a - b)^{m+n}$ é uma soma de termos em que, cada termo, possui uma parcela a^m ou b^n. Logo, sua soma é igual a 0.

Divisibilidade e corpos especiais

($SA3$) Dados a, b como em ($SA2$), note que $(ab)^{m+n} = a^{m+n}b^{m+n} = 0$.

($SA5$) Seja $a \in A$ qualquer e b como em ($SA2$). Daí

$$(ab)^n = a^n b^n = a^n 0 = 0.$$

Como A é comutativo vale ($SA6$) e segue que o conjunto de seus elementos nilpotentes é um ideal de A.

$\square$

Perceba que se A não fosse comutativo, seria impossível demonstrar o item ($SA3$) acima, pois teríamos

$$(ab)^{m+n} = abab \ldots ab$$

que não necessariamente seria igual a 0.

Exercícios da Seção 4.1

4.1. *Pesquise sobre:*

(a) *Elementos idempotentes ortogonais.*

(b) *Elementos idempotentes centrais.*

(c) *Reticulado de idempotentes.*

(d) *Anel reduzido.*

4.2. *Prove que em um anel Booleano A, $(a + a) = 0_A$ para todo $a \in A$.*

4.3. *Apresente mais exemplos de anéis Booleanos.*

4.4. *Prove que todo anel Booleano é comutativo.*

4.5. *Prove que se um anel é Booleano e um domínio de integridade, então ele é isomorfo a $\mathbb{Z}_2$.*

4.6. *Seja a um idempotente do anel com unidade A. Prove que*

$$Aa \cap A(1-a) = \{0\}.$$

4.2. Elementos irredutíves e elementos primos

4.7. *Dado um nilpotente a do anel A, prove que $1_A + a$ é inversível.*

4.8. *Dado um anel comutativo A, prove que $\overline{0_A}$ é o único elemento nilpotente de $\dfrac{A}{Nil(A)}$.*

4.9. *Encontre $Nil(\mathbb{Z}_8)$.*

4.10. *Encontre $Nil(\mathbb{Z}_4 \times \mathbb{Z}_6)$.*

4.11. *Prove que em um anel comutativo A, o conjunto $Nil(A)$ está contido na intersecção de todos seus ideais primos.*

4.2 Elementos irredutíves e elementos primos

Nesta seção vamos generalizar o conceito de número primo dos números inteiros. Vamos relembrar essa definição.

Definição 4.4. *Em $\mathbb{Z}$, dizemos que um número p é primo quando é diferente de -1, 0 e 1 e quando*

(a) $x|p \Rightarrow x = \pm p$ ou $x = \pm 1$.

Dentre muitas propriedades que os números primos satisfazem em $\mathbb{Z}$, pode-se demonstrar que essa definição é equivalente a

$$\forall\, a, b \in \mathbb{Z} \text{ com } p|ab, \text{ temos que } p|a \text{ ou } p|b.$$

Pois bem, em um contexto mais geral, essas duas propriedades não são equivalentes – o Exemplo 4.20 apresentará um tal exemplo. Assim, a generalização do conceito de número primo pode seguir dois caminhos distintos: ou o item (a) da definição anterior, ou essa propriedade.

Por conta disso, temos a definição de elemento irredutível e a definição de elemento primo, em anéis mais gerais. Começamos com o primeiro.

Definição 4.5. *Um elemento $p \in A$ é dito irredutível se é diferente de 0, não é inversível e, sempre que existem $a, b \in A$ com $p = ab$, segue que a ou b é inversível.*

Divisibilidade e corpos especiais

Essa definição é exatamente o item (a) da Definição 4.4, ela está apenas adaptada para o contexto mais geral.

Um elemento que não é irredutível, é chamado de redutível, ou composto. Também, aplicando um processo de indução nessa definição, temos que p é irredutível se $\forall a_1, a_2, \ldots a_n \in A$ com $p = a_1 a_2 \ldots a_n$, segue que algum a_j é inversível.

Exemplo 4.11. *Um corpo, comutativo ou não, não possui elementos irredutíveis. Isso segue do fato que todos seus elementos não nulos são inversíveis.* □

Exemplo 4.12. *Vamos demonstrar que em $\mathbb{Z}$, os números primos são exatamente os elementos irredutíveis. De fato, seja p um número inteiro primo e note que ele não é zero e nem inversível. Se $p = ab$, temos que $a|p$ e, por hipótese, temos $a = \pm 1$ ou $a = \pm p$. No primeiro caso a é inversível e, no segundo, $b = \pm 1$ é inversível.*

Agora, perceba que se um número inteiro n não é primo, ele pode ser escrito como ab onde $1 < a, b < n$, ou seja, a e b não são inversíveis. Logo, n não é um elemento irredutível. □

O estudo das matrizes irredutíveis não é elementar, e seus principais resultados envolvem o Teorema de Perron–Frobenius.

Ferdinand Georg Frobenius

Ferdinand Georg Frobenius (Charlottenburg, 26 de outubro de 1849 - Berlim, 03 de agosto de 1917) foi um matemático alemão. Contribuiu para o enriquecimento da teoria das equações algébricas, da geometria, da teoria dos números e, finalmente, da teoria de grupos.

Já nos produtos diretos, podemos utilizar a Proposição 2.27.

4.2. Elementos irredutíves e elementos primos

Proposição 4.4. *Sejam A e B anéis. Assim, dados a e b não nulos e não inversíveis, temos que se (a,b) é irredutível em $A \times B$ então a é irredutível em A e b é irredutível em B.*

Demonstração: Seja (a,b) irredutível e vamos supor que $a = p_1 p_2$ e $b = q_1 q_2$. Assim,
$$(a,b) = (p_1 p_2, q_1 q_2) = (p_1, q_1)(p_2, q_2)$$
que implica que (p_1, q_1) ou (p_2, q_2) é inversível. Logo, ou temos que p_1 e q_1 são inversíveis ou que p_2 e q_2 o são. Logo, a e b são irredutíveis.

□

Podemos generalizar um pouco essa proposição e afirmar que se (a,b) é irredutível em $A \times B$ com b nulo ou inversível, então a é irredutível em A.

Já a recíproca desta proposição não é verdadeira quando A e B são não comutativos pois, se supormos que $(a,b) = (p_1, q_1)(p_2, q_2) = (p_1 p_2, q_1 q_2)$ em $A \times B$, concluiríamos que $a = p_1 p_2$ e $b = q_1 q_2$. Daí, se a e b são irredutíveis em A e B respectivamente, teríamos que p_1 ou p_2 é inversível e que q_1 ou q_2 é inversível. Mas, infelizmente, poderíamos ter que p_1 e q_2 são inversíveis, impedindo que (p_1, q_1) e (p_2, q_2) o sejam.

Exemplo 4.13. *Dado um corpo K, sabemos pelas discussões da Seção 2.6 que $K[x]$ é um domínio de integridade cujos elementos inversíveis são os polinômios constantes. Vamos provar que os polinômios de grau 1 em $K[x]$ são irredutíveis. Tome $p(x) = ax+b$ com $a \neq 0$. Logo, $p(x) \neq 0$ e $p(x)$ não é inversível. Suponha que $p(x) = q(x) \cdot r(x)$. Como o grau de $p(x)$ é 1, temos que a soma dos graus de $q(x)$ e $r(x)$ tem que ser 1, logo, um deles tem grau 1 e o outro tem grau 0. O que tiver grau 0 é, obviamente, inversível.* □

Já na linha do exemplo anterior, veremos a seguir que o estudo dos elementos irredutíveis é mais interessante quando envolve domínios de integridade.

Definição 4.6. *Um domínio de integridade D é dito um domínio fatorial quando qualquer elemento $a \in D$, não nulo e não inversível, pode ser escrito na forma*
$$u p_1 p_2 \ldots p_n$$
com $n \in \mathbb{N}^*$, u um elemento inversível e p_i elementos irredutíveis de D. Essa representação deve ser única, a menos da ordem dos fatores e do elemento u.

Exemplo 4.14. *Em $\mathbb{Z}$, o Teorema Fundamental da Aritmética garante que todo número diferente de -1, 0 e 1 pode ser escrito como o produto de números primos, que pelo Exemplo 4.12 são seus elementos irredutíveis. Isto nos garante que $\mathbb{Z}$ é um domínio fatorial.* □

No Exercício 3.106 você demonstrou que o anel das funções trigonométricas W é isomorfo a
$$\frac{\mathbb{R}[x,y]}{<x^2+y^2-1>}.$$
Pode-se demonstrar que esse conjunto é um domínio fatorial, enquanto W não. Logo, a propriedade de ser um domínio fatorial não é preservada pelos isomorfismos.

No Teorema 4.21 veremos mais exemplos de domínios fatoriais. A seguir, vemos que conhecer os elementos irredutíveis de um domínio principal é uma ótima ferramenta para construir ideais maximais em D.

Proposição 4.5. *Seja $d \neq 0$, um elemento não inversível de um domínio principal D. Assim, o ideal principal dD é maximal se, e somente se, este elemento d é irredutível em D.*

Demonstração: ($\Rightarrow$) Suponha que $d = ab$ em D. Assim, d está no ideal gerado por a, aD e, consequentemente, $dD \subseteq aD \subseteq D$. Portanto, ou $dD = aD$, ou $aD = D$. No primeiro caso, b é inversível:

$$d \cdot d_1 = a \cdot 1 \Rightarrow abd_1 = a$$
$$\Rightarrow a(bd_1 - 1) = 0$$
$$\Rightarrow bd_1 = 1$$
$$\Rightarrow d_1 = b^{-1}$$

e, no segundo, a é inversível, pois existe $d_1 \in D$ tal que $ad_1 = 1$.

($\Leftarrow$) Seja $I \trianglelefteq D$ com $dD \subseteq I \subseteq D$. Como D é principal, temos que $I = pD$, com $p \in D$. Então $d \in pD$, ou seja, existe $d_1 \in D$ tal que $d = pd_1$. Como d é irredutível, temos que p ou d_1 é inversível. No primeiro caso, $I = pD = D$ e, no segundo, $I = pD = dD$, pois $p = dd_1^{-1}$.

□

4.2. Elementos irredutíveis e elementos primos

Para definir o que são elementos primos, precisamos generalizar o conceito de divisibilidade que conhecemos em $\mathbb{Z}$. Neste conjunto, sabemos que $m|n \Leftrightarrow \exists k \in \mathbb{Z} : n = mk$. Podemos definir esse conceito para qualquer domínio de integridade D.

Definição 4.7. *Sejam $a, b \in D$ e suponha que $\exists c \in D$ tal que $b = ac$. Então, dizemos que a divide b, ou que b é divisível por a, e denotamos por $a|b$.*

Este elemento c pode ser denotado por $\dfrac{b}{a}$, quando $a \neq 0$. Perceba que todo elemento $a \in D$ satisfaz $a|0$ pois $0 = a \cdot 0$.

Exemplo 4.15. *No Exemplo 2.23 definimos $(\mathbb{R} \times \mathbb{R}, +, \bullet)$. Como esse conjunto é um domínio de integridade, e visto que*

$$(3, 2) \bullet (-1, 4) = (-11, 10)$$

temos que $(3, 2)|(-11, 10)$ com $(-1, 4) = \dfrac{(-11, 10)}{(3, 2)}$.
Se identificarmos esse conjunto com o conjunto dos números complexos $\mathbb{C}$ via o isomorfismo do Exemplo 3.51, temos que

$$-1 + 4i = \frac{-11 + 10i}{3 + 2i}.$$

□

Proposição 4.6. *A relação de divisibilidade definida anteriormente satisfaz*

(a) (Reflexividade) $a|a$, $\forall a \in D$;

(b) (Transitividade) $a|b$, $b|c \Rightarrow a|c$, $\forall a, b, c \in D$.

Demonstração: (a) Por $(A7)$, $a \cdot 1 = a$, ou seja, $a|a$.

(b)
$$\begin{cases} a|b \\ b|c \end{cases} \Rightarrow \begin{cases} \exists x \in D : b = ax \\ \exists y \in D : c = by. \end{cases}$$

Assim, $c = axy$, ou seja, $a|c$.

□

Divisibilidade e corpos especiais

Proposição 4.7. *Dados $a, b, c \in D$ com $a|b$ e $b|c$, temos que, $\forall\, m, n \in D$:*

$$a|(bm + cn).$$

Demonstração: Note que

$$\begin{cases} a|b \\ b|c \end{cases} \Rightarrow \begin{cases} \exists\, x \in D : b = ax \\ \exists\, y \in D : c = by. \end{cases}$$

Logo, $bm + cn = axm + byn = axn + axyn = a(xn + xyn)$, ou seja, $a|(bm+cn)$.

$\square$

Note que, escolhendo m e n adequadamente, podemos concluir também que dados $a, b, c, d \in D$ com $a|b$ e $a|c$, valem $a|(b+c)$, $a|(b-c)$ e $a|(bd)$.

Agora podemos, finalmente, definir o que são elementos primos em um domínio de integridade.

Definição 4.8. *Um $p \in D$ é dito elemento primo de D se é diferente de 0, não é inversível e*

(P1) $\forall\, a, b \in D$ com $p|ab$, temos que $p|a$ ou $p|b$.

Perceba que o elemento neutro da multiplicação e seu oposto não são elementos primos, pois são inversíveis.

No Exemplo 4.12, vimos que os números primos são os elementos irredutíveis de $\mathbb{Z}$. A seguir, vamos provar que esses números também são os elementos primos de $\mathbb{Z}$.

Exemplo 4.16. *O que temos de provar é que (P1) é equivalente a (a) da Definição 4.4.*

$(P1) \Rightarrow (a)$ Suponha que, em $\mathbb{Z}$, $x|p$. Assim, $p = xy$ com $y \in \mathbb{Z}$ (e note que $y|p$). Com isso, em particular, $p|xy$ e, por $(P1)$, $p|x$ ou $p|y$. Dessa forma, ou $p = \pm x$ ou $p = \pm y$, e este último implica $x = \pm 1$.

$(P1) \Leftarrow (a)$ Suponha que $p|ab$ com $p \nmid a$. Dessa forma p e a são coprimos e, pela Identidade de Bézout, $\exists\, x, y \in \mathbb{Z}$ tais que

$$ax + py = 1.$$

Disso segue que $bax + bpy = b$. Como $p|ab$ e $p|bpy$, temos que $p|b$. $\square$

4.2. Elementos irredutíveis e elementos primos

Exemplo 4.17. *Note que em um corpo, todo elemento não nulo é inversível. Portanto, em um corpo não há elementos primos.* □

Exemplo 4.18. *Vamos demonstrar que, no domínio de integridade* $\mathbb{Z}[x]$, *o polinômio* $h(x) = x$ *é um elemento primo. Obviamente que* $h(x)$ *não é nulo e nem inversível e vamos provar que vale* (P1). *Suponha que*

$$x \Big| \left(\sum_{i=0}^{m} a_i x^i \right) \cdot \left(\sum_{j=0}^{n} b_j x^j \right).$$

Assim, realizando o produto do lado direito,

$$x \Big| \sum_{k=0}^{m+n} d_k x^k \Rightarrow x \Big| \left(d_0 + x \cdot \sum_{k=1}^{m+n} d_k x^{k-1} \right).$$

Como

$$x \Big| x \cdot \sum_{k=1}^{m+n} d_k x^{k-1},$$

a Proposição 4.7 nos diz que $x|d_0$, *ou seja,* $x|(a_0 b_0)$. *Mas isso só é possível se* $a_0 = 0$ *ou* $b_0 = 0$. *Logo* $f(x)$ *ou* $g(x)$ *é múltiplo de* x. □

Na próxima proposição, vamos demonstrar que os elementos primos de um domínio principal nos ajudam a construir ideais maximais em D.

Proposição 4.8. *Em um domínio de integridade* D, *um elemento não nulo* p *é primo se, e somente se, o ideal* $<p>$ *é primo em* D.

Demonstração: ($\Rightarrow$) Note que $<p> \neq D$ pois, caso contrário, existiria $d \in D$ com $pd = 1$, o que nos diria que p é inversível, que contradiz a hipótese de ser primo. Suponha, então, que I e J são ideais de D com $IJ \subseteq <p>$ e suponha que $J \not\subseteq <p>$ com, digamos, $j \in J$ mas $j \notin <p>$. Vamos provar que $I \subseteq <p>$. Dado $i \in I$, veja que $ij \in IJ \subseteq <p>$. Logo existe $q \in D$ com $ij = pq$, o que implica $p|ij$. Daí, $p|i$ ou $p|j$. O segundo caso nos diria que $j \in <p>$, o que é um absurdo. Logo temos que $i \in <p>$, ou seja, $I \subseteq <p>$.

($\Leftarrow$) Certamente p não é inversível, pois caso contrário $<p> = D$ contradiria

Divisibilidade e corpos especiais

o fato de $<p>$ ser um ideal primo. Suponha que $p|ab$ em D. Disso, temos que $ab = pd$ com $d \in D$ o que nos diz que $ab \in <p>$. Portanto $<a><b> \subseteq <p>$ e, como este é um ideal primo, $<a> \subseteq <p>$ ou $<b> \subseteq <p>$. No primeiro caso, $p|a$ e, no segundo, $p|b$.

□

Exemplo 4.19. *Os elementos irredutíveis e os elementos primos de $\mathbb{Z}_n$ estão completamente caracterizados em [24], e dependem da fatoração de n em números primos.*

Apenas para mencionar alguns exemplos, temos que $\overline{2}$ é o único elemento irredutível e, também, o único elemento primo de $\mathbb{Z}_8$, enquanto os elementos irredutíveis de $\mathbb{Z}_{12}$ são $\overline{2}$ e $\overline{10}$, e os primos são $\overline{2}, \overline{3}, \overline{9}$ e $\overline{10}$.

Por fim, $\mathbb{Z}_p$ com p um número primo não possui elementos primos, e isso nos diz que $\mathbb{Z}_p$ não possui ideais principais que sejam primos. □

Como vimos no início da seção, as definições de elementos primos e de elementos irredutíveis possuem a mesma origem e, naturalmente, são muito parecidas. Na próxima proposição, apresentamos mais uma forte conexão entre esses conceitos.

Proposição 4.9. *Em um domínio de integridade, os elementos primos são irredutíveis.*

Demonstração: Basicamente temos que demonstrar que $(P1)$ implica a condição da Definição 4.5. Seja p primo com $p = ab$ e, devemos mostrar, que a ou b é inversível. Note que $p|ab$ e, por $(P1)$, $p|a$ ou $p|b$. Sem perda de generalidade, suponha que $p|a$. Daí, $a = pc$ para $c \in D$ e, logo, $p = pcb$. Disso,

$$p - pcb = 0 \Rightarrow p(1 - cb) = 0 \Rightarrow 1 - cb = 0 \Rightarrow 1 = cb$$

e, portanto, b é inversível.

□

A recíproca dessa proposição nem sempre vale, como vemos no exemplo a seguir.

Exemplo 4.20. *Considere o domínio de integridade $\mathbb{Z}[\sqrt{5}]$ definido no Exemplo 2.8. Vamos provar que nele, 2 é irredutível mas não um elemento primo.*

4.2. Elementos irredutíves e elementos primos

Suponha que
$$2 = (a + b\sqrt{5})(c + d\sqrt{5}). \tag{4.1}$$

Então
$$2 = (ac + 5bd) + (ad + bc)\sqrt{5}$$

que nos leva a
$$\begin{cases} ac + 5bd = 2 \\ ad + bc = 0. \end{cases}$$

Daí, podemos concluir que $2 = (ac + 5bd)$. Logo,

$$\begin{aligned}
2 &= (ac + 5bd) \\
&= (ac + 5bd) - (ad + bc) \\
&= (a - b\sqrt{5})(c - d\sqrt{5}).
\end{aligned}$$

Multiplicando essa última igualdade pela Equação (4.1), obtemos

$$4 = (a^2 - 5b^2)(c^2 - 5d^2).$$

Logo, cada fator só pode ser igual a 1, 2 ou 4. Se o primeiro desses fatores é igual a 1, temos que $a + b\sqrt{5}$ é inversível com inverso

$$a - b\sqrt{5}.$$

Mas se o primeiro fator for igual a 4, o segundo é igual a 1 e $c+d\sqrt{5}$ é inversível com inverso

$$c - d\sqrt{5}.$$

Assim, ambos tem que ser iguais a 2. Mas isso significaria que $a^2 - 2$ é um múltiplo de 5, ou seja, a^2 tem que ser um número que termina em 2 ou em 7, o que não acontece com números inteiros ao quadrado. Portanto, $a + b\sqrt{5}$ ou $c + d\sqrt{5}$ é inversível e 2 é um elemento irredutível.

Para concluirmos que ele não é um elemento primo, perceba que $2|(-4)$ e que $-4 = (1+\sqrt{5})(1-\sqrt{5})$. Mas, sabemos que 2 não divide $1+\sqrt{5}$ nem $1-\sqrt{5}$. □

Os exemplos 4.12 e 4.16 nos dizem, porém, que todo elemento irredutível de $\mathbb{Z}$ é um elemento primo. E na verdade temos que isso é verdade para domínios de integridade especiais.

Proposição 4.10. *Em um domínio principal D, todo elemento irredutível é primo.*

Demonstração: Dado um elemento irredutível $d \in D$, a Proposição 4.5 nos diz que o ideal $<d>$ é maximal em D. Mas o Corolário 3.22 no garante então que $<d>$ é um ideal primo em D. Por fim, a Proposição 4.8 garante que d é um elemento primo em D.

□

Portanto, o Exemplo 3.25 nos diz que, em $\mathbb{Z}[\sqrt{2}]$, os conceitos de elemento irredutível e elemento primo são equivalentes.

E finalmente, encerramos a seção com uma importante proposição que relaciona domínios fatoriais com domínios principais. Note que a última proposição, combinada com a Proposição 4.9, nos diz que em domínios principais, um elemento é irredutível se, e somente se, é primo.

Proposição 4.11. *Todo domínio principal D é um domínio fatorial.*

Demonstração: Dado $a \in D$ não nulo e não inversível, precisamos demonstrar a existência e a unicidade de irredutíveis ou primos $p_1, p_2, \ldots, p_n$ tais que

$$a = u p_1 p_2 \ldots p_n$$

com $n \in \mathbb{N}^*$ e u um elemento inversível de D.

Começamos com a existência. Se a já é irredutível, o resultado vale. Suponha então que a não é irredutível. Vamos demonstrar que existe algum elemento irredutível de D que divide a. De fato, como a não é irredutível, existem $a_0, b_0 \in D$ com $a = a_0 b_0$. Caso algum deles seja irredutível, ele dividirá a como gostaríamos. Caso contrário, repetimos o processo e escrevemos $a_0 = a_1 b_1$. Caso, sem perda de generalidade, a_1 seja irredutível, então $a_1 | a_0 | a$ como queremos. Caso contrário, repetimos infinitamente esse processo. Mas isso significa que obtemos infinitos elementos $a_i \in D$ com $a_{i+1} | a_i$, para todos $i \in \mathbb{N}^*$. Logo, teremos uma sequência infinita de ideais

$$<a_1> \subsetneq <a_2> \subsetneq <a_3> \subsetneq \ldots$$

Mas perceba que a união desses ideais é um ideal, e como D é um domínio principal, existe $d \in D$ tal que essa união é igual a $<d>$. Mas isso significa

4.2. Elementos irredutíves e elementos primos

que d está contido em todos ideais $<a_j>$ a partir de um certo j. Logo, essa cadeia estabiliza na forma

$$<a_1> \subsetneq <a_2> \subsetneq \ldots \subsetneq <a_j> = <a_j> = <a_j> = \ldots$$

o que é um absurdo. Logo, existe algum irredutível que divide a. Isso significa que $a = p_1 q_1$ onde q_1 não é zero e nem inversível. Se este for irredutível, acabamos a demonstração da existência. Caso contrário, encontraríamos p_2 irredutível que divide q_1 e $q_1 = p_2 q_2$. Repetindo esse argumento, teremos irredutíveis $p_1, p_2, \ldots$ tais que $p_{i+1} | p_i$ para todos $i \in \mathbb{N}^*$. Isso também nos levaria a uma sequência infinita de ideais

$$<p_1> \subsetneq <p_2> \subsetneq <p_3> \subsetneq \ldots$$

e o mesmo argumento da cadeia anterior nos leva a um absurdo. Portanto, em algum momento, conseguiremos escrever

$$a = p_1 p_2 \ldots p_n$$

com todos p_i irredutíveis.

Para demonstrar a unicidade, vamos utilizar o fato de que irredutíveis e primos se equivalem em D. Suponha que

$$a = p_1 \cdot p_2 \cdot \ldots \cdot p_n = q_1 \cdot q_2 \cdot \ldots \cdot q_m$$

com todos p_i e q_j primos. Suponha, sem perda de generalidade, que $n \leqslant m$ e, como p_1 divide o produto dos q_j, temos que p_1 divide algum q_j. Vamos supor que $p_1 | q_1$, o que nos diz que $q_1 = p_1 \cdot d_1$ para um d_1 inversível em D. Logo

$$p_1 \cdot p_2 \cdot \ldots \cdot p_n = (d_1 \cdot p_1) \cdot q_2 \cdot \ldots \cdot q_m.$$

Pelo item (b) da Proposição 2.6, temos

$$p_2 \cdot \ldots \cdot p_n = d_1 \cdot q_2 \cdot \ldots \cdot q_m.$$

Repetindo este processo $n-1$ vezes, concluiremos que $q_i = d_i \cdot p_i$ para $2 \leqslant i \leqslant n$ e

$$1 = d_1 \cdot d_2 \cdot \ldots \cdot d_n \cdot (q_{n+1} \cdot \ldots \cdot q_m),$$

Divisibilidade e corpos especiais

o que nos diz que $n = m$ e

$$f = p_1 \cdot p_2 \cdot \ldots \cdot p_n = q_1 \cdot q_2 \cdot \ldots \cdot q_n$$

a menos dos inversíveis d_i e da posição dos irredutíveis.

□

Observação 4.12. *Veja que nessa proposição, demonstramos que é impossível haver uma cadeia infinita de ideais estritamente contidos uns nos outros. Essa propriedade é a definição de um anel noetheriano e, portanto, demonstramos que todo domínio principal é noetheriano. Esse termo é uma homenagem a Emmy Noether.*

□

Emmy Amalie Noether

Emmy Amalie Noether (Erlangen, 23 de março de 1882 - Bryn Mawr, 14 de abril de 1935) foi uma matemática alemã. Em uma época em que mulheres não eram oficialmente aceitas nas universidades, foi ela quem realizou muitos trabalhos que oficialmente foram associados ao seu pai. Foi uma das grandes contribuidoras da álgebra abstrata, sendo considerada uma das maiores matemáticas que já existiram.

Exercícios da Seção 4.2

4.12. *Pesquise sobre:*

(a) Ideal irredutível.

4.13. *Prove que $\bar{1}x^2 + \bar{1}$ é irredutível em $\mathbb{Z}_3[x]$ mas não é irredutível em $\mathbb{Z}_5[x]$.*

4.14. *Prove que $6 \in \mathbb{Z}[\sqrt{-5}]$ possui duas fatorações distintas em fatores irredutíveis. Ou seja, $\mathbb{Z}[\sqrt{-5}]$ não é um domínio fatorial.*

4.3. Característica de um anel

4.15. *Prove que $4 + i$ é irredutível em $\mathbb{Z}[i]$.*

4.16. *Seja $f(x) \in \mathbb{Z}_p[x]$, com $p \in \mathbb{N}$ primo, um polinômio irredutível de grau n. Prove que a quantidade de elementos em*

$$\frac{\mathbb{Z}_p[x]}{<f(x)>}$$

é p^n.

4.17. *Dados $A \subseteq B$ domínios de integridade, é verdade que p primo em A implica em p primo em B?*

4.18. *Seja A um anel comutativo com unidade. Prove que $p \in A$ é primo se, e somente se, $<p>$ é um ideal primo de A.*

4.19. *Seja $f \in Aut(A)$, com A um anel. Prove que se $p \in A$ é um elemento primo, então $f(p)$ é também primo.*

4.20. *Prove que, em $\mathbb{Z}[\sqrt{-3}]$, o elemento 2 é irredutível mas não é primo.*

4.3 Característica de um anel

Dado um anel A, vimos que seus elementos nilpotentes são aqueles que, ao serem multiplicados consigo mesmo algumas vezes, resultam em 0. Também já vimos que há anéis onde é possível somar um elemento com ele mesmo uma certa quantidade de vezes e obter 0, em especial os anéis $\mathbb{Z}_n$.

Embora contraintuitivo, este evento é muito importante em alguns anéis especiais e será aprofundado nesta seção. Para isso, relembre a notação que apresentamos após a Proposição 3.15, que se k é positivo e $a \in A$,

$$ka = \underbrace{a + a + \ldots + a}_{k \text{ parcelas}}.$$

Definição 4.9. *Dado um anel A, sua característica, denotada $car(A)$, é o menor número $k \in \mathbb{N}^*$ tal que*

$$ka = 0_A$$

para todo $a \in A$. Se tal número não existe, $car(A) = 0$.

Divisibilidade e corpos especiais

Exemplo 4.21. *Temos* $car(\mathbb{Z}) = 0$ *pois não há natural k positivo tal que*

$$\underbrace{1 + 1 + \ldots + 1}_{k \text{ parcelas}} = k = 0.$$

□

Exemplo 4.22. *O anel trivial $\{0\}$ possui característica 1, pois $1 \cdot 0 = 0$.* □

Também podemos concluir que este é o único anel com característica 1 pois se A é um anel não trivial, dado $a \in A$ distinto de 0_A,

$$1 \cdot a = a \neq 0_A.$$

Logo sua característica será diferente de 1.

Exemplo 4.23. *Dado um natural n com $n \geqslant 2$, $car(\mathbb{Z}_n) = n$. De fato, dado $a \in \mathbb{Z}_n$,*

$$n \cdot \overline{a} = \underbrace{\overline{a} + \overline{a} + \ldots + \overline{a}}_{n \text{ parcelas}} = \overline{na} = \overline{n} \cdot \overline{a} = \overline{0} \cdot \overline{a} = \overline{0}.$$

E, dado um natural não nulo $m < n$, perceba que

$$m \cdot \overline{1} = \underbrace{\overline{1} + \overline{1} + \ldots + \overline{1}}_{m \text{ parcelas}} = \overline{m} \neq \overline{0}.$$

□

Perceba que para mostrar que m não era a característica de $\mathbb{Z}_n$, bastou mostrar que $m \cdot \overline{1}$ era não nulo. Pois, quando temos um anel com unidade, o cálculo de sua característica pode ser feita analisando apenas as somas do elemento neutro da multiplicação.

Proposição 4.13. *Se A é um anel com unidade, então $car(A)$ é o menor número $n \in \mathbb{N}^*$ tal que*

$$n \cdot 1_A = 0_A.$$

Se tal número não existe, $car(A) = 0$.

4.3. Característica de um anel

Demonstração: Utilizando a distributividade é evidente, afinal para qualquer $a \in A$,

$$n \cdot a = \underbrace{a + a + \ldots + a}_{n \text{ parcelas}} = a(\underbrace{1_A + 1_A + \ldots + 1_A}_{n \text{ parcelas}}) = a(n \cdot 1_A).$$

$\square$

A seguir, vemos dois resultados que caracterizam $car(A)$.

Proposição 4.14. *Dado um anel A e $n \in \mathbb{N}$, temos que*

$$\forall a \in A,\, n \cdot a = 0_A \Leftrightarrow n = car(A) \cdot t,\text{ para algum } t \in \mathbb{N}.$$

Demonstração: ($\Leftarrow$) Temos, dado $a \in A$,

$$n \cdot a = \underbrace{a + a + \ldots + a}_{n \text{ parcelas}}$$

$$= \underbrace{\left(\underbrace{a + a + \ldots + a}_{car(A) \text{ parcelas}}\right) + \left(\underbrace{a + a + \ldots + a}_{car(A) \text{ parcelas}}\right) + \ldots + \left(\underbrace{1_D + \ldots + 1_D}_{car(A) \text{ parcelas}}\right)}_{t \text{ parcelas}}$$

$$= \underbrace{0_A + 0_A + \ldots + 0_A}_{t \text{ parcelas}}$$

$$= 0_A.$$

($\Rightarrow$) Suponha que $n \cdot a = 0$ para todo $a \in A$, e note que o algoritmo da divisão em $\mathbb{Z} \supseteq \mathbb{N}$ nos diz que $n = car(A) \cdot q + r$ com $0 \leqslant r < car(A)$. Mas daí, como ($\Leftarrow$) garante que $car(A) \cdot q \cdot a = 0_A$, temos

$$r \cdot a = n \cdot a - car(A) \cdot q \cdot a = 0_A,$$

o que implica que $r = 0$. Logo n é múltiplo de $car(A)$.

$\square$

No caso dos anéis com unidade, temos a seguinte caracterização da última proposição.

Corolário 4.15. *Dado um anel A com unidade, temos que*

$$n \cdot 1_A = 0_A \Leftrightarrow n = car(A) \cdot t, \text{ para algum } t \in \mathbb{Z}.$$

□

Proposição 4.16. *Se um anel com unidade e sem divisores de zero D possui característica positiva, então $car(D)$ é um número primo.*

Demonstração: Suponha que $car(D) = n$ e seja a fatoração de n em números primos

$$n = p_1 \cdot p_2 \cdot \ldots \cdot p_k.$$

Assim, note que

$$0 = \underbrace{1_D + 1_D + \ldots + 1_D}_{n \text{ parcelas}}$$

$$= \left(\underbrace{1_D + \ldots + 1_D}_{p_1 \text{ parcelas}}\right) \cdot \left(\underbrace{1_D + \ldots + 1_D}_{p_2 \text{ parcelas}}\right) \cdot \ldots \cdot \left(\underbrace{1_D + \ldots + 1_D}_{p_k \text{ parcelas}}\right)$$

e, como D satisfaz $(A9)$, pelo menos um desses fatores tem que ser zero, o que nos levaria a concluir que $car(D) < n$. Logo, só nos resta a possibilidade de que n já seja um número primo.

□

Outra informação interessante é que, dado um anel comutativo com característica p prima, vale o "sonho do calouro", dado pela igualdade

$$(a+b)^p = a^p + b^p.$$

Isso é verdade afinal, os $p-2$ somandos do meio da expansão do binômio de Newton correspondente terão termos da forma $p \cdot a$ ou $p \cdot b$, que são iguais a 0.

Exemplo 4.24. *Considere o homomorfismo $j : \mathbb{Z} \to A$, A um anel com unidade, que estudamos no Exemplo 3.45. Vamos provar que $\text{Ker}(j) = car(A) \cdot \mathbb{Z}$.*

($\subseteq$) Dado $n \in \text{Ker}(j)$, temos

$$0_A = j(n) = n \cdot 1.$$

4.3. Característica de um anel

que, pelo Corolário 4.15, nos diz que n é um múltiplo de car(A).

($\supseteq$) *Pelo mesmo corolário, dado car(A) · k temos que*

$$j(car(A) \cdot k) = (car(A) \cdot k) \cdot 1 = 0.$$

$\square$

Na próxima proposição relacionaremos a característica p de um corpo, que sempre é um número primo pela Proposição 4.16, com os corpos $\mathbb{Z}_p$.

Basicamente, provaremos que K contém uma cópia de $\mathbb{Z}_p$. Conter uma cópia significa que K possui um subconjunto que é isomorfo a $\mathbb{Z}_p$. Para construir esse isomorfismo, o que fazemos é construir um homomorfismo injetor de $\mathbb{Z}_p$ em K pois, se restringirmos o contra-domínio desse homomorfismo à sua imagem, teremos o isomorfismo desejado.

Proposição 4.17. *Seja K um corpo com característica p, primo. Então, K contém uma cópia de $\mathbb{Z}_p$.*

Demonstração: Defina

$$z : \mathbb{Z}_p \to K$$
$$\overline{n} \mapsto n \cdot 1_K = \underbrace{1_K + \ldots + 1_K}_{n \text{ parcelas}}.$$

É um homomorfismo.

$(H1)$

$$z(\overline{m} + \overline{n}) = z(\overline{m+n})$$
$$= \underbrace{1_K + \ldots + 1_K}_{m+n \text{ parcelas}}$$
$$= \underbrace{1_K + \ldots + 1_K}_{m \text{ parcelas}} + \underbrace{1_K + \ldots + 1_K}_{n \text{ parcelas}}$$
$$= z(\overline{m}) + z(\overline{n}).$$

($H2$)

$$z(\overline{m} \cdot \overline{n}) = z(\overline{mn})$$
$$= \underbrace{1_K + \ldots + 1_K}_{mn \text{ parcelas}}$$
$$= \left(\underbrace{1_K + \ldots + 1_K}_{m \text{ parcelas}}\right) \cdot \left(\underbrace{1_K + \ldots + 1_K}_{n \text{ parcelas}}\right)$$
$$= z(\overline{m}) \cdot z(\overline{n})$$

E é injetora pois, supondo sem perda de generalidade que $m \leqslant n$:

$$z(\overline{m}) = z(\overline{n}) \Leftrightarrow \underbrace{1_K + \ldots + 1_K}_{m \text{ parcelas}} = \underbrace{1_K + \ldots + 1_K}_{n \text{ parcelas}}$$
$$\Leftrightarrow \underbrace{1_K + \ldots + 1_K}_{n-m \text{ parcelas}} = 0_K$$

ou seja, $n - m$ é múltiplo de p. Isso significa que $\overline{m} = \overline{n}$ e z é injetora.

$\square$

Portanto, a aplicação
$$w : \mathbb{Z}_p \to \text{Im}(z)$$
que faz o mesmo que z é um isomorfismo, e a cópia de
$$\mathbb{Z}_p = \{\overline{0}, \overline{1}, \overline{2}, \ldots, \overline{p-1}\}$$
em K é
$$\{\underbrace{1_K + \ldots + 1_K}_{p \text{ parcelas}}, 1_K, 1_K + 1_K, \ldots, \underbrace{1_K + \ldots + 1_K}_{p-1 \text{ parcelas}}\}.$$

Exercícios da Seção 4.3

4.21. *Pesquise sobre:*

4.3. Característica de um anel

(a) Endomorfismo de Frobenius.

(b) Corpo primo.

4.22. Calcule $car(\mathbb{Z}_5 \times \mathbb{Z}_6)$.

4.23. Um anel finito pode ter característica igual a 0?

4.24. Dados anéis A e B, calcule $car(A \times B)$.

4.25. Prove que um anel com característica não nula e não prima, possui divisores de zero.

4.26. Prove que em um anel comutativo com unidade e com característica 2, o conjunto de seus idempotentes é um subanel.

4.27. Prove que $car(A) = car(A[x])$.

4.28. Dê um exemplo de anel com divisores de zero e característica igual a um número primo.

4.29. Suponha que $f : A \to B$ seja um homomorfismo sobrejetor de anéis. Prove que $car(B)|car(A)$.

4.30. Se $f : A \to B$ é um isomorfismo entre anéis, prove que $car(B) = car(A)$.

4.31. Seja A um corpo com $car(A) = p$. Prove que A possui p^n elementos, com $n \in \mathbb{N}^*$.

4.32. Prove que se F é um corpo finito com $car(F) = 3$, então $f(x) = x^3$ é um automorfismo de F.

4.33. Prove que se F é um corpo finito com $car(F) = k \in \mathbb{N}^*$, então $f(x) = x^k$ é um automorfismo de F. É chamado de "endomorfismo de Frobenius".

4.34. Prove que se $f(x) = x^3$ é um endomorfismo do corpo finito F, então $car(F) = 2$ ou $car(F) = 3$.

4.35. Qual a característica de um domínio de integridade D em que $16 \cdot 1_D = 0_D = 10 \cdot 1_D$?

4.36. Seja A um anel com unidade onde $a^6 = a$, para todo $a \in A$. Qual a característica de A?

Divisibilidade e corpos especiais

4.37. *Prove que a característica de um anel simples é 0 ou um número primo.*

4.38. *Prove a seguinte variante da Proposição 4.17: se um corpo K possui característica igual a 0, então ele contém uma cópia de $\mathbb{Q}$.*

4.4 Polinômios (parte 2)

Nesta seção voltamos a estudar os polinômios sobre um corpo K, ou seja, o domínio de integridade $K[x]$, iniciado na Seção 2.6. Começaremos estudando sua estrutura de ideais e seus elementos irredutíveis, para depois mostrar que ele é um domínio fatorial.

4.4.1 Ideais

Veremos que esse domínio de integridade é um domínio principal, e estudaremos a relação entre seus elementos irredutíveis, seus ideais e certos conjuntos quocientes.

Dado $p \in K[x]$, sabemos que

$$p \cdot K[x] = \{p \cdot f : f \in K[x]\}$$

é ideal de $K[x]$, dito ideal principal. Na verdade, todos seus ideais são dessa forma.

Proposição 4.18. *Dado o corpo K, $K[x]$ é um domínio principal.*

Demonstração: Seja J um ideal de $K[x]$. Se $J = \{0\}$, temos que $J = c_0 \cdot K[x]$. Suponha, então, que J tenha elementos não nulos. Dessa forma, tome p um elemento não nulo de J que tenha o menor grau possível (o Princípio da Boa Ordem nos permite encontrá-lo).

Caso 1: $\delta(p) = 0$. Então, J possui um polinômio constante não nulo. Como esses elementos são inversíveis em $K[x]$, segue do Corolário 3.10 que $J = K[x] = c_1 \cdot K[x]$.

Caso 2: $\delta(p) > 0$. Vamos provar que $J = p \cdot K[x]$.

4.4. Polinômios (parte 2)

($\supseteq$) Como $p \in J$, que é um ideal, segue.

($\subseteq$) Seja $f \in J$. Pelo Teorema 2.41,

$$f = p \cdot q + r$$

onde $r(x) = c_0(x) = 0$ ou $\delta(r) < \delta(p)$. Assim,

$$r = f - p \cdot q \in J.$$

Mas então, devemos ter $r(x) = c_0(x)$, senão teríamos um elemento em J com grau menor que o grau de p. Logo, $f = p \cdot q \in p \cdot K[x] = J$.

$\square$

Uma das consequências dessa proposição, é que pode-se generalizar o conceito de *mdc*, como conhecemos em $\mathbb{Z}$, para $K[x]$.

No próximo exemplo, nota-se a importância de se supor que K seja um corpo, para que $K[x]$ seja um domínio principal.

Exemplo 4.25. *O domínio $\mathbb{Z}[x]$ não é principal. De fato, se fosse, teríamos a existência de $f \in \mathbb{Z}[x]$ com*

$$c_2 \cdot \mathbb{Z}[x] + x \cdot \mathbb{Z}[x] = f \cdot \mathbb{Z}[x].$$

Mas isso é impossível:

Caso 1: *Se $\delta(f) = 0$, como $c_2 \in f \cdot \mathbb{Z}[x]$, concluímos que $f = c_1$ ou $f = c_2$. O primeiro é absurdo pois $c_1 \notin c_2 \cdot \mathbb{Z}[x] + x \cdot \mathbb{Z}[x]$, já o segundo, pois teríamos $x \notin f \cdot \mathbb{Z}[x]$.*

Caso 2: *Se $\delta(f) > 0$, então $f \cdot \mathbb{Z}[x]$ só possui elementos com grau pelo menos 1 e, assim, teríamos que $c_2 \notin f \cdot \mathbb{Z}[x]$.*

$\square$

Compilamos alguns importantes resultados que envolvem elementos irredutíveis e ideais em $K[x]$. O primeiro deles já foi demonstrado em outros momentos.

Proposição 4.19. *Seja K um corpo e $f \in K[x]$. Então, são equivalentes:*

(a) f é irredutível em $K[x]$;

Divisibilidade e corpos especiais

(b) $J = f \cdot K[x]$ é ideal maximal em $K[x]$;

(c) $\dfrac{K[x]}{J}$ é corpo.

Demonstração: $(a) \Leftrightarrow (b)$ Já sabemos pela Proposição 4.5.

$(b) \Leftrightarrow (c)$ Já sabemos pelo Teorema 3.29.

□

Já sabemos que se K é um corpo, então $K[x]$ é um domínio de integridade e a Proposição 4.9 nos garante que todo elemento primo é irredutível. Pois, a proposição a seguir nos diz que a recíproca também é verdadeira em $K[x]$.

Proposição 4.20. *Se K é um corpo, então todo elemento irredutível de $K[x]$ é primo.*

Demonstração: Suponha, então, que $f|(g \cdot h)$ e vamos provar que f divide pelo menos um desses polinômios. Visto que $g \cdot h = f \cdot r$ para algum $r \in K[x]$, segue que $g \cdot h \in f \cdot K[x]$. Pelo teorema anterior, este é um ideal maximal e, portanto, um ideal primo pelo Teorema 3.21, item (a). Pela Proposição 3.18, segue que g ou $h \in f \cdot K[x]$, ou seja, $f|g$ ou $f|h$.

□

Exemplo 4.26. *Vamos provar que*

$$\mathbb{C} \cong \dfrac{\mathbb{R}[x]}{(x^2+1) \cdot \mathbb{R}[x]}$$

Denote $A = \mathbb{R}[x]$ e $I = (x^2+1) \cdot \mathbb{R}[x]$ e note que pelo teorema e pelo exemplo anteriores, sabemos que A/I é um corpo. Começaremos demonstrando que

$$\dfrac{A}{I} \cong \left\{ \overline{a + b \cdot x} : a, b \in K \right\}.$$

Para construir esse isomorfismo, perceba que dado $p(x) \in A$ o Teorema 2.41 implica na existência de $q(x)$, $r(x) \in A$ tais que

$$p(x) = (x^2+1) \cdot q(x) + r(x)$$

4.4. Polinômios (parte 2)

com $r(x) = c_0(x) = 0$ ou $\delta(r) < \delta(x^2+1) = 2$. Assim, $r(x) = a + bx$ com $a, b \in K$ e, em A/I,

$$\overline{p(x)} = \overline{(x^2+1) \cdot q(x) + r(x)} = \overline{(x^2+1)} \cdot \overline{q(x)} + \overline{r(x)} = \overline{r(x)}.$$

Então, $\overline{p(x)} = \overline{a + bx}$. Assim, defina

$$\phi : \frac{A}{I} \to \{\overline{a+bx} : a, b \in K\}$$

$$\overline{p(x)} \mapsto \overline{a+bx}$$

que provaremos ser um isomorfismo. Tome $\overline{p_1(x)}$ e $\overline{p_2(x)} \in A/I$ tais que $p_1(x) = (x^2+1) \cdot q_1(x) + (a_1 + b_1 x)$ e $p_2(x) = (x^2+1) \cdot q_2(x) + (a_2 + b_2 x)$.
$(H1)$

$$\phi(\overline{p_1(x) + p_2(x)})$$
$$= \overline{p_1(x) + p_2(x)}$$
$$= \overline{(x^2+1) \cdot q_1(x) + (a_1 + b_1 x) + (x^2+1) \cdot q_2(x) + (a_2 + b_2 x)}$$
$$= \overline{(x^2+1) \cdot (q_1(x) + q_2(x))} + \overline{(a_1 + b_1 x) + (a_2 + b_2 x)}$$
$$= \overline{0} + \overline{a_1 + b_1 x} + \overline{a_2 + b_2 x}$$
$$= \phi(\overline{p_1(x)}) + \phi(\overline{p_2(x)}).$$

$(H2)$ A multiplicação é análoga, visto que muitos termos estarão multiplicando (x^2+1), que resulta em 0 na classe de equivalência:

$$\phi(\overline{p_1(x)p_2(x)})$$
$$= \overline{p_1(x)p_2(x)}$$
$$= \overline{\big((x^2+1) \cdot q_1(x) + (a_1 + b_1 x)\big)\big((x^2+1) \cdot q_2(x) + (a_2 + b_2 x)\big)}$$
$$= \overline{(a_1 + b_1 x)(a_2 + b_2 x)}$$
$$= \overline{(x^2+1)(\cdots)} + \overline{(a_1 + b_1 x)(a_2 + b_2 x)}$$
$$= \overline{0} + \overline{(a_1 + b_1 x)}\,\overline{(a_2 + b_2 x)}$$
$$= \phi(\overline{p_1(x)})\phi(\overline{p_2(x)}).$$

Injetora: Vamos provar que $\mathrm{Ker}\,(\phi) = \{c_0(x)\}$. Suponha que $\overline{p(x)} \in \mathrm{Ker}\,(\phi)$,

o que significa
$$p(x) = (x^2 + 1) \cdot q(x)$$
e, portanto, $\overline{p(x)} = \overline{c_0(x)}$.

Sobrejetora: *Dado* $\overline{a + bx}$ *no contradomínio, basta tomar* $p(x) = a + bx$ *e teremos*
$$\phi(\overline{p(x)}) = \overline{a + bx}.$$

Logo,
$$\frac{A}{I} \cong \left\{ \overline{a + b \cdot x} : a, b \in K \right\}.$$

Agora, vamos demonstrar que
$$\varphi : \mathbb{C} \to \left\{ \overline{a + b \cdot x} : a, b \in K \right\}$$
$$a + bi \mapsto \overline{a + b \cdot x}$$

é um isomorfismo. Sejam $a + bi$ *e* $c + di \in \mathbb{C}$.

$(H1)$
$$\begin{aligned}
\varphi((a+bi)+(c+di)) &= \varphi((a+c)+(b+d)i) \\
&= \overline{(a+c)+(b+d)\cdot x} \\
&= \overline{a} + \overline{c} + (\overline{b}+\overline{d})\cdot \overline{x} \\
&= \overline{a} + \overline{c} + \overline{b}\cdot\overline{x} + \overline{d}\cdot\overline{x} \\
&= \overline{a + b\cdot x} + \overline{c + d\cdot x} \\
&= \varphi(a+bi) + \varphi(c+di).
\end{aligned}$$

$(H2)$ *Note que, em* A/I, *temos* $\overline{x^2} = \overline{-1}$, *afinal,* $x^2 + 1 \in I$. *Logo:*
$$\begin{aligned}
\varphi((a+bi)(c+di)) &= \varphi((ac-bd)+(ad+bc)i) \\
&= \overline{(ac-bd)+(ad+bc)\cdot x} \\
&= \overline{a}\cdot\overline{c} - \overline{b}\cdot\overline{d} + (\overline{a}\cdot\overline{d}+\overline{b}\cdot\overline{c})\cdot\overline{x} \\
&= \overline{a}\cdot\overline{c} + \overline{b}\cdot\overline{d}\cdot\overline{-1} + (\overline{a}\cdot\overline{d}+\overline{b}\cdot\overline{c})\cdot\overline{x} \\
&= \overline{a}\cdot\overline{c} + \overline{b}\cdot\overline{d}\cdot\overline{x^2} + \overline{a}\cdot\overline{d}\cdot\overline{x} + \overline{b}\cdot\overline{c}\cdot\overline{x} \\
&= (\overline{a+b\cdot x})\cdot(\overline{c+d\cdot x}) \\
&= \varphi(a+bi)\cdot\varphi(c+di).
\end{aligned}$$

4.4. Polinômios (parte 2)

Injetora: Vamos provar que $\operatorname{Ker}(\varphi) = \{0\}$. Suponha que $a + bi \in \operatorname{Ker}(\varphi)$. Disso,

$$\varphi(a+bi) = \overline{0} \Leftrightarrow \overline{a+bx} = \overline{0} \Leftrightarrow a+bx \in I$$

ou seja, existe $c(x) \in A$ tal que

$$a + bx = (x^2 + 1) \cdot c(x)$$

o que só é verdade se $c(x) = 0$ e $a + bx = 0$, que implica em $a = b = 0$. Portanto, $a + bi = 0$.

Sobrejetora: Segue da construção de φ.

Portanto, $\phi^{-1} \circ \varphi$ é o isomorfismo desejado. $\square$

4.4.2 Fatoração

Uma das principais aplicações do algoritmo da divisão para polinômios, que vimos no Teorema 2.41, é a fatoração de polinômios de qualquer grau em polinômios irredutíveis. Ou seja, veremos que aquele algoritmo nos permite demonstrar que $K[x]$ é um domínio fatorial.

Teorema 4.21. *Se K é um corpo, todo polinômio $f \in K[x]$ não nulo e não inversível pode ser fatorado como um produto de polinômios irredutíveis. Essa fatoração é única, a menos da posição dos polinômios e da multiplicação por elementos de K. Ou seja, $K[x]$ é um domínio fatorial.*

Demonstração: Sabemos pela Proposição 2.40 que os polinômios inversíveis são exatamente os polinômios constantes. Assim, suponha que f tenha grau maior que zero.

Existência: Façamos por indução sobre o grau de f.

$\delta(f) = 1$: Assim,

$$f = g \cdot h \Rightarrow \delta(g) + \delta(h) = 1$$
$$\Rightarrow \delta(g) = 0 \text{ ou } \delta(h) = 0$$

e f, por si só, já é irredutível.

Suponha que a existência vale para todo polinômio com grau menor que k.

Divisibilidade e corpos especiais

Vamos provar que f, com grau igual a k, poderá ser fatorado.
Se f já é irredutível, a existência vale. Suponha então que f não é irredutível.
Dessa forma, $f = g \cdot h$ com $1 < \delta(g)$, $\delta(h) < k$. Assim, ambos podem ser fatorados através de polinômios irredutíveis e, facilmente, obtemos uma fatoração irredutível para f.

Unicidade: O argumento aqui é similar ao que fizemos na demonstração da unicidade da Proposição 4.11. Suponha que

$$f = p_1 \cdot p_2 \cdot \ldots \cdot p_n = q_1 \cdot q_2 \cdot \ldots \cdot q_m$$

com todos p_i e q_j irredutíveis e, suponha que $n \leqslant m$. Como p_1 divide o produto dos q_j, temos pela Proposição 4.20 que p_1 divide um dos q_j. Sem perda de generalidade, vamos supor que $p_1 | q_1$ e, assim, $q_1 = p_1 \cdot r_1$ para algum $r_1 \in K[x]$. Como q_1 é irredutível, $r_1(x) = b_1 \in K$ e, portanto,

$$p_1 \cdot p_2 \cdot \ldots \cdot p_n = (b_1 \cdot p_1) \cdot q_2 \cdot \ldots \cdot q_m.$$

A Proposição 2.6, item (b), nos permite cancelar p_1 em ambos os lados da igualdade, para obter

$$p_2 \cdot \ldots \cdot p_n = b_1 \cdot q_2 \cdot \ldots \cdot q_m.$$

Repetindo este processo $n - 1$ vezes, concluiremos sem perda de generalidade que $q_i = b_i \cdot p_i$ para $2 \leqslant i \leqslant n$ e, cancelando todos os p_i, teremos que

$$1 = b_1 \cdot b_2 \cdot \ldots \cdot b_n \cdot (q_{n+1} \cdot \ldots \cdot q_m).$$

Logo $q_{n+1}, \ldots q_m$ são polinômios constantes, ou seja,

$$f = p_1 \cdot p_2 \cdot \ldots \cdot p_n = q_1 \cdot q_2 \cdot \ldots \cdot q_n$$

com $q_i = b_i \cdot p_i$ para $1 \leqslant i \leqslant n$, o que garante a unicidade a menos da posição dos polinômios e a menos do produto desses polinômios por elementos de K.

□

Unindo os teoremas 2.43 e 4.21, deduzimos que para fatorarmos um polinômio em um domínio $K[x]$ qualquer, basta encontrar suas raízes no corpo K e realizar sucessivas divisões euclidianas. Isso funciona pois, sempre que $f = g \cdot h$,

4.4. Polinômios (parte 2)

as raízes de f são raízes de g ou h. Dessa forma, encontrar as raízes de um polinômio nos dá uma pista sobre sua fatoração e sobre sua irredutibilidade.

Exemplo 4.27. *O polinômio $f(x) = x^2 + 1$ possui duas raízes em $\mathbb{C}$, i e $-i$. Assim, ele é redutível em $\mathbb{C}[x]$ com*

$$x^2 + 1 = (x+i) \cdot (x-i).$$

Por outro lado, como essas raízes não estão em $\mathbb{R}$, f é irredutível em $\mathbb{R}[x]$. □

Exemplo 4.28. *Vamos fatorar $f(x) = x^3 + x^2 - 4x - 4$ em $\mathbb{R}[x]$. Note que suas raízes são todas reais: 2, -1, e -2. Logo ele é redutível com fatoração*

$$x^3 + x^2 - 4x - 4 = (x-2)(x+1)(x+2).$$

□

Exemplo 4.29. *Para fatorar $f(x) = 2x^2 + 6x - 8$ em $\mathbb{R}[x]$, note que suas raízes são 1 e -4. Logo*

$$2x^2 + 6x - 8 = 2(x-1)(x+4).$$

□

Exemplo 4.30. *Seja $f(x) = x^3 - x^2 + 2x - 2$ em $\mathbb{C}[x]$, com raízes 1, $\sqrt{2}i$ e $-\sqrt{2}i$. Assim, sua fatoração em $\mathbb{C}[x]$ é*

$$x^3 - x^2 + 2x - 2 = (x-1)(x-\sqrt{2}i)(x+\sqrt{2}i).$$

Se considerarmos o mesmo polinômio $f(x) = x^3 - x^2 + 2x - 2$, mas em $\mathbb{R}[x]$, como apenas o número 1 é raiz em $\mathbb{R}$, sua fatoração em $\mathbb{R}[x]$ é

$$x^3 - x^2 + 2x - 2 = (x-1)(x^2+2).$$

□

Divisibilidade e corpos especiais

Assim, de maneira geral, antes de fatorarmos um dado polinômio é importante saber onde estão suas raízes. Porém, em algumas situações, temos atalhos para concluir se um polinômio é irredutível, como veremos no próximo teorema.

Teorema 4.22. *(Critério de Eisenstein) Seja D um domínio fatorial e seja, em $D[x]$, o polinômio*

$$f(x) = a_0 + a_1 x + a_2 x^2 + \cdots + a_{k-1} x^{k-1} + a_k x^k.$$

Se p é um elemento primo em D que não divide a_k, divide todos a_i's restantes mas p^2 não divide a_0, então f é irredutível em $D[x]$.

Demonstração: Suponha, por absurdo, que

$$f(x) = (g \cdot h)(x)$$
$$= (b_0 + \cdots + b_{m-1} x^{m-1} + b_m x^m)(d_0 + \cdots + d_{k-1} x^{n-1} + d_n x^n)$$

Note que

$$a_0 = b_0 d_0$$

e, como p^2 não divide a_0, segue que p divide apenas um entre b_0 e d_0. Vamos supor, sem perda de generalidade, que $p | b_0$.

Além disso, como p não divide $a_k = b_m d_n$, temos que p não divide b_m. Dessa forma, existe um menor número natural j_0 tal que p não divide b_{j_0} mas divide b_j para $0 \leqslant j < j_0$.

Agora, perceba que

$$a_{j_0} = b_0 d_{j_0} + b_1 d_{j_0 - 1} + \ldots + b_{j_0 - 1} d_1 + b_{j_0} d_0$$

e sabemos de antemão que $p | a_{j_0}$ e p também divide a soma do lado direito, exceto o último termo. Ou seja, concluímos que p deve sim dividir o último termo, $b_{j_0} d_0$. Mas isso é um absurdo, pois p não divide as parcelas desse produto.

Logo, a nossa suposição de que f poderia ser fatorado é falsa, e nosso polinômio é irredutível.

□

4.4. Polinômios (parte 2)

Ferdinand Gotthold Max Eisenstein

Ferdinand Gotthold Max Eisenstein (Berlim, 16 de abril de 1823 - Berlim, 11 de outubro de 1852) foi um matemático alemão. Contribuiu principalmente em três áreas: a das formas quadráticas, a da lei da reciprocidade quadrática e na das funções elípticas. No ano de 1844, ele publicou 23 artigos matemáticos.

Exemplo 4.31. *O polinômio $f(x) = x^3 + 2x + 10$ é irredutível em $\mathbb{Z}[x]$, afinal, dado o elemento primo $2 \in \mathbb{Z}$, temos que $2 \nmid 1$, $2|2$, $2|10$ e $2^2 = 4 \nmid 10$. Portanto, f já está fatorado.* □

Já sabemos que os polinômios inversíveis em $K[x]$ são aqueles constantes. Pois perceba que se K não é um corpo, pode haver polinômios constantes em $K[x]$ que não são inversíveis. Por exemplo, o polinômio $c_2(x) = 2$ em $\mathbb{Z}[x]$ não é inversível.

Isso nos diz que a irredutibilidade em $\mathbb{Q}[x]$ não necessariamente implica na irredutibilidade em $\mathbb{Z}[x]$, como mostra o próximo exemplo.

Exemplo 4.32. *Considere o polinômio $f(x) = 2x + 2 \in \mathbb{Z}[x] \subseteq \mathbb{Q}[x]$. Note que*
$$f(x) = 2x + 2 = 2(x+1)$$
em que o polinômio $c_2(x) = 2$ tem inverso $c_{2^{-1}}(x) = \frac{1}{2}$ em $\mathbb{Q}[x]$ mas não é inversível em $\mathbb{Z}[x]$. Logo, $f(x)$ é irredutível em $\mathbb{Q}[x]$, mas redutível em $\mathbb{Z}[x]$. □

Agora, o contrário, é verdade. Para demonstrar que se um polinômio não constante é irredutível em $\mathbb{Z}[x]$ então ele o é em $\mathbb{Q}[x]$, precisamos de algumas definições e lemas.

Definição 4.10. *O conteúdo de um polinômio $f \in \mathbb{Q}[x]$ é a divisão entre o mdc dos numeradores dos coeficientes pelo mmc dos denominadores dos coeficientes.*

Divisibilidade e corpos especiais

Exemplo 4.33. *O conteúdo do polinômio*

$$f(x) = \frac{3}{2}x^2 - 4x + \frac{5}{6}$$

é

$$\frac{mdc(3,-4,5)}{mmc(2,1,6)} = \frac{1}{6}.$$

$\square$

Perceba que, se denotarmos o conteúdo desse polinômio f por c, temos que

$$\frac{f(x)}{c} = 6\left(\frac{3}{2}x^2 - 4x + \frac{5}{6}\right) = 9x^2 - 24x + 5 \in \mathbb{Z}[x].$$

Ou seja, se tomarmos um polinômio de $\mathbb{Q}[x]$ e o dividirmos por seu conteúdo, obtemos um novo polinômio que está contido em $\mathbb{Z}[x]$.

Se iniciamos com um polinômio de $\mathbb{Z}[x]$, seu conteúdo será apenas o mdc entre seus coeficientes afinal, os denominadores dos coeficientes seriam todos iguais a 1. E como a definição do mdc garante que seu conteúdo dividirá todos seus coeficientes, um polinômio com coeficientes inteiros dividido por seu conteúdo, continua sendo um polinômio em $\mathbb{Z}[x]$.

Definição 4.11. *Um polinômio $f \in \mathbb{Q}[x]$ com conteúdo igual a 1 é dito primitivo.*

Lema 4.23. *Se f é irredutível em $\mathbb{Z}[x]$, então f é primitivo.*

Demonstração: É fácil demonstrar a contra-positiva pois, se f não é primitivo, seu conteúdo é $d > 1$. Assim, teríamos que esse polinômio é redutível com

$$f = c_d \cdot \frac{f}{d}$$

pois os dois polinômios do lado direito são não inversíveis e estão em $\mathbb{Z}[x]$.

$\square$

Vamos exemplificar essa demonstração.

Exemplo 4.34. *O polinômio*

$$f(x) = 4x - 2$$

4.4. Polinômios (parte 2)

não é primitivo, pois seu conteúdo é

$$\frac{mdc(4,-2)}{mmc(1,1)} = 2.$$

E, de fato, note que ele não é irredutível, afinal, pode ser escrito como

$$f(x) = 2 \cdot \frac{4x-2}{2} = c_2 \cdot (2x-1)$$

onde os polinômios c_2 e $2x - 1$ não são inversíveis em $\mathbb{Z}[x]$. □

O próximo lema, que será crucial para demonstrar que um polinômio irredutível não constante em $\mathbb{Z}[x]$ é também irredutível em $\mathbb{Q}[x]$, nos diz que a primitividade é mantida através da multiplicação usual de polinômios.

Lema 4.24. *(Lema de Gauss) Em $\mathbb{Z}[x]$, se dois polinômios são primitivos então seu produto é, também, primitivo.*

Demonstração: Sejam os polinômios

$$\sum_{i=0}^{m} a_i x^i \quad \text{e} \quad \sum_{j=0}^{n} b_j x^j$$

primitivos. Assim,

$$mdc(a_0, \ldots, a_m) = 1 = mdc(b_0, \ldots, b_n)$$

e o produto dos polinômios é

$$\sum_{i=0}^{m} \sum_{j=0}^{n} a_i b_j x^{i+j}.$$

Suponha que seu conteúdo

$$mdc(a_0 b_0, \ldots, a_0 b_n, a_1 b_0, \ldots, a_1 b_n, \ldots, a_m b_0, \ldots, a_m b_n)$$

é maior que 1 e, assim, existe um número primo p que o divide. Mas, sempre

Divisibilidade e corpos especiais

que um número divide o *mdc*, ele divide todas as parcelas. Ou seja,

$$p|(a_i b_j)$$

para todos $0 \leqslant i \leqslant m$ e $0 \leqslant j \leqslant n$. Fixe $i = 0$ e perceba que, como p é primo,

$$\begin{cases} p|(a_0 b_0) \\ \vdots \\ p|(a_0 b_m) \end{cases} \Rightarrow \begin{cases} p|a_0 \\ \text{ou} \\ p|b_j, \forall 0 \leqslant j \leqslant n. \end{cases}$$

O segundo caso implica que $p|mdc(b_0, \ldots, b_n)$, que significaria que o conteúdo do segundo polinômio não é 1, ou seja, teríamos um absurdo.

Agora, se o segundo caso não vale, teremos que $p|a_0$. Daí, aplicando o mesmo processo para todos os demais índices de a, concluiremos que p divide todos a_i, ou seja, $p|mdc(a_0, \ldots, a_m)$, que implicaria que o conteúdo do primeiro polinômio tem conteúdo maior que 1, que também é um absurdo.

Logo, o conteúdo do produto dos polinômios é igual a 1, e ele também é primitivo.

□

Teorema 4.25. *Seja $f \in \mathbb{Z}[x]$ um polinômio irredutível com grau maior que zero. Então f é, também, irredutível sobre $\mathbb{Q}$.*

Demonstração: Para provar nossa tese, seja f um polinômio não constante e irredutível em $\mathbb{Z}[x]$, e suponha que

$$f = g \cdot h$$

em $\mathbb{Q}[x]$. Para provar que g ou h é inversível, denote por c_g e c_h seus respectivos conteúdos e defina

$$\widetilde{g} = \frac{g}{c_g} \quad \text{e} \quad \widetilde{h} = \frac{h}{c_h}.$$

Assim, $\widetilde{g}$ e $\widetilde{h} \in \mathbb{Z}[x]$ com conteúdos iguais a 1. Pelo Lema 4.24, segue que o conteúdo de $\widetilde{g} \cdot \widetilde{h}$ é também igual a 1, ou seja, seu produto é também primitivo. Agora, perceba que

$$f = g \cdot h = c_g c_h \widetilde{g} \cdot \widetilde{h}.$$

4.4. Polinômios (parte 2)

Vamos demonstrar que $c_g c_h = 1$. De fato, suponha que

$$c_g c_h = \frac{p}{q}$$

com p e q naturais, primos entre si. Assim

$$f = \frac{p}{q}\widetilde{g}\widetilde{h} \Rightarrow qf = p\widetilde{g}\widetilde{h}.$$

Mas isso significa que o primo q divide todos coeficientes do produto $\widetilde{g} \cdot \widetilde{h}$ mas, como esse produto é primitivo, temos que q deve ser igual a 1.
Também temos que p divide todos coeficientes de f. Mas o Lema 4.23 nos diz que f tem conteúdo igual a 1 e, portanto, o único número positivo que divide todos seus coeficientes é 1. Logo $c_g c_h = 1$ e

$$f = \widetilde{g} \cdot \widetilde{h}$$

em $\mathbb{Z}[x]$ que, por hipótese, nos diz que um deles é inversível em $\mathbb{Z}[x]$, digamos $\widetilde{g}$. Com isso,

$$g = c_g \widetilde{g}$$

é inversível em $\mathbb{Q}[x]$ e, portanto, f é irredutível sobre $\mathbb{Q}[x]$.

$\square$

Exemplo 4.35. *O polinômio $f(x) = x^3 + 2x + 10$, estudado no Exemplo 4.31, é também irredutível em $\mathbb{Q}[x]$.* $\square$

Exercícios da Seção 4.4

4.39. *Pesquise sobre:*

(a) *Número algébrico.*

(b) *Número transcendente.*

4.40. *Prove que a função $\sqrt{x}$ não pertence a $\mathbb{R}[x]$.*

Divisibilidade e corpos especiais

4.41. *Prove que a função $sen(x)$ não pertence a $\mathbb{R}[x]$.*

4.42. *Prove que $\sqrt{3}$ e $\dfrac{\sqrt{3}}{\sqrt{2}}$ não são racionais.*

4.43. *Prove que $\sqrt{2} + \sqrt{3}$ é algébrico sobre $\mathbb{Q}$ através de um polinômio de grau 4.*

4.44. *Prove que não há isomorfismo entre $\mathbb{Q}(\sqrt{2})$ e $\mathbb{Q}[\sqrt{3}]$.*

4.45. *Prove que o polinômio $x^4 + 1$ é irredutível em $\mathbb{Q}[x]$.*

4.46. *Decomponha $x^4 - 2$ em fatores irredutíveis sobre $\mathbb{Q}$, $\mathbb{R}$ e $\mathbb{C}$.*

4.47. *Prove que*
$$\frac{\mathbb{Z}[x]}{<2x-1>} \cong \mathbb{Z}\left[\frac{1}{2}\right].$$

4.48. *Prove que*
$$\frac{\mathbb{R}[x]}{<x^3-x>} \cong \frac{\mathbb{R}[x]}{<x>} \times \frac{\mathbb{R}[x]}{<x+1>} \times \frac{\mathbb{R}[x]}{<x-1>}.$$

Quem são seus ideais?

4.49. *Prove a volta do Lema 4.24.*

4.5 O corpo de decomposição de um polinômio

Na Definição 3.2 apresentamos o conceito de extensão de corpos, que é basicamente, um corpo contido em outro. Nesta subseção temos dois objetivos principais, o primeiro é mostrar que há uma maneira simples de criarmos extensões do corpo dos números racionais. O segundo, é apresentar a definição do corpo de decomposição de um polinômio dado.

Para isso, seja α um número real algébrico sobre $\mathbb{Q}$, ou seja, um número real que seja raiz de algum polinômio em $\mathbb{Q}[x]$. Seja p o polinômio, mônico, de menor grau, em $\mathbb{Q}[x]$, que tenha α como raiz. Dessa forma, note que p é irredutível, caso contrário teríamos um polinômio de menor grau com α raiz.

Defina
$$\mathbb{Q}(\alpha) = \{f(\alpha) : f \in \mathbb{Q}[x]\}$$

4.5. O corpo de decomposição de um polinômio

que é um subconjunto de $\mathbb{R}$. Ou seja, $\mathbb{Q}(\alpha)$ é o conjunto de todas as imagens de α através de todos os polinômios de $\mathbb{Q}[x]$.

Proposição 4.26. *O conjunto $\mathbb{Q}(\alpha)$ é um corpo, com as operações herdadas de $\mathbb{R}$.*

Demonstração: Para realizarmos esta demonstração, utilizaremos o 1° Teorema do isomorfismo para anéis, 3.41, e a Proposição 4.19. Defina

$$\begin{aligned} \varphi : \mathbb{Q}[x] &\to \mathbb{R} \\ f &\mapsto f(\alpha). \end{aligned}$$

Vamos demonstrar que φ é um homomorfismo.

($H1$) Segue:

$$\begin{aligned} \varphi(f+g) &= \varphi((f+g)) \\ &= (f+g)(\alpha) \\ &= f(\alpha) + g(\alpha) \\ &= \varphi(f) + \varphi(g). \end{aligned}$$

($H2$) Temos

$$\begin{aligned} \varphi(f \cdot g) &= \varphi((f \cdot g)) \\ &= (f \cdot g)(\alpha) \\ &= f(\alpha) \cdot g(\alpha) \\ &= \varphi(f) \cdot \varphi(g). \end{aligned}$$

Além disso, vamos mostrar que $\mathrm{Ker}\,(\varphi) = p \cdot \mathbb{Q}[x]$.

Primeiramente, é óbvio que $\mathrm{Ker}\,(\varphi) \supseteq p \cdot \mathbb{Q}[x]$ pois, dado $p \cdot q \in p \cdot \mathbb{Q}[x]$, temos

$$0 = p(\alpha)q(\alpha) = (p \cdot q)(\alpha) = \varphi(p \cdot q),$$

logo $p \cdot q \in \mathrm{Ker}\,(\varphi)$.

Para provar que $\mathrm{Ker}\,(\varphi) \subseteq p \cdot \mathbb{Q}[x]$, note que

$$g \in \mathrm{Ker}\,(\varphi) \Leftrightarrow \varphi(g) = 0 \Leftrightarrow g(\alpha) = 0$$

mas, aplicando o algoritmo da divisão para polinômios, apresentado no Teorema 2.41, existem $q, r \in \mathbb{Q}[x]$ com $r(x) = c_0(x) = 0$ ou $\delta(r) < \delta(p)$ tais que

$$g = p \cdot q + r.$$

Calculando esta igualdade em α:

$$0 = g(\alpha) = p(\alpha) \cdot q(\alpha) + r(\alpha) = r(\alpha)$$

e, como p é o polinômio de menor grau com raiz α, temos que $r(x) = c_0(x)$. Ou seja, $g = p \cdot q \in p \cdot \mathbb{Q}[x]$.

Ademais, a definição de φ mostra que $\text{Im}(\varphi) = \mathbb{Q}(\alpha)$.

Assim, o 1° Teorema do Isomorfismo implica que

$$\frac{\mathbb{Q}[x]}{<p>} \cong \mathbb{Q}(\alpha).$$

Para concluir, como p é um polinômio irredutível, a Proposição 4.19 implica que os conjuntos acima são corpos.

$\square$

Assim, notando que $x^2 - p$ é o polinômio de menor grau em $\mathbb{Q}[x]$ que possui $\sqrt{p}$, com p um número natural primo, como raiz, temos que

$$\frac{\mathbb{Q}[x]}{<x^2 - p>} \cong \mathbb{Q}(\sqrt{p}).$$

De forma análoga,

$$\frac{\mathbb{Q}[x]}{<x^k - p>} \cong \mathbb{Q}(\sqrt[k]{p}).$$

Note que nessa demonstração obtivemos um isomorfismo entre um anel quociente e $\mathbb{Q}(\alpha)$. Esse isomorfismo nos fornece uma maneira diferente de analisar $\mathbb{Q}(\alpha)$, pois pode ser muito difícil considerar todas as imagens de α via os polinômios de $\mathbb{Q}[x]$.

E na próxima proposição, apresentamos uma outra caracterização para esse conjunto.

Proposição 4.27. *Suponha que $p(x)$ é o polinômio de menor grau com α sua*

4.5. O corpo de decomposição de um polinômio

raiz. Seja esse grau, $\delta(p) = n$. Então

$$\mathbb{Q}(\alpha) = \{a_0 + a_1 \cdot \alpha + a_2 \cdot \alpha^2 + \cdots + a_{n-1} \cdot \alpha^{n-1} : a_i \in \mathbb{Q}\}.$$

Demonstração: É fácil demonstrar que vale ($\supseteq$), pois basta aplicar α no polinômio

$$a_0 + a_1 x + a_2 x^2 + \cdots + a_{n-1} x^{n-1}.$$

Para provar ($\subseteq$), seja $f(\alpha) \in \mathbb{Q}(\alpha)$. Dividindo f por p, temos que existem $q, r \in \mathbb{Q}[x]$ com

$$f = p \cdot q + r$$

e $r(x) = c_0(x)$ ou $\delta(r) < \delta(p)$. Ou seja, temos que

$$r(x) = r_0 + r_1 x + r_2 x^2 + \cdots + r_{n-1} x^{n-1}$$

onde $r_i \in \mathbb{Q}$. Porém, em α:

$$f(\alpha) = p(\alpha) \cdot q(\alpha) + r(\alpha) = 0 \cdot q(\alpha) + r(\alpha) = r(\alpha)$$

e, portanto, $f(\alpha)$ pertence ao segundo conjunto.

$\square$

Corolário 4.28. *Dados $n, p \in \mathbb{N}$ com p primo, temos*

$$\mathbb{Q}[\sqrt[n]{p}] \cong \mathbb{Q}(\sqrt[n]{p}),$$

onde o primeiro foi definido após o Exemplo 2.10.

$\square$

Para esclarecer ainda mais esse corolário, considere o seguinte exemplo.

Exemplo 4.36. *Dado o número real $\sqrt{2}$, perceba que este é raiz do polinômio $p(x) = x^2 - 2$. Além disso, como $\sqrt{2}$ não é um número racional, não há um polinômio de grau 1 com $\sqrt{2}$ como raiz. Assim, podemos construir o corpo*

$$\mathbb{Q}(\sqrt{2}) = \{a + b\sqrt{2} : a, b \in \mathbb{Q}\}.$$

Divisibilidade e corpos especiais

Obviamente,

$$\mathbb{Q} \subseteq \mathbb{Q}(\sqrt{2}) \subseteq \mathbb{R} \subseteq \mathbb{C}. \tag{4.2}$$

Vamos provar que $\mathbb{Q}(\sqrt{2}) \neq \mathbb{R}$. Para isso, afirmamos que $\sqrt{3} \notin \mathbb{Q}(\sqrt{2})$. Suponha que esteja. Assim:

$$\sqrt{3} = a + b\sqrt{2} \Rightarrow (\sqrt{3})^2 = (a + b\sqrt{2})^2$$
$$\Rightarrow 3 = a^2 + 2b^2 + 2ab\sqrt{2}.$$

Vamos analisar esta igualdade em casos.

Caso 1: $a = 0$. *Daí* $3 = 2b^2 \Rightarrow b = \dfrac{\sqrt{3}}{\sqrt{2}}$ *o que é um absurdo pois $b \in \mathbb{Q}$.*

Caso 2: $b = 0$. *Assim,* $3 = a^2 \Rightarrow a = \sqrt{3}$ *o que é um absurdo pois $a \in \mathbb{Q}$.*

Caso 3: $a, b \neq 0$. *Daí* $\sqrt{2} = \dfrac{3 - a^2 - 2b^2}{2ab}$ *que, novamente, é um absurdo pois $\sqrt{2} \notin \mathbb{Q}$.*

Logo, a cadeia (4.2) não contém corpos iguais. □

Podemos generalizar este exemplo para um primo p qualquer.

Exemplo 4.37. *Seja p um número natural primo e temos o corpo*

$$\mathbb{Q}(\sqrt{p}) = \{a + b\sqrt{p} : a, b \in \mathbb{Q}\}.$$

Como este corpo está em $\mathbb{R}$, seu elemento neutro da multiplicação é $1 = 1 + 0 \cdot \sqrt{p}$. Também, dado $a + b\sqrt{p}$ não nulo, vamos provar que seu inverso será

$$\frac{a}{a^2 - pb^2} + \left(\frac{(-b)}{a^2 - pb^2}\right)\sqrt{p}.$$

Primeiramente, note que este número está em $\mathbb{Q}(\sqrt{p})$. Depois, perceba que o denominador das frações acima é não nulo pois, se fosse nulo:

$$a^2 - pb^2 = 0 \Leftrightarrow p = \left(\frac{a}{b}\right)^2$$

mas, um número primo não pode ser um quadrado. Portanto, deveríamos ter

4.5. O corpo de decomposição de um polinômio

$a = b = 1$, que implicaria $p = 1$, que não é primo. Por fim, temos:

$$(a + b\sqrt{p}) \cdot \left(\frac{a}{a^2 - pb^2} + \frac{(-b)}{a^2 - pb^2}\right)\sqrt{p}$$

$$= \left(a \cdot \frac{a}{a^2 - pb^2} + pb\frac{(-b)}{a^2 - pb^2}\right) + \left(a \cdot \frac{(-b)}{a^2 - pb^2} + b\frac{a}{a^2 - pb^2}\right)\sqrt{p}$$

$$= \frac{a^2 - pb^2}{a^2 - pb^2} + \frac{-ab + ba}{a^2 - pb^2}\sqrt{p}$$

$$= 1 + 0 \cdot \sqrt{p}.$$

$\square$

Uma outra forma de abordar as extensões de corpos envolvendo raízes de polinômios é, dado um polinômio $f \in \mathbb{Q}[x]$, procurar o menor corpo que contém $\mathbb{Q}$, as raízes de f e esteja contido em $\mathbb{C}$.

Definição 4.12. *O corpo de decomposição de um polinômio $f \in \mathbb{Q}[x]$ é o menor subcorpo de $\mathbb{C}$ que contém $\mathbb{Q}$ e todas as raízes de f.*

A construção de tal corpo se realiza através de sucessivas adjunções das raízes não racionais de f ao corpo $\mathbb{Q}$.

Exemplo 4.38. *Vamos calcular o corpo de decomposição de $f(x) = x^2 + 1$. Perceba que as raízes de f são i e $-i$ e, assim, basta inserir em $\mathbb{Q}$ o elemento i, obtendo*

$$\mathbb{Q}(i) = \{a + bi : a, b \in \mathbb{Q}\}.$$

Perceba que esse corpo é isomorfo a $\mathbb{Q}[i]$, como definido no Exemplo 2.11. $\square$

Exemplo 4.39. *Vamos calcular o corpo de decomposição de $g(x) = x^2 + 2$. Suas duas raízes são*

$$x_1 = i\sqrt{2}$$
$$x_2 = -i\sqrt{2}.$$

Dessa forma, precisamos adicionar a $\mathbb{Q}$ os números que estão nas raízes, mas que não sejam racionais. Para começar, note que $\sqrt{2}$ é raiz do polinômio $x^2 - 2$

Divisibilidade e corpos especiais

e, como não é raiz de um polinômio de grau 1 em $\mathbb{Q}[x]$, temos

$$\mathbb{Q}(\sqrt{2}) = \{a + b\sqrt{2} : a, b \in \mathbb{Q}\}.$$

Para inserir i, que é raiz de $x^2 + 1$ e não é raiz de polinômio racional de grau 1, temos

$$\mathbb{Q}(\sqrt{2})(i) = \mathbb{Q}(\sqrt{2}, i)$$
$$= \{p + qi : p, q \in \mathbb{Q}(\sqrt{2})\}.$$

Calculemos um elemento típico desse conjunto:

$$p + qi = (a + b\sqrt{2}) + (c + d\sqrt{2})i$$
$$= a + b\sqrt{2} + ci + d\sqrt{2}i$$

ou seja, o corpo de decomposição que procuramos é

$$\mathbb{Q}(\sqrt{2}, i) = \{a + b\sqrt{2} + ci + d\sqrt{2}i : a, b, c, d \in \mathbb{Q}\}.$$

□

De forma análoga, podemos definir o corpo de decomposição de um polinômio $f(x) \in \mathbb{R}[x]$ como sendo o menor subcorpo de $\mathbb{C}$ que contém $\mathbb{R}$ e todas as raízes de f.

Aliás, a adjunção de raízes também pode ser realizada em uma configuração mais geral. Seja $K \subseteq L$ uma extensão de corpos e α um elemento de L que seja raiz de um polinômio de $K[x]$. Assim,

$$K(\alpha) = \{f(\alpha) : f \in K[x]\}$$

é um corpo que contém K e está contido em L.

Quando α é transcendente sobre K, ou seja, quando α é um elemento de L que não é raiz de polinômios de $K[x]$, então

$$K(\alpha) \cong K[x]$$

é um domínio de integridade pois, na configuração da Proposição 4.26, temos que $\operatorname{Ker}(\varphi) = \{c_0(x)\}$.

4.6. O corpo de frações de um domínio

Exercícios da Seção 4.5

4.50. *Pesquise sobre:*

(a) Extensão normal de corpos.

(b) Extensão separável de corpos.

(c) Extensão de Galois.

4.51. *Calcule o corpo de decomposição de* $f(x) = x^2 - 5x + 6 \in \mathbb{Q}[x]$.

4.52. *Calcule o corpo de decomposição de* $f(x) = x^3 - 2 \in \mathbb{Q}[x]$.

4.53. *Calcule o corpo de decomposição de* $f(x) = x^4 - 8x^2 + 15 \in \mathbb{Q}[x]$.

4.54. *Calcule o corpo de decomposição de* $f(x) = x^2 + 1 \in \mathbb{R}[x]$.

4.6 O corpo de frações de um domínio

Na seção anterior, aprendemos como criar corpos a partir de $\mathbb{Q}$ e, na verdade, a partir de qualquer outro corpo através dos polinômios e suas raízes.

Agora, nesta última seção deste capítulo, queremos novamente aprender a construir corpos, mas a partir de meros domínios de integridade. Ou seja, queremos apresentar uma maneira de inverter os elementos de D para obter um corpo que contém D.

Para isso, considere um domínio de integridade D, com elementos neutros de suas operações denotados, como sempre, por 0 e 1. O que faremos é construir um corpo denotado por $Frac(D)$, que conterá um domínio de integridade $\overline{D}$ que é isomorfo a D.

Essa construção não pode ser feita com anéis que não sejam domínios de integridade pois $\overline{D}$ herdará as propriedades do corpo $Frac(D)$ e, portanto, será comutativo e não possuirá divisores de zero. Daí, a Proposição 3.40 garante que D deve obedecer essas propriedades também. Além disso, a unidade de D terá papel crucial nessa construção.

Divisibilidade e corpos especiais

Começamos definindo uma relação de equivalência no anel produto direto abaixo, que denotaremos por T:

$$T = D \times (D\setminus\{0\}) = \{(a,b) : a \in D, b \in D, b \neq 0\}.$$

Definição 4.13. *Sobre T, defina a relação*

$$(a,b) \sim^T (c,d) \Leftrightarrow ad = bc.$$

Proposição 4.29. *A relação $\sim^T$ é uma relação de equivalência.*

Demonstração: Temos que demonstrar a validade dos três ítens da Definição 2.8.

($R1$) Como D é um domínio de integridade, sua multiplicação é comutativa e temos que $ab = ba$. Portanto $(a,b) \sim^T (a,b)$.

($R2$) Novamente pela comutatividade da multiplicação,

$$(a,b) \sim^T (c,d) \Rightarrow ad = bc \Rightarrow cb = da \Rightarrow (c,d) \sim^T (a,b).$$

($R3$) Segue:

$$(a,b) \sim^T (c,d),\ (c,d) \sim^T (e,f) \Rightarrow ad = bc \text{ e } cf = de$$
$$\Rightarrow adf = bcf \text{ e } bcf = bde$$
$$\Rightarrow adf = bde$$
$$\Rightarrow d(af - be) = 0$$
$$\Rightarrow (*).$$

Como d é não nulo e estamos em um domínio de integridade, segue que

$$(*) \Rightarrow af - be = 0$$
$$\Rightarrow af = be$$
$$\Rightarrow (a,b) \sim^T (e,f).$$

$\square$

Convenientemente, construa o conjunto quociente

$$Frac(D) = \frac{T}{\sim^T} = \left\{\overline{(a,b)} : (a,b) \in T\right\}.$$

242

4.6. O corpo de frações de um domínio

Assim como fizemos na Seção 3.3, queremos transformar $Frac(D)$ em uma estrutura algébrica, mas com operações distintas daquelas que utilizamos na Definição 3.13.

Definição 4.14. *Dados $\overline{(a,b)}$ e $\overline{(c,d)}$ em $Frac(D)$, definimos*

$$\overline{(a,b)} + \overline{(c,d)} = \overline{(ad+bc,bd)}$$

e

$$\overline{(a,b)} \cdot \overline{(c,d)} = \overline{(ac,bd)}.$$

A definição anterior possui uma inspiração muito simples: a ampliação de $\mathbb{Z}$ para $\mathbb{Q}$. De fato, as operações que definimos se comportam exatamente como a soma e o produto de frações, basta olharmos $\overline{(a,b)}$ como $\frac{a}{b}$.

Proposição 4.30. *As operações $+$ e $\cdot$ estão bem definidas em $Frac(D)$.*

Demonstração: Sejam, em $Frac(D)$, $\overline{(a_1,b_1)} = \overline{(a_2,b_2)}$ e $\overline{(c_1,d_1)} = \overline{(c_2,d_2)}$, ou seja, por definição temos que $a_1 b_2 = b_1 a_2$ e $c_1 d_2 = d_1 c_2$. Daí, como

$$\begin{aligned}(a_1 d_1 + b_1 c_1)b_2 d_2 &= a_1 d_1 b_2 d_2 + b_1 c_1 b_2 d_2 \\ &= a_1 b_2 d_1 d_2 + b_1 b_2 c_1 d_2 \\ &= b_1 a_2 d_1 d_2 + b_1 b_2 d_1 c_2 \\ &= b_1 d_1 a_2 d_2 + b_1 d_1 b_2 c_2 \\ &= b_1 d_1 (a_2 d_2 + b_2 c_2)\end{aligned}$$

segue que

$$\overline{(a_1 d_1 + b_1 c_1, b_1 d_1)} = \overline{(a_2 d_2 + b_2 c_2, b_2 d_2)}$$

ou seja,

$$\overline{(a_1,b_1)} + \overline{(c_1,d_1)} = \overline{(a_2,b_2)} + \overline{(c_2,d_2)}.$$

Para o produto:

$$\begin{aligned}(a_1 c_1)(b_2 d_2) &= a_1 c_1 b_2 d_2 \\ &= a_1 b_2 c_1 d_2 \\ &= b_1 a_2 c_1 d_2 \\ &= b_1 a_2 d_1 c_2 \\ &= (b_1 d_1)(a_2 c_2)\end{aligned}$$

Divisibilidade e corpos especiais

implica que

$$\overline{(a_1, b_1)} \cdot \overline{(c_1, d_1)} = \overline{(a_1 c_1, b_1 d_1)} = \overline{(a_2 c_2, b_2 d_2)} = \overline{(a_2, b_2)} \cdot \overline{(c_2, d_2)}.$$

$\square$

Com isso, podemos provar que $Frac(D)$ é um corpo com essas operações.

Teorema 4.31. *O conjunto $Frac(D)$ com as operações que acabamos de apresentar é um corpo.*

Demonstração: Sabendo que D é um domínio de integridade, vamos provar que $Frac(D)$ satisfaz as propriedades necessárias para ser um corpo.
$(A1)$

$$\begin{aligned}
(\overline{(a,b)} + \overline{(c,d)}) + \overline{(e,f)} &= \overline{(ad+bc, bd)} + \overline{(e,f)} \\
&= \overline{((ad+bc)f + bde, (bd)f)} \\
&= \overline{(adf + bcf + bde, bdf)} \\
&= \overline{(a(df) + b(cf+de), b(df))} \\
&= \overline{(a,b)} + \overline{(cf+de, df)} \\
&= \overline{(a,b)} + (\overline{(c,d)} + \overline{(e,f)}).
\end{aligned}$$

$(A2)$

$$\begin{aligned}
\overline{(a,b)} + \overline{(c,d)} &= \overline{(ad+bc, bd)} \\
&= \overline{(cb+da, db)} \\
&= \overline{(c,d)} + \overline{(a,b)}.
\end{aligned}$$

$(A3)$ O elemento neutro da adição é $\overline{(0,1)}$:

$$\begin{aligned}
\overline{(a,b)} + \overline{(0,1)} &= \overline{(a \cdot 1 + b \cdot 0, b \cdot 1)} \\
&= \overline{(a,b)}.
\end{aligned}$$

Também perceba que $\overline{(0,1)} = \overline{(0,d)}$, $\forall d \in D$, pois $0 \cdot d = 0 = 1 \cdot 0$.

4.6. O corpo de frações de um domínio

$(A4)$ O oposto de $\overline{(a,b)}$ é $\overline{(-a,b)}$:

$$\begin{aligned}\overline{(a,b)} + \overline{(-a,b)} &= \overline{(ab + b(-a), bb)} \\ &= \overline{(0, b^2)} \\ &= \overline{(0,1)}.\end{aligned}$$

$(A5)$

$$\begin{aligned}\left(\overline{(a,b)} \cdot \overline{(c,d)}\right) \cdot \overline{(e,f)} &= \overline{(ac, bd)} \cdot \overline{(e,f)} \\ &= \overline{(ace, bdf)} \\ &= \overline{(a,b)} \cdot \left(\overline{(ce, df)}\right) \\ &= \overline{(a,b)} \cdot \left(\overline{(c,d)} \cdot \overline{(e,f)}\right).\end{aligned}$$

$(A6)$

$$\begin{aligned}\overline{(a,b)} \cdot \left(\overline{(c,d)} + \overline{(e,f)}\right) &= \overline{(a,b)} \cdot \overline{(cf + de, df)} \\ &= \overline{(a(cf + de), bdf)} \\ &= \overline{(acf + ade, bdf)} \\ &= \overline{(acbf + bdae, bdbf)} \\ &= \overline{(b(acf + dae), b(bdf))} \\ &= \overline{(ac, bd)} \cdot \left(\overline{(ae, bf)}\right) \\ &= \overline{(a,b)} \cdot \overline{(c,d)} + \overline{(a,b)} \cdot \overline{(e,f)}.\end{aligned}$$

e
$$\left(\overline{(a,b)}+\overline{(c,d)}\right)\cdot\overline{(e,f)} = \overline{(ad+bc,bd)}\cdot\overline{(e,f)}$$
$$= \overline{(ad+bc)e,(bd)f}$$
$$= \overline{(ade+bce,bdf)}$$
$$= \overline{(f(ade+bce),f(bdf))}$$
$$= \overline{(aedf+bfce,bfdf)}$$
$$= \overline{(ae,bf)}+\overline{(ce,df)}$$
$$= \overline{(a,b)}\cdot\overline{(e,f)}+\overline{(c,d)}\cdot\overline{(e,f)}.$$

$(A7)$
$$\overline{(a,b)}\cdot\overline{(c,d)} = \overline{(ac,bd)}$$
$$= \overline{(ca,db)}$$
$$= \overline{(c,d)}\cdot\overline{(a,b)}.$$

$(A8)$ O elemento neutro da multiplicação é $\overline{(1,1)}$:
$$\overline{(a,b)}\cdot\overline{(1,1)} = \overline{(a\cdot 1, b\cdot 1)}$$
$$= \overline{(a,b)}.$$

Também perceba que $\overline{(1,1)} = \overline{(d,d)}$, $\forall d \in D$, pois $1\cdot d = d = 1\cdot d$.

$(A10)$ O inverso multiplicativo de $\overline{(a,b)}$ é $\overline{(b,a)}$:
$$\overline{(a,b)}\cdot\overline{(b,a)} = \overline{(ab,ba)}$$
$$= \overline{(ab,ab)}$$
$$= \overline{(1,1)}$$

que também é igual a $\overline{(b,a)}\cdot\overline{(a,b)}$ por $(A7)$.

$\square$

Assim, $Frac(D)$ é um corpo. Vamos provar que, via isomorfismos, o domínio de integridade D pode ser visto contido em $Frac(D)$. Para isso, vamos

4.6. O corpo de frações de um domínio

definir o conjunto $\overline{D}$, dado por

$$\overline{D} = \left\{ \overline{(d,1)} : d \in D \right\}.$$

Perceba que $\overline{D} \subseteq Frac(D)$.

Proposição 4.32. *Defina*

$$\beta : D \to Frac(D)$$
$$d \mapsto \overline{(d,1)}.$$

Então, β é um homomorfismo injetor com $\mathrm{Im}(\beta) = \overline{D}$.

Demonstração: Começamos com as condições da Definição 3.14.

$(H1)$:

$$\begin{aligned} \beta(d_1 + d_2) &= \overline{(d_1 + d_2, 1)} \\ &= \overline{(d_1 \cdot 1 + 1 \cdot d_2, 1 \cdot 1)} \\ &= \overline{(d_1, 1)} + \overline{(d_2, 1)} \\ &= \beta(d_1) + \beta(d_2). \end{aligned}$$

$(H2)$:

$$\begin{aligned} \beta(d_1 \cdot d_2) &= \overline{(d_1 \cdot d_2, 1)} \\ &= \overline{(d_1 \cdot d_2, 1 \cdot 1)} \\ &= \overline{(d_1, 1)} \cdot \overline{(d_2, 1)} \\ &= \beta(d_1) \cdot \beta(d_2). \end{aligned}$$

Injetora: $d_1 \neq d_2 \Rightarrow d_1 \cdot 1 \neq 1 \cdot d_2 \Rightarrow \overline{(d_1,1)} \neq \overline{(d_2,1)} \Rightarrow \beta(d_1) \neq \beta(d_2)$.

$\mathrm{Im}(\beta) = \overline{D}$: Segue do fato de que $\overline{(d,1)} \in \overline{D}$ é a imagem de d.

$\square$

Dessa forma, o domínio de integridade D é isomorfo, ou seja, estruturalmente igual, a $\overline{D}$ dentro de $Frac(D)$. Assim, ao afirmarmos que $Frac(D)$ é um corpo que contém D, na verdade estamos dizendo que $Frac(D)$ é um corpo que contém uma cópia de D, via o homomorfismo injetor β que acabamos de apresentar.

Também vale o seguinte corolário.

Corolário 4.33. *Se D é um corpo, então*

$$\beta : D \to Frac(D)$$
$$d \mapsto \overline{(d,1)}.$$

é um isomorfismo.

Demonstração: Segue da Proposição anterior, junto ao fato de que β é sobrejetora, afinal, dado $\overline{(d_1, d_2)}$ em $Frac(D)$, temos que $\overline{(d_1, d_2)} = \overline{(d_1 d_2^{-1}, 1)} = \beta(d_1 d_2^{-1})$.

$\square$

Assim, se você aplicar esse método de construção para um domínio de integridade que já seja um corpo, você obterá um conjunto que é isomorfo ao corpo inicial.

Exemplo 4.40. *O corpo de frações de $\mathbb{Z}$ é $\mathbb{Q}$.*
De fato, seja $Frac(\mathbb{Z})$ o corpo de frações de $\mathbb{Z}$ e construa

$$\omega : Frac(\mathbb{Z}) \to \mathbb{Q}$$
$$\overline{(a,b)} \mapsto \frac{a}{b}.$$

Vamos provar que ω é um isomorfismo.

(H1):

$$\omega\left(\overline{(a,b)} + \overline{(c,d)}\right) = \omega\left(\overline{(ad+bc, bd)}\right)$$
$$= \frac{ad+bc}{bd}$$
$$= \frac{a}{b} + \frac{c}{d}$$
$$= \omega\left(\overline{(a,b)}\right) + \omega\left(\overline{(c,d)}\right).$$

4.6. O corpo de frações de um domínio

$(H2)$:

$$\omega(\overline{(a,b)} \cdot \overline{(c,d)}) = \omega(\overline{(ac,bd)})$$
$$= \frac{ab}{cd}$$
$$= \frac{a}{c} \cdot \frac{b}{d}$$
$$= \omega\left(\overline{(a,b)}\right) \cdot \omega\left(\overline{(c,d)}\right).$$

Injetora:

$$\omega\left(\overline{(a,b)}\right) = \omega\left(\overline{(c,d)}\right) \Rightarrow \frac{a}{b} = \frac{c}{d}$$
$$\Rightarrow ad = bc$$
$$\Rightarrow \overline{(a,b)} = \overline{(c,d)}.$$

Sobrejetora: *Segue da construção de ω.* □

Dado um domínio de integridade D, seu corpo de frações é especial em vários sentidos. A próxima proposição nos diz que $Frac(D)$ está contido na intersecção de todos os corpos que contém cópias de D, ou seja, $Frac(D)$ é o menor corpo que contém uma cópia de D.

Proposição 4.34. *Seja F um corpo qualquer que contenha uma cópia do domínio de integridade D. Então, F contém uma cópia de $Frac(D)$.*

Demonstração: Por hipótese, temos um homomorfismo injetor

$$\gamma : D \to F.$$

Assim, defina

$$\omega : Frac(D) \to F$$
$$\overline{(d_1, d_2)} \mapsto \gamma(d_1) \cdot \gamma(d_2)^{-1}.$$

Note que ω está bem definida pois as imagens de γ estão em F que é um corpo e, portanto, seus elementos possuem inverso. Ainda, d_2 é não nulo e, como γ é injetor, $\gamma(d_2)$ também é não nulo. Daí

$$\overline{(d_1, d_2)} = \overline{(d_3, d_4)} \Rightarrow d_1 d_4 = d_2 d_3$$
$$\Rightarrow \gamma(d_1 d_4) = \gamma(d_2 d_3)$$
$$\Rightarrow \gamma(d_1) \cdot \gamma(d_2)^{-1} = \gamma(d_3) \cdot \gamma(d_4)^{-1}$$
$$\Rightarrow \omega\left(\overline{(d_1, d_2)}\right) = \omega\left(\overline{(d_3, d_4)}\right).$$

Vamos provar que ω é um homomorfismo injetor.

($H1$):

$$\omega\left(\overline{(d_1, d_2)} + \overline{(d_3, d_4)}\right)$$
$$= \omega\left(\overline{(d_1 d_4 + d_2 d_3, d_2 d_4)}\right)$$
$$= \gamma(d_1 d_4 + d_2 d_3) \cdot \gamma(d_2 d_4)^{-1}$$
$$= \gamma(d_1)\gamma(d_4)\gamma(d_4)^{-1}\gamma(d_2)^{-1} + \gamma(d_2)\gamma(d_3)\gamma(d_4)^{-1}\gamma(d_2)^{-1}$$
$$= \gamma(d_1)\gamma(d_2)^{-1} + \gamma(d_3)\gamma(d_4)^{-1}$$
$$= \omega\left(\overline{(d_1, d_2)}\right) + \omega\left(\overline{(d_3, d_4)}\right).$$

($H2$):

$$\omega\left(\overline{(d_1, d_2)} \cdot \overline{(d_3, d_4)}\right) = \omega\left(\overline{(d_1 d_3, d_2 d_4)}\right)$$
$$= \gamma(d_1 d_3) \cdot \gamma(d_2 d_4)^{-1}$$
$$= \gamma(d_1)\gamma(d_3)\gamma(d_4)^{-1}\gamma(d_2)^{-1}$$
$$= \gamma(d_1)\gamma(d_2)^{-1}\gamma(d_3)\gamma(d_4)^{-1}$$
$$= \omega\left(\overline{(d_1, d_2)}\right) \cdot \omega\left(\overline{(d_3, d_4)}\right).$$

4.6. O corpo de frações de um domínio

Injetora:

$$\omega\left(\overline{(d_1,d_2)}\right) = \omega\left(\overline{(d_3,d_4)}\right) \Rightarrow \gamma(d_1)\gamma(d_2)^{-1} = \gamma(d_3)\gamma(d_4)^{-1}$$
$$\Rightarrow \gamma(d_2)^{-1}\gamma(d_1) = \gamma(d_3)\gamma(d_4)^{-1}$$
$$\Rightarrow \gamma(d_1)\gamma(d_4) = \gamma(d_2)\gamma(d_3)$$
$$\Rightarrow \gamma(d_1 d_4) = \gamma(d_2 d_3).$$

Como γ é injetora, temos que $d_1 d_4 = d_2 d_3$, que implica, por definição, que $\overline{(d_1, d_2)} = \overline{(d_3, d_4)}$.

□

Basicamente, a proposição anterior nos diz que a existência de um homomorfismo injetor γ de um domínio de integridade D em um corpo qualquer F implica na existência de um homomorfismo injetor ω de $Frac(D)$ em F, via β da Proposição 4.32. Podemos sintetizar esta propriedade, também chamada de propriedade universal, no diagrama a seguir:

Vejamos como utilizar este último resultado para detectar o corpo de frações de quaisquer domínios de integridade.

Exemplo 4.41. *Relembrando o Exemplo 3.8, vamos demonstrar que o corpo de frações de* $(\mathbb{Z} \times \mathbb{Z}, +, \bullet)$ *é* $(\mathbb{Q} \times \mathbb{Q}, +, \bullet)$.
Como $(\mathbb{Z} \times \mathbb{Z}, +, \bullet)$ *está contido em* $(\mathbb{Q} \times \mathbb{Q}, +, \bullet)$, *temos a função identidade, que é um homomorfismo injetor,*

$$id : (\mathbb{Z} \times \mathbb{Z}, +, \bullet) \to (\mathbb{Q} \times \mathbb{Q}, +, \bullet)$$
$$(a, b) \mapsto (a, b).$$

Divisibilidade e corpos especiais

Assim, a proposição anterior nos garante que existe um homomorfismo injetor

$$\omega : Frac(\mathbb{Z} \times \mathbb{Z}) \to (\mathbb{Q} \times \mathbb{Q}, +, \bullet)$$
$$\overline{((a,b),(c,d))} \mapsto id((a,b)) \bullet id((c,d))^{-1}.$$

Assim, falta apenas mostrar que ω é sobrejetor. Mas note que, dado $\left(\dfrac{p_1}{q_1}, \dfrac{p_2}{q_2}\right)$ qualquer no contradomínio de ω, temos:

$$\omega\left(\overline{((p_1q_2, p_1q_2),(q_1q_2, q_1q_2))}\right)$$
$$= id((p_1q_2, p_1q_2)) \bullet id((q_1q_2, q_1q_2))^{-1}$$
$$= (p_1q_2, p_1q_2) \bullet (q_1q_2, q_1q_2)^{-1}$$
$$= (p_1q_2, p_1q_2) \bullet \left(\frac{1}{2q_1q_2}, \frac{-1}{2q_1q_2}\right)$$
$$= \left(p_1q_2 \cdot \frac{1}{2q_1q_2} - p_1q_2 \cdot \frac{-1}{2q_1q_2}, p_1q_2 \cdot \frac{-1}{2q_1q_2} + p_1q_2 \cdot \frac{1}{2q_1q_2}\right)$$
$$= \left(\frac{2p_1q_2}{2q_1q_2}, \frac{0}{2q_1q_2}\right)$$
$$= \left(\frac{p_1}{q_1}, 0\right)$$

e, analogamente,

$$\omega\left(\overline{((p_2q_1, p_2q_1),(q_1q_2, q_1q_2))}\right) = \left(0, \frac{p_2}{q_2}\right).$$

4.6. O corpo de frações de um domínio

Assim, temos que

$$\omega\left(\overline{((p_1q_2+p_2q_1, p_1q_2+p_2q_1),(2q_1q_2, 2q_1q_2))}\right)$$
$$=\omega\left(\overline{((p_1q_2,p_1q_2),(q_1q_2,q_1q_2))+((p_2q_1,p_2q_1),(q_1q_2,q_1q_2))}\right)$$
$$=\omega\left(\overline{((p_1q_2,p_1q_2),(q_1q_2,q_1q_2))}\right)+\omega\left(\overline{((p_2q_1,p_2q_1),(q_1q_2,q_1q_2))}\right)$$
$$=\left(\frac{p_1}{q_1},\frac{p_2}{q_2}\right).$$

Logo ω é, na verdade, um isomorfismo. □

O conceito de corpo de frações pode ser generalizado para anéis mais gerais, através do conceito de localização de um anel.

Exercícios da Seção 4.6

4.55. *Pesquise sobre:*

(a) Anel de frações.

(b) Localização de um anel.

(c) Condição de Ore (teoria de anéis).

4.56. *Seja D um domínio de integridade. Prove que, se para todo não nulo $x \in Frac(D)$ vale que x ou x^{-1} está em D, então D é um anel local.*

4.57. *Sejam $A \subseteq B$ domínios de integridade. Prove que $Frac(A) \subseteq Frac(B)$.*

4.58. *Dado um domínio de integridade D, prove que*

$$Frac(Frac(D)) = Frac(D).$$

4.59. *Calcule $Frac(\mathbb{Z}[\sqrt{2}])$.*

4.60. *Calcule $Frac(\mathbb{Z}[i])$.*

4.61. Sejam A e B domínios de integridade com $A \subseteq B \subseteq Frac(A)$. Prove que $Frac(B) = Frac(A)$.

4.62. Prove que
$$Frac(\mathbb{Z}[x]) \cong Frac(\mathbb{Q}[x]).$$

4.63. Dado um domínio de integridade D, vale que $Frac(D[x]) \cong Frac(D)[x]$?

CAPÍTULO 5

Grupos

Nos capítulos anteriores, estudamos todos os aspectos e vimos muitos exemplos de estruturas algébricas que demandam duas operações na sua construção: anéis, domínios de integridade e corpos. A partir deste capítulo, nosso foco passa a ser em objetos com menos exigências: os grupos. A principal diferença é que um grupo possui somente uma operação que deve satisfazer três propriedades – enquanto aquelas outras possuem duas operações que satisfazem de 6 a 10 requisitos iniciais.

Como agora nossa estrutura algébrica tem menos obrigações, é natural constatar se aqueles anéis, domínios ou corpos também podem ser vistos como grupos, simplesmente ignorando uma operação. E de fato demonstraremos, por exemplo, que cada corpo pode ser adaptado para funcionar como dois grupos diferentes, se considerarmos cada operação separadamente.

Os primeiros indícios da teoria de grupos são de meados do século XVIII, quando Euler estudava aritmética modular. Apesar de utilizar uma nomenclatura e notações diferentes das atuais, ele já estava lidando com essa teoria.

Grupos

Leonhard Euler

Leonhard Euler (Basel, 15 de abril de 1707 - São Petersburg, 18 de setembro de 1783) foi um matemático suíço. Suas contribuições foram valiosas para a física, a geometria analítica, trigonometria, geometria, cálculo e para a teoria dos números. Demonstrou o Último Teorema de Fermat para $n = 3$.

A importância da teoria de grupos ficou mais evidente poucos anos depois, quando Lagrange e Gauss procuravam as razões matemáticas pelas quais as equações polinomiais de graus 3 e 4 possuem soluções algébricas. E esse estudo das soluções de polinômios foi o que levou muitos outros matemáticos a adentrarem na teoria de grupos, como Ruffing, Cauchy, Abel, Galois e outros.

Já no início do século XIX houve trabalhos focados na geometria que apresentavam indícios de grupos, principalmente publicados por Poncelet, Möbius e Steiner.

Mas foi finalmente em 1893 que Heinrich Weber apresentou uma definição abstrata para os grupos, que pode ser conferida em [38]. A partir disso, toda a teoria foi consolidada e, em 1897, William Burnside publicou [4], que é considerado o primeiro grande trabalho em inglês com os principais aspectos dessa teoria.

5.1 Definições, exemplos e propriedades

Começamos então com a principal definição deste capítulo.

Definição 5.1. *Seja G um conjunto com uma operação binária*

$$* : G \times G \to G$$
$$(g, h) \mapsto g * h.$$

Temos que $(G, *)$ é um grupo quando valem as seguintes três propriedades:

5.1. Definições, exemplos e propriedades

(G1) Associatividade:

$$\forall\, g, h, k \in G,\ (g * h) * k = g * (h * k).$$

(G2) Elemento neutro:

$$\exists\, e \in G : \forall\, g \in G,\ g * e = g = e * g.$$

(G3) Elemento inverso:

$$\forall\, g \in G,\ \exists\, d \in G : g * d = e = d * g.$$

Assim, um grupo é um conjunto com apenas uma operação. Veja que um conjunto vazio não pode ser um grupo, pois a propriedade $(G2)$ exige que exista um elemento neutro. Além disso, perceba que todos os elementos em um grupo têm inverso.

Sempre que não houver ambiguidade, vamos suprimir a operação e escrever apenas G em vez de $(G, *)$ e, também, escreveremos apenas gh em vez de $g * h$. Assim, utilizaremos uma notação multiplicativa para representar um grupo genérico. Em particular, utilizaremos as potências da mesma forma que fazemos com os números, e escreveremos $g^2 = gg = g * g$. De toda forma, em alguns momentos utilizaremos o símbolo da operação, para reforçar alguns aspectos importantes da teoria.

Aliás, normalmente utilizaremos a letra G para representar esse grupo e, se for necessário trabalhar com mais de um grupo em uma mesma sentença, utilizaremos também as letras H e K. Se precisarmos de uma quantidade maior de grupos, utilizaremos a notação $G_1, G_2, \ldots$.

Os conjuntos numéricos $(\mathbb{Z}, +)$, $(\mathbb{Q}, +)$, $(\mathbb{R}, +)$ e $(\mathbb{C}, +)$ são grupos, visto que suas operações obedecem propriedades $(G1)$, $(G2)$ e $(G3)$ da definição de grupos com 0 sendo o elemento neutro de todas elas e, dado um a qualquer, seu inverso é $-a$. Ademais, veja que a operação $+$ é comutativa nesses conjuntos, o que nos leva a próxima definição.

Definição 5.2. *Seja G um grupo. Se*

(G4) $\forall\, g, h \in G$ vale $gh = hg$

então G é dito um grupo abeliano.

Grupos

O termo "abeliano" deriva do matemático norueguês Niels Henrik Abel.

Niels Henrik Abel

Niels Henrik Abel (Finnøy, 05 de agosto de 1802 - Froland, 06 de abril de 1829) foi um matemático norueguês. Estudou as funções elípticas, foi o primeiro matemático a solucionar uma equação integral, e demonstrou a inexistência de soluções por radicais das equações polinomiais gerais de grau maior que quatro. Em sua homenagem, em 2002 a Academia Norueguesa de Literatura e Ciências estabeleceu o "Abel Prize", um prêmio anual de aproximadamente 1 milhão de dólares para fomentar e valorizar os pesquisadores em Matemática.

Exemplo 5.1. *Há um grupo que chamamos de grupo trivial, que contém somente um elemento*

$$\{e\},$$

com a operação dada por

$$e * e = e,$$

pois essa é a única maneira de esse resultado estar novamente no grupo. Dessa forma, este único elemento é o inverso de si mesmo, é também o elemento neutro da operação e, por fim, tal operação é associativa. □

Baseada na teoria de anéis, a próxima proposição nos fornece uma grande quantidade de exemplos.

Proposição 5.1. *Seja $(A, +, \cdot)$ um anel.*

(a) Então $(A, +)$ é um grupo abeliano.

(b) Se A é um corpo não comutativo, então $(A^*, \cdot)$ é um grupo. Se vale a comutatividade em A, então $(A^*, \cdot)$ será abeliano.

Demonstração: (a) Um anel obedece os itens $(A1)$, $(A2)$, $(A3)$ e $(A4)$ da Definição 2.1, que implicam na validade de $(G1)$, $(G2)$, $(G3)$ e $(G4)$.

5.1. Definições, exemplos e propriedades

(b) Já um corpo não comutativo satisfaz $(A5)$, $(A8)$ e $(A10)$, e esses implicam que $(A^*, \cdot)$ é um grupo. Se vale $(A7)$, esse grupo será abeliano.

□

Exemplo 5.2. *Se revisitarmos os principais exemplos de anéis e corpos que estudamos nos capítulos anteriores, temos que* $(M_2(\mathbb{R}), +)$, $(\mathbb{Q}^*, \cdot)$, $(\mathbb{R}^*, \cdot)$ *e* $(\mathbb{C}^*, \cdot)$ *são grupos abelianos.*

□

Veja que tivemos de retirar o elemento neutro da adição do corpo para que ele seja visto como um grupo com a segunda operação. Isso se dá pelo fato de que, no contexto dos corpos, esse elemento neutro da adição não possui elemento inverso.

Exemplo 5.3. *Pelas proposições 2.34 e 2.35, temos que para todo* $n \in \mathbb{N}^*$, $(\mathbb{Z}_n, +)$ *é um grupo, denominado o grupo dos inteiros módulo n e que, para todo número natural primo p,* $(\mathbb{Z}_p \setminus \{\overline{0}\}, \cdot)$ *também é um grupo, chamado de grupo multiplicativo dos inteiros módulo n.*

□

Assim, é evidente que há uma forte conexão entre anéis e grupos, e as próximas duas proposições reforçam a validade de propriedades em comum entre essas estruturas.

Proposição 5.2. *Seja G um grupo e* $g \in G$.

(a) *O elemento neutro de G é único;*

(b) *O inverso de g é único.*

Demonstração: (a) Sejam e, f dois elementos neutros de G. Assim,

$$e = e * f = f.$$

(b) Sejam h e k inversos de g. Assim:

$$h = h * e = h * (g * k) = (h * g) * k = (e) * k = k.$$

□

Grupos

Assim, como estamos utilizando normalmente a notação multiplicativa para nossos grupos, o inverso de um dado g em G será denotado por g^{-1}. Ademais, normalmente utilizaremos a letra e para representar o único elemento neutro de um grupo G. Se for necessário trabalhar com mais de um grupo em uma mesma sentença, utilizaremos notações com subíndices, para explicitar o grupo do qual o elemento neutro faz parte.

Proposição 5.3. *Sejam $g, h \in G$. Então,*

(a) $(gh)^{-1} = h^{-1}g^{-1}$;

(b) $(g^{-1})^{-1} = g$.

Demonstração: (a) Note que

$$\begin{aligned}(gh)\left(h^{-1}g^{-1}\right) &= g\left(hh^{-1}\right)g^{-1} \\ &= geg^{-1} \\ &= e \\ &= h^{-1}eh \\ &= h^{-1}\left(g^{-1}g\right)h \\ &= \left(h^{-1}g^{-1}\right)(gh).\end{aligned}$$

Ou seja, $(h^{-1}g^{-1})$ é um inverso de gh. Mas o item (a) da proposição anterior nos diz que inverso de (gh) é único, denotado por $(gh)^{-1}$. Logo, tal unicidade implica que $(gh)^{-1} = h^{-1}g^{-1}$.

(b) As igualdades $g^{-1}g = e = gg^{-1}$ nos dizem que g é o inverso de g^{-1}, que é igual a $(g^{-1})^{-1}$.

□

Observação 5.4. *Apenas para fixar ideias, perceba que se estivéssemos em um grupo com a operação de adição, a notação da letra (a) dessa última proposição seria*

$$-(g+h) = (-h) + (-g).$$

□

5.1. Definições, exemplos e propriedades

Visto que todos elementos dos grupos possuem inverso, é fácil notar que vale a lei do cancelamento, afinal, dados g, h, k em G,

$$gh = gk \Rightarrow g^{-1}gh = g^{-1}gk \Rightarrow h = k$$

assim como

$$hg = kg \Rightarrow h = k.$$

Uma boa consequência desse fato é que, em um grupo, a equação $g^2 = g$ só possui uma solução $g = e$, afinal,

$$g^2 = g \Leftrightarrow g^2 g^{-1} = gg^{-1} \Leftrightarrow ge = e \Leftrightarrow g = e.$$

Podemos utilizar essa propriedade para mostrar que um conjunto não é um grupo, como fazemos no próximo exemplo.

Exemplo 5.4. *O conjunto $\mathbb{R}$ com a operação de multiplicação usual não é um grupo, afinal $g^2 = g$ possui duas soluções, $g = 0$ e $g = 1$.* □

Uma forma diferente de perceber que $\mathbb{R}$ com a multiplicação não é um grupo, é notar que 0 não possui inverso multiplicativo.

Sabemos que $M_2(\mathbb{R})$ é um grupo com a adição. Para que seja um grupo também com a multiplicação, temos que nos perguntar se uma matriz é sempre inversível. Como sabemos que nem sempre isso é verdade, vamos restringir nosso conjunto.

Exemplo 5.5. *Considere o conjunto*

$$GL(2, \mathbb{R}) = \{A \in M_2(\mathbb{R}) : A \text{ é inversível}\}$$

com a operação de multiplicação usual de matrizes. Vamos provar que, dessa forma, obtemos um grupo, chamado de grupo linear geral.

(G1) Já estudamos a associatividade da multiplicação de matrizes no Exemplo 2.17, e sabemos que ela vale.

(G2) No mesmo exemplo, provamos que o elemento neutro da multiplicação entre matrizes é

$$\begin{bmatrix} 1 & 0 \\ 0 & 1 \end{bmatrix}.$$

Grupos

Pois perceba que essa matriz é inversível com inversa igual a ela mesma, afinal

$$\begin{bmatrix} 1 & 0 \\ 0 & 1 \end{bmatrix} \cdot \begin{bmatrix} 1 & 0 \\ 0 & 1 \end{bmatrix} = \begin{bmatrix} 1 & 0 \\ 0 & 1 \end{bmatrix}.$$

Portanto $GL(2, \mathbb{R})$ possui elemento neutro.

(G3) Precisamos mostrar que dada uma matriz de $GL(2,\mathbb{R})$, ela possui uma inversa que também está nesse conjunto. Para isso, considere uma matriz inversível

$$A = \begin{bmatrix} a & b \\ c & d \end{bmatrix}.$$

Vamos provar que sua inversa é

$$\begin{bmatrix} \dfrac{d}{ad-bc} & \dfrac{-b}{ad-bc} \\ \dfrac{-c}{ad-bc} & \dfrac{a}{ad-bc} \end{bmatrix}.$$

Temos

$$\begin{bmatrix} a & b \\ c & d \end{bmatrix} \cdot \begin{bmatrix} \dfrac{d}{ad-bc} & \dfrac{-b}{ad-bc} \\ \dfrac{-c}{ad-bc} & \dfrac{a}{ad-bc} \end{bmatrix} = \begin{bmatrix} \dfrac{ad}{ad-bc}+\dfrac{-bc}{ad-bc} & \dfrac{-ab}{ad-bc}+\dfrac{ab}{ad-bc} \\ \dfrac{cd}{ad-bc}+\dfrac{-dc}{ad-bc} & \dfrac{-bc}{ad-bc}+\dfrac{ad}{ad-bc} \end{bmatrix}$$

$$= \begin{bmatrix} 1 & 0 \\ 0 & 1 \end{bmatrix}$$

e

$$\begin{bmatrix} \dfrac{d}{ad-bc} & \dfrac{-b}{ad-bc} \\ \dfrac{-c}{ad-bc} & \dfrac{a}{ad-bc} \end{bmatrix} \cdot \begin{bmatrix} a & b \\ c & d \end{bmatrix} = \begin{bmatrix} \dfrac{da}{ad-bc}+\dfrac{-bc}{ad-bc} & \dfrac{db}{ad-bc}+\dfrac{-bd}{ad-bc} \\ \dfrac{-ca}{ad-bc}+\dfrac{ac}{ad-bc} & \dfrac{-cb}{ad-bc}+\dfrac{ad}{ad-bc} \end{bmatrix}$$

$$= \begin{bmatrix} 1 & 0 \\ 0 & 1 \end{bmatrix}.$$

Ou seja, para que A seja inversível, precisamos que $ad - bc$ seja diferente de zero, para que seja possível colocar esse número no denominador dos coeficientes da matriz inversa. Mas esse número é, exatamente, o determinante da

5.1. Definições, exemplos e propriedades

matriz A, denotado $\det(A)$. *Consequentemente, podemos dizer que*

$$GL(2, \mathbb{R}) = \{A \in M_2(\mathbb{R}) : \det(A) \neq 0\}.$$

Essa caracterização nos permite inferir que a multiplicação de matrizes inversíveis é inversível, afinal

$$\det(AB) = \det(A) \cdot \det(B)$$

que será não nulo caso ambos os determinantes do lado direito da igualdade sejam, também, não nulos.

(G4) Novamente pelo Exemplo 2.17, concluímos que esse grupo não é abeliano.

$\square$

O determinante de uma matriz pode ser generalizado para matrizes com mais linhas e colunas e em diferentes contextos. Assim, esse grupo $GL(2, \mathbb{R})$ com a multiplicação pode ser generalizado para obtermos $GL(n, K)$, onde n é qualquer número natural positivo e K é um corpo qualquer. Quando n é maior que 1, esse grupo nunca é abeliano. Já quando $n = 1$, temos

$$GL(1, K) = K^*,$$

que é abeliano.

Analisando o Exemplo 2.20 das funções de $\mathbb{R}$ em $\mathbb{R}$, temos que esse conjunto com a adição é um grupo. Já se considerarmos a multiplicação, sabemos que não teremos um grupo pois nem todas as funções são inversíveis, visto que sempre que uma função resulta em 0, não poderá ser invertida.

Mas é possível criar outro grupo de funções se utilizarmos uma operação diferente.

Exemplo 5.6. *Considere o conjunto*

$$S_\mathbb{R} = \{f \in \mathcal{F}(\mathbb{R}) : f \text{ é bijetora}\}$$

com a operação de composição de funções $f \circ g$, em que

$$(f \circ g)(x) = f(g(x)).$$

Grupos

Primeiramente, sabemos que a composição de bijeções é uma bijeção – a demonstração deste fato pode ser conferida em [23], nos Teoremas 220 e 221. Assim a operação está bem definida e seu resultado está no conjunto. Então, vamos provar que $(S_\mathbb{R}, \circ)$ é um grupo.

$(G1)$ *Dado $x \in \mathbb{R}$, temos*

$$((f \circ g) \circ h)(x) = (f \circ g)(h(x))$$
$$= f(g(h(x)))$$
$$= f((g \circ h)(x))$$
$$= (f \circ (g \circ h))(x).$$

$(G2)$ *Seu elemento neutro será a função*

$$id : \mathbb{R} \to \mathbb{R}$$
$$x \mapsto x.$$

De fato, dado $x \in \mathbb{R}$,

$$(f \circ id)(x) = f(id(x)) = f(x)$$

e

$$(id \circ f)(x) = id(f(x)) = f(x).$$

$(G3)$ *Por definição, uma função bijetora f possui uma inversa g de $\mathbb{R}$ em $\mathbb{R}$, onde*

$$g(y) = x \Leftrightarrow f(x) = y.$$

Temos que g é exatamente a inversa de f no contexto da composição:

$$(f \circ g)(y) = f(g(y)) = f(x) = y$$

e

$$(g \circ f)(x) = g(f(x)) = g(y) = x.$$

Esse grupo não é abeliano pois, se tomarmos $f(x) = x + 1$ e $g(x) = 2x$, temos que

$$(f \circ g)(x) = f(g(x)) = g(x) + 1 = 2x + 1$$

5.1. Definições, exemplos e propriedades

e
$$(g \circ f)(x) = g(f(x)) = 2f(x) = 2x + 2$$
que são distintos em, por exemplo, $x = 0$. □

O exemplo anterior pode ser generalizado para obter grupos S_X para qualquer conjunto X, mesmo que este não possua qualquer estrutura algébrica. Analisaremos alguns desses casos na Seção 6.3.

Para o próximo exemplo, relembre o produto cartesiano da Definição 2.7.

Exemplo 5.7. *Dados grupos $(G, *)$ e $(H, \triangle)$ com elementos neutros e_G, e_H, seu produto direto é dado pelo conjunto produto cartesiano $G \times H$ com a operação coordenada a coordenada*
$$(g_1, h_1) \cdot (g_2, h_2) = (g_1 * g_2, h_1 \triangle h_2).$$
Demonstremos que $(G \times H, \cdot)$ é um grupo. Com efeito,
(G1)
$$\begin{aligned}((g_1, h_1) \cdot (g_2, h_2)) \cdot (g_3, h_3) &= (g_1 * g_2, h_1 \triangle h_2) \cdot (g_3, h_3) \\ &= ((g_1 * g_2) * g_3, (h_1 \triangle h_2) \triangle h_3) \\ &= (g_1 * (g_2 * g_3), h_1 \triangle (h_2 \triangle h_3)) \\ &= (g_1, h_1) \cdot (g_2 * g_3, h_2 \triangle h_3) \\ &= (g_1, h_1) \cdot ((g_2, h_2) \cdot (g_3, h_3)).\end{aligned}$$
(G2) Seu elemento neutro é (e_G, e_H):
$$\begin{aligned}(g, h) \cdot (e_G, e_H) &= (g * e_G, h \triangle e_H) \\ &= (g, h) \\ &= (e_G * g, e_H \triangle h) \\ &= (e_G, e_H) \cdot (g, h).\end{aligned}$$

(G3) Dado (g,h), seu inverso é (g^{-1}, h^{-1}):

$$(g,h) \cdot (g^{-1}, h^{-1}) = (g * g^{-1}, h \triangle h^{-1})$$
$$= (e_G, e_H)$$
$$= (g^{-1} * g, h^{-1} \triangle h)$$
$$= (g^{-1}, h^{-1}) \cdot (g,h).$$

$\square$

Também, é possível tomar o produto direto de qualquer quantidade de grupos, inclusive infinitos deles. Além disso, quando tomamos o produto direto de um grupo por ele mesmo, podemos utilizar uma notação mais compacta

$$\underbrace{G \times G \times \ldots \times G}_{n \text{ fatores}} = G^n.$$

Proposição 5.5. *Dados grupos $(G, *)$ e $(H, \triangle)$,*

$$G \text{ e } H \text{ são abelianos} \Leftrightarrow G \times H \text{ é abeliano.}$$

Demonstração: ($\Rightarrow$) Como

$$(g_1, h_1) \cdot (g_2, h_2) = (g_1 * g_2, h_1 \triangle h_2)$$
$$= (g_2 * g_1, h_2 \triangle h_1)$$
$$= (g_2, h_2) \cdot (g_1, h_1),$$

o produto direto é abeliano.

($\Leftarrow$) Tome g_1 e $g_2 \in G$ e $h_1, h_2 \in H$. Visto que $G \times H$ é comutativo, temos

$$(g_1 * g_2, h_1 \triangle h_2) = (g_1, h_1) \cdot (g_2, h_2)$$
$$= (g_2, h_2) \cdot (g_1, h_1)$$
$$= (g_2 * g_1, h_2 \triangle h_1),$$

que implica $g_1 * g_2 = g_2 * g_1$ e $h_1 \triangle h_2 = h_2 \triangle h_1$. Logo, G e H são abelianos.

$\square$

Essa construção pode ser generalizada para uma quantidade arbitrária de

5.1. Definições, exemplos e propriedades

grupos, e as conclusões serão as mesmas.

No próximo exemplo, imporemos uma operação no conjunto dos automorfismos de um anel. Esse conjunto foi apresentado na Definição 3.18.

Exemplo 5.8. *Dado um anel* $(A, +, \cdot)$, *o conjunto*

$$Aut(A)$$

é um grupo com a composição de funções. De fato, a composição de automorfismos é um automorfismo, pela Proposição 3.38. Também, a composição de funções é associativa, conforme demonstramos no Exemplo 5.6. Além disso, a função identidade de A em A que introduzimos no Exemplo 3.42 é um automorfismo de A, e todo automorfismo possui inversa, como diz a Proposição 3.39. Logo, $Aut(A)$ é um grupo com a operação de composição. □

Quando um grupo possui poucos elementos, uma maneira diferente de apresentá-lo é através da sua tábua de operações, também denominada Tabela de Cayley. Basicamente, listamos todos seus elementos, na mesma sequência, na primeira coluna e na primeira linha da uma tabela. Daí, na intersecção da linha de um elemento g e da coluna de um h quaisquer, apresentamos o resultado da operação gh. Considere o próximo exemplo.

Exemplo 5.9. *Neste exemplo, estudaremos um mesmo grupo de duas formas: algebricamente e geometricamente. Considere o conjunto*

$$K_4 = \{e, r, s_1, s_2\}$$

com a operação $*$, *sendo definida pela seguinte tábua:*

$*$	e	r	s_1	s_2
e	e	r	s_1	s_2
r	r	e	s_2	s_1
s_1	s_1	s_2	e	r
s_2	s_2	s_1	r	e

Analisando essa tábua, é trabalhoso porém possível demonstrar que essa operação em K_4 é associativa, analisando caso a caso. Também, essa estrutura algébrica é um conjunto em que e é o elemento neutro e qualquer elemento

Grupos

ao quadrado resulta neste elemento neutro. Ou seja, cada elemento tem a si próprio como inverso. Portanto $(K_4, *)$ é um grupo, chamado de "grupo de Klein", ou "Klein 4", em homenagem ao matemático alemão Felix Klein..

Uma rápida inspeção mostra que o grupo de Klein é abeliano, e outra forma de verificar rapidamente este fato é notando que a tabela é simétrica.

Agora vamos apresentar o mesmo grupo K_4, de forma geométrica. Considere um retângulo que não seja um quadrado e vamos enumerar seus vértices conforme a figura a seguir.

Nosso estudo se baseia em quais ações geométricas podem ser realizadas para que o objeto permaneça visualmente igual, tendo apenas seus vértices em posições distintas. O que podemos fazer, então, é rotacionar esse retângulo π radianos – ou 180 graus – na direção anti-horária. Vamos denotar essa rotação por r:

Também podemos refletir o retângulo com relação a retas que passam pelo seu centro e por dois pontos opostos em que, cada um, é o ponto médio entre dois vértices consecutivos. A seguir, apresentamos essas duas reflexões, que denotamos respectivamente por s_1 e s_2:

5.1. Definições, exemplos e propriedades

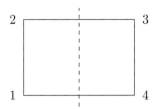

Dessa forma, obtemos as três simetrias possíveis em um retângulo que não seja um quadrado. Tomando a operação de composição entre elas, ou seja, realizando uma após a outra da direita para a esquerda, construímos o mesmo grupo de Klein

$$K_4 = \{e, r, s_1, s_2\}.$$

Por exemplo, vejamos o resultado de $s_1 \circ s_2 \circ r$ utilizando a formulação geométrica. Iniciamos aplicando r no retângulo original, obtendo

Em seguida, a aplicação de s_2 nos leva a

Por fim, a aplicação de s_1 fornece

que é o elemento e. Voltando à notação algébrica, uma rápida checagem na tábua de operações corrobora o resultado:

$$s_1 * s_2 * r = s_1 * s_1$$
$$= e.$$

□

Felix Christian Klein

Felix Christian Klein (Düsseldorf, 25 de abril de 1849 - Göttingen, 22 de junho de 1925) foi um matemático alemão. Estudou análise complexa, geometria não-euclidiana e as conexões entre a geometria e a teoria de grupos. É sempre lembrado por conta da garrafa de Klein, do programa de Erlangen e do grupo de Klein.

Na Seção 6.4 estudaremos os grupos diedrais, que são grupos dados pelas simetrias de figuras planas adequadas.

Exemplo 5.10. *A Proposição 5.1 nos diz que o conjunto dos quatérnios, que vimos no Exemplo 2.14, é um grupo abeliano aditivo e, também, um grupo não abeliano multiplicativo se retirarmos o elemento 0.*

Porém, na teoria de grupos, a maneira que estudamos os quatérnios é através do subconjunto

$$Q_8 = \{1, -1, i, -i, j, -j, k, -k\},$$

que é denominado grupo dos quatérnios. Vamos provar que, de fato, esse conjunto é um grupo com a multiplicação herdada do anel dos quatérnios. Primeiramente, note que todos os resultados dessa operação estão em Q_8, como podemos notar na sua tábua:

5.1. Definições, exemplos e propriedades

*	1	−1	i	$-i$	j	$-j$	k	$-k$
1	1	−1	i	$-i$	j	$-j$	k	$-k$
−1	−1	1	$-i$	i	$-j$	j	$-k$	k
i	i	$-i$	−1	1	k	$-k$	$-j$	j
$-i$	$-i$	i	1	−1	$-k$	k	j	$-j$
j	j	$-j$	$-k$	k	−1	1	i	$-i$
$-j$	$-j$	j	k	$-k$	1	−1	$-i$	i
k	k	$-k$	j	$-j$	$-i$	i	−1	1
$-k$	$-k$	k	$-j$	j	i	$-i$	1	−1

(G1) *A associatividade vale pois é herdada dos quatérnios.*

(G2) *O elemento neutro é 1, como podemos perceber na tábua da operação.*

(G3) *Note, na tábua que apresentamos, que o elemento neutro 1 aparece uma vez em todas as linhas. Logo, todos elementos de Q_8 possuem um único inverso.*

□

Esse grupo não é abeliano, pois $ij = k \neq -k = ji$.

Observação 5.6. *Perceba então que, embora o corpo não comutativo dos quatérnios dê origem a dois grupos com infinitos elementos, o grupo dos quatérnios é Q_8, que possui apenas oito elementos.* □

Exercícios da Seção 5.1

5.1. *Pesquise sobre:*

(a) Método de Cardano-Tartaglia para solucionar polinômios de grau 3.

(b) Método de Ferrari para solucionar polinômios de grau 4.

(c) Magma.

(d) Semigrupo.

(e) Determinante de uma matriz.

(f) Grupo de Lie.

(g) Grupo oposto.

5.2. *O conjunto $\{1, -1\}$ é um grupo com a multiplicação usual?*

5.3. *O conjunto $\mathbb{R}$ com a operação*

$$x \oplus y = x + y + 1$$

é um grupo? Se sim, quem é o elemento neutro? É abeliano?

5.4. *Prove que $\mathbb{Q}\backslash\{1\}$ com a operação*

$$x \odot y = x + y - xy$$

é um grupo. Quem é o elemento neutro? É abeliano?

5.5. *Prove que $\mathbb{Q}^* \times \mathbb{Q}$ com a operação*

$$(a, b) \oslash (c, d) = (ac, bc + d)$$

é um grupo. Quem é seu elemento neutro? Esse grupo é abeliano?

5.6. *Demonstre que se $g, h \in G$, então a equação $hx = g$ tem uma única solução, a saber, $x = h^{-1}g$.*

5.7. *Demonstre que se $hg = g$ para algum par $g, h \in G$, então h é o elemento neutro de G.*

5.8. *Prove que se g pertence ao grupo G e $g^2 = g$, então $g = e$.*

5.9. *Seja G um grupo com um número par positivo de elementos. Prove que existe $g \in G$, distinto de e, tal que $g^2 = e$.*

5.10. *Seja G um conjunto finito com uma operação $*$ associativa que satisfaz as leis do cancelamento. Prove que $(G, *)$ é um grupo.*

5.11. *Construa a tábua da operação de um grupo genérico de dois elementos.*

5.12. *Construa a tábua da operação de um grupo genérico de três elementos.*

5.2. Subgrupos

5.13. *Complete a tábua da operação multiplicativa do grupo $\mathbb{Z}_5^*$:*

·	$\bar{1}$	$\bar{2}$	$\bar{3}$	$\bar{4}$
$\bar{1}$				
$\bar{2}$				
$\bar{3}$				
$\bar{4}$				

5.14. *O conjunto dos números inteiros ímpares, é um grupo com a adição usual?*

5.15. *No contexto do Exemplo 5.5, onde vimos como calcular o determinante de uma matriz 2×2, prove que $\det(AB) = \det(A) \cdot \det(B)$ e que*

$$\det\left(A^{-1}\right) = \frac{1}{\det(A)}.$$

5.16. *Dado um conjunto X e um grupo $(G, \cdot)$, suponha que exista uma função bijetora $f: X \to G$. Dados $x, y \in X$, defina*

$$x \triangle y = f^{-1}\left(f(x) \cdot f(y)\right).$$

Prove que $(X, \triangle)$ é um grupo. Quais condições adicionais precisamos, para que esse grupo seja abeliano?

5.17. *Prove que $(\mathbb{C}, *)$, onde $x * y = |x| \cdot y$, não é um grupo.*

5.18. *Prove que $(\mathbb{C}^*, *)$, onde $x * y = |x| \cdot y$, não é um grupo.*

5.2 Subgrupos

Vimos muitos exemplos de grupos que compartilham a mesma operação e que estão contidos um no outro. A próxima definição nos apresenta uma nova nomenclatura que podemos utilizar nesta situação.

Definição 5.3. *Seja G um grupo e $H \subseteq G$ não vazio. Dizemos que H é um subgrupo de G se H for um grupo com a mesma operação de G. Nesse caso,*

utilizamos a notação
$$H \leqslant G.$$

Sempre vale que $G \leqslant G$, que é chamado de subgrupo impróprio de G. Todos os demais subgrupos de G são ditos subgrupos próprios e, em particular, temos que $\{e\} \leqslant G$ afinal, $e \cdot e = e$. Este é chamado de subgrupo trivial de G.

Se considerarmos a operação $+$, teremos
$$\mathbb{Q} \leqslant \mathbb{R} \leqslant \mathbb{C}.$$

Se a operação for a multiplicação usual $\cdot$, segue que
$$\mathbb{Q}^* \leqslant \mathbb{R}^* \leqslant \mathbb{C}^*.$$

Exemplo 5.11. *No contexto do Exemplo 5.10, temos*
$$Q_8 \leqslant \mathbb{H}^*.$$

□

Exemplo 5.12. *Sabemos que $2\mathbb{Z}$ e $\mathbb{Z}$ são grupos com a operação $+$, e que $2\mathbb{Z} \subseteq \mathbb{Z}$. Portanto*
$$2\mathbb{Z} \leqslant \mathbb{Z}.$$

□

Veja que nesses exemplos iniciais, os grupos e seus respectivos subgrupos possuem o mesmo elemento neutro. E isso é sempre verdade, como nos diz a próxima proposição.

Proposição 5.7. *Todo subgrupo de G possui a mesma unidade de G.*

Demonstração: Sejam e_G a unidade de G e e_H a unidade de H com $H \leqslant G$. Daí $e_H e_H = e_H$ em H e, como e_H também está em G, temos que $e_H e_G = e_H$ em G. Logo, pela lei do cancelamento,
$$e_H e_H = e_H e_G \Rightarrow e_H = e_G.$$

□

5.2. Subgrupos

Embora $\mathbb{Z}^* \subseteq \mathbb{Z}$, perceba que $\mathbb{Z}^*$ não é um subgrupo de $\mathbb{Z}$, visto que o primeiro é um grupo com a operação de multiplicação e, o segundo, com a operação de adição. Além disso, seus elementos neutros são distintos, comprovando a contrapositiva dessa proposição.

De forma similar demonstra-se que o inverso de h em $H \leqslant G$ coincide com o inverso de h em G, e no Exercício 5.23, convidamos o leitor a realizar tal demonstração.

Reforçamos então que, dado um grupo G e $H \subseteq G$, para provar que H é um subgrupo de G, basta provar que H é também um grupo com a mesma operação, ou seja, devemos provar que valem $(G1)$, $(G2)$ e $(G3)$. Mas perceba que quando tomarmos três elementos de H para provar que vale a associatividade, em particular esses elementos estarão em G, que é associativo.

Assim, a associatividade da operação será herdada por H, a partir de G. Portanto, para provar que H é um grupo, podemos pular o passo da associatividade e apenas demonstrar $(G2)$ e $(G3)$, além de mostrar que H é fechado pela operação. Isso nos leva à seguinte proposição.

Proposição 5.8. *Seja G um grupo com elemento neutro e, e $H \subseteq G$. As seguintes afirmações são equivalentes.*

(SG1) $H \leqslant G$;

(SG2) *(1)* $e \in H$;

   (2) $\forall g, h \in H, gh \in H$;

   (3) $\forall h \in H, h^{-1} \in H$;

(SG3) *(1)* $H \neq \emptyset$;

   (2) $\forall g, h \in H, gh^{-1} \in H$.

Demonstração: Começamos demonstrando que $(SG1) \Rightarrow (SG2)$. Note que a proposição anterior garante que $e \in H$. Além disso, H é um grupo e é, portanto, fechado pela multiplicação e pela tomada de inverso. Logo vale $(SG2)$.

$(SG2) \Rightarrow (SG3)$ Como $e \in H$, temos que H é não vazio. Daí, tomando $g, h \in H$, o item $(SG2)(3)$ significa que $h^{-1} \in H$ e, o item $(SG2)(2)$ nos permite concluir que $gh^{-1} \in H$.

$(SG3) \Rightarrow (SG1)$ Por fim, veja que H satisfaz $(G1)$ pois seus elementos estão em G. Para $(G2)$, como existe algum h em H, basta aplicar o item $(SG3)(2)$

Grupos

para h, h e obter $hh^{-1} = e \in H$. Por fim, a validade de $(G3)$ segue novamente de $(SG3)(2)$ para e, h, obtendo $eh^{-1} = h^{-1} \in H$.

□

Assim, para mostrar que um subconjunto de um grupo é também um grupo, basta provar que vale $(SG1)$, $(SG2)$ ou $(SG3)$.

Exemplo 5.13. *Aplicando o item $(SG3)$ da proposição anterior, podemos concluir que*
$$n\mathbb{Z} \leqslant \mathbb{Z}$$
para qualquer $n \in \mathbb{N}$.

(1) $n\mathbb{Z} \neq \emptyset$ pois $0 = n \cdot 0 \in n\mathbb{Z}$.

(2) Dados $nx, ny \in n\mathbb{Z}$, temos
$$nx + (-ny) = n(x-y) \in n\mathbb{Z}.$$

□

Na verdade, pode-se concluir de forma muito parecida que
$$m\mathbb{Z} \leqslant n\mathbb{Z}$$
sempre que $n|m$.

Exemplo 5.14. *Relembrando o grupo $S_\mathbb{R}$ apresentado no Exemplo 5.6, considere o conjunto*
$$\mathcal{A}(\mathbb{R}) = \{ax + b \in S_\mathbb{R} \mid a \neq 0\},$$
com a operação de composição. Note que, de fato, os polinômios de grau 1 são funções bijetoras e, portanto, $\mathcal{A}(\mathbb{R}) \subseteq S_\mathbb{R}$. Vamos provar que $\mathcal{A}(\mathbb{R})$ satisfaz o item $(SG2)$ da Proposição 5.8 e, para isso, considere $g(x) = ax + b$ e $h(x) = cx + d$ em $\mathcal{A}(\mathbb{R})$.

(1) A função identidade de $S_\mathbb{R}$ é $id(x) = x$ que está em $\mathcal{A}(\mathbb{R})$.

(2) Temos
$$(g \circ h)(x) = a(cx + d) + b = acx + (ad + b)$$
que está em $\mathcal{A}(\mathbb{R})$, visto que $ac \neq 0$.

5.2. Subgrupos

(3) *A inversa de $h(x)$, visto que $c \neq 0$, é*

$$h^{-1}(x) = \frac{1}{c}x + \frac{-d}{c}$$

que também está em $\mathcal{A}(\mathbb{R})$.

Logo, esse conjunto é um subgrupo de $S_\mathbb{R}$ e, portanto, um grupo.

Note que esse grupo não é abeliano pois, se tomarmos $2x$ e $x+1$, suas composições são distintas:

$$(2x) \circ (x+1) = 2(x+1) = 2x+2,$$
$$(x+1) \circ (2x) = (2x)+1 = 2x+1.$$

□

Exemplo 5.15. *Agora, defina*

$$\mathcal{A}_1(\mathbb{R}) = \{x + b \in \mathcal{A}(\mathbb{R})\},$$

com a operação de composição. Ou seja, os elementos do grupo do exemplo anterior em que o coeficiente que acompanha x é igual a 1. Provemos que $\mathcal{A}_1(\mathbb{R})$ é um subgrupo de $\mathcal{A}(\mathbb{R})$ através de (SG3) da Proposição 5.8. Sejam $g(x) = x + b$ e $h(x) = x + d$ em $\mathcal{A}_1(\mathbb{R})$.

(1) *O conjunto $\mathcal{A}_1(\mathbb{R})$ é não vazio pois contém a função identidade $id(x) = x$.*

(2) *Temos que $h^{-1}(x) = x - d$ e*

$$(g \circ h^{-1})(x) = (x-d) + b = x + (b-d)$$

que está em $\mathcal{A}_1(\mathbb{R})$.

Logo, $\mathcal{A}_1(\mathbb{R}) \leqslant \mathcal{A}(\mathbb{R})$ é um grupo.

Esse grupo é abeliano pois

$$(g \circ h)(x) = (x+d) + b = (x+b) + d = (h \circ g)(x)$$

para qualquer $x \in \mathbb{R}$.

□

Grupos

Nas próximas três proposições, veremos como obter novos subgrupos a partir de alguns já conhecidos. Para começar, lembre que no Exemplo 5.7 aprendemos o que são os produtos diretos de dois ou mais grupos.

Proposição 5.9. *Se $H_1 \leqslant G_1$ e $H_2 \leqslant G_2$, então $H_1 \times H_2 \leqslant G_1 \times G_2$.*

Demonstração: Façamos essa demonstração demonstrando que vale $(SG3)$ da Proposição 5.8.

(1) O conjunto $H_1 \times H_2$ é não vazio pois contém o elemento (e, e).

(2) Dados (h_1, h_2) e (k_1, k_2) em $H_1 \times H_2$, temos

$$(h_1, h_2)(k_1, k_2)^{-1} = (h_1, h_2)(k_1^{-1}, k_2^{-1}) = (h_1 k_1^{-1}, h_2 k_2^{-1}) \in H_1 \times H_2$$

pois H_1 e H_2 satisfazem $(SG3)$.

$\square$

De maneira geral, este resultado pode ser estendido para uma quantidade arbitrária de grupos e subgrupos. Além disso, dados $G_1, G_2, \ldots, G_n$ grupos, um caso particular dessa propriedade nos diz que

$$G_1 \times \ldots \times G_{k-1} \times \{e\} \times G_{k+1} \times \ldots \times G_n \leqslant G_1 \times \ldots \times G_k \times \ldots \times G_n.$$

A próxima proposição nos será útil em demonstrações futuras.

Proposição 5.10. *Seja G um grupo.*

(a) Se $H \leqslant K$ e $K \leqslant G$ então $H \leqslant G$;

(b) Se $H \leqslant G$, $K \leqslant G$ e $H \subseteq K$ então $H \leqslant K$.

Demonstração: (a) De fato, as hipóteses garantem que H é um grupo com a mesma operação de K. Mas elas também nos dizem que K tem a mesma operação de G. Logo, H é um grupo com a mesma operação de G, e temos que $H \leqslant G$.

(b) Este resultado também possui uma demonstração simples, pois as hipóteses nos dizem que H e K são grupos com operações iguais às de G. Como $H \subseteq K$, então $H \leqslant K$.

$\square$

5.2. Subgrupos

Proposição 5.11. *Sejam H_1 e H_2 subgrupos de G. Então $H_1 \cap H_2 \leqslant G$.*

Demonstração: Vamos provar que vale $(SG3)$ da Proposição 5.8 para essa intersecção.

(1) Como $e_G \in H_1$ e $e_G \in H_2$, temos $e_G \in H_1 \cap H_2$ que não é vazio.

(2) Dados $g, h \in H_1 \cap H_2$, temos que $g, h \in H_1$ e $g, h \in H_2$. Assim, pelo item (2) de $(SG3)$ sobre H_1 e H_2, temos $gh^{-1} \in H_1$ e $gh^{-1} \in H_2$, que implica $gh^{-1} \in H_1 \cap H_2$.

□

Podemos generalizar esse resultado para a intersecção arbitrária de grupos. E assim como no caso de anéis, a união de subgrupos não é um subgrupo, como podemos ver no próximo exemplo.

Exemplo 5.16. *Considere o grupo $\mathbb{Z} \times \mathbb{Z}$ com a operação de adição coordenada a coordenada, conforme estudado no Exemplo 5.7. Note que $\mathbb{Z} \times \{0\}$ e $\{0\} \times \mathbb{Z}$ são seus subgrupos pela Proposição 5.9. Porém, sua união não é, afinal, se tomarmos os elementos da união $(2, 0)$ e $(0, 3)$, sua soma $(2, 3)$ não está contida em $(\mathbb{Z} \times \{0\}) \cup (\{0\} \times \mathbb{Z})$.* □

Para que a união de dois subgrupos seja um subgrupo, é necessário e suficiente que um deles esteja contido no outro. Esse é o Exercício 5.33.

A seguir, apresentaremos dois exemplos de subgrupos do grupo de matrizes inversíveis $GL(2, \mathbb{R})$, que vimos no Exemplo 5.5.

Exemplo 5.17. *Considere*

$$SL(2, \mathbb{R}) = \{A \in GL(2, \mathbb{R}) : \det(A) = 1\}.$$

Vamos demonstrar que $SL(2, \mathbb{R}) \leqslant GL(2, \mathbb{R})$, denominado grupo linear especial, via $(SG2)$ da Proposição 5.8.

(1) A matriz identidade

$$\begin{bmatrix} 1 & 0 \\ 0 & 1 \end{bmatrix}$$

possui determinante igual a 1, logo pertence a $SL(2, \mathbb{R})$.

(2) Dadas $A, B \in SL(2, \mathbb{R})$, temos que
$$\det(AB) = \det(A) \cdot \det(B) = 1 \cdot 1 = 1$$
e, portanto, $AB \in SL(2, \mathbb{R})$.

(3) Por fim, se $A \in SL(2, \mathbb{R})$, temos que
$$\det\left(A^{-1}\right) = \frac{1}{\det(A)} = \frac{1}{1} = 1.$$

Logo,
$$SL(2, \mathbb{R}) \leqslant GL(2, \mathbb{R}).$$

$\square$

De forma análoga, temos que $SL(n, K) \leqslant GL(n, K)$ onde $n \in \mathbb{N}^*$ e K é um corpo qualquer.

Exemplo 5.18. *Considere o conjunto das matrizes triangulares superiores com coeficientes da diagonal igual a 1,*
$$T_1(2, \mathbb{R}) = \left\{ \begin{bmatrix} 1 & a \\ 0 & 1 \end{bmatrix} : a \in \mathbb{R} \right\}.$$

Temos que $T_1(2, \mathbb{R}) \subseteq GL(2, \mathbb{R})$, visto que o determinante de tais matrizes é não nulo. Vamos provar que $T_1(2, \mathbb{R}) \leqslant GL(2, \mathbb{R})$ via (SG3) da Proposição 5.8.

(1) Note que a matriz identidade é da forma que define $T_1(2, \mathbb{R})$, com $a = 0$.

(2) Dadas duas matrizes
$$A = \begin{bmatrix} 1 & a \\ 0 & 1 \end{bmatrix} \text{ e } B = \begin{bmatrix} 1 & b \\ 0 & 1 \end{bmatrix},$$
perceba que
$$B^{-1} = \begin{bmatrix} 1 & -b \\ 0 & 1 \end{bmatrix}$$
pois
$$BB^{-1} = \begin{bmatrix} 1 & b \\ 0 & 1 \end{bmatrix} \begin{bmatrix} 1 & -b \\ 0 & 1 \end{bmatrix} = \begin{bmatrix} 1 & 0 \\ 0 & 1 \end{bmatrix}$$

5.2. Subgrupos

e
$$B^{-1}B = \begin{bmatrix} 1 & -b \\ 0 & 1 \end{bmatrix} \begin{bmatrix} 1 & b \\ 0 & 1 \end{bmatrix} = \begin{bmatrix} 1 & 0 \\ 0 & 1 \end{bmatrix}.$$

Daí,
$$AB^{-1} = \begin{bmatrix} 1 & a \\ 0 & 1 \end{bmatrix} \begin{bmatrix} 1 & -b \\ 0 & 1 \end{bmatrix} = \begin{bmatrix} 1 & -b+a \\ 0 & 1 \end{bmatrix} \in T_1(2, \mathbb{R}).$$

□

Visto que as matrizes de $T_1(2, \mathbb{R})$ têm determinante igual a 1, temos que $T_1(2, \mathbb{R}) \subseteq SL(2, \mathbb{R})$. Assim, o item (b) da Proposição 5.10 também nos informa que
$$T_1(2, \mathbb{R}) \leqslant SL(2, \mathbb{R}).$$

No Exercício 5.35, encorajamos o leitor a demonstrar que o conjunto das matrizes triangulares inversíveis

$$T(2, \mathbb{R}) = \left\{ \begin{bmatrix} a & b \\ 0 & d \end{bmatrix} : a, d \in \mathbb{R}^*, b \in \mathbb{R} \right\}$$

é um subgrupo de $GL(2, \mathbb{R})$.

Esses últimos exemplos nos lembram que nem todo grupo é abeliano, afinal, nem toda operação é comutativa. Mesmo assim, é importante estudarmos as propriedades comutativas dos elementos de um grupo. Por isso, apresentamos a definição a seguir.

Definição 5.4. *Dado um subconjunto S de um grupo G, o centralizador de S em G é*
$$C_G(S) = \{g \in G : sg = gs, \forall\, s \in S\}.$$

Ou seja, o centralizador de S é o subconjunto de elementos de G que comutam com todos os elementos de S. Uma outra caracterização para este conjunto é
$$C_G(S) = \{g \in G : g = s^{-1}gs, \forall\, s \in S\},$$
visto que $\forall\, s \in S$,
$$sg = gs \Leftrightarrow g = s^{-1}gs.$$

No caso de querermos estudar o centralizador de um conjunto que só con-

Grupos

tenha um elemento, digamos $\{h\} \subseteq G$, usamos a notação $C_G(h)$, ou seja,

$$C_G(h) = \{g \in G : hg = gh\}$$
$$= \{g \in G : g = h^{-1}gh\}$$

que é o subconjunto de G dos elementos que comutam com h.

Note que $e \in C_G(S)$, para qualquer $S \subseteq G$ afinal, $se = s = es$ para todo $s \in S$. Então o centralizador de um conjunto nunca é vazio. Também, quando G é um grupo abeliano sabemos que todos seus elementos comutam entre si. Nesse caso, dado qualquer $S \subseteq G$,

$$C_G(S) = G.$$

Exemplo 5.19. *Analisando a tábua de operações do grupo dos quatérnios Q_8, apresentado no Exemplo 5.10, vemos que seus elementos i, j e k não comutam entre si. Daí, podemos concluir que*

$$C_{Q_8}(i) = \{1, -1, i, -i\},$$
$$C_{Q_8}(j) = \{1, -1, j, -j\},$$

e

$$C_{Q_8}(k) = \{1, -1, k, -k\}.$$

Também,

$$C_{Q_8}(\{i,j\}) = \{1, -1\}.$$

□

Perceba que todos os centralizadores desse último exemplo são conjuntos fechados pela multiplicação em Q_8. Pois na próxima proposição demonstramos que os centralizadores em um grupo são sempre subgrupos.

Proposição 5.12. *Dado um grupo G e $S \subseteq G$,*

$$C_G(S) \leqslant G.$$

Demonstração: Vamos demonstrar que vale $(SG3)$ da Proposição 5.8.

(1) Já sabemos que $e \in C_G(S)$ que é, portanto, não vazio.

5.2. Subgrupos

(2) Utilizando a segunda caracterização dos centralizadores, dados $g, h \in C_G(S)$ temos, $\forall\, s \in S$, $g = s^{-1}gs$ e

$$h = s^{-1}hs \Rightarrow h^{-1} = s^{-1}h^{-1}s.$$

Logo
$$gh^{-1} = (s^{-1}gs)(s^{-1}h^{-1}s) = s^{-1}(gh^{-1})s$$

e $gh^{-1} \in C_G(S)$.

$\square$

Portanto, todo centralizador é sempre um grupo. E perceba que como $eg = g = ge$ para todo $g \in G$, temos

$$C_G(e) = G.$$

Dentre muitas coisas, este resultado nos mostra que nem sempre os centralizadores são grupos abelianos.

Poderíamos nos perguntar se faz sentido calcular $C_G(G)$. Faz! Esse conjunto ganha um nome especial, de mesma essência no caso de anéis, o de centro de um grupo.

Definição 5.5. *O centro de um grupo G é*

$$Z(G) = \{g \in G\,:\, hg = gh,\, \forall\, h \in G\}.$$

Ou seja, o centro de um grupo é o conjunto dos elementos de G que comutam com todos os seus elementos. A Proposição 5.12 junto ao fato de que $Z(G) = C_G(G)$ nos garante que ele é um grupo, pois

$$Z(G) \leqslant G.$$

Isso também nos diz que o centro de um grupo nunca é vazio, pois sempre contém o elemento neutro de G.

Também podemos definir o centro de G na forma

$$Z(G) = \{g \in G\,:\, g = h^{-1}gh,\, \forall\, h \in G\},$$

assim como fizemos com os centralizadores.

Grupos

Como o centro de um grupo é o conjunto de seus elementos que comutam com todos os demais, uma consequência natural é que G é um grupo comutativo se, e somente se, $Z(G) = G$.

Exemplo 5.20. *Temos*
$$Z(Q_8) = \{1, -1\},$$
onde Q_8 foi definido no Exemplo 5.10. Essa conclusão segue de uma análise da tábua da operação deste conjunto, visto que $ij = k$ mas $ji = -k$ e $jk = i$ mas $kj = -i$. □

É evidente que há mais conexões entre os centralizadores dos elementos de G e o centro de G, visto que ambas definições versam sobre a comutatividade em G. As próximas duas proposições nos apresentam algumas delas.

Proposição 5.13. *Dado um grupo G e $S \subseteq G$, temos que*
$$Z(G) \leqslant C_G(S).$$

Demonstração: Por (b) da Proposição 5.10, como ambos os conjuntos são subgrupos de G, basta mostrar que $Z(G) \subseteq C_G(S)$. Para isso, seja $g \in Z(G)$. Isso significa que g comuta com todos elementos de G. Mas então, em particular, ele comutará com todos os elementos de qualquer subconjunto de G. Logo $g \in C_G(S)$.

□

Proposição 5.14. *Dado um grupo G, temos que*
$$Z(G) = \bigcap_{h \in G} C_G(h).$$

Demonstração: ($\subseteq$) Tome $g \in Z(G)$ e perceba que $hg = gh$ para todos $h \in G$. Mas isso significa que g comuta, especificamente, com todo elemento h de G, ou seja, $g \in C_G(h)$, $\forall h \in G$. Logo vale a inclusão.

($\supseteq$) Tome $g \in C_G(h)$, $\forall h \in G$. Daí temos que $hg = gh$ para todos $h \in G$, ou seja, $g \in Z(G)$.

□

5.2. Subgrupos

Para a próxima definição, dado um subconjunto S do grupo G e $g \in G$, considere os conjuntos
$$gS = \{gs : s \in S\}$$
e
$$Sg = \{sg : s \in S\}.$$

Fique atento que, se o grupo G é aditivo, então a notação para esses conjuntos é
$$g + S = \{g + s : s \in S\}$$
e
$$S + g = \{s + g : s \in S\}.$$

Ou, por exemplo, se estamos falando de um grupo de funções cuja operação é a composição, então as notações seriam
$$g \circ S = \{g \circ s : s \in S\}$$
e
$$S \circ g = \{s \circ g : s \in S\}.$$

Veremos nas próximas páginas que esses conjuntos são extremamente importantes para um estudo profundo de toda teoria de grupos. Começamos com a seguinte definição.

Definição 5.6. *Dado um subconjunto S de um grupo G, o normalizador de S em G é*
$$N_G(S) = \{g \in G : gS = Sg\}.$$

Observação 5.15. *As definições de centralizador e de normalizador são muito parecidas, tanto que se S possui somente um elemento, então as definições nos mostram que seu normalizador é igual ao seu centralizador.*
Porém, quando S possui mais de um elemento, a diferença nas definições é que, quando h está no centralizador de S, ele comuta com todos elementos desse conjunto. Mas, quando h está no normalizador de S, temos que dado $s \in S$, existe algum $r \in S$ tal que $hs = rh$. Ou seja, h não precisa comutar individualmente com todos elementos de S, mas com o conjunto como um objeto.
Isso também nos diz que $C_G(S) \subseteq N_G(S)$. □

Grupos

Em um grupo qualquer G o normalizador de um conjunto nunca é vazio, pois sempre temos que $\{e\} \in N_G(S)$, qualquer que seja $S \subseteq G$. Já nos grupos abelianos, como

$$gS = \{gs : s \in S\}$$
$$= \{sg : s \in S\}$$
$$= Sg$$

para quaisquer subconjunto $S \subseteq G$ e $g \in G$, temos que

$$N_G(S) = G.$$

No próximo exemplo, vemos que podemos ter essa igualdade mesmo se G não é abeliano, calculando o normalizador de $\mathcal{A}_1(\mathbb{R})$ em $\mathcal{A}(\mathbb{R})$, estudados no Exemplo 5.15.

Exemplo 5.21. *Precisamos encontrar todos elementos $ax + b$ de $\mathcal{A}(\mathbb{R})$ tais que*

$$(ax + b) \circ \mathcal{A}_1(\mathbb{R}) = \mathcal{A}_1(\mathbb{R}) \circ (ax + b).$$

Analisando o conjunto da esquerda, perceba que dado $x + d$ qualquer em $\mathcal{A}_1(\mathbb{R})$, temos

$$(ax + b) \circ (x + d) = a(x + d) + b = ax + (ad + b).$$

Mas esse elemento é igual a

$$(x + ad) \circ (ax + b) = (ax + b) + ad = ax + (ad + b).$$

Ou seja, qualquer elemento da forma $ax + b$ estará em $N_{\mathcal{A}(\mathbb{R})}(\mathcal{A}_1(\mathbb{R}))$. Logo, embora o grupo $\mathcal{A}(\mathbb{R})$ não seja abeliano, temos que

$$N_{\mathcal{A}(\mathbb{R})}(\mathcal{A}_1(\mathbb{R})) = \mathcal{A}(\mathbb{R}).$$

□

Exemplo 5.22. *Considere $S = \{i, j\}$ e vamos calcular seu normalizador em Q_8, conforme definimos no Exemplo 5.10.*
Queremos encontrar os elementos do grupo dos quatérnios que comutam com o conjunto S. Para isso, considere a seguinte tabela:

5.2. Subgrupos

$g \in Q_8$	gS	Sg
1	$\{i,j\}$	$\{i,j\}$
-1	$\{-i,-j\}$	$\{-i,-j\}$
i	$\{-1,k\}$	$\{-1,-k\}$
$-i$	$\{1,-k\}$	$\{1,k\}$
j	$\{-k,-1\}$	$\{k,-1\}$
$-j$	$\{k,1\}$	$\{-k,1\}$
k	$\{j,-i\}$	$\{-j,i\}$
$-k$	$\{-j,i\}$	$\{j,-i\}$

Perceba que as linhas que possuem dois conjuntos iguais nas colunas 2 e 3 são apenas as linhas respectivas aos elementos $1, -1$. Portanto

$$N_{Q_8}(S) = \{1, -1\}.$$

□

Podemos nos perguntar quais propriedades o normalizador satisfaz. E na próxima proposição demonstramos uma delas.

Proposição 5.16. *Dado $S \subseteq G$, temos que*

$$N_G(S) \leqslant G.$$

Demonstração: Vamos provar que $N_G(S)$ satisfaz $(SG3)$, da Proposição 5.8.

(1) Note que

$$\begin{aligned} eS &= \{es : s \in S\} \\ &= \{s : s \in S\} \\ &= \{se : s \in S\} \\ &= Se. \end{aligned}$$

Logo $N_G(S) \neq \emptyset$, pois contém e.

(2) Sejam $g, h \in N_G(S)$, ou seja, $gS = Sg$ e $hS = Sh$. Para provar que $gh^{-1}S = Sgh^{-1}$, demonstraremos primeiro que $h^{-1}S = Sh^{-1}$.

($\subseteq$) Dado $h^{-1}s \in h^{-1}S$, temos

$$h^{-1}s = h^{-1}shh^{-1} = (*).$$

Mas como $hS = Sh$, $sh = hr$ para algum $r \in S$. Logo

$$(*) = h^{-1}hrh^{-1} = rh^{-1} \in Sh^{-1}.$$

($\supseteq$) É análogo.

Assim,
$$gh^{-1}S = gSh^{-1} = Sgh^{-1}$$
e $gh^{-1} \in N_G(S)$.

□

O estudo do normalizador é mais interessante quando o calculamos sobre um subgrupo H. Provamos a seguir que, neste caso, H é também um subgrupo de seu normalizador.

Proposição 5.17. *Dado um $H \leqslant G$, temos que $H \leqslant N_G(H)$.*

Demonstração: Pelas proposições 5.10 (b) e 5.16, basta provarmos que vale $H \subseteq N_G(H)$. Assim, dado $k \in H$, vamos provar que $kH = Hk$ para concluir que $k \in N_G(H)$.

($\subseteq$) De fato, se considerarmos $kh \in kH$, com $h \in H$, temos que $khk^{-1} \in H$ e, portanto,
$$kh = khk^{-1}k \in Hk.$$

($\supseteq$) É análogo.

□

Exemplo 5.23. *Vamos calcular o normalizador de $T_1(2,\mathbb{R})$ em $GL(2,\mathbb{R})$, como apresentados nos exemplos 5.18 e 5.5 respectivamente. Queremos encontrar as matrizes inversíveis de $GL(2,\mathbb{R})$ que satisfazem*

$$\begin{bmatrix} a & b \\ c & d \end{bmatrix} T_1(2,\mathbb{R}) = T_1(2,\mathbb{R}) \begin{bmatrix} a & b \\ c & d \end{bmatrix}.$$

5.2. Subgrupos

Perceba que se tomarmos elementos genéricos de $T_1(2,\mathbb{R})$, temos que

$$\begin{bmatrix} a & b \\ c & d \end{bmatrix} \begin{bmatrix} 1 & s \\ 0 & 1 \end{bmatrix} = \begin{bmatrix} a & as+d \\ c & cs+d \end{bmatrix}$$

e que

$$\begin{bmatrix} 1 & t \\ 0 & 1 \end{bmatrix} \begin{bmatrix} a & b \\ c & d \end{bmatrix} = \begin{bmatrix} a+tc & b+td \\ c & d \end{bmatrix}.$$

Analisando as entradas da primeira linha e primeira coluna, assim como na segunda linha e segunda coluna, precisamos que $c = 0$. Como nossa matriz deve ser inversível, então automaticamente temos que $a \neq 0$ e $d \neq 0$. Com isso, dado s qualquer, se tomarmos $t = \dfrac{as-b}{d} + 1$, temos que

$$\begin{bmatrix} a & b \\ 0 & d \end{bmatrix} \begin{bmatrix} 1 & s \\ 0 & 1 \end{bmatrix} = \begin{bmatrix} 1 & t \\ 0 & 1 \end{bmatrix} \begin{bmatrix} a & b \\ 0 & d \end{bmatrix}$$

Portanto

$$N_{GL(2,\mathbb{R})}(T_1(2,\mathbb{R})) = \left\{ \begin{bmatrix} a & b \\ 0 & d \end{bmatrix} \in GL(2,\mathbb{R}) \right\}$$
$$= T(2,\mathbb{R}),$$

o conjunto das matrizes triangulares superiores, 2×2, inversíveis e com coeficientes reais. □

Quando procuramos o normalizador de um subgrupo H de G, precisamos descobrir para quais $g \in G$ vale $gH = Hg$. Acontece que a importância desses conjuntos transcende a definição de normalizador e, por isso, eles recebem nomes especiais.

Definição 5.7. *Dado $H \leqslant G$ definimos as coclasses à esquerda de H em G como os conjuntos*

$$gH = \{gh : h \in H\},$$

para cada $g \in G$. De forma análoga, as coclasses à direita de H em G são os conjuntos

$$Hg = \{hg : h \in H\}$$

Grupos

para cada $g \in G$.

Caso G seja um grupo abeliano, temos que $gH = Hg$, $\forall g \in G$ e as chamaremos apenas de coclasses.

Note que $(gk)H = g(kH)$ e que $eH = H = He$. Também,

$$gH = kH \Leftrightarrow \exists h_1, h_2 \in H : gh_1 = kh_2$$
$$\Leftrightarrow k^{-1}g = h_2 h_1^{-1}$$
$$\Leftrightarrow k^{-1}g \in H$$

que é equivalente a $g^{-1}k \in H$, pois H é um subgrupo e possui todos inversos de seus elementos.

Ademais, perceba que se tomarmos um elemento qualquer de uma coclasse, digamos $k \in gH$, então existe único $h \in H$ com $k = gh$. De fato, se existissem $h_1, h_2 \in H$ tais que $gh_1 = k = gh_2$, então a lei do cancelamento nos diria que

$$gh_1 = gh_2 \Leftrightarrow h_1 = h_2.$$

Exemplo 5.24. *Sabemos que $4\mathbb{Z} \leqslant \mathbb{Z}$, aditivos. Vamos calcular suas coclasses à esquerda, e sabemos que elas são iguais às coclasses à direita pois $\mathbb{Z}$ é abeliano. Note que temos pelo menos quatro coclasses distintas:*

$$0 + 4\mathbb{Z} = \{0 + 4k : 4k \in 4\mathbb{Z}\}$$
$$1 + 4\mathbb{Z} = \{1 + 4k : 4k \in 4\mathbb{Z}\}$$
$$2 + 4\mathbb{Z} = \{2 + 4k : 4k \in 4\mathbb{Z}\}$$
$$3 + 4\mathbb{Z} = \{3 + 4k : 4k \in 4\mathbb{Z}\}.$$

Agora, dado $a \in \mathbb{Z}$, sabemos pelo algoritmo da divisão que $a = 4q + r$ com $q, r \in \mathbb{Z}$ e $0 \leqslant r < 4$. Daí:

$$a + 4\mathbb{Z} = \{a + 4k : 4k \in 4\mathbb{Z}\}$$
$$= \{4q + r + 4k : 4k \in 4\mathbb{Z}\}$$
$$= \{r + 4k : 4k \in 4\mathbb{Z}\}$$
$$= r + 4\mathbb{Z}.$$

Logo, aquelas quatro coclasses são as únicas distintas de $4\mathbb{Z}$ em $\mathbb{Z}$. □

5.2. Subgrupos

De maneira geral, dado $n \in \mathbb{N}^*$, existem n coclasses de $n\mathbb{Z}$ em $\mathbb{Z}$,

$$0 + n\mathbb{Z} = \{0 + nk : nk \in n\mathbb{Z}\}$$
$$1 + n\mathbb{Z} = \{1 + nk : nk \in n\mathbb{Z}\}$$
$$\vdots$$
$$(n-1) + n\mathbb{Z} = \{(n-1) + nk : nk \in 4\mathbb{Z}\}.$$

Este exemplo já nos mostra que as coclasses não são sempre subgrupos do grupo em questão. Mais especificamente, $1+4\mathbb{Z}$ contém 1 e 5, mas não contém $1+5=6$, não sendo fechado pela operação.

Perceba também que todas as coclasses tem a mesma quantidade de elementos. Na próxima proposição, demonstramos que isso sempre acontece.

Proposição 5.18. *Dado $H \leqslant G$, todas as coclasses de H em G têm a mesma cardinalidade.*

Demonstração: Vamos demonstrar que duas coclasses quaisquer à esquerda possuem mesma cardinalidade, pois de forma análoga se demonstra que o mesmo vale para coclasses à direita ou para coclasses de lateralidades distintas. Para provar que dois conjuntos possuem mesma cardinalidade, precisamos definir uma bijeção entre eles. Considere

$$f : gH \to kH$$
$$gh \mapsto kh.$$

Vamos demonstrar que essa função é bijetora, demonstrando que

$$t : kH \to gH$$
$$kh \mapsto gh$$

é sua inversa. De fato:

$$(f \circ t)(kh) = f(t(kh)) = f(gh) = kh$$
$$(t \circ f)(gh) = t(f(gh)) = t(kh) = gh.$$

Logo, f é bijetora, o que nos diz que gH e kH têm a mesma cardinalidade finita ou ambas têm infinitos elementos.

$\square$

Grupos

Outra propriedade importante apresentada a seguir é de como determinar as coclasses da intersecção entre subgrupos de um grupo dado.

Proposição 5.19. *Dados $g \in G$, $H \leqslant G$ e $K \leqslant G$, temos*

$$g(H \cap K) = gH \cap gK$$

e

$$(H \cap K)g = Hg \cap Kg.$$

Demonstração: Vamos provar apenas a primeira igualdade, pois a segunda se demonstra de forma análoga.

($\subseteq$) Dado $gt \in g(H \cap K)$, como $t \in H \cap K$, temos que $t \in H$ e $t \in K$. Logo $gt \in gH$ e $gt \in gK$, pertencendo assim a sua intersecção.

($\supseteq$) Se $gt \in gH \cap gK$, então $t \in H$ e $t \in K$. Logo $gt \in g(H \cap K)$.

$\square$

Há mais algumas propriedades interessantes que esses conjuntos satisfazem. Por exemplo, o elemento $g \in G$ pertence a gH e a Hg. Além disso, se $k \in gH$, o que nos diz que $k = gh_1$ para algum $h_1 \in H$, então podemos concluir que $gH = kH$. De fato:

($\subseteq$) Dado $x \in gH$, existe $h_2 \in H$ tal que $x = gh_2$. Daí

$$\begin{aligned} x &= gh_2 \\ &= gh_1(h_1)^{-1}h_2 \\ &= k(h_1)^{-1}h_2 \in kH. \end{aligned}$$

($\supseteq$) Agora, se $x \in kH$, temos que $x = kh_2$. Ou seja,

$$\begin{aligned} x &= kh_2 \\ &= gh_1h_2 \in gH. \end{aligned}$$

Isso nos diz que os conjuntos do tipo gH ou são iguais ou são disjuntos, algo que o exemplo anterior já indicou. Portanto, dado $k \in G$, ele só estará contido em kH e podemos utilizar esse fato para calcular coclasses, conforme o próximo exemplo.

5.2. Subgrupos

Exemplo 5.25. *Vamos encontrar as coclasses de*

$$H = \{(\overline{0},\overline{0}), (\overline{1},\overline{2}), (\overline{0},\overline{4}), (\overline{1},\overline{0}), (\overline{0},\overline{2}), (\overline{1},\overline{4})\}$$

em $\mathbb{Z}_2 \times \mathbb{Z}_6$ – no Exercício 5.24 convidamos o leitor a provar que $H \leqslant \mathbb{Z}_2 \times \mathbb{Z}_6$ – e perceba que como esse grupo é comutativo, as coclasses à esquerda são iguais às coclasses à direita. Sempre podemos começar com a coclasse conectada ao elemento neutro do grupo em questão, pois ela é o próprio subgrupo. Ou seja,

$$(\overline{0},\overline{0}) + H = H$$
$$= \{(\overline{0},\overline{0}), (\overline{1},\overline{2}), (\overline{0},\overline{4}), (\overline{1},\overline{0}), (\overline{0},\overline{2}), (\overline{1},\overline{4})\}.$$

Para encontrar as coclasses seguintes, basta calcular uma coclasse que esteja relacionada a um elemento do grupo que ainda não foi listado nas coclasses já encontradas, visto que elas são disjuntas. Por exemplo,

$$(\overline{0},\overline{1}) + H = \{(\overline{0},\overline{1}), (\overline{1},\overline{3}), (\overline{0},\overline{5}), (\overline{1},\overline{1}), (\overline{0},\overline{3}), (\overline{1},\overline{5})\}.$$

Note que essas duas classes são de fato disjuntas, e contemplam todos elementos do grupo $\mathbb{Z}_2 \times \mathbb{Z}_6$. Isso significa que nosso trabalho se encerrou e temos apenas duas coclasses de H em $\mathbb{Z}_2 \times \mathbb{Z}_6$. □

Perceba que as propriedades satisfeitas pelas coclasses são análogas àquelas que as classes de equivalência em anéis satisfazem, conforme nossos estudos na Seção 3.3. E isso nos indica que essas coclasses podem ser obtidas de uma forma muito parecida ao que fizemos naquela seção, via relações de equivalência.

Pois a partir da próxima definição faremos isso, e a relação que utilizaremos vem de outro fato que já conhecemos, de que

$$gH = hH \Leftrightarrow g^{-1}h \in H$$

quando H é um subgrupo de G.

Definição 5.8. *Dados g, h em G com $H \leqslant G$, defina a relação $_H\sim$ como*

$$g \;_H\!\sim h \Leftrightarrow g^{-1}h \in H.$$

Relembrando a Definição 2.8, vamos provar que essa relação é uma relação de equivalência.

Proposição 5.20. *A relação $_H\sim$ é uma relação de equivalência.*

Demonstração: Sejam $g, h, k \in G$.

$(R1)$ Note que $g^{-1}g = e \in H$. Portanto, $g \,_H\sim g$.

$(R2)$ A hipótese $g \,_H\sim h$ significa que $g^{-1}h \in H$. Mas como H é um grupo, é fechado pela inversão. Logo, $h^{-1}g = (g^{-1}h)^{-1} \in H$ e $h \,_H\sim g$.

$(R3)$ Note que H é fechado pelo produto. Portanto,

$$\begin{aligned} g \,_H\sim h,\ h \,_H\sim k &\Rightarrow g^{-1}h \in H \text{ e } h^{-1}k \in H \\ &\Rightarrow g^{-1}k = (g^{-1}h)(h^{-1}k) \in H \\ &\Rightarrow g \,_H\sim k. \end{aligned}$$

$\square$

Assim, podemos definir as classes de equivalência dessa relação, que recebem nomes especiais de classes laterais, à esquerda ou à direita, de H em G.

Definição 5.9. *Para todo $g \in G$ com $H \leqslant G$, os conjuntos*

$$_gH = \{k \in G : g \,_H\sim k\}$$

são as classes laterais à esquerda de H em G.

De forma análoga, podemos definir a relação

$$g \sim_H h \Leftrightarrow hg^{-1} \in H$$

e demonstrar que é uma relação de equivalência. Suas classes de equivalência são chamadas de classes laterais à direita de H em G, denotadas

$$H_g = \{k \in G : k \sim_H g\}.$$

Essas definições nos permitem concluir que quando o grupo G é abeliano, temos $_gH = H_g,\ \forall g \in G$. Mas, o que queremos, é provar que essas classes laterais são iguais às coclasses, que apresentamos na Definição 5.7.

Proposição 5.21. *Dado $g \in G$ com $H \leqslant G$,*

$$gH = {}_gH$$

5.2. Subgrupos

e
$$Hg = H_g.$$

Demonstração: Vamos provar a primeira igualdade, pois a segunda tem demonstração análoga.

($\subseteq$) Tome $x \in gH$. Daí, $x = gh$ para algum $h \in H$, ou seja, $g^{-1}x = h \in H$. Logo, $g \, {}_H\!\sim x$ e $x \in {}_gH$.

($\supseteq$) Seja, agora, $x \in {}_gH$. Daí $g \, {}_H\!\sim x$, que nos leva a concluir que $g^{-1}x \in H$. Ou seja, existe $h \in H$ tal que $g^{-1}x = h$, que implica $x = gh \in gH$.

$\square$

Assim, as classes laterais à esquerda de H em G são as coclasses gH e, as classes laterais à direita de H em G, são as coclasses Hg. Além disso, elas formam uma partição do grupo G, além de possuírem a mesma cardinalidade.

A pergunta natural é se podemos criar uma espécie de grupo quociente, utilizando essa estrutura das classes laterais. A resposta é sim, e a próxima seção nos prepara para essa finalidade.

Exercícios da Seção 5.2

5.19. *Pesquise sobre:*

(a) Subgrupo comutador.

(b) Grupo de Heisenberg.

5.20. *Sejam G um grupo, $H \leqslant G$ e $K \leqslant G$. Prove que $g(H \cap K) = gH \cap gK$, para qualquer $g \in G$.*

5.21. *Considere o grupo G e $K \leqslant G$. Prove que $(gh)K = g(hK)$, para quaisquer $g, h \in G$.*

5.22. *Dado um subgrupo K de G, prove que $gK = K \Leftrightarrow g \in K$.*

5.23. *Sejam G um grupo e $H \leqslant G$. Prove que o inverso de h em H coincide com o inverso de h em G.*

5.24. *Prove que*

$$\{(\overline{0},\overline{0}),(\overline{1},\overline{2}),(\overline{0},\overline{4}),(\overline{1},\overline{0}),(\overline{0},\overline{2}),(\overline{1},\overline{4})\} \leqslant \mathbb{Z}_2 \times \mathbb{Z}_6.$$

5.25. *Prove que*
$$S^1 = \{a+bi \in \mathbb{C} : a^2 + b^2 = 1\}$$
é um subgrupo multiplicativo de $\mathbb{C}^*$.

5.26. *E o conjunto*
$$\{a+bi \in \mathbb{C} : a^2 + b^2 = 2\},$$
é um subgrupo multiplicativo de $\mathbb{C}^*$?

5.27. *No Exemplo 5.13 demonstramos que* $n\mathbb{Z} \leqslant \mathbb{Z}$, *para algum* $n \in \mathbb{N}$. *Prove que todo subgrupo de* $\mathbb{Z}$ *é da forma* $n\mathbb{Z}$, *para algum* $n \in \mathbb{N}$.

5.28. *Encontre os subgrupos de* $\mathbb{Z}_6$.

5.29. *Encontre os subgrupos do grupo de Klein* K_4, *que vimos no Exemplo 5.9.*

5.30. *No contexto do Exemplo 5.14, prove que a inversa de* $h(x) = cx + d$ *é, de fato,*

$$h^{-1}(x) = \frac{1}{c}x + \frac{-d}{c}.$$

5.31. *Sejam* p *e* q *números naturais primos. Prove que*

$$P = \{p^m q^n : m, n \in \mathbb{Z}\}$$

é um subgrupo de $\mathbb{R}^*$.

5.32. *Prove que* $M = \{m + ni : m, n \in \mathbb{Z}\}$ *é um subgrupo de* $\mathbb{C}$.

5.33. *Dados* H_1 *e* H_2 *subgrupos de* G, *prove que* $H_1 \cup H_2 \leqslant G$ *se, e somente se,* $H_1 \subseteq H_2$ *ou* $H_2 \subseteq H_1$.

5.34. *Quem é* $SL(1,\mathbb{R})$?

5.35. *Generalizando o Exemplo 5.18, prove que*

$$T(2,\mathbb{R}) = \left\{ \begin{bmatrix} a & b \\ 0 & d \end{bmatrix} : a,d \in \mathbb{R}^*, b \in \mathbb{R} \right\} \leqslant GL(2,\mathbb{R}).$$

5.3. Subgrupos normais

5.36. *Apresente um grupo G com $\{e\} \subsetneq Z(G) \subsetneq G$.*

5.37. *Calcule todas as coclasses de $\mathbb{Z} \times 3\mathbb{Z}$ em $\mathbb{Z} \times \mathbb{Z}$.*

5.38. *Calcule todas as coclasses de $\{0\} \times \mathbb{Z}_3$ em $\mathbb{Z} \times \mathbb{Z}_3$.*

5.39. *Calcule todas as coclasses, em $\mathbb{Z}_4 \times \mathbb{Z}_4$, de*

$$H = \{(\overline{0},\overline{0}),(\overline{1},\overline{1}),(\overline{2},\overline{2}),(\overline{3},\overline{3})\}.$$

5.40. *Mostre que há infinitas coclasses de $\mathbb{R}$ em $\mathbb{C}$.*

5.3 Subgrupos normais

Quando estudamos anéis, aprendemos que podemos definir uma relação de equivalência a partir de seus ideais e, posteriormente, construir anéis quocientes. Em particular, vemos que não é possível realizar essa construção com meros subanéis.

Na teoria de grupos algo parecido acontece, e nossa candidata é a relação de equivalência que apresentamos na Definição 5.8. Porém, essa construção não gerará um grupo se partirmos de um mero subgrupo. É necessária uma propriedade adicional sobre os subgrupos, o que nos leva à seguinte definição.

Definição 5.10. *Um subgrupo H de G é dito um subgrupo normal se, $\forall\, g \in G$, vale*

$$gH = Hg.$$

Neste caso, denotamos

$$H \trianglelefteq G.$$

Ou seja, um subgrupo H de G é normal quando suas coclasses à esquerda e à direita são iguais ou, de forma equivalente, quando seu normalizador é igual a G. Esta caracterização que utiliza o normalizador, aliada ao Exemplo 5.21, nos diz que

$$\mathcal{A}_1(\mathbb{R}) \trianglelefteq \mathcal{A}(\mathbb{R}).$$

O conceito de subgrupo normal foi introduzido por Evariste Galois no estudo da resolução de equações polinomiais por radicais, mas seu desenvolvimento muito se deve a Camille Jordan.

Grupos

Camille Jordan

Marie Ennemond Camille Jordan (Lyon, 05 de janeiro de 1838 - Paris, 22 de janeiro de 1922) foi um matemático francês. É conhecido por seus estudos em análise e na álgebra, tendo contribuído imensamente para o desenvolvimento da teoria de grupos e, especialmente, na teoria de Galois. Uma de suas maiores contribuições foi *Commentaire sur Galois*, [7].

Como
$$g\{e\} = \{g\} = \{e\}g$$
para todo $g \in G$, temos que $\{e\} \trianglelefteq G$. Além disso, para qualquer $g \in G$, temos $gG = Gg$ pois, dado $h \in G$,

$$gh = ghe = gh(g^{-1}g) = (ghg^{-1})g \in Gg$$

e

$$hg = ehg = (gg^{-1})hg = g(g^{-1}hg) \in gG.$$

Logo, $G \trianglelefteq G$.

Uma maneira equivalente de demonstrar a normalidade de um subgrupo é provando que
$$gHg^{-1} = H,$$
$\forall g \in G$. Na verdade, convidamos o leitor a demonstrar no Exercício 5.44 que essa condição é equivalente a $gHg^{-1} \subseteq H$, $\forall g \in G$.

Perceba que quando H é um subgrupo normal de G, isso não significa que $gh = hg$ para todos $g \in G$ e $h \in H$. A propriedade $gH = Hg$ garante que, dado $h \in H$, existe $k \in H$ com $gh = kg$.

Na Proposição 5.9, vimos que o produto direto de subgrupos é um subgrupo. Pois essa propriedade continua valendo para subgrupos normais, como vemos na próxima proposição.

Proposição 5.22. *Se $H_1 \trianglelefteq G_1$ e $H_2 \trianglelefteq G_2$, então $H_1 \times H_2 \trianglelefteq G_1 \times G_2$.*

Demonstração: Já sabemos que $H_1 \times H_2 \leqslant G_1 \times G_2$. Para mostrar o que

5.3. Subgrupos normais

falta, considere $(g_1, g_2) \in G_1 \times G_2$. Note que

$$g_1 H_1 = H_1 g_1$$

e

$$g_2 H_2 = H_2 g_2$$

pois esses subgrupos são normais. Portanto,

$$\begin{aligned}(g_1, g_2)(H_1, H_2) &= (g_1 H_1, g_2 H_2) \\ &= (H_1 g_1, H_2 g_2) \\ &= (H_1, H_2)(g_1, g_2).\end{aligned}$$

Logo,

$$H_1 \times H_2 \trianglelefteq G_1 \times G_2.$$

$\square$

Uma consequência imediata do resultado acima é que, para um grupo G arbitrário,

$$G \times \{e\} \trianglelefteq G \times G.$$

Esse resultado pode ser generalizado para grupos $G_1, G_2, \ldots, G_n$, onde temos que

$$G_1 \times \ldots \times G_{k-1} \times \{e_{G_k}\} \times G_{k+1} \times \ldots \times G_n \trianglelefteq G_1 \times \ldots \times G_k \times \ldots \times G_n.$$

Exemplo 5.26. *No Exemplo 5.17 vimos que $SL(2, \mathbb{R}) \leqslant GL(2, \mathbb{R})$. Vamos demonstrar que, na verdade, $SL(2, \mathbb{R}) \trianglelefteq GL(2, \mathbb{R})$. Para isso, tomemos um elemento arbitrário $A \in GL(2, \mathbb{R})$ com determinante não nulo.*
Vamos demonstrar que $A \cdot SL(2, \mathbb{R}) \cdot A^{-1} \subseteq SL(2, \mathbb{R})$ e, para isso, considere um elemento qualquer $B \in SL(2, \mathbb{R})$ com determinante igual a 1. Daí,

$$\begin{aligned}\det(ABA^{-1}) &= \det(A) \cdot \det(B) \cdot \frac{1}{\det(A)} \\ &= \det(B) \\ &= 1.\end{aligned}$$

Portanto $ABA^{-1} \in SL(2, \mathbb{R})$ *e, consequentemente,*

$$A \cdot SL(2, \mathbb{R}) \cdot A^{-1} \subseteq SL(2, \mathbb{R}).$$

Logo,

$$SL(2, \mathbb{R}) \trianglelefteq GL(2, \mathbb{R}).$$

$\square$

De maneira geral, temos que

$$SL(n, \mathbb{R}) \trianglelefteq GL(n, \mathbb{R})$$

para $n \in \mathbb{N}^*$.

Na próxima proposição queremos apresentar maneiras de se obter subgrupos normais a partir de outros e, para isso, dados $H, K \leqslant G$ defina

$$HK = \{hk \, : \, h \in H, k \in K\}.$$

Perceba que essa definição é parecida aos conjuntos que construímos antes da Definição 5.6; lá operamos um elemento e um conjunto, aqui estamos operando dois conjuntos.

Proposição 5.23. *Seja G um grupo. Então*

(a) $H \trianglelefteq G$ e $K \trianglelefteq G \Rightarrow H \cap K \trianglelefteq G$;

(b) $H \leqslant G$ e $K \trianglelefteq G \Rightarrow H \cap K \trianglelefteq H$;

(c) $H \leqslant G$ e $K \trianglelefteq G \Rightarrow HK \leqslant G$;

(d) $H \trianglelefteq G$ e $K \trianglelefteq G \Rightarrow HK \trianglelefteq G$.

Demonstração: Ao longo desta demonstração, utilizaremos o Exercício 5.20, e também o resultado que você demonstrará no Exercício 5.43.

(a) A Proposição 5.11 nos garante que $H \cap K \leqslant G$. Para provar que é normal, tome $g \in G$ e basta utilizar a Proposição 5.19:

$$\begin{aligned} g(H \cap K) &= gH \cap gK \\ &= Hg \cap Kg \\ &= (H \cap K)g. \end{aligned}$$

5.3. Subgrupos normais

(b) Novamente, a Proposição 5.11 nos diz que $H \cap K \leqslant G$. Como $H \cap K \subseteq H$, o item (b) da Proposição 5.10 implica que $H \cap K \leqslant H$. Para provar que esse subgrupo é normal, tome $h \in H$ e considere outra vez a Proposição 5.19:

$$h(H \cap K) = hH \cap hK$$
$$= Hh \cap Kh$$
$$= (H \cap K)h.$$

(c) Vamos demonstrar que vale $(SG2)$ da Proposição 5.8.

(1) Como $e \in H$, assim como $e \in K$, temos que $e = ee \in HK$.

(2) Dados $g_1, g_2 \in HK$, sabemos que $g_1 = h_1 k_1$ e $g_2 = h_2 k_2$, com $h_1, h_2 \in H$ e $k_1, k_2 \in K$. Mas como K é normal, note que

$$k_1 h_2 \in K h_2 \Rightarrow k_1 h_2 \in h_2 K.$$

Logo existe $k_3 \in K$ com $k_1 h_2 = h_2 k_3$. Daí,

$$g_1 g_2 = h_1 k_1 h_2 k_2 = h_1 h_2 k_3 k_2 = (h_1 h_2)(k_3 k_2) \in HK.$$

(3) Seja $g \in HK$ com $g = h_1 k_1$, onde $h_1 \in H$ e $k_1 \in K$. Perceba que

$$k_1^{-1} h_1^{-1} \in K h_1^{-1} \Rightarrow k_1^{-1} h_1^{-1} \in h_1^{-1} K.$$

Assim, existe $k_2 \in K$ com $k_1^{-1} h_1^{-1} = h_1^{-1} k_2$. Daí,

$$g^{-1} = (h_1 k_1)^{-1} = k_1^{-1} h_1^{-1} = h_1^{-1} k_2 \in HK.$$

(d) O item (c) garante que HK é um subgrupo de G, e precisamos provar que ele é normal. Para isso, tome $g \in G$:

$$g(HK) = (gH)K = (Hg)K = H(gK) = H(Kg) = (HK)g.$$

□

Exemplo 5.27. *Vamos provar que*

$$Q_4 = \{1, -1, i, -i\}$$

é um subgrupo normal do grupo dos quatérnios, Q_8, apresentado no Exem-

plo 5.10. Sabemos que Q_4 é um centralizador pelo Exemplo 5.19, portanto, a Proposição 5.12 nos diz que
$$Q_4 \leqslant Q_8.$$
Para provar que é um subgrupo normal, façamos todos os casos necessários:

$$\begin{aligned} 1 \cdot Q_4 &= \{1 \cdot 1, 1 \cdot (-1), 1 \cdot i, 1 \cdot (-i)\} \\ &= \{1, -1, i, -i\} \\ &= \{1 \cdot 1, (-1) \cdot 1, i \cdot 1, (-i) \cdot 1\} \\ &= Q_4 \cdot 1, \end{aligned}$$

$$\begin{aligned} (-1) \cdot Q_4 &= \{(-1) \cdot 1, (-1) \cdot (-1), (-1) \cdot i, (-1) \cdot (-i)\} \\ &= \{-1, 1, -i, i\} \\ &= \{1 \cdot (-1), (-1) \cdot (-1), i \cdot (-1), (-i) \cdot (-1)\} \\ &= Q_4 \cdot (-1), \end{aligned}$$

$$\begin{aligned} i \cdot Q_4 &= \{i \cdot 1, i \cdot (-1), i \cdot i, i \cdot (-i)\} \\ &= \{i, -i, -1, 1\} \\ &= \{1 \cdot i, (-1) \cdot i, i \cdot i, (-i) \cdot i\} \\ &= Q_4 \cdot i, \end{aligned}$$

$$\begin{aligned} (-i) \cdot Q_4 &= \{(-i) \cdot 1, (-i) \cdot (-1), (-i) \cdot i, (-i) \cdot (-i)\} \\ &= \{-i, i, 1, -1\} \\ &= \{1 \cdot (-i), (-1) \cdot (-i), i \cdot (-i), (-i) \cdot (-i)\} \\ &= Q_4 \cdot (-i), \end{aligned}$$

$$\begin{aligned} j \cdot Q_4 &= \{j \cdot 1, j \cdot (-1), j \cdot i, j \cdot (-i)\} \\ &= \{j, -j, -k, k\} \\ &= \{1 \cdot j, (-1) \cdot j, (-i) \cdot j, i \cdot j\} \\ &= Q_4 \cdot j, \end{aligned}$$

5.3. Subgrupos normais

$$\begin{aligned}(-j) \cdot Q_4 &= \{(-j) \cdot 1, (-j) \cdot (-1), (-j) \cdot i, (-j) \cdot (-i)\} \\ &= \{-j, j, k, -k\} \\ &= \{1 \cdot (-j), (-1) \cdot (-j), (-i) \cdot (-j), i \cdot (-j)\} \\ &= Q_4 \cdot (-j),\end{aligned}$$

$$\begin{aligned}k \cdot Q_4 &= \{k \cdot 1, k \cdot (-1), k \cdot i, k \cdot (-i)\} \\ &= \{k, -k, j, -j\} \\ &= \{1 \cdot k, (-1) \cdot k, (-i) \cdot k, i \cdot k\} \\ &= Q_4 \cdot k,\end{aligned}$$

$$\begin{aligned}(-k) \cdot Q_4 &= \{(-k) \cdot 1, (-k) \cdot (-1), (-k) \cdot i, (-k) \cdot (-i)\} \\ &= \{-k, k, -j, j\} \\ &= \{1 \cdot (-k), (-1) \cdot (-k), (-i) \cdot (-k), i \cdot (-k)\} \\ &= Q_4 \cdot (-k).\end{aligned}$$

Portanto, concluímos que $Q_4 \trianglelefteq Q_8$. □

Note que a demonstração da normalidade no exemplo anterior foi bem trabalhosa. Em algumas situações, ela é desnecessária, como demonstramos na próxima proposição.

Proposição 5.24. *Se $H \leqslant G$ com G um grupo abeliano, então $H \trianglelefteq G$.*

Demonstração: Dados $g \in G$ e $H \leqslant G$,

$$\begin{aligned}gH &= \{gh : h \in H\} \\ &= \{hg : h \in H\} \\ &= Hg.\end{aligned}$$

□

Em particular, dado um grupo G, todo subgrupo de $Z(G)$ será normal em $Z(G)$. Na verdade, podemos concluir algo mais, conforme a próxima proposição.

Proposição 5.25. *Se $H \leqslant Z(G)$ então $H \trianglelefteq G$.*

Demonstração: O item (a) da Proposição 5.10 nos garante que $H \leqslant G$. Para ver que este é um subgrupo normal, note que os elementos de H estão em $Z(G)$, ou seja, os elementos de H comutam com todo elemento de G. Assim, dado $g \in G$,

$$gH = \{gh : h \in H\}$$
$$= \{hg : h \in H\}$$
$$= Hg$$

e concluímos que $H \trianglelefteq G$.

□

Em particular, como $Z(G) \leqslant Z(G)$, temos que

$$Z(G) \trianglelefteq G.$$

Nas próximas proposições demonstraremos resultados a respeito do centralizador e do normalizador, que apresentamos nas definições 5.4 e 5.6.

Proposição 5.26. *Dado um grupo G com $H \leqslant G$, temos que*

$$H \trianglelefteq N_G(H).$$

Demonstração: Pela Proposição 5.17, temos que $H \subseteq N_G(H)$. Para provar que é normal, tome $g \in N_G(H)$ e perceba que pela definição do normalizador,

$$gH = Hg.$$

Ou seja, $H \trianglelefteq N_G(H)$.

□

Proposição 5.27. *Dados um grupo G e $S \subseteq G$, vale que*

$$C_G(S) \trianglelefteq N_G(S).$$

Demonstração: A Proposição 5.12 nos diz que $C_G(S)$ é um grupo, e a Observação 5.15 nos garante que $C_G(S) \subseteq N_G(S)$. Logo,

$$C_G(S) \leqslant N_G(S).$$

Para provar que é normal, tome $g \in N_G(S)$ e precisamos demonstrar que $g \cdot C_G(S) = C_G(S) \cdot g$.

5.3. Subgrupos normais

($\subseteq$) Seja $gk \in g \cdot C_G(S)$, ou seja, $k \in C_G(S)$ e note que

$$gk = gkg^{-1}g.$$

Se provarmos que $gkg^{-1} \in C_G(S)$, concluiremos que $gk \in C_G(S) \cdot g$. Como $g \in N_G(S)$, dado $s \in S$ temos que $sg = gr$ para algum $r \in S$, e perceba que isso nos diz que $g^{-1}s = rg^{-1}$. Logo,

$$\begin{aligned}
s(gkg^{-1}) &= (sg)(kg^{-1}) \\
&= (gr)(kg^{-1}) \\
&= g(rk)g^{-1} \\
&= g(kr)g^{-1} \\
&= (gk)(rg^{-1}) \\
&= (gk)(g^{-1}s) \\
&= (gkg^{-1})s
\end{aligned}$$

e $gkg^{-1} \in C_G(S)$. Portanto, $gk = gkg^{-1}g \in C_G(S) \cdot g$

($\supseteq$) É análogo.

$\square$

Exercícios da Seção 5.3

5.41. *Pesquise sobre:*

(a) Subgrupo subnormal.

5.42. *Dado um subgrupo K do grupo G, prove que $KK = K$.*

5.43. *Dados um grupo G, $H \leqslant G$ e $K \leqslant G$, prove que $g(HK) = (gH)K$, para qualquer $g \in G$.*

5.44. *Prove que um subgrupo H é normal em G se, e somente se, $gHg^{-1} \subseteq H$.*

5.45. *Sejam H_1 e H_2 subgrupos de G. Prove que se $G = H_1H_2$ e $H_1 \cap H_2 = \{e\}$, então dado $g \in G$ existem únicos $h_1 \in H_1$ e $h_2 \in H_2$ com $g = h_1h_2$.*

5.46. *Prove que se H e K são subgrupos normais de G com $H \cap K = \{e\}$, então $hk = kh \; \forall \, h \in H$ e $\forall \, k \in K$.*

5.47. *Construa um exemplo de dois subgrupos normais H e K de G em que $hk = kh$ não seja verdade para todos $h \in H$ e $k \in K$. Ou seja, esse exemplo será de tal forma que $H \cap K$ possua mais de um elemento.*

5.48. *No Exemplo 5.18 provamos que $T_1(2, \mathbb{R}) \leqslant GL(2, \mathbb{R})$. Vale que*

$$T_1(2, \mathbb{R}) \trianglelefteq GL(2, \mathbb{R})?$$

5.49. *No Exercício 5.29 você encontrou os subgrupos do grupo de Klein K_4. Algum deles é um subgrupo normal?*

5.50. *Explique porque nem sempre conseguimos demonstrar que $H, K \leqslant G$ implica $HK \leqslant G$. Você consegue apresentar um contra-exemplo?*

5.51. *Na Proposição 5.12 demonstramos que para um subconjunto $S \subseteq G$, temos que $C_G(S) \leqslant G$. Prove que se $H \trianglelefteq G$ então $C_G(H) \trianglelefteq G$.*

5.52. *Na Proposição 5.13 demonstramos que dado um grupo G e $S \subseteq G$, temos que $Z(G) \leqslant C_G(S)$. Prove que*

$$Z(G) \trianglelefteq C_G(S).$$

5.53. *Sejam G um grupo e $H \leqslant G$. Demonstre que $K = \bigcap_{g \in G} gHg^{-1}$ é um subgrupo normal e diferente de G.*

5.54. *Sejam G um grupo, $H \trianglelefteq G$, $K \trianglelefteq G$ e $H \subseteq K$. Demonstre que $H \trianglelefteq K$.*

5.4 Grupos quocientes

Agora, finalmente estamos prontos para definir um grupo quociente, de forma análoga ao que fizemos na Seção 3.3, onde definimos os anéis quocientes. O desenvolvimento deste conceito passa por vários matemáticos, dentre eles Galois, Dedekind e Hölder. Foi este último quem definiu e utilizou o termo "grupo quociente" pela primeira vez, em [21].

Um bom resumo sobre o desenvolvimento dos grupos quocientes pode ser conferido em [30].

5.4. Grupos quocientes

Ludwig Otto Hölder

Ludwig Otto Hölder (Stuttgart, 22 de dezembro de 1859 - Leipzig, 29 de agosto de 1937) foi um matemático alemão. É responsável por muitas contribuições tanto para a análise quanto para a álgebra. Em particular, é sempre lembrado por conta da desigualdade de Hölder, além de ter auxiliado na classificação de grupos.

Dado um subgrupo H de G, começaremos definindo o conceito de conjunto quociente, à esquerda e à direita.

Definição 5.11. *O conjunto quociente à esquerda de G por H é o conjunto das coclasses à esquerda*

$$\{gH : g \in G\}$$

e o conjunto quociente à direita de G por H é o conjunto das coclasses à direita

$$\{Hg : g \in G\}.$$

Note que H é sempre um elemento do conjunto quociente (tanto à direita quanto à esquerda), visto que

$$eH = H = He.$$

Também, perceba que essa definição nos dá a pista chave para a motivação da definição de subgrupos normais. Pois, se $H \trianglelefteq G$, então esses conjuntos quocientes são iguais.

Mas mesmo quando eles são distintos, eles compartilham algumas propriedades como, por exemplo, a quantidade de elementos – e convidamos o leitor a demonstrar este fato no Exercício 5.58. Por isso, apresentamos a próxima definição.

Definição 5.12. *A quantidade de elementos do conjunto quociente à esquerda – ou à direita, pois são iguais – de G por H é chamado o índice de H em G e denotado*

$$[G : H].$$

Grupos

E, finalmente, podemos obter o nosso grupo quociente. Para isso, precisamos de um subgrupo normal.

Teorema 5.28. *Seja $H \trianglelefteq G$. Então*

$$\frac{G}{H} = \{g_1 H, g_2 H, \ldots\}$$

é um grupo com a operação

$$g_i H * g_j H = (g_i g_j) H.$$

Outra notação possível é G/H.

Demonstração: Vamos demonstrar que a operação está bem definida e que valem as três propriedades de definição de grupos.

Bem definida: Suponha que $g_i H = g_m H$ e $g_j H = g_n H$. Daí, utilizando o fato de H ser normal:

$$\begin{aligned}
g_i H * g_j H &= (g_i g_j) H \\
&= g_i (g_j H) \\
&= g_i (g_n H) \\
&= g_i (H g_n) \\
&= (g_i H) g_n \\
&= (g_m H) g_n \\
&= g_m (H g_n) \\
&= g_m (g_n H) \\
&= (g_m g_n) H \\
&= g_m H * g_n H.
\end{aligned}$$

Agora, demonstremos que G/H é um grupo.

5.4. Grupos quocientes

$(G1)$ Tome g_iH, g_jH e g_kH:

$$(g_iH * g_jH) * g_kH = (g_ig_j)H * g_kH$$
$$= ((g_ig_j)g_k)H$$
$$= (g_i(g_jg_k))H$$
$$= g_iH * (g_jg_k)H$$
$$= g_iH * (g_jH * g_kH).$$

$(G2)$ O elemento neutro é eH:

$$gH * eH = (ge)H = gH = (eg)H = eH * gH.$$

$(G3)$ O elemento inverso de gH é $g^{-1}H$:

$$gH * g^{-1}H = (gg^{-1})H = eH = (g^{-1}g)H = g^{-1}H * gH.$$

$\square$

Assim, partindo de um grupo e de um seu subgrupo normal, podemos construir um novo grupo, chamado de grupo quociente. Vejamos alguns exemplos.

Exemplo 5.28. *Sabemos que* $4\mathbb{Z} \trianglelefteq \mathbb{Z}$ *e, pelo Exemplo 5.24, concluímos que*

$$\frac{\mathbb{Z}}{4\mathbb{Z}} = \{0 + 4\mathbb{Z}, 1 + 4\mathbb{Z}, 2 + 4\mathbb{Z}, 3 + 4\mathbb{Z}\}.$$

Na verdade, dado $n \in \mathbb{N}^*$, *temos*

$$\frac{\mathbb{Z}}{n\mathbb{Z}} = \{0 + n\mathbb{Z}, 1 + n\mathbb{Z}, \ldots, (n-1) + n\mathbb{Z}\}.$$

Note que esse conjunto possui similaridades com o grupo, $\mathbb{Z}_n$, *que abordamos no Exemplo 5.3. Você vai demonstrar no Exercício 5.57 que eles se comportam de forma idêntica e, consequentemente, é comum denotar* $\mathbb{Z}/n\mathbb{Z}$ *por* $\mathbb{Z}_n$.
O grupo $\mathbb{Z}_{12}$, *com sua operação de adição, possui aplicações na teoria da música, em especial na análise da escala cromática.* $\square$

Observação 5.29. *Perceba que os quocientes do exemplo anterior e aqueles que definimos no Exemplo 2.27 possuem origens diferentes. Aqui eles são construídos como grupos, enquanto lá eles foram vistos como anéis. Mesmo assim,*

Grupos

note que eles foram construídos a partir de relações de equivalência, e se comportam de formas muito parecidas. Por isso, utilizamos a mesma notação, embora eles não sejam idênticos. □

Veja que, neste exemplo, começamos com um grupo abeliano, $\mathbb{Z}$, e seu quociente também é abeliano. E isso sempre acontece.

Proposição 5.30. *Se G é um grupo abeliano e $H \trianglelefteq G$, então G/H é abeliano.*

Demonstração: Temos

$$\begin{aligned} gH * kH &= (gk)H \\ &= (kg)H \\ &= kH * gH. \end{aligned}$$

□

Exemplo 5.29. *No Exemplo 5.25, estudamos o subgrupo*

$$H = \{(\overline{0},\overline{0}), (\overline{1},\overline{2}), (\overline{0},\overline{4}), (\overline{1},\overline{0}), (\overline{0},\overline{2}), (\overline{1},\overline{4})\}$$

de $\mathbb{Z}_2 \times \mathbb{Z}_6$. Como esse grupo é abeliano, então H é normal. Assim:

$$\frac{\mathbb{Z}_2 \times \mathbb{Z}_6}{H} = \{H, (\overline{0},\overline{1}) + H\}$$

onde

$$\begin{aligned} H + H &= H, \\ ((\overline{0},\overline{1}) + H) + H = (\overline{0},\overline{1}) + H &= H + ((\overline{0},\overline{1}) + H), \\ ((\overline{0},\overline{1}) + H) + ((\overline{0},\overline{1}) + H) &= H. \end{aligned}$$

Perceba que esse grupo quociente se comporta exatamente como o grupo $\mathbb{Z}_2$:

$$\begin{aligned} \overline{0} + \overline{0} &= \overline{0}, \\ \overline{1} + \overline{0} &= \overline{1} = \overline{0} + \overline{1}, \\ \overline{1} + \overline{1} &= \overline{0}. \end{aligned}$$

□

5.4. Grupos quocientes

Exemplo 5.30. *No Exemplo 5.27 mostramos que $Q_4 \trianglelefteq Q_8$. Vamos calcular*

$$\frac{Q_8}{Q_4}.$$

Precisamos calcular suas coclasses à esquerda. Uma delas é

$$1 \cdot Q_4 = \{1, -1, i, -i\} = Q_4.$$

Como as coclasses têm a mesma cardinalidade e elas formam uma partição de Q_8, teremos apenas mais uma, que só pode ser

$$\{j, -j, k, -k\}.$$

Logo, temos duas coclasses à esquerda de Q_4 em Q_8,

$$Q_4 = \{1, -1, i, -i\},$$
$$Q_8 \backslash Q_4 = \{j, -j, k, -k\}.$$

Assim,

$$\frac{Q_8}{Q_4} = \{Q_4, Q_8 \backslash Q_4\}.$$

□

Exemplo 5.31. *No Exercício 5.40, você demonstrou que há infinitas coclasses de $\mathbb{R}$ em $\mathbb{C}$. Agora, visto que $\mathbb{R} \trianglelefteq \mathbb{C}$, vamos calcular seu quociente. Dado qualquer $a \in \mathbb{R}$, temos que*

$$a + \mathbb{R} = \mathbb{R}.$$

Para encontrar coclasses diferentes, considere $a + bi \in \mathbb{C}$ com $b \neq 0$. Daí,

$$(a + bi) + \mathbb{R} = bi + \mathbb{R},$$

ou seja, os representantes para as coclasses relacionadas a $a + bi$ podem ser simplesmente $bi + \mathbb{R}$. Por fim, dados $bi \neq ci \in \mathbb{C}$, temos que

$$bi - ci = (b - c)i \notin \mathbb{R}$$

e, portanto, $bi + \mathbb{R}$ e $ci + \mathbb{R}$ serão coclasses distintas. Assim, temos que

$$\frac{\mathbb{C}}{\mathbb{R}} = \{bi + \mathbb{R} \,:\, b \in \mathbb{R}\}.$$

□

A principal ferramenta para a caracterização de grupos quocientes será apresentada na próxima seção, o 1° Teorema do isomorfismo para grupos.

Exercícios da Seção 5.4

5.55. *Pesquise sobre:*

(a) Abelianização de um grupo.

(b) Grupo perfeito.

(c) Grupo solúvel.

(d) Grupo nilpotente.

5.56. *Seja G um grupo. Determine $\dfrac{G}{G}$ e $\dfrac{G}{\{e\}}$.*

5.57. *Relembrando o Exemplo 5.28, demonstre que*

$$\frac{\mathbb{Z}}{n\mathbb{Z}} \cong \mathbb{Z}_n.$$

5.58. *Dado $H \leqslant G$, prove que o conjunto quociente à esquerda possui a mesma quantidade de elementos do conjunto quociente à direita.*

5.59. *Dado um grupo G, prove que $[G : Z(G)] \neq 2$.*

5.60. *Seja $H \leqslant G$ com $[G : H] = 2$. Prove que $H \trianglelefteq G$.*

5.5 Homomorfismos

Na Seção 3.4 estudamos os homomorfismos de anéis. Agora, vamos estudar o mesmo tipo de função porém no contexto de grupos, e veremos que um dos seus principais usos é o cálculo de grupos quocientes.

Lembre que naquela definição, havia dois itens pois um anel possui duas operações. Aqui, como um grupo só possui uma operação, teremos apenas um item que diz, essencialmente, o mesmo.

Definição 5.13. *Dados dois grupos* $(G, \cdot)$ *e* $(H, *)$, *denominamos* $f : G \to H$ *um homomorfismo de grupos se,* $\forall\, g_1, g_2 \in G$,

(H3) $f(g_1 \cdot g_2) = f(g_1) * f(g_2)$.

Daí, dizemos que G e H são homomorfos.

Ou seja, tanto faz se operamos dois elementos em G e depois calculamos sua imagem, ou se primeiro calculamos a imagem de cada elemento e, daí, operamos.

Isso nos diz que podemos relacionar os elementos desses dois grupos de forma que a operação no primeiro se comporta exatamente como a operação no segundo, do mesmo modo que vimos no Exemplo 5.29. Isto é, homomorfismos são aplicações que preservam a estrutura de grupo.

Novamente, G é o domínio de f e H é o contra-domínio de f. Também temos o núcleo de um homomorfismo e sua imagem, que definimos respectivamente como
$$\text{Ker}\,(f) = \{g \in G \,:\, f(g) = e_H\}$$
e
$$\text{Im}(f) = \{f(g) \in H \,:\, g \in G\}.$$

O conjunto de todos os homomorfismos de um grupo G nele mesmo é dito o conjunto dos endomorfismos de G, denotado
$$End(G) = \{f \in \mathcal{F}(G) \,:\, f \text{ é um homomorfismo}\}.$$

Um homomorfismo pode ser injetor, sobrejetor ou bijetor, seguindo a mesma ideia da Definição 3.17. Vejamos alguns exemplos.

Exemplo 5.32. *Dado um grupo G, seu endomorfismo mais básico é o homomorfismo identidade*

$$id : G \to G$$
$$g \mapsto g.$$

Este é um homomorfismo pois

$$id(g \cdot h) = g \cdot h = id(g) \cdot id(h).$$

Além disso, é um homomorfismo injetor, já que

$$id(g) = id(h) \Rightarrow g = h.$$

Por fim é sobrejetor, pois qualquer $g \in G$ é imagem de si mesmo. Isso nos diz que $\operatorname{Im}(id) = G$, além de podermos concluir diretamente da definição de id que $\operatorname{Ker}(id) = \{e\}$. □

Exemplo 5.33. *A aplicação*

$$f : \mathbb{Z} \to \mathbb{C}^*$$
$$m \mapsto i^m$$

em que consideramos $\mathbb{Z}$ com a adição e $\mathbb{C}^*$ com a multiplicação, é um homomorfismo, afinal

$$f(m+n) = i^{m+n} = i^m \cdot i^n = f(m) \cdot f(n).$$

Não é injetor, pois $f(5) = i^5 = i = f(1)$. Também não é sobrejetor, visto que

$$\operatorname{Im}(f) = \{1, i, -1, -i\} \neq \mathbb{C}^*.$$

Além disso, perceba que $\operatorname{Ker}(f)$ é dado pelos $m \in \mathbb{Z}$ com $i^m = 1$, ou seja,

$$\operatorname{Ker}(f) = \{4k : k \in \mathbb{Z}\} = 4\mathbb{Z}.$$

□

5.5. Homomorfismos

Exemplo 5.34. *A aplicação*

$$g : \mathbb{C}^* \to \mathbb{R}_+^*$$
$$a + bi \mapsto \sqrt{a^2 + b^2}$$

onde os conjuntos são grupos com a multiplicação usual, é um homomorfismo.
(H3) Dados $a + bi$ e $c + di$ complexos,

$$\begin{aligned} g((a+bi) \cdot (c+di)) &= g((ac-bd) + (ad+bc)i) \\ &= \sqrt{(ac-bd)^2 + (ad+bc)^2} \\ &= \sqrt{a^2c^2 - 2acbd + b^2d^2 + a^2d^2 + 2adbc + b^2c^2} \\ &= \sqrt{a^2c^2 + a^2d^2 + b^2c^2 + b^2d^2} \\ &= \sqrt{(a^2+b^2) \cdot (c^2+d^2)} \\ &= \sqrt{(a^2+b^2)} \cdot \sqrt{(c^2+d^2)} \\ &= g(a+bi) \cdot g(c+di). \end{aligned}$$

Esse homomorfismo não é injetor, pois

$$g(2+i) = \sqrt{2^2 + 1^2} = \sqrt{5} = \sqrt{1^2 + 2^2} = g(1+2i).$$

Mas é sobrejetor afinal, dado $a \in \mathbb{R}_+^*$, temos também que $a \in \mathbb{C}^*$ e, como a é positivo temos

$$g(a) = \sqrt{a^2} = a.$$

Por fim, veja que

$$\text{Ker}(g) = \{a + bi \in \mathbb{C}^* : a^2 + b^2 = 1\},$$

ou seja, se pensarmos em $\mathbb{C}$ como no plano de Argand-Gauss, o núcleo de g é a circunferência com centro na origem e raio 1. $\square$

Uma fonte prática de homomorfismos é sua composição.

Proposição 5.31. *Sejam $f : G \to H$ e $g : H \to K$ dois homomorfismos entre grupos. Então,*

$$g \circ f : G \to K$$

é um homomorfismo.

Demonstração: Sua demonstração é análoga à da Proposição 3.37. Denotando as operações de G, H e K respectivamente por $\cdot$, $*$ e $\triangle$, dados $g_1, g_2 \in G$ temos

$(H3)$

$$\begin{aligned}(g \circ f)(g_1 \cdot g_2) &= g(f(g_1 \cdot g_2)) \\ &= g(f(g_1) * f(g_2)) \\ &= g(f(g_1)) \triangle g(f(g_2)) \\ &= (g \circ f)(g_1) \triangle (g \circ f)(g_2).\end{aligned}$$

$\square$

Se compusermos os homomorfismos dos exemplos 5.33 e 5.34, obtemos o homomorfismo

$$h : \mathbb{Z} \to \mathbb{R}_+^*$$
$$m \mapsto 1.$$

Esse homomorfismo é um caso particular de um homomorfismo muito importante, chamado de homomorfismo trivial, conforme vemos no próximo exemplo.

Exemplo 5.35. *Dados grupos G e H, defina*

$$h : G \to H$$
$$g \mapsto e_H.$$

Vamos provar que h é um homomorfismo, chamado de homomorfismo trivial.
$(H3)$ *Dados $g_1, g_2 \in G$,*

$$\begin{aligned}h(g_1 g_2) &= e_H \\ &= e_H e_H \\ &= h(g_1) h(g_2).\end{aligned}$$

Se G não é o grupo trivial $\{e_G\}$, esse homomorfismo não é injetor, pois todos elementos possuem a mesma imagem. Também, se H não é o grupo trivial,

5.5. Homomorfismos

então h não é sobrejetor, visto que $\text{Im}(h) = \{e_H\}$.
Além disso, note que $\text{Ker}(h) = G$ *por definição.* □

Exemplo 5.36. *Defina*

$$f : \mathbb{R}^* \to \mathbb{R}^*_+$$
$$x \mapsto x^2,$$

com ambos os grupos multiplicativos. Então f é um homomorfismo.

(H3) *Dados x e y em* $\mathbb{R}^*$, *como estamos em um grupo abeliano,*

$$f(xy) = (xy)^2$$
$$= xyxy$$
$$= x^2 y^2$$
$$= f(x)f(y).$$

Esse homomorfismo não é injetor, afinal

$$f(-2) = (-2)^2 = 4 = 2^2 = f(2).$$

É sobrejetor pois dado $b \in \mathbb{R}^*_+$, *temos que* $\sqrt{b}$ *está em* $\mathbb{R}^*$ *e*

$$f(\sqrt{b}) = (\sqrt{b})^2 = b.$$

Também, note que

$$\text{Ker}(f) = \{a \in \mathbb{R}^* : a^2 = 1\}$$
$$= \{-1, 1\}.$$

□

A seguir, vejamos algumas propriedades que um homomorfismo de grupos satisfaz e que já puderam ser notados nos exemplos que estudamos.

Proposição 5.32. *Considere um homomorfismo de grupos* $f : G \to H$ *e tome* $g \in G$. *Então*

(a) $f(e_G) = e_H$;

Grupos

(b) $f(g^{-1}) = (f(g))^{-1}$.

Demonstração: (a) Note que

$$e_H f(e_G) = f(e_G) = f(e_G e_G) = f(e_G)f(e_G).$$

Assim, pela lei do cancelamento para grupos,

$$e_H = f(e_G).$$

(b) Já sabemos que o inverso de um elemento em um grupo é único. Portanto, utilizando o item (a),

$$f(g)f(g^{-1}) = f(gg^{-1}) = f(e_G) = e_H$$

e

$$f(g^{-1})f(g) = f(g^{-1}g) = f(e_G) = e_H.$$

Isso nos diz que $f(g^{-1})$ é o inverso de $f(g)$, ou seja, $f(g^{-1}) = (f(g))^{-1}$.

$\square$

Uma consequência imediata do item (b) é que, dados $g, h \in G$,

$$f(gh^{-1}) = f(g) \cdot (f(h))^{-1}.$$

Na próxima proposição demonstramos alguns resultados que nos facilitam o estudo dos homomorfismos, além de apresentar algumas conexões com os subgrupos e subgrupos normais, que estudamos nas seções 5.2 e 5.3.

Proposição 5.33. *Dado um homomorfismo de grupos $f : G \to H$, valem as seguintes afirmações.*

(a) f é injetora se, e somente se, $\text{Ker}(f) = \{e_G\}$;

(b) $\text{Ker}(f) \trianglelefteq G$;

(c) se $K \leqslant G$ então $f(K) \leqslant H$;

(d) se $K \trianglelefteq G$ e f é sobrejetor, então $f(K) \trianglelefteq H$.

5.5. Homomorfismos

Demonstração: (a) ($\Rightarrow$) A proposição anterior nos diz que $\operatorname{Ker}(f) \supseteq \{e_G\}$. Vamos provar que vale ($\subseteq$). Tome $g \in \operatorname{Ker}(f)$ e note que $f(g) = e_H = f(e_G)$. Mas como f é injetora, temos $g = e_G$.

($\Leftarrow$) Suponha que $f(g_1) = f(g_2)$. Assim, a proposição anterior nos garante que $f(g_1 g_2^{-1}) = e_H$, ou seja, $g_1 g_2^{-1} \in \operatorname{Ker}(f)$. Por hipótese, temos que $g_1 g_2^{-1} = e_G$, ou seja, $g_1 = g_2$.

(b) Começamos demonstrando que $\operatorname{Ker}(f)$ é um subgrupo de G, através de (SG3) da Proposição 5.8. Já sabemos que ele é não vazio pois $e_G \in \operatorname{Ker}(f)$. Agora, tomando $g_1, g_2 \in \operatorname{Ker}(f)$, temos que

$$f(g_1 g_2^{-1}) = f(g_1)(f(g_2))^{-1} = e_H e_H = e_H,$$

utilizando o (b) da Proposição 5.32. Logo $g_1 g_2^{-1} \in \operatorname{Ker}(f)$. Para mostrar que é um subgrupo normal, precisamos demonstrar que dado $g \in G$, temos que $g \operatorname{Ker}(f) = \operatorname{Ker}(f) g$.

($\subseteq$) Seja $gk \in g \operatorname{Ker}(f)$, e note que $f(k) = e_H$. Mas perceba que

$$gk = \left(gkg^{-1}\right) g$$

e

$$\begin{aligned} f(gkg^{-1}) &= f(gkg^{-1}) \\ &= f(g)f(k)(f(g))^{-1} \\ &= f(g)(e_H)(f(g))^{-1} \\ &= f(g)(f(g))^{-1} \\ &= e_H. \end{aligned}$$

Logo $gkg^{-1} \in \operatorname{Ker}(f)$ e, consequentemente, $gk = \left(gkg^{-1}\right) g \in \operatorname{Ker}(f) g$.

($\supseteq$) É análogo.

(c) Vamos provar que $f(K) \leqslant H$ demonstrando que vale (SG3) da Proposição 5.8.

(1) Temos que $e_G \in K$ e que $e_H = f(e_G)$ por (a) da Proposição 5.32. Portanto, $f(K) \neq \emptyset$.

(2) Sejam $f(k_1)$ e $f(k_2)^{-1}$ em $f(K)$. Então

$$f(k_1)f(k_2)^{-1} = f(k_1 k_2^{-1}) \in f(K),$$

pois $k_1 k_2^{-1} \in K$.

(d) Pelo item (c), temos que $f(K) \leqslant H$. Para provar que vale a tese, supomos que f é sobrejetor e vamos demonstrar que, para qualquer $h \in H$, temos $hf(K) = f(K)h$.

($\subseteq$) Dado $hf(k_1) \in hf(K)$, como f é sobrejetor existe $g \in G$ com $f(g) = h$. Logo
$$hf(k_1) = f(g)f(k_1) = f(gk_1) = (*).$$
Mas $gk_1 \in gK$ e como K é um subgrupo normal de G, temos que
$$gk_1 \in gK = Kg.$$
Portanto, existe $k_2 \in K$ com $gk_1 = k_2 g$. Assim,
$$(*) = f(k_2 g) = f(k_2)f(g) = f(k_2)h \in f(K)h.$$

($\supseteq$) É análogo.

$\square$

O item (a) dessa proposição nos fornece uma nova maneira de demonstrar que um homomorfismo de grupos f é injetor, enquanto (c) nos garante que
$$\operatorname{Im}(f) = f(G) \leqslant H.$$

Já o item (b) nos diz que o núcleo de um homomorfismo é sempre um subgrupo normal. No próximo exemplo, veremos que também vale a recíproca: todo subgrupo normal é o núcleo de algum homomorfismo. O contra-domínio desse homomorfismo é um grupo quociente, conforme estudamos no Teorema 5.28.

Exemplo 5.37. *Suponha que $K \trianglelefteq G$ e defina*
$$\pi : G \to G/K$$
$$g \mapsto gK.$$
Vamos provar que π é um homomorfismo.

5.5. Homomorfismos

($H3$) *Utilizando os exercícios 5.21 e 5.42:*

$$\begin{aligned}\pi(gh) &= (gh)K \\ &= g(hK) \\ &= g(Kh) \\ &= g(KKh) \\ &= (gK)(Kh) \\ &= (gK)(hK) \\ &= \pi(g)\pi(h).\end{aligned}$$

Ademais, vale que $\operatorname{Ker}(\pi) = K$*, pois como* K *é o elemento neutro de* G/K*:*

$$g \in \operatorname{Ker}(\pi) \Leftrightarrow \pi(g) = K \Leftrightarrow gK = K,$$

o que é equivalente, pelo Exercício 5.22, a $g \in K$*.*

Por fim, π *é sobrejetor pois dado* gK *no quociente, temos que*

$$\pi(g) = gK.$$

$\square$

Este homomorfismo é dito projeção de G sobre K e só é injetor quando K é o subgrupo trivial $\{e_G\}$.

Até aqui, nesta seção, vimos muitos exemplos de homomorfismos que não são bijetores. Mas existem muitos desses homomorfismos, e eles recebem um nome especial, como apresentamos na próxima definição.

Definição 5.14. *Sejam* G *e* H *grupos e* f *um homomorfismo bijetor entre eles. Então, dizemos que* f *é um isomorfismo, que* G *e* H *são isomorfos e que*

$$G \cong H.$$

Os isomorfismos de um grupo G nele mesmo são chamados de automorfismos, e denotamos

$$\operatorname{Aut}(G) = \{f \in \mathcal{F}(G) : f \text{ é um isomorfismo}\}.$$

Vejamos alguns exemplos.

Exemplo 5.38. *Considere um número real positivo $a \neq 1$ e defina*

$$log_a : \mathbb{R}_+^* \to \mathbb{R}$$
$$x \mapsto log_a(x)$$

a função logarítmica com base a, com o primeiro grupo sendo com a multiplicação e, o segundo, com a adição. Relembre que

$$log_a(x) = y \Leftrightarrow a^y = x.$$

Vamos provar que essa função é um isomorfismo com base nas propriedades logarítmicas.

(H3) *Dados $x, y \in \mathbb{R}_+^*$,*

$$log_a(xy) = log_a(x) + log_a(y).$$

Injetora: *Suponha que $x \in \text{Ker}(log_a)$. Daí $log_a(x) = 0$, que significa*

$$a^0 = x$$

ou seja, $x = 1$. Logo $\text{Ker}(log_a) = \{1\}$.

Sobrejetora: *Tomando $y \in \mathbb{R}$, sabemos que $a^y \in \mathbb{R}_+^*$ e que*

$$log_a(a^y) = y.$$

Logo log_a é sobrejetora e, portanto,

$$\mathbb{R}_+^* \cong \mathbb{R}.$$

□

Exemplo 5.39. *Dados grupos G e H, considere o grupo $G \times \{e_H\}$ e defina*

$$t : G \to G \times \{e_H\}$$
$$g \mapsto (g, e_H).$$

5.5. Homomorfismos

É um isomorfismo:

(H3) Tome $g, h \in G$ e note que

$$t(gh) = (gh, e_H) = (g, e_H)(h, e_H) = t(g)t(h).$$

Injetora: Tome $g \in \text{Ker}(t)$ e perceba que

$$(e_G, e_H) = t(g) = (g, e_H),$$

ou seja, $g = e_G$. Assim, $\text{Ker}(t) = \{e_G\}$.

Sobrejetora: Tomando (g, e_H) qualquer em $G \times \{e_H\}$, segue que

$$t(g) = (g, e_H).$$

Portanto, t é sobrejetora e é um isomorfismo. □

De forma análoga, se demonstra que

$$H \cong \{e_G\} \times H.$$

Embora esse resultado nos diga que todo grupo possa ser escrito, a menos de isomorfismos, como um produto direto, esse produto direto não é interessante pois a relação $h \leftrightarrow (e_G, h)$ não é uma grande novidade. Mas há isomorfismos que envolvem produtos diretos mais complicados, como, por exemplo,

$$\mathbb{Z}_6 \cong \mathbb{Z}_2 \times \mathbb{Z}_3,$$

cuja demonstração é análoga à do Exemplo 3.50. No Exercício 5.80, encorajamos o leitor a demonstrar que

$$\mathbb{Z}_{ab} \cong \mathbb{Z}_a \times \mathbb{Z}_b$$

sempre que a e b são números naturais coprimos.

No Exemplo 5.32 vimos que um grupo G é isomorfo a si mesmo, através do isomorfismo identidade. A seguir, vemos outro importante automorfismo dos grupos abelianos.

Exemplo 5.40. *Dado um grupo abeliano qualquer G,*

$$\varphi : G \to G$$
$$g \mapsto g^{-1}$$

é um isomorfismo.

(H3) Dados $g, h \in G$ temos

$$\varphi(gh) = (gh)^{-1} = h^{-1}g^{-1} = g^{-1}h^{-1} = \varphi(g)\varphi(h).$$

Injetora: Se $g \in \text{Ker}(\varphi)$, então

$$\varphi(g) = e \Rightarrow g^{-1} = e \Rightarrow g = e.$$

Logo $\text{Ker}(\varphi) = \{e\}$.

Sobrejetora: Se $g \in G$, temos

$$\varphi(g^{-1}) = \left(g^{-1}\right)^{-1} = g.$$

Logo φ é sobrejetora e é um automorfismo de G. $\square$

Esse isomorfismo é chamado de isomorfismo inversão e perceba que, quando o grupo não é abeliano, não conseguimos demonstrar (H3).

Exemplo 5.41. *Dado um grupo G, considere para cada $g \in G$*

$$F_g : G \to G$$
$$h \mapsto ghg^{-1}.$$

São isomorfismos, para todo $g \in G$:

(H3) Dados $h, k \in G$ temos

$$F_g(hk) = ghkg^{-1} = (ghg^{-1})(gkg^{-1}) = F_g(h)F_g(k).$$

Injetora: Se $h \in \text{Ker}(F_g)$, temos

$$F_g(h) = e \Rightarrow ghg^{-1} = e \Rightarrow h = e.$$

5.5. Homomorfismos

Portanto, $\text{Ker}(F_g) = \{e\}$.

Sobrejetora: *Se* $k \in G$, *temos*

$$F_g(g^{-1}kg) = gg^{-1}kgg^{-1} = k.$$

Assim, para todo $g \in G$, F_g *é sobrejetora e*

$$F_g \in Aut(G).$$

O conjunto desses automorfismos recebe um nome especial, é chamado o conjunto dos automorfismos internos de G, denotado

$$Inn(G) = \{F_g : g \in G\}.$$

$\square$

No caso de G ser abeliano, então $\forall\, g, h \in G$ temos que

$$F_g(h) = ghg^{-1} = hgg^{-1} = h$$

e, portanto,

$$Inn(G) = \{id\},$$

o homomorfismo identidade do Exemplo 5.32.

Exemplo 5.42. *Sejam* G *um grupo,* $H \trianglelefteq G$ *e* $K \leqslant G$. *Adaptando a notação do exemplo anterior, defina*

$$F : K \to Aut(H)$$
$$k \mapsto F_k$$

em que, $\forall\, h \in H$,

$$F_k(h) = khk^{-1}.$$

A demonstração de que $F_k \in Aut(H)$ *segue as mesmas linhas do exemplo anterior, com exceção da sobrejetividade, que demonstramos a seguir.*

Sobrejetora: *Se* $h \in H$, *como* H *é um subgrupo normal de* G, *dado* $k \in K \subseteq G$

Grupos

temos que $khk^{-1} \in H$. *Daí,*

$$F_k(k^{-1}hk) = kk^{-1}hkk^{-1}$$
$$= h.$$

Portanto os F_k *são sobrejetores e nossa* F *está bem definida. Vamos provar agora que* F *é um homomorfismo e, para isso, tome* $k_1, k_2 \in K$ *e algum* $h \in H$:

$$\begin{aligned}F_{k_1 k_2}(h) &= (k_1 k_2) h (k_1 k_2)^{-1} \\ &= (k_1 k_2) h (k_2^{-1} k_1^{-1}) \\ &= k_1 (k_2 h k_2^{-1}) k_1^{-1} \\ &= k_1 (F_{k_2}(h)) k_1^{-1} \\ &= F_{k_1}((F_{k_2}(h))) \\ &= F_{k_1} \circ F_{k_2}(h).\end{aligned}$$

□

Agora que já conhecemos muitos exemplos de automorfismos, queremos provar que dado um grupo G, $Aut(G)$ é um grupo com a operação de composição. Para isso, precisamos ter a certeza de que a composição e a inversa de automorfismos é também um automorfismo.

Proposição 5.34. *Se* $f, g \in Aut(G)$, *então* $f \circ g \in Aut(G)$.

Demonstração: Sabemos que a composição de funções bijetoras é bijetora e, ademais, a Proposição 5.31 nos diz que a composição de homomorfismos é um homomorfismo. Portanto, a composição de automorfismos é, também, um automorfismo.

□

Proposição 5.35. *Seja* $f : G \to H$ *um isomorfismo de grupos. Então, temos que* $f^{-1} : H \to G$ *é, também, um isomorfismo.*

Demonstração: Relembre que a definição da inversa é que, dados h_1 e h_2 em H, temos que existem g_1 e g_2 em G tais que $f(g_1) = h_1$ e $f(g_2) = h_2$. Isso significa que $f^{-1}(h_1) = g_1$ e $f^{-1}(h_2) = g_2$.

5.5. Homomorfismos

($H3$) Temos que $f(g_1 g_2) = f(g_1)f(g_2) = h_1 h_2$, ou seja:

$$f^{-1}(h_1 h_2) = g_1 g_2 = f^{-1}(h_1)f^{-1}(h_2).$$

Injetora: Segue do fato de f ser injetora, pois

$$f^{-1}(h_1) = f^{-1}(h_2) \Rightarrow g_1 = g_2 \Rightarrow f(g_1) = f(g_2) \Rightarrow h_1 = h_2.$$

Sobrejetora: Tomando $g_1 \in G$ qualquer, note que

$$g_1 = f^{-1}(f(g_1))$$

e como $f(a_1) \in H$, vale a sobrejetividade.

□

Assim, unindo as propriedades convenientes, temos o seguinte resultado.

Proposição 5.36. *Dado um grupo G, temos que $Aut(G)$ também é um grupo com a operação de composição de funções.*

Demonstração: Vamos utilizar o item ($SG2$) da Proposição 5.8.

(1) Demonstrado no Exemplo 5.32.

(2) Provado na Proposição 5.34.

(3) Finalmente, feito na Proposição 5.35 se considerarmos $H = G$.

□

No Exercício 5.71 encorajamos o leitor a demonstrar que $Inn(G)$, apresentado no Exemplo 5.41, é um subgrupo normal de $Aut(G)$. Partindo disso, definimos

$$Out(G) = \frac{Aut(G)}{Inn(G)},$$

que é denominado o grupo dos automorfismos externos de G.

Nos exemplos 5.32, 5.40 e 5.41 vimos vários automorfismos e podemos nos perguntar se há mais deles. Vamos responder essa pergunta para o grupo aditivo $\mathbb{Z}$.

Lembre que no Exemplo 3.54, provamos que o conjunto dos automorfismos do anel $\mathbb{Z}$ continha somente um elemento, o isomorfismo identidade. Agora, vamos estudar este conjunto no contexto dos grupos.

Grupos

Exemplo 5.43. *Vamos provar que, no contexto de grupos, temos apenas dois automorfismos em $\mathbb{Z}$, e que*
$$Aut(\mathbb{Z}) \cong \mathbb{Z}_2.$$

Pelos comentários antes deste exemplo, já sabemos que há dois automorfismos, o identidade id e o inversão φ. Suponha que haja um terceiro, $f \in Aut(\mathbb{Z})$. O item (a) da Proposição 5.32 nos diz que $f(0) = 0$ e, seu item (b), que $f(-a) = -f(a)$. Também perceba que, se $f(1) = 1$ temos, para qualquer $k \in \mathbb{N}$,

$$f(k) = f(\underbrace{1 + 1 + \ldots + 1}_{k \text{ parcelas}})$$

$$= \underbrace{f(1) + f(1) + \ldots + f(1)}_{k \text{ parcelas}}$$

$$= \underbrace{1 + 1 + \ldots + 1}_{k \text{ parcelas}}$$

$$= k$$

e portanto $f = id$. Da mesma forma, se $f(1) = -1$, temos para qualquer $k \in \mathbb{N}$,

$$f(k) = f(\underbrace{1 + 1 + \ldots + 1}_{k \text{ parcelas}})$$

$$= \underbrace{f(1) + f(1) + \ldots + f(1)}_{k \text{ parcelas}}$$

$$= \underbrace{-1 - 1 - \ldots - 1}_{k \text{ parcelas}}$$

$$= -k$$

e $f = \varphi$.
Agora, se $f(1) = k > 1$, então perceba que como f é sobrejetora, existe $m \in \mathbb{N}$

5.5. Homomorfismos

com $f(m) = 1$. Daí

$$f(1) = k$$
$$= \underbrace{1 + 1 + \ldots + 1}_{k \text{ parcelas}}$$
$$= \underbrace{f(m) + f(m) + \ldots + f(m)}_{k \text{ parcelas}}$$
$$= f(\underbrace{m + m + \ldots + m}_{k \text{ parcelas}})$$

e como f é injetora, teríamos

$$1 = \underbrace{m + m + \ldots + m}_{k \text{ parcelas}}$$

o que só pode implicar que $k = m = 1$, que seria um absurdo.
De forma análoga, se $f(1) = k < -1$, também chegaríamos em um absurdo.
Ou seja, o grupo $Aut(\mathbb{Z})$ tem somente dois elementos. Defina

$$\begin{aligned} g : Aut(\mathbb{Z}) &\to \mathbb{Z}_2 \\ id &\mapsto \overline{0} \\ \varphi &\mapsto \overline{1}. \end{aligned}$$

No Exercício 5.87 você vai demonstrar que g é um isomorfismo. □

Se um grupo satisfaz uma propriedade, nem sempre essa propriedade será válida para o grupo de seus automorfismos. Por exemplo, em [29], você pode ver que um grupo não abeliano pode ter um grupo de automorfismos abeliano.

5.5.1 Teoremas do isomorfismo para grupos

Na Seção 3.4.1 vimos quatro importantes teoremas que envolvem homomorfismos, seus núcleos e imagens, no contexto de anéis. Na verdade, esses teoremas podem ser adaptados para diversas outras estruturas algébricas. A seguir vemos a versão, para grupos, de todos os quatro.

Teorema 5.37. *(1º Teorema do isomorfismo para grupos) Seja $f : G \to H$ um homomorfismo de grupos. Então*

(a) $\operatorname{Ker}(f) \trianglelefteq G$;

(b) $\operatorname{Im}(f) \leqslant H$;

(c) $\dfrac{G}{\operatorname{Ker}(f)} \cong \operatorname{Im}(f)$.

Demonstração: A Proposição 5.33 nos garante a validade de (a) e (b). Para o item (c), considere

$$h : \dfrac{G}{\operatorname{Ker}(f)} \to \operatorname{Im}(f)$$
$$\overline{g} \mapsto f(g).$$

Vamos provar que h é um isomorfismo.

Bem definida:

$$\begin{aligned}
\overline{g_1} = \overline{g_2} &\Rightarrow (g_1)^{-1} g_2 \in \operatorname{Ker}(f) \\
&\Rightarrow f((g_1)^{-1} g_2) = e_H \\
&\Rightarrow (f(g_1))^{-1} f(g_2) = e_H \\
&\Rightarrow f(g_2) = f(g_1) \\
&\Rightarrow h(\overline{g_2}) = h(\overline{g_1}).
\end{aligned}$$

$(H3)$ Temos

$$\begin{aligned}
h(\overline{g_1} \cdot \overline{g_2}) &= h(\overline{g_1 g_2}) \\
&= f(g_1 g_2) \\
&= f(g_1) f(g_2) \\
&= h(\overline{g_1}) h(\overline{g_2}).
\end{aligned}$$

Portanto, h é um homomorfismo.

5.5. Homomorfismos

Injetora: Note que

$$h(\overline{g_1}) = h(\overline{g_2}) \Rightarrow f(g_1) = f(g_2)$$
$$\Rightarrow (f(g_1))^{-1} f(g_2) = e_H$$
$$\Rightarrow f(g_1^{-1} g_2) = e_H$$
$$\Rightarrow g_1^{-1} g_2 \in \text{Ker}(f)$$
$$\Rightarrow \overline{g_1} = \overline{g_2}.$$

Sobrejetora: Se $f(g) \in \text{Im}(f)$, então $h(\overline{g}) = f(g)$.

$\square$

A importância deste teorema está, como é notado em seu item (c), na identificação de grupos quocientes. Por exemplo, se aplicarmos tal teorema ao Exemplo 5.36, temos que

$$\frac{\mathbb{R}^*}{\{-1, 1\}} \cong \mathbb{R}^*_+$$

em que identificamos a classe de $x \in \mathbb{R}^*$ com $x^2 \in \mathbb{R}^*_+$.

Assim, há dois caminhos para provar que dois grupos são isomorfos. No primeiro, definimos uma aplicação e demonstramos que ela é um isomorfismo. Já no segundo, precisamos apenas definir uma função que seja um homomorfismo e calcular seu núcleo e sua imagem para aplicar o item (c) deste teorema.

Exemplo 5.44. *Após a Definição 5.10, concluímos que $\mathcal{A}_1(\mathbb{R}) \trianglelefteq \mathcal{A}(\mathbb{R})$. Vamos demonstrar que*

$$\frac{\mathcal{A}(\mathbb{R})}{\mathcal{A}_1(\mathbb{R})} \cong \mathbb{R}^*.$$

Considere

$$f : \mathcal{A}(\mathbb{R}) \to \mathbb{R}^*$$
$$ax + b \mapsto a.$$

Essa função é um homomorfismo:

$$f((ax + b) \circ (cx + d)) = f(a(cx + d) + b)$$
$$= f(acx + ad + b)$$
$$= ac$$
$$= f(ax + b) f(cx + d).$$

Grupos

Além disso, $\text{Ker}(f)$ *é o conjunto das funções* $ax + b$ *com* $a = 1$*, ou seja,* $\text{Ker}(f) = \mathcal{A}_1(\mathbb{R})$*. Por fim, todo número real não nulo* t *é a imagem de* tx*. Portanto* $\text{Im}(f) = \mathbb{R}^*$*. Logo, o Teorema 5.37 nos diz que*

$$\frac{\mathcal{A}(\mathbb{R})}{\mathcal{A}_1(\mathbb{R})} \cong \mathbb{R}^*.$$

□

Exemplo 5.45. *No Exemplo 5.26 demonstramos que* $SL(2,\mathbb{R}) \trianglelefteq GL(2,\mathbb{R})$*. Vamos provar que*

$$\frac{GL(2,\mathbb{R})}{SL(2,\mathbb{R})} \cong \mathbb{R}^*.$$

Para isso, utilizaremos a função determinante

$$\det : GL(2,\mathbb{R}) \to \mathbb{R}^*$$
$$A \mapsto \det(A).$$

Sabemos das propriedades de determinantes que ela é um homomorfismo. Além disso, note que $\text{Ker}(\det) = SL(2,\mathbb{R})$*, afinal este é o conjunto das matrizes de determinante igual a 1. Por fim, dado* $a \in \mathbb{R}^*$*, definindo*

$$A = \begin{pmatrix} a & 0 \\ 0 & 1 \end{pmatrix}$$

temos $\det(A) = a$*. Logo* $\det$ *é sobrejetora e o Teorema 5.37 nos diz que*

$$\frac{GL(2,\mathbb{R})}{SL(2,\mathbb{R})} \cong \mathbb{R}^*.$$

□

Este resultado pode ser generalizado para

$$\frac{GL(n,\mathbb{R})}{SL(n,\mathbb{R})} \cong \mathbb{R}^*.$$

para todos naturais $n \geqslant 1$.

A seguir, enunciamos os demais teoremas do isomorfismo, no contexto de

5.5. Homomorfismos

grupos. Não os demonstraremos completamente, embora alguns itens já possuem demonstrações feitas em outros momentos.

Na verdade, todas demonstrações são parecidas com aquelas demonstrações que realizamos para o caso de anéis e são deixadas como exercícios para o leitor.

Teorema 5.38. *(2º Teorema do isomorfismo para grupos) Seja G um grupo, $H \leqslant G$ e $K \trianglelefteq G$. Então valem*

(a) HK é subgrupo de G;

(b) $H \cap K \trianglelefteq H$;

(c) $\dfrac{HK}{K} \cong \dfrac{H}{H \cap K}$.

Demonstração: (a) Demonstrado no item (c) da Proposição 5.23.

(b) Fizemos no item (b) da Proposição 5.23.

(c) É o Exercício 5.89.

□

Teorema 5.39. *(3º Teorema do isomorfismo para grupos) Seja G um grupo e $K \trianglelefteq G$. Então valem*

(a) Se $H \leqslant G$ com $K \subseteq H$ então H/K é um subgrupo de G/K;

(b) Todo subgrupo de G/K é da forma H/K, com H um subgrupo de G tal que $K \subseteq H$;

(c) Se $H \trianglelefteq G$ com $K \subseteq H$ então H/K é um subgrupo normal de G/K;

(d) Todo subgrupo normal de G/K é da forma H/K, com H um subgrupo normal de G tal que $K \subseteq H$;

(e) Se $H \trianglelefteq G$ com $K \subseteq H$, então

$$\frac{G/K}{H/K} \cong \frac{G}{H}.$$

Demonstração: É o Exercício 5.90.

□

Grupos

Teorema 5.40. *(4° Teorema do isomorfismo para grupos) Seja G um grupo e $K \trianglelefteq G$. Denote por $S_K(G)$ o conjunto dos subgrupos de G que contém o subgrupo normal K e por $S(G/K)$ o conjunto de subgrupos de G/K. Então, existe uma bijeção que preserva inclusão entre $S_K(G)$ e $S(G/K)$.*

Demonstração: É o Exercício 5.91.

□

A bijeção desse teorema leva $H \in S_K(G)$ em H/K. Essa bijeção está bem definida pois se $H \leqslant G$ com $K \subseteq H$, então o item *(b)* do 2° Teorema do isomorfismo para grupos (Teorema 5.38) nos diz que $K \trianglelefteq H$.

Exercícios da Seção 5.5

5.61. *Pesquise sobre:*

(a) Grupos completos.

(b) Grupos Hopfianos.

(c) Sequências exatas de grupos.

(d) Subgrupo característico.

5.62. *Prove que*

$$\frac{G}{G} \cong \{e\} \qquad e \qquad \frac{G}{\{e\}} \cong G.$$

5.63. *Dado um grupo G, sempre vale que se*

$$G \cong \frac{G}{H},$$

então $H = \{e\}$?

5.64. *A função a seguir, envolvendo o grupo dos números reais aditivos*

$$f : \mathbb{R} \to \mathbb{R}$$
$$x \mapsto x + 2$$

5.5. Homomorfismos

é um homomorfismo? É injetora? Sobrejetora?

5.65. Existe algum $b \in \mathbb{Z}$ para o qual a função

$$f : \mathbb{Z} \to \mathbb{Z} \times \mathbb{Z}$$
$$a \mapsto (a,b)$$

é um homomorfismo? Será injetor? Sobrejetor? Considere o grupo $\mathbb{Z} \times \mathbb{Z}$ com a operação aditiva coordenada a coordenada.

5.66. A função

$$f : \mathbb{Z} \times \mathbb{Z} \to \mathbb{Z}$$
$$(a,b) \mapsto a$$

é um homomorfismo? Quem é seu núcleo? É injetora? Sobrejetora? Considere o grupo $\mathbb{Z} \times \mathbb{Z}$ com a operação aditiva coordenada a coordenada.

5.67. Prove que a função a seguir, que envolve o grupo $\mathbb{Z} \times \mathbb{Z}$ com a operação aditiva coordenada a coordenada,

$$f : \mathbb{Z} \times \mathbb{Z} \to \mathbb{Z} \times \mathbb{Z}$$
$$(a,b) \mapsto (a-b, 0)$$

é um homomorfismo. Quem é seu núcleo? É injetora? Sobrejetora?

5.68. Lembrando o Exemplo 5.29, prove que

$$\frac{\mathbb{Z}_2 \times \mathbb{Z}_6}{H} \cong \mathbb{Z}_2.$$

5.69. Dados grupos G e H, sempre temos que $G \times H \cong H \times G$?

5.70. Calcule $Aut(\mathbb{Z}_2)$.

5.71. Prove que o conjunto $Inn(G)$ apresentado no Exemplo 5.41 é um subgrupo normal de $Aut(G)$.

5.72. Prove que não existe grupo G tal que

$$Aut(G) \cong \mathbb{Z}.$$

5.73. Um grupo abeliano pode ser isomorfo a um grupo não abeliano?

5.74. Prove que $\dfrac{\mathbb{R}}{\mathbb{Z}} \cong S^1$, onde este último foi apresentado no Exercício 5.25.

5.75. Encontre um exemplo de grupo G e $N \trianglelefteq G$ onde G não é isomorfo a $N \times \dfrac{G}{N}$.

5.76. No Exemplo 5.30 calculamos $\dfrac{Q_8}{Q_4}$. Prove que

$$\dfrac{Q_8}{Q_4} \cong \mathbb{Z}_2.$$

5.77. Prove que $\dfrac{\mathbb{C}^*}{S^1} \cong \mathbb{R}_+^*$, todos grupos multiplicativos.

5.78. Prove que dado um grupo G,

$$\dfrac{G \times G}{G \times \{e\}} \cong G.$$

5.79. Seria possível restringir o domínio do homomorfismo f do Exemplo 5.33, para que ele seja injetor?

5.80. Prove que se a, b são números naturais coprimos, então

$$\mathbb{Z}_{ab} \cong \mathbb{Z}_a \times \mathbb{Z}_b.$$

5.81. Suponha que exista um isomorfismo entre o grupo $G = \{e, a, b, c\}$ e o subgrupo $\{1, -1, i, -i\} \leqslant \mathbb{C}^*$, onde esse isomorfismo relaciona os elementos que estão na mesma posição. Apresente a tábua da operação de G.

5.82. Suponha que $\varphi \in Aut(G)$ e $N \trianglelefteq G$. Prove que

$$\dfrac{G}{N} \cong \dfrac{G}{\varphi(N)}.$$

5.83. Prove que o grupo de Klein, definido no Exemplo 5.9, não é isomorfo ao grupo aditivo $\mathbb{Z}_4$, mas que é isomorfo ao grupo aditivo $\mathbb{Z}_2 \times \mathbb{Z}_2$.

5.84. Encontre todos automorfismos do grupo de Klein.

5.85. A Proposição 5.25 nos permitiu concluir que $Z(G) \trianglelefteq G$. Prove que

$$\dfrac{G}{Z(G)} \cong Inn(G),$$

5.6. Ações de grupos

que definimos no Exemplo 5.41.

5.86. *Prove que os grupos P e M definidos nos exercícios 5.31 e 5.32 são isomorfos.*

5.87. *Prove que*
$$g : Aut(\mathbb{Z}) \to \mathbb{Z}_2$$
$$id \mapsto \overline{0}$$
$$\varphi \mapsto \overline{1}$$
é um isomorfismo, para completar o Exemplo 5.43.

5.88. *Dado $H \leqslant G$, a Proposição 5.27 nos diz que $C_G(H) \trianglelefteq N_G(H)$. Prove que seu quociente é isomorfo a um subgrupo de $Aut(H)$.*

5.89. *Demonstre o item (c) do 2° Teorema 5.38 do isomorfismo para grupos.*

5.90. *Demonstre o 3° Teorema 5.39 do isomorfismo para grupos.*

5.91. *Demonstre o 4° Teorema 5.40 do isomorfismo para grupos.*

5.6 Ações de grupos

Agora que já conhecemos muito bem os homomorfismos entre dois grupos, estamos prontos para estudar um outro tipo de função no contexto de grupos, as ações.

Quando dizemos uma ação de um grupo G em um conjunto X, isso significa que para cada elemento do grupo, temos uma função que tem como domínio e contra-domínio o conjunto X. Ou seja, cada elemento de G definirá uma função de X em X.

Na verdade já vimos uma tal ação – embora sem explicitar que ela era uma ação, no Exemplo 5.41, uma ação à esquerda de um grupo G em si mesmo. Vejamos então nossa principal definição.

Definição 5.15. *Uma ação à esquerda de um grupo G em um conjunto X é uma função*
$$\alpha : G \to \mathcal{F}(X)$$
$$g \mapsto \alpha_g$$

tal que valem

(E1) $\alpha_e(x) = x$, $\forall x \in X$;

(E2) $\alpha_g(\alpha_h(x)) = \alpha_{gh}(x)$, $\forall g, h \in G$, $\forall x \in X$.

Uma ação é dita à direita quando valem *(E1)* e

(D2) $\alpha_g(\alpha_h(x)) = \alpha_{hg}(x)$, $\forall g, h \in G$, $\forall x \in X$.

Nesses casos, dizemos que G age sobre X. O estudo das ações à esquerda e à direita são análogos, portanto focaremos nas ações à esquerda e as chamaremos apenas de ações.

Sempre é possível definir uma ação de um grupo G qualquer em um conjunto X qualquer. Essa ação é chamada de ação trivial.

Exemplo 5.46. *Defina*

$$\alpha : G \to \mathcal{F}(X)$$
$$g \mapsto \alpha_g$$

onde, $\forall x \in X$,

$$\alpha_g(x) = x.$$

Assim, para cada $g \in G$, *todas as funções* α_g *são iguais a função identidade em* X. *Vamos provar que* α *é uma ação, seja* $x \in X$:

(E1) Por definição,

$$\alpha_e(x) = x.$$

(E2) Dados $g, h \in G$,

$$\alpha_g(\alpha_h(x)) = \alpha_g(x)$$
$$= x$$
$$= \alpha_{gh}(x).$$

□

5.6. Ações de grupos

Exemplo 5.47. *Seja o grupo $G = \{1, -1\}$ com a multiplicação usual e defina*

$$\alpha : G \to \mathcal{F}(\mathbb{R})$$
$$1 \mapsto \alpha_1$$
$$-1 \mapsto \alpha_{-1}$$

onde, $\forall x \in \mathbb{R}$,

$$\alpha_1(x) = x$$
$$\alpha_{-1}(x) = -x.$$

Vamos demonstrar que α é uma ação. Seja $x \in X$.

(E1) Como 1 é o elemento neutro de G, temos

$$\alpha_1(x) = x.$$

(E2) Perceba que quando calculamos a ação, basicamente multiplicamos o índice pelo elemento de $\mathbb{R}$. Assim, dados $g, h \in G$:

$$\alpha_g(\alpha_h(x)) = \alpha_g(hx)$$
$$= g(hx)$$
$$= (gh)x$$
$$= \alpha_{gh}(x).$$

Logo, α é uma ação de $G = \{1, -1\}$ em $\mathbb{R}$. □

Como mencionamos na demonstração de $(E2)$, note que $\alpha_g(x)$ é simplesmente gx, onde $g \in G$ e $x \in \mathbb{R}$. Isso nos indica como definir uma importante ação.

Exemplo 5.48. *Todo grupo G age sobre si mesmo se definirmos*

$$\alpha : G \to \mathcal{F}(G)$$
$$g \mapsto \alpha_g$$

onde, $\forall k \in G$,

$$\alpha_g(k) = gk.$$

Ou seja, simplesmente operamos g com k conforme a operação de G. Para provar que α é uma ação, tome $k \in G$.

(*E*1) *Temos*
$$\alpha_e(k) = ek = k.$$

(*E*2) *Dados $g, h \in G$,*
$$\begin{aligned}\alpha_g(\alpha_h(k)) &= \alpha_g(hk) \\ &= ghk \\ &= \alpha_{gh}(k).\end{aligned}$$

$\square$

Esta ação recebe o nome de "ação regular à esquerda", enquanto a ação análoga definida por $\alpha_g(k) = kg$ é denominada a "ação regular à direita".

No próximo exemplo, vemos que todo grupo age não somente sobre si mesmo, mas também sobre seus conjuntos quocientes.

Exemplo 5.49. *Seja H um subgrupo de G e considere*
$$X = \{gH : g \in G\},$$

o conjunto das coclasses à esquerda de H em G. Perceba que se H é normal, então temos que $X = G/H$. Defina
$$\begin{aligned}\alpha : G &\to \mathcal{F}(X) \\ g &\mapsto \alpha_g\end{aligned}$$

como
$$\alpha_g(kH) = gkH.$$

Assim, α_g leva a coclasse kH na coclasse gkH. Antes de demonstrar que α é uma ação à esquerda, precisamos mostrar que ela está bem definida, ou seja, que o resultado dessa ação independe da escolha de representante da coclasse.

5.6. Ações de grupos

Bem-definida: *Sejam* $hH = kH$:

$$hH = kH \Rightarrow h^{-1}k \in H$$
$$\Rightarrow h^{-1}ek \in H$$
$$\Rightarrow h^{-1}g^{-1}gk \in H$$
$$\Rightarrow ghH = gkH.$$

Vamos provar que α é uma ação à esquerda. Tome $kH \in X$.

(E1) *Temos*
$$\alpha_e(kH) = ekH = kH.$$

(E2) *Dados $g, h \in G$,*
$$\alpha_g(\alpha_h(kH)) = \alpha_g(hkH)$$
$$= ghkH$$
$$= \alpha_{gh}(kH).$$

$\square$

Há duas maneiras rápidas de se obter ações a partir de outras. Na primeira, basta mesclar todas elas para agirem sobre o produto cartesiano dos conjuntos em questão. Esse é o Exercício 5.94.

Para a segunda, suponha que temos uma ação de um grupo em um conjunto. Daí, conseguimos criar ações partindo de qualquer subgrupo de G, conforme a próxima definição.

Definição 5.16. *Seja α uma ação do grupo G em X e considere $H \leqslant G$. Definimos a ação induzida em H como a ação*

$$\alpha^H : H \to \mathcal{F}(X)$$
$$h \mapsto \alpha_h^H,$$

que é definida como a restrição de α nos elementos de H.

Assim, essa definição aplicada ao Exemplo 5.48 nos garante que, dado um grupo G, todo subgrupo H de G age sobre G, através de

$$\alpha^H : H \to \mathcal{F}(G)$$
$$h \mapsto \alpha_h^H$$

onde, $\forall\, k \in G$,

$$\alpha_h^H(k) = hk.$$

Na proposição seguinte, teremos as condições necessárias para associar as ações aos homomorfismos, que já conhecemos bem.

Proposição 5.41. *Dada α uma ação do grupo G no conjunto X e $g \in G$, temos que α_g é uma função bijetora com*

$$\alpha_{g^{-1}} = \alpha_g^{-1}.$$

Demonstração: Perceba que, para quaisquer $g \in G$ e $x \in X$,

$$\alpha_g \circ \alpha_{g^{-1}}(x) = \alpha_g(\alpha_{g^{-1}}(x))$$
$$= \alpha_{gg^{-1}}(x)$$
$$= \alpha_e(x)$$
$$= x.$$

De forma análoga, temos $\alpha_{g^{-1}} \circ \alpha_g(x) = x$. Isso prova que as funções α_g são bijetoras, com inversa α_g^{-1}.

□

Ou seja, se para o conjunto X relembrarmos os grupos do Exemplo 5.6,

$$S_X = \{f \in \mathcal{F}(X) : f \text{ é bijetora}\}$$

com a operação de composição, a proposição anterior nos garante que uma ação à esquerda de G em X é, simplesmente, um homomorfismo

$$\alpha : G \to S_X$$
$$g \mapsto \alpha_g.$$

Exemplo 5.50. *No Exemplo 5.15 vimos que $\mathcal{A}_1(\mathbb{R}) \leqslant \mathcal{A}(\mathbb{R})$ com a operação*

5.6. Ações de grupos

de composição. Defina

$$\alpha : \mathcal{A}_1(\mathbb{R}) \to \mathcal{F}(\mathbb{R})$$
$$x + b \mapsto \alpha_{x+b}$$

em que

$$\alpha_{x+b}(a) = a + b.$$

para todos $a \in \mathbb{R}$. Ou seja, dada uma função $x + b$ do grupo $\mathcal{A}_1$, a calculamos no número real a. Vamos provar que α é uma ação e, para isso, seja $a \in \mathbb{R}$.

(E1) *O elemento neutro de $\mathcal{A}_1(\mathbb{R})$ é o elemento x. Logo:*

$$\alpha_x(a) = a.$$

(E2) *Dados $x + b$ e $x + c$ em $\mathcal{A}_1(\mathbb{R})$ e $y \in \mathbb{R}$,*

$$\alpha_{x+b}(\alpha_{x+c}(y)) = \alpha_{x+b}(y + c)$$
$$= y + c + b$$
$$= \alpha_{x+c+b}(y)$$
$$= \alpha_{(x+b)\circ(x+c)}(y).$$

□

Este exemplo possui uma peculiaridade muito interessante, pois se fixarmos $a \in \mathbb{R}$, todo número real c pode ser escrito na forma $\alpha_{x+(c-a)}(a)$. Ou seja, todo elemento de $\mathbb{R}$ pode ser obtido se partirmos de um elemento fixo, aplicando a ação com os índices convenientes. Isso nos traz a próxima definição.

Definição 5.17. *Dado um elemento $x \in X$, sua órbita em relação à ação α é*

$$\mathcal{O}_x = \{\alpha_g(x) : g \in G\}.$$

Ou seja, é o conjunto dos elementos de X que são atingidos por x conforme calculamos $\alpha_g(x)$ variando $g \in G$. Em particular, dado $x \in X$ temos que $x \in \mathcal{O}_x$ pois $\alpha_e(x) = x$.

Conforme comentamos no parágrafo antes dessa definição, no contexto do Exemplo 5.50 temos que $\mathcal{O}_a = \mathbb{R}$ para qualquer $a \in \mathbb{R}$.

Nem sempre todas as órbitas são iguais, como podemos ver no próximo exemplo.

Exemplo 5.51. *No Exemplo 5.47 vimos a ação do grupo $G = \{1, -1\}$ com a multiplicação usual,*

$$\alpha : G \to \mathcal{F}(\mathbb{R})$$
$$1 \mapsto \alpha_1$$
$$-1 \mapsto \alpha_{-1}$$

onde, $\forall\, x \in \mathbb{R}$,

$$\alpha_1(x) = x$$
$$\alpha_{-1}(x) = -x.$$

Dado $x \in \mathbb{R}$, sua órbita é

$$\mathcal{O}_x = \{\alpha_g(x) \,:\, g \in G\}$$
$$= \{\alpha_1(x), \alpha_{-1}(x)\}$$
$$= \{x, -x\}.$$

Portanto, a órbita de um elemento não nulo de $\mathbb{R}$ é o conjunto formado por ele mesmo e seu oposto. E a órbita de 0, é $\{0\}$. □

Perceba que as órbitas que calculamos neste último exemplo são todas disjuntas e, sua união, é igual a $\mathbb{R}$. Pois isso sempre acontece, como vemos a seguir.

Proposição 5.42. *As órbitas dos elementos de X formam uma partição de X.*

Demonstração: Temos que provar que duas órbitas são iguais ou disjuntas e, também, que

$$X = \bigcup_{x \in X} \mathcal{O}_x. \tag{5.1}$$

Suponha que $\mathcal{O}_x$ e $\mathcal{O}_y$ possuem t em sua intersecção. Isso significa que existem g_1 e g_2 em G tais que $\alpha_{g_1}(x) = t = \alpha_{g_2}(y)$, o que nos leva a ter $x = \alpha_{g_1^{-1}}(t)$ e $y = \alpha_{g_2^{-1}}(t)$. Vamos provar que $\mathcal{O}_x = \mathcal{O}_y$.

5.6. Ações de grupos

Perceba que se $z \in \mathcal{O}_x$, então

$$z = \alpha_g(x)$$
$$= \alpha_g(\alpha_{g_1^{-1}}(t))$$
$$= \alpha_g(\alpha_{g_1^{-1}}(\alpha_{g_2}(y)))$$
$$= \alpha_{gg_1^{-1}g_2}(y).$$

Logo $z \in \mathcal{O}_y$ e $\mathcal{O}_x \subseteq \mathcal{O}_y$. De forma análoga, prova-se a inclusão contrária, ($\supseteq$).

Agora, provemos a igualdade (5.1).

($\subseteq$) Dado $x \in X$, temos que $x \in \mathcal{O}_x$ pois $\alpha_e(x) = x$.

($\supseteq$) Se temos y no conjunto da direita, então existe $x \in X$ tal que $y \in \mathcal{O}_x$, ou seja, $y \in X$.

$\square$

Exemplo 5.52. *Dado um grupo G, vimos sua ação regular à esquerda no Exemplo 5.48,*

$$\alpha : G \to \mathcal{F}(G)$$
$$g \mapsto \alpha_g$$

onde, $\forall\, k \in G$,

$$\alpha_g(k) = gk.$$

Note que, para $k \in G$,

$$\mathcal{O}_k = \{\alpha_g(k) : g \in G\}$$
$$= \{gk : g \in G\}.$$

Vamos provar que esse conjunto é igual a G. Sabemos que ele está contido em G, então basta mostrar que ele contém G. Mas note que, dado $h \in G$, basta escrevê-lo como

$$h = hk^{-1}k$$

e ele estará contido naquele conjunto, pois $hk^{-1} \in G$. $\square$

Grupos

Logo, a ação do exemplo anterior possui apenas uma órbita, dada pelo conjunto todo, nesse caso G.

Dada uma ação do grupo G no conjunto X, perceba que a órbita de $x \in X$ é um subconjunto de X. Agora, novamente vinculado a um elemento de X, definiremos um outro importante conceito, que é um subconjunto de G.

Definição 5.18. *Dado $x \in X$, o estabilizador de G com relação a x é*

$$\mathcal{E}_x = \{g \in G \,:\, \alpha_g(x) = x\}.$$

Ou seja, $\mathcal{E}_x$ é o subconjunto de G dos elementos cuja ação correspondente é uma identidade sobre o elemento x. Essa definição pode ser generalizada para um subconjunto qualquer de X, por exemplo, se $Y \subseteq X$,

$$\mathcal{E}_Y = \{g \in G \,:\, \alpha_g(Y) = Y\}.$$

A igualdade $\alpha_g(Y) = Y$ significa que para qualquer $y_1 \in Y$, existe $y_2 \in Y$ tal que $\alpha_g(y_1) = y_2$.

Exemplo 5.53. *No contexto do Exemplo 5.47, note que para todo $x \in \mathbb{R}^*$,*

$$\mathcal{E}_x = \{g \in G \,:\, \alpha_g(x) = x\}$$
$$= \{1\}.$$

E, também, analisando para o $0 \in \mathbb{R}$,

$$\mathcal{E}_0 = \{g \in G \,:\, \alpha_g(x) = x\}$$
$$= \{1, -1\}$$
$$= G.$$

$\square$

Exemplo 5.54. *Relembrando o Exemplo 5.49, vamos calcular o estabilizador de $kH \in X$ no caso particular em que G é abeliano. Note que*

$$\alpha_g(kH) = kH \Leftrightarrow gkH = kH$$
$$\Leftrightarrow k^{-1}gk \in H$$
$$\Leftrightarrow g \in H.$$

5.6. Ações de grupos

Ou seja, para qualquer $k \in G$,

$$\mathcal{E}_{kH} = H$$

□

Perceba que todos esses estabilizadores, que na verdade são iguais, são subgrupos de G. E de fato, isso sempre acontece.

Proposição 5.43. *Dado $x \in X$, temos que $\mathcal{E}_x \leqslant G$.*

Demonstração: Vamos provar que vale $(SG3)$ da Proposição 5.8.

(1) Temos que $\mathcal{E}_x \neq \emptyset$ pois contém e_G, pois

$$\alpha_e(x) = x.$$

(2) Dados $g, h \in \mathcal{E}_x$, note que $x = \alpha_h(x)$ implica que $\alpha_{h^{-1}}(x) = x$. Logo

$$\alpha_{gh^{-1}}(x) = \alpha_g(\alpha_{h^{-1}}(x))$$
$$= \alpha_g(x)$$
$$= x.$$

□

Essa proposição pode ser generalizada e demonstrada de forma análoga para concluirmos que, dado $Y \subseteq X$, temos $\mathcal{E}_Y \leqslant G$.

Exemplo 5.55. *Dada a ação do Exemplo 5.48 para um grupo G, dado $k \in G$ temos*

$$\mathcal{E}_k = \{g \in G : \alpha_g(k) = k\}$$
$$= \{g \in G : gk = k\}.$$

Mas perceba que

$$gk = k \Leftrightarrow g = e.$$

Logo,

$$\mathcal{E}_k = \{e\}.$$

□

Exemplo 5.56. *Considere um grupo G e denote X o conjunto de todos seus subgrupos. Defina*

$$\alpha : G \to \mathcal{F}(X)$$
$$g \mapsto \alpha_g$$

onde

$$\alpha_g(H) = gHg^{-1}.$$

É o Exercício 5.95 mostrar que se $H \leqslant G$ então $gHg^{-1} \leqslant G$. Note que α é uma ação de G em X pois, dado $H \in X$:

$(E1)$ $\alpha_e(H) = eHe^{-1} = H$.

$(E2)$ $\alpha_g(\alpha_k(H)) = \alpha_g(kHk^{-1}) = gkHk^{-1}g^{-1} = (gk)H(gk)^{-1} = \alpha_{gk}(H)$.

Lembrando da Definição 5.6, em que apresentamos o normalizador, vamos provar que $\mathcal{E}_H = N_G(H)$.

Temos que

$$g \in \mathcal{E}_H \Leftrightarrow \alpha_g(H) = H$$
$$\Leftrightarrow gHg^{-1} = H$$
$$\Leftrightarrow gH = Hg$$
$$\Leftrightarrow g \in N_G(H).$$

Ou seja,

$$\mathcal{E}_H = N_G(H).$$

Em particular, se G fosse um grupo abeliano, teríamos $\mathcal{E}_H = G$ e

$$\mathcal{O}_H = \{\alpha_g(H) : g \in G\}$$
$$= \{gHg^{-1} : g \in G\}$$
$$= \{H\}.$$

$\square$

No Exemplo 5.48 vimos que todo grupo age sobre si mesmo. Mas aquela não é a única ação de um grupo sobre si mesmo, como vemos no próximo exemplo.

5.6. Ações de grupos

Exemplo 5.57. *Dado um grupo G, considere*

$$\alpha : G \to \mathcal{F}(G)$$
$$g \mapsto \alpha_g$$

onde

$$\alpha_g(h) = ghg^{-1}.$$

Vamos provar que α é uma ação. Dado $h \in G$:

(E1) $\alpha_e(h) = ehe^{-1} = h$.

(E2) $\alpha_g(\alpha_k(h)) = \alpha_g(khk^{-1}) = gkhk^{-1}g^{-1} = (gk)h(gk)^{-1} = \alpha_{gk}(h)$.

Note que, analogamente ao exemplo anterior, $\mathcal{E}_h = N_G(h)$. Com efeito,

$$g \in \mathcal{E}_h \Leftrightarrow \alpha_g(h) = h$$
$$\Leftrightarrow ghg^{-1} = h$$
$$\Leftrightarrow gh = hg$$
$$\Leftrightarrow g \in N_G(h).$$

E se G é abeliano, $\mathcal{E}_h = G$ e

$$\mathcal{O}_h = \{\alpha_g(h) : g \in G\}$$
$$= \{ghg^{-1} : g \in G\}$$
$$= \{h\}.$$

$\square$

Essa ação é chamada de "ação de conjugação" de G.

5.6.1 Classes de conjugação

Na Definição 5.8 começamos a estudar uma importante relação de equivalência sobre um grupo, a partir de um subgrupo. E no Exemplo 5.57 que acabamos de apresentar, vimos que um grupo age sobre si mesmo através de uma ação que conjuga um dado elemento por outro.

Nesta subseção queremos unir esses dois pontos, definindo uma outra relação de equivalência extremamente importante na teoria de grupos, baseada na ação daquele exemplo.

Definição 5.19. *Sobre o grupo G, defina a relação $\sim_G$ como*

$$h \sim_G k \Leftrightarrow \exists g \in G : h = gkg^{-1}.$$

Quando $h \sim_G k$, dizemos que h e k são conjugados. Uma outra forma de apresentar essa relação é

$$h \sim_G k \Leftrightarrow \exists g \in G : h = \alpha_g(k),$$

onde α é a ação definida no Exemplo 5.57. Nesse contexto e relembrando a Definição 5.17, temos

$$h \sim_G k \Leftrightarrow h \in \mathcal{O}_k.$$

Proposição 5.44. *A relação $\sim_G$ é uma relação de equivalência.*

Demonstração: Tome h, h_1, h_2 e h_3 em G, e vamos demonstrar que valem os ítens da Definição 2.8.

($R1$) Note que $h = ehe^{-1}$, logo, $h \sim_G h$.

($R2$) Como $h_1 \sim_G h_2$, temos $g \in G$ com $h_1 = gh_2g^{-1}$. Daí, $h_2 = g^{-1}h_1g$, que significa $h_2 \sim_G h_1$.

($R3$) Suponha que $h_1 \sim_G h_2$ e $h_2 \sim_G h_3$, ou seja, existem g_1 e g_2 em G tais que $h_1 = g_1h_2g_1^{-1}$ e $h_2 = g_2h_3g_2^{-1}$. Logo

$$h_1 = g_1(g_2h_3g_2^{-1})g_1^{-1} = (g_1g_2)h_3(g_1g_2)^{-1}.$$

Assim, $h_1 \sim_G h_3$.

□

Dessa forma, podemos definir as classes de equivalência dessa relação, que recebem um nome especial.

Definição 5.20. *Dado $h \in G$, sua classe de equivalência com relação a $\sim_G$ é denominada classe de conjugação e definida como*

$$Cl(h) = \{k \in G : h \sim_G k\}.$$

5.6. Ações de grupos

Se detalharmos o significado da relação de equivalência, podemos escrever esses conjuntos como
$$Cl(h) = \{ghg^{-1} : g \in G\}.$$

Observação 5.45. *No contexto da ação α do Exemplo 5.57, temos*
$$Cl(h) = \{ghg^{-1} : g \in G\}$$
$$= \{\alpha_g(h) : g \in G\}$$
$$= \mathcal{O}_h.$$

□

Sempre temos que $h \in Cl(h)$ pois $h = ehe^{-1}$. Também, a Observação 2.31 nos garante que as classes de conjugação são ou iguais ou disjuntas, além de formarem uma partição do grupo G.

Além disso, note que
$$Cl(e) = \{geg^{-1} : g \in G\}$$
$$= \{e\}.$$

E essa não é a única situação em que uma classe de conjugação possui apenas um elemento, conforme a próxima proposição.

Proposição 5.46. *Dado um grupo G,*
$$h \in Z(G) \Leftrightarrow Cl(h) \text{ só tem 1 elemento, } h.$$

Demonstração: ($\Rightarrow$) Suponha que $h \in Z(G)$. Então
$$ghg^{-1} = hgg^{-1}$$
$$= h,$$
ou seja,
$$Cl(h) = \{ghg^{-1} : g \in G\}$$
$$= \{h\}.$$

($\Leftarrow$) Suponha que $Cl(h)$ só tem um elemento, que sabemos ser h. Isso significa

Grupos

que, para qualquer $g \in G$,

$$ghg^{-1} = h \Rightarrow gh = hg.$$

Logo $h \in Z(G)$.

$\square$

Em particular, quando G é um grupo abeliano, como $G = Z(G)$, temos que para todo $h \in G$,

$$Cl(h) = \{h\}.$$

E isso já nos indica que as classes de conjugação nem sempre são subgrupos, pois nem sempre possuem um elemento neutro.

Exemplo 5.58. *Vamos calcular as classes de conjugação do grupo dos quatérnios Q_8, que apresentamos no Exemplo 5.10. Primeiramente, já sabemos pelo Exemplo 5.20 que $Z(Q_8) = \{1, -1\}$. Portanto, a proposição anterior nos diz que*

$$Cl(1) = \{1\}$$

e

$$Cl(-1) = \{-1\}.$$

Agora, o que fazemos é tomar cada h que ainda não apareceu em uma classe já apresentada e calcular ghg^{-1} para todos $g \in G$. A tabela abaixo nos ajudará nessa tarefa onde, em cada coluna com h fixo, calculamos ghg^{-1} conforme g varia entre os elementos de Q_8:

$h \in Q_8$	i	$-i$	j	$-j$	k	$-k$
$1h1^{-1}$	i	$-i$	j	$-j$	k	$-k$
$(-1)h(-1)^{-1}$	i	$-i$	j	$-j$	k	$-k$
ihi^{-1}	i	$-i$	$-j$	j	$-k$	k
$(-i)h(-i)^{-1}$	$-i$	i	$-j$	j	$-k$	k
jhj^{-1}	$-i$	i	j	$-j$	$-k$	k
$(-j)h(-j)^{-1}$	i	$-i$	$-j$	j	$-k$	k
khk^{-1}	$-i$	i	$-j$	j	k	$-k$
$(-k)h(-k)^{-1}$	$-i$	i	j	$-j$	k	$-k$

5.6. Ações de grupos

Agora vamos analisá-la. Pela coluna relativa ao elemento i, temos

$$Cl(i) = \{i, -i\}.$$

Como as classes de conjugação formam uma partição do grupo em questão, esse conjunto é também igual a $Cl(-i)$. Pela coluna do elemento j, temos

$$Cl(j) = \{j, -j\} = Cl(-j)$$

e, por fim,

$$Cl(k) = \{k, -k\} = Cl(-k).$$

Assim, o grupo dos quatérnios possui cinco classes de conjugação distintas

$$\{1\},$$
$$\{-1\},$$
$$\{i, -i\},$$
$$\{j, -j\},$$
$$\{k, -k\}.$$

□

Exercícios da Seção 5.6

5.92. *Pesquise sobre:*

(a) *Teoria de representação.*

(b) *Ação transitiva.*

(c) *Ação fiel.*

5.93. *Seja G um grupo. Prove que*

$$\alpha : G \to \mathcal{F}(G \times G)$$
$$g \mapsto \alpha_g$$

dada por
$$\alpha_g(h,k) = (gh, gk)$$
é uma ação. Disserte sobre as órbitas dos elementos de $G \times G$ e sobre os estabilizadores de G com relação aos elementos de $G \times G$.

5.94. *Sejam $\alpha^1, \alpha^2, \ldots, \alpha^n$ ações do grupo G sobre os conjuntos $X_1, X_2, \ldots X_n$ respectivamente. Prove que*

$$\beta : G \to \mathcal{F}(X_1 \times X_2 \times \ldots \times X_n)$$
$$g \mapsto \beta_g$$

em que
$$\beta_g(x_1, x_2, \ldots, x_n) = (\alpha_g^1(x_1), \alpha_g^2(x_2), \ldots, \alpha_g^n(x_n)),$$

é uma ação. Disserte sobre as órbitas e os estabilizadores relacionados à β.

5.95. *Dados G um grupo, $g \in G$ e $H \leqslant G$, prove que $gHg^{-1} \leqslant G$.*

5.96. *Calcule todas as classes de conjugação de $\mathbb{Z}_4$.*

5.97. *Considere $X = \{1, 2, 3\}$ e construa o grupo S_X conforme o Exemplo 5.6. Calcule todas as classes de conjugação desse grupo S_X.*

5.98. *Calcule todas as classes de conjugação do grupo de Klein K_4, que estudamos no Exemplo 5.9.*

5.99. *Suponha que $g \in G$ satisfaz $g^3 = e$ e que $h \sim_G g$. Prove que $h^3 = e$. O mesmo vale para qualquer expoente?*

CAPÍTULO 6

Classificação de grupos

No capítulo anterior, estudamos as noções iniciais da teoria dos grupos. Vimos suas definições mais básicas, suas subestruturas, os principais exemplos e maneiras de relacionar tais grupos entre si ou com outras estruturas.

Agora, queremos dar um passo adiante. Começaremos apresentando o conceito de ordem de um grupo, o que nos leva a um teorema, o de Lagrange, que relaciona a quantidade de elementos de um grupo com seus subgrupos e os respectivos grupos quocientes. Também queremos mostrar que alguns dos exemplos que vimos podem ser ampliados para configurações mais abstratas.

Por fim, veremos que os grupos podem ser agrupados, de acordo com seus tipos. Apresentaremos alguns teoremas que nos ajudam a realizar tais classificações, como o Teorema de Cayley e os teoremas de Sylow. Se prepare, pois alguns deles possuem longas demonstrações.

Reforçamos que utilizaremos sempre a notação multiplicativa nas definições e proposições. Além disso, denotaremos o elemento neutro de nosso grupo como e, a menos nas situações em que temos mais de um grupo envolvido.

Classificação de grupos

6.1 Ordem

O conceito de ordem existe tanto para os grupos quanto para cada um de seus elementos. Começamos com a definição da ordem de um grupo, que na verdade é algo bem simples.

Definição 6.1. *A ordem de um grupo G, denotada $|G|$, é definida como a quantidade de elementos de G.*

Quando um grupo possui infinitos elementos, simplesmente dizemos que

$$|G| = \infty.$$

Note que esta notação não é novidade, afinal, é comum denotar a cardinalidade de um conjunto X como $|X|$.

Exemplo 6.1. *Visto que todo grupo possui uma identidade, temos que o único grupo com ordem igual a 1 é o grupo trivial $\{e\}$.* □

Exemplo 6.2. *A ordem dos grupos aditivos $\mathbb{Z}_n$, com $n \in \mathbb{N}$ maior que 1, é n. Ou seja,*
$$|\mathbb{Z}_n| = n.$$
Já a ordem dos grupos multiplicativos $\mathbb{Z}_p^*$, com $p \in \mathbb{N}$ primo, é $p-1$. Logo,
$$|\mathbb{Z}_p^*| = p - 1.$$

□

Exemplo 6.3. *Dados grupos G e H de ordens finitas iguais a m e n respectivamente, temos que*
$$|G \times H| = |G| \cdot |H|.$$
De fato, se
$$G = \{g_1, g_2, \ldots, g_m\}$$
$$H = \{h_1, h_2, \ldots, h_n\},$$

6.1. Ordem

teremos que

$$G \times H = \{(g_1, h_1), (g_1, h_2), \ldots, (g_1, h_n),$$
$$(g_2, h_1), (g_2, h_2), \ldots, (g_2, h_n),$$
$$\ldots$$
$$(g_m, h_1), (g_m, h_2), \ldots, (g_m, h_n)\}$$

com $m \cdot n$ elementos distintos. □

Se um dos grupos possui ordem infinita, o produto direto também terá. Uma aplicação natural desse exemplo é que, dados $m, n \in \mathbb{N}^*$,

$$|\mathbb{Z}_m \times \mathbb{Z}_n| = m \cdot n.$$

Sabemos que $\mathbb{Z}_m \times \{\overline{0}\} \leqslant \mathbb{Z}_m \times \mathbb{Z}_n$ em que o primeiro possui ordem m e, o segundo, $m \cdot n$. Ou seja, a ordem do subgrupo divide a ordem do grupo. O próximo teorema, que recebe o nome de Teorema de Lagrange, nos garante que isso sempre acontece.

Para isso, lembre do índice de um subgrupo em um grupo, que conhecemos na Definição 5.12, que é a quantidade de classes laterais à esquerda (ou à direita) de um subgrupo H em um grupo G.

Teorema 6.1. *(Teorema de Lagrange) Dado $H \leqslant G$ com G um grupo finito,*

$$|G| = [G : H] \cdot |H|.$$

Demonstração: A definição de grupo quociente foi feita através de uma relação de equivalência. Assim, de forma análoga à Proposição 2.30, item (c), temos que

$$G = \bigcup_{g \in G} gH.$$

Portanto, esses dois conjuntos possuem a mesma quantidade de elementos. Porém, do lado direito, temos uma união de $[G : H]$ conjuntos, onde cada um deles possui a mesma cardinalidade de H, pois

$$\varphi_g : H \to gH$$
$$h \mapsto gh$$

Classificação de grupos

é bijetora para todo $g \in G$. Logo vale a igualdade.

□

Joseph-Louis Lagrange

Joseph-Louis Lagrange (Turim, 25 de janeiro de 1736 - Paris, 10 de abril de 1813) foi um matemático e astrônomo italiano. Contribuiu com o cálculo de variações, cálculo de probabilidades, propagação do som, mecânica dos fluidos, teoria dos números e em teoria dos grupos, dentre outras.

Esse teorema não nos dá garantias de que existirão subgrupos com ordem igual a qualquer divisor da ordem do grupo em questão. Porém ele nos indica o caminho que devemos trilhar para encontrá-los: basta procurar subgrupos com ordem igual a esses divisores. Na Subseção 6.6.4 obteremos alguns resultados que nos especificam, em alguns casos, onde começar essa busca por subgrupos.

Esse resultado pode ser generalizado para grupos de ordem infinita, pois, se G possui ordem infinita, então um dos dois números do lado direito da igualdade também será infinito. Há uma outra generalização desse teorema que envolve mais subgrupos de um mesmo grupo.

Teorema 6.2. *(Extensão do Teorema de Lagrange) Se $K \leqslant H \leqslant G$ são grupos finitos, então*

$$[G : K] = [G : H] \cdot [H : K].$$

Demonstração: Segue da junção do Teorema de Lagrange com o item (e) do 3° Teorema do isomorfismo para grupos, 5.39.

□

Outro resultado que envolve a ordem de grupos é o seguinte.

Proposição 6.3. *Sejam H, K subgrupos do grupo finito G. Assim,*

$$|HK| = |G| \Rightarrow HK = G.$$

6.1. Ordem

Demonstração: Este resultado segue do fato de que $HK \subseteq G$. Visto que ambos são finitos e tem a mesma quantidade de elementos, segue que eles são iguais.

$\square$

Nos próximos três teoremas, apresentamos algumas propriedades que envolvem a ordem e alguns dos conjuntos que definimos ao longo do Capítulo 5.

Teorema 6.4. *(Teorema Órbita-Estabilizador) Seja um grupo finito G agindo em um conjunto X. Assim, para todo $x \in X$, temos que*

$$|\mathcal{O}_x| = \frac{|G|}{|\mathcal{E}_x|}.$$

Demonstração: Primeiramente, note que $|\mathcal{O}_x|$ significa a cardinalidade desse conjunto, visto que nem sempre ele é um grupo. Também perceba que $\mathcal{E}_x$ nem sempre é um subgrupo normal de G, apenas um subgrupo. Mesmo assim, podemos construir e contar os elementos de $G/\mathcal{E}_x$ e, pelo Teorema de Lagrange,

$$\frac{|G|}{|\mathcal{E}_x|} = [G : \mathcal{E}_x].$$

Para provar que esse número é igual a $|\mathcal{O}_x|$, perceba que se tomarmos $\alpha_g(x)$ e $\alpha_h(x)$ em $\mathcal{O}_x$,

$$\begin{aligned}
\alpha_g(x) = \alpha_h(x) &\Leftrightarrow x = \alpha_{g^{-1}}(\alpha_h(x)) \\
&\Leftrightarrow x = \alpha_{g^{-1}h}(x) \\
&\Leftrightarrow g^{-1}h \in \mathcal{E}_x \\
&\Leftrightarrow h \in g\mathcal{E}_x \\
&\Leftrightarrow h\mathcal{E}_x = g\mathcal{E}_x.
\end{aligned}$$

Logo, os elementos de $\mathcal{O}_x$ estão relacionados de forma biunívoca com as coclasses de $G/\mathcal{E}_x$, mostrando que esses dois conjuntos têm mesma cardinalidade.

$\square$

Em particular, isso nos diz que a cardinalidade das órbitas – e consequentemente das classes de conjugação, por conta da Observação 5.45 – dividem a ordem do grupo envolvido.

Classificação de grupos

Proposição 6.5. *Dado um grupo G finito agindo - através de α - em um conjunto X, denote*

$$X_0 = \{x \in X : \alpha_g(x) = x, \forall\, g \in G\}.$$

Assim, temos que

$$|X| = |X_0| + \sum_{x_i \in X} \frac{|G|}{|\mathcal{E}_{x_i}|}$$

onde x_i são representantes de cada órbita que possui mais de um elemento.

Demonstração: A Proposição 5.42 nos diz que

$$|X| = \sum_{y_i \in X} |\mathcal{O}_{y_i}|$$

onde os y_i são representantes de cada órbita existente. Mas note que algumas órbitas possuem somente um elemento, que são exatamente os elementos de X_0. Portanto,

$$|X| = |X_0| + \sum_{x_i \in X} |\mathcal{O}_{x_i}|$$

onde x_i são representantes de cada órbita que possui mais de um elemento – perceba que esses x_i são alguns dos y_i que tomamos anteriormente. Daí, utilizando o teorema anterior, concluímos que

$$|X| = |X_0| + \sum_{x_i \in X} \frac{|G|}{|\mathcal{E}_{x_i}|}$$

onde x_i são representantes de cada órbita que possui mais de um elemento.

$\square$

Aplicando a proposição anterior na ação de conjugação que vimos no Exemplo 5.57, obtemos uma curiosa equação, conforme o próximo teorema nos apresenta.

Teorema 6.6. *(Equação de classe) Dado um grupo G finito, temos*

$$|G| = |Z(G)| + \sum_{g_i \in G} |C_G(g_i)|$$

onde os elementos g_i são representantes de $C_G(g_i)$ que não estão em $Z(G)$.

6.1. Ordem

Demonstração: Aplicando a proposição anterior na ação de conjugação de G em G, temos que

$$|G| = |G_0| + \sum_{g_i \in G} \frac{|G|}{|\mathcal{E}_{g_i}|}$$

onde g_i são representantes de cada órbita que possui mais de um elemento e

$$G_0 = \{h \in G : \alpha_g(h) = h, \forall g \in G\}.$$

Mas perceba que G_0 é o conjunto dos elementos tais que

$$\alpha_g(h) = h \Leftrightarrow ghg^{-1} = h \Leftrightarrow gh = hg, \forall g \in G$$

ou seja, $G_0 = Z(G)$. Por fim, o Teorema 6.4 Órbita-Estabilizador junto à Observação 5.45 nos diz que

$$\frac{|G|}{|\mathcal{E}_{g_i}|} = |\mathcal{O}_{g_i}| = |C_G(g_i)|.$$

Logo,

$$|G| = |Z(G)| + \sum_{g_i \in G} |C_G(g_i)|$$

onde os elementos g_i são representantes de $C_G(g_i)$ que não estão em $Z(G)$.

$\square$

Em particular, perceba que a penúltima equação dessa demonstração nos diz que a cardinalidade das classes de conjugação dos elementos de um dado grupo, divide a ordem do grupo.

Corolário 6.7. *Se G é um grupo com ordem igual a p^k, onde k e p são naturais com p primo, então $Z(G)$ possui mais de um elemento.*

Demonstração: A penúltima equação da demonstração do teorema anterior nos garante que as cardinalidades das classes de conjugação com mais de um elemento dividem a ordem de G. Ou seja, essas cardinalidades são potências de p, que é primo. Logo, a cardinalidade do centro de G é igual a um número positivo obtido da diferença entre potências de p. Isso nos diz que $p|Z(G)$ e, consequentemente, possui mais de um elemento.

$\square$

Classificação de grupos

Não menos importante, vemos agora a definição de ordem de um elemento de um grupo.

Definição 6.2. *Dado um elemento $g \in G$ sua ordem, denotada $|g|$, é o menor $k \in \mathbb{N}^*$ tal que*
$$g^k = e.$$
Se tal k não existe, dizemos que $|g| = \infty$.

O único elemento que possui ordem 1 é o elemento neutro do grupo, afinal, se $g \in G$ é distinto de e, temos $g^1 = g \neq e$.

Vamos calcular as ordens de alguns elementos do grupo aditivo $\mathbb{Z}_4$ e perceba que, nesse caso, a notação g^k significa, na verdade,

$$\underbrace{g + g + \ldots + g}_{k \text{ parcelas}}.$$

Exemplo 6.4. *As ordens dos elementos do grupo aditivo $\mathbb{Z}_4$ são*

$$|\overline{0}| = 1, \quad |\overline{1}| = 4, \quad |\overline{2}| = 2, \quad |\overline{3}| = 4$$

pois

$$\overline{1} + \overline{1} = \overline{2} \neq \overline{0},$$
$$\overline{1} + \overline{1} + \overline{1} = \overline{3} \neq \overline{0},$$
$$\overline{1} + \overline{1} + \overline{1} + \overline{1} = \overline{0},$$

$$\overline{2} + \overline{2} = \overline{0}$$

e

$$\overline{3} + \overline{3} = \overline{2} \neq \overline{0},$$
$$\overline{3} + \overline{3} + \overline{3} = \overline{1} \neq \overline{0},$$
$$\overline{3} + \overline{3} + \overline{3} + \overline{3} = \overline{0}.$$

□

6.1. Ordem

Exemplo 6.5. *Perceba que dado qualquer $(\bar{a}, \bar{b}) \in \mathbb{Z}_2 \times \mathbb{Z}_2$, temos*

$$(\bar{a}, \bar{b}) + (\bar{a}, \bar{b}) = (\overline{2a}, \overline{2b})$$
$$= (\bar{0}, \bar{0}).$$

Disso, concluímos que as ordens dos quatro elementos de $\mathbb{Z}_2 \times \mathbb{Z}_2$ são

$$|(\bar{0}, \bar{0})| = 1, \quad |(\bar{0}, \bar{1})| = 2, \quad |(\bar{1}, \bar{0})| = 2, \quad |(\bar{1}, \bar{1})| = 2.$$

□

Perceba neste último exemplo que $|(1,1)| = 2$ e se operarmos $(1,1)$ consigo mesmo uma quantidade múltipla de 2 vezes, o resultado sempre será o elemento neutro do grupo, $(0,0)$. A próxima proposição sintetiza essa constatação.

Proposição 6.8. *Seja g um elemento no grupo G com $|g| = k$. Assim, para $j \in \mathbb{N}^*$,*

$$g^j = e \Leftrightarrow k | j.$$

Demonstração: ($\Rightarrow$) Pelo algoritmo da divisão, temos que existem $q, r \in \mathbb{N}$ tais que

$$j = kq + r$$

e $0 \leqslant r < k$. Daí

$$g^r = g^{j-kq} = g^j (g^k)^{-q} = e$$

o que implica que $r = 0$, pois k é o menor natural não nulo com $g^k = e$. Logo $j = kq$ e $k | j$.

($\Leftarrow$) Como $k | j$, existe algum $q \in \mathbb{N}$ com $j = kq$. Daí

$$g^j = g^{kq} = (g^k)^q = e^q = e.$$

□

Assim, se soubermos que algum expoente de um certo elemento do grupo resulta no elemento neutro, então essa proposição nos garante que a ordem desse elemento é um divisor desse expoente.

Em particular, se temos que um elemento $g \neq e$ de um grupo satisfaz

$$g^p = e$$

com p primo, automaticamente concluímos que $|g| = p$, pois nenhum número maior que 1 divide p, a não ser p.

A próxima proposição nos fornece mais uma ferramenta para o cálculo das ordens de elementos.

Proposição 6.9. *Se $h \in G$ possui ordem finita, temos que*

$$|h^k| = \frac{|h|}{mdc(k, |h|)}.$$

Demonstração: Denote $mdc(k, |h|) = d$ e perceba que existem $m, n \in \mathbb{N}$ com $k = dm$ e $|h| = dn$. Queremos provar que $|h^k| = n$. Veja que

$$(h^k)^n = (h^k)^{\frac{|h|}{d}} = h^{\frac{dm|h|}{d}} = h^{m|h|} = (h^{|h|})^m = e^m = e.$$

Agora, suponha que $|h^k| = t < n$. Pela Identidade de Bézout, existem $x, y \in \mathbb{N}$ com
$$kx + |h|y = d.$$
Daí
$$\begin{aligned} h^{dt} &= h^{(kx+|h|y)t} \\ &= h^{kxt} h^{|h|yt} \\ &= ((h^k)^t)^x (h^{|h|})^{yt} \\ &= e^x e^{yt} \\ &= e \end{aligned}$$

onde
$$1 < dt < dn = |h|,$$
o que seria um absurdo. Logo, $|h^k| = n$.

$\square$

Vamos ilustrar essa proposição no próximo exemplo.

Exemplo 6.6. *Considere o grupo multiplicativo, de ordem 6, $\mathbb{Z}_7^*$. Veja que*

6.1. Ordem

$|\overline{2}| = 3$ *pois*

$$\overline{2}^1 = \overline{2} \neq \overline{1}$$
$$\overline{2}^2 = \overline{4} \neq \overline{1}$$
$$\overline{2}^3 = \overline{8} = \overline{1}.$$

A proposição anterior nos garante, então, que

$$|\overline{4}| = |\overline{2}^2| = \frac{3}{mdc(2,3)} = 3.$$

□

Na próxima proposição sintetizamos três interessantes resultados que envolvem os elementos de ordem finita em um grupo G.

Proposição 6.10. *Sejam g, h elementos de ordem finita em um grupo G.*

(a) Se $j \big| |g|$, então existe $k \in G$ com

$$|k| = j.$$

(b) Se $mdc(|g|, |h|) = 1$, então existe $k \in G$ com

$$|k| = |g| \cdot |h|.$$

(c) Existe $k \in G$ com

$$|k| = mmc(|g|, |h|).$$

Demonstração: (a) Suponha que $|g| = jq$. Então,

$$(g^q)^j = g^{|g|} = e_G.$$

Perceba que j é o menor natural positivo com essa propriedade, pois se houvesse $l < j$ satisfazendo-a, teríamos

$$g^{ql} = (g^q)^l = e_G$$

com $ql < qj = |g|$, que é um absurdo.

(b) Vamos provar que $|gh| = |g| \cdot |h|$. Perceba que

$$(gh)^{|g|\cdot|h|} = (g^{|g|})^{|h|}(h^{|h|})^{|g|} = e_G.$$

Agora, se $l = |gh| < |g| \cdot |h|$, teríamos

$$(gh)^l = e_G \Rightarrow g^l = h^{-l} \Rightarrow (g^l)^{|h|} = (h^{-l})^{|h|} \Rightarrow g^{l|h|} = e_G.$$

Logo $|g| \big| l|h|$. Como $mdc(|g|,|h|) = 1$, temos $|g| \big| l$. De forma análoga, podemos concluir que $|h| \big| l$. Portanto $|g| \cdot |h| \big| l$, ou seja, $|g| \cdot |h| \leqslant l = |gh|$ que é um absurdo. Logo $|gh| = |g| \cdot |h|$.

(c) Por (a), existem g_1, g_2 e g_3 com

$$|g_1| = mdc(|g|,|h|), \quad |g_2| = \frac{|g|}{mdc(|g|,|h|)}, \quad |g_3| = \frac{|h|}{mdc(|g|,|h|)}.$$

Como essas três ordens são coprimas, o item (b) garante que existe $k \in G$ com

$$|k| = mdc(|g|,|h|) \cdot \frac{|g|}{mdc(|g|,|h|)} \cdot \frac{|h|}{mdc(|g|,|h|)}$$
$$= \frac{|g| \cdot |h|}{mdc(|g|,|h|)}$$
$$= mmc(|g|,|h|).$$

□

Assim, se um elemento de G possui ordem m, então temos que todos divisores positivos de m são também a ordem de algum elemento. Por exemplo, sabemos que $\overline{2}$ possui ordem 8 em $\mathbb{Z}_{16}$. Logo, automaticamente concluímos que existem elementos de ordens 4, 2 e 1, em $\mathbb{Z}_{16}$.

Em particular, o item (a) garante que se um grupo possui um elemento com ordem p^k, com p um número natural primo e $k \in \mathbb{N}^*$, então haverá um elemento com ordem p.

Por fim, vejamos como que os homomorfismos e a ordem dos elementos de grupos se relacionam.

6.1. Ordem

Proposição 6.11. *Seja* $f : G \to H$ *um homomorfismo de grupos. Então*

$$|f(g)| \;\big|\; |g|.$$

Se f é injetora, então

$$|f(g)| = |g|.$$

Demonstração: Dado $g \in G$ com ordem k, perceba que

$$\underbrace{f(g) * f(g) * \ldots * f(g)}_{k \text{ parcelas}} = f\left(\underbrace{g * g * \ldots * g}_{k \text{ parcelas}}\right)$$
$$= f(e_G)$$
$$= e_H.$$

Pela Proposição 6.8, temos $|f(g)| \;\big|\; k = |g|$.

Agora, se f é injetora e $|f(g)| = t$, então

$$\underbrace{f(g) * f(g) * \ldots * f(g)}_{t \text{ parcelas}} = e_H \Rightarrow f\left(\underbrace{g * g * \ldots * g}_{t \text{ parcelas}}\right) = f(e_G)$$
$$\Rightarrow \underbrace{g * g * \ldots * g}_{t \text{ parcelas}} = e_G.$$

Novamente pela Proposição 6.8, segue que $|g| \;\big|\; t = |f(g)|$. Logo, $|f(g)| = |g|$.

□

Essa proposição nos garante que, se $f : G \to H$ é um isomorfismo de grupos e $g \in G$, teremos que $|g| = |f(g)|$. Utilizando esse resultado, podemos enunciar a proposição a seguir, que nos fornece uma maneira muito prática de se descobrir quando que dois grupos não são isomorfos.

Proposição 6.12. *Sejam G e H grupos. Se G possui um elemento de ordem m e H não possui elementos de ordem m, então G e H não são isomorfos.*

Demonstração: Suponha por absurdo que f é um isomorfismo de G em H e que $g \in G$ é tal que $|g| = m$. Pela discussão no parágrafo anterior, o elemento

$f(g) \in H$ também deve ter ordem m. Mas, como por hipótese não há elemento de H que satisfaça essa propriedade, não pode haver tal isomorfismo.

$\square$

Em particular, temos o seguinte corolário.

Corolário 6.13. *Dois grupos isomorfos têm a mesma quantidade de elementos de cada ordem possível.*

$\square$

Exemplificamos esses resultados com os grupos que estudamos nos exemplos 6.4 e 6.5.

Exemplo 6.7. *Os grupos $\mathbb{Z}_4$ e $\mathbb{Z}_2 \times \mathbb{Z}_2$ não são isomorfos, afinal $\overline{1}$ tem ordem 4 em $\mathbb{Z}_4$ mas, em $\mathbb{Z}_2 \times \mathbb{Z}_2$, todos elementos têm ordem 1 ou 2.* $\square$

Exemplo 6.8. *Com a mesma ideia, vamos provar que não há isomorfismo entre $\mathbb{Z}_{24}$ e $\mathbb{Z}_6 \times \mathbb{Z}_4$. Para isso, note que todos elementos de $\mathbb{Z}_6 \times \mathbb{Z}_4$, possuem ordem, no máximo 12. De fato, se $(\overline{a}, \overline{b})$ é um elemento desse grupo, teremos*

$$\underbrace{(\overline{a}, \overline{b}) + \ldots + (\overline{a}, \overline{b})}_{12 \ parcelas} = (\overline{12a}, \overline{12b})$$
$$= (\overline{6 \cdot 2a}, \overline{4 \cdot 3b})$$
$$= (\overline{0}, \overline{0}).$$

Logo, a Proposição 6.8 nos garante que sua ordem é menor ou igual a 12. Por outro lado, o elemento $\overline{1}$ tem ordem 24 em $\mathbb{Z}_{24}$. Então não pode haver um isomorfismo entre esses grupos. $\square$

Exemplo 6.9. *Por fim, perceba que temos, pelo menos, três grupos abelianos de ordem 8 que não são isomorfos: $\mathbb{Z}_8$, $\mathbb{Z}_4 \times \mathbb{Z}_2$ e $\mathbb{Z}_2 \times \mathbb{Z}_2 \times \mathbb{Z}_2$.*
De fato, o primeiro tem um elemento de ordem 8 que os outros não têm, portanto ele não é isomorfo a eles.
Também, o segundo possui um elemento de ordem 4, o $(\overline{1}, \overline{0})$. Como o terceiro grupo só possui elementos de ordem 1 ou 2, eles também não são isomorfos. $\square$

6.1. Ordem

Ou seja, mesmo que dois grupos tenham a mesma ordem, eles podem não ser isomorfos.

Exercícios da Seção 6.1

6.1. *Pesquise sobre:*

(a) Grupo de torção.

(b) Grupo abeliano livre de torção.

6.2. *Prove que se $H \leqslant G$ e $[G : H] = 2$, então $H \trianglelefteq G$.*

6.3. *Sejam $H, K \leqslant G$ com ordens finitas. Prove que*

$$|HK| = \frac{|H| \cdot |K|}{|H \cap K|}.$$

6.4. *Considere o grupo abeliano finito $G = \{e, g_2, \ldots, g_n\}$. Prove que*

$$(g_2 g_3 \ldots g_n)^2 = e.$$

6.5. *Prove que se G é um grupo finito com apenas duas classes de conjugação, então $|G| = 2$.*

6.6. *Sejam H e K subgrupos distintos de um mesmo grupo. Se as ordens desses subgrupos são números coprimos, ou se as ordens desses subgrupos são números primos iguais, prove que $H \cap K = \{e\}$.*

6.7. *Prove que se H é um subgrupo de $\mathbb{Q}$ com índice finito, então $H = \mathbb{Q}$.*

6.8. *Prove que um grupo de ordem par possui uma quantidade ímpar de elementos de ordem 2.*

6.9. *Utilizando o Teorema 6.2, generalize o Exercício 5.59: dado um grupo G, prove que $[G : Z(G)]$ nunca é igual a um número primo.*

6.10. *Generalizando o Exercício 5.60, suponha que o grupo G tenha ordem finita e que $H \leqslant G$. Demonstre que se $[G : H] = p$, onde p é o menor primo que divide $|G|$, então $H \trianglelefteq G$.*

6.11. Prove que $|gh| = |hg|$.

6.12. Prove que se $|g| = |h| = |gh| = 2$, então $gh = hg$.

6.13. Prove que se todos elementos de um grupo, distintos do elemento neutro, possuem ordem 2 então G é abeliano.

6.14. Generalizando o Exercício 5.99, prove que se dois elementos de um grupo são conjugados, então eles possuem mesma ordem.

6.15. Seja $H \leqslant G$, com G finito, tal que nenhum outro subgrupo possui ordem $|H|$. Prove que $H \trianglelefteq G$.

6.16. Considere dois elementos de ordem finita g e h nos grupos G e H, respectivamente. Prove que

$$|(g,h)| = mmc(|g|,|h|)$$

em $G \times H$.

6.17. Dado um número natural primo p, prove que $\mathbb{Z}_{p^2}$ não é isomorfo a $\mathbb{Z}_p \times \mathbb{Z}_p$.

6.18. Prove que $\mathbb{Z}_4 \times \mathbb{Z}_4$ não é isomorfo a $\mathbb{Z}_4 \times \mathbb{Z}_2 \times \mathbb{Z}_2$.

6.19. Dado um número natural primo p, prove que $\mathbb{Z}_{p^2} \times \mathbb{Z}_{p^2}$ não é isomorfo a $\mathbb{Z}_{p^2} \times \mathbb{Z}_p \times \mathbb{Z}_p$.

6.2 Grupos cíclicos

Ao longo da seção anterior, pode-se perceber que as ordens dos elementos sempre dividiam a ordem do seu respectivo grupo. Para explicar essa coincidência, introduzimos agora um tipo muito especial de grupo, os grupos cíclicos.

Considere um grupo G com elemento neutro e, e tome um de seus elementos, g. Dado $k \in \mathbb{Z}$, considere a seguinte notação, que é a versão multiplicativa daquelas notações que apresentamos após a Proposição 3.15.

Se k é positivo:

$$g^k = \underbrace{g * g * \ldots * g}_{k \text{ fatores}}.$$

6.2. Grupos cíclicos

Se k é negativo:
$$g^k = \underbrace{(g^{-1}) * (g^{-1}) * \ldots * (g^{-1})}_{-k \text{ fatores}}.$$

Se $k = 0$:
$$g^k = e.$$

Perceba que dados $j, k \in \mathbb{Z}$, temos
$$g^j * g^k = g^{j+k}$$
e
$$(g^j)^{-1} = g^{-j}.$$

No Exemplo 5.3, vimos que $\mathbb{Z}_5^*$ é um grupo com a multiplicação. Mas perceba que

$$\overline{1} = \overline{2}^0$$
$$\overline{2} = \overline{2}^1$$
$$\overline{3} = \overline{2}^3$$
$$\overline{4} = \overline{2}^2.$$

Ou seja, todos os elementos de $\mathbb{Z}_5^*$ podem ser obtidos através do cálculo de alguma potência de $\overline{2}$. Isso nos leva à definição dos grupos cíclicos.

Definição 6.3. *O grupo cíclico gerado por g em G é definido por*
$$\langle g \rangle = \{g^k : k \in \mathbb{Z}\},$$
com a mesma operação de G.

Esse conjunto é um grupo pois é um subgrupo de G, como demonstramos a seguir utilizando ($SG3$) da Proposição 5.8.

(1) O conjunto $\langle g \rangle$ é não vazio pois contém $g^0 = e$.

(2) Tome g^j e $g^k \in \langle g \rangle$. Daí
$$\begin{aligned}(g^j) * (g^k)^{-1} &= g^j(g^{-k}) \\ &= g^{j-k} \in \langle g \rangle\,.\end{aligned}$$

Classificação de grupos

Observação 6.14. *Pode-se também definir grupos que são gerados por mais de um elemento, tomando todas suas potências e produtos entre si. Tais grupos, embora utilizem as mesmas ideias de grupos cíclicos, não recebem este nome, eles são simplesmente chamados de grupos gerados por tais elementos.*
Por exemplo, analisando a tábua da operação do grupo dos quatérnios Q_8, que vimos no Exemplo 5.10, vemos que ele não é um grupo cíclico pois as potências de um mesmo elemento geram no máximo 4 elementos distintos, e não os 8 de Q_8. Porém, podemos perceber que Q_8 é gerado por i e j, pois tomando suas potências e todos os produtos possíveis entre eles obtemos, exatamente, os 8 elementos desse grupo. □

Exemplo 6.10. *O grupo aditivo dos números inteiros é um grupo cíclico,*

$$\mathbb{Z} = \langle 1 \rangle.$$

Já sabemos que $\mathbb{Z} \supseteq \langle 1 \rangle$. Para demonstrar que $\mathbb{Z} \subseteq \langle 1 \rangle$, note que dado $k \in \mathbb{Z}$, ele pode ser construído a partir do 1, como

$$\underbrace{1 + 1 + \ldots + 1}_{k \text{ parcelas}} = k.$$

□

Exemplo 6.11. *Dado $n \in \mathbb{N}^*$ maior que 1,*

$$\mathbb{Z}_n = \langle \overline{1} \rangle.$$

De fato, por definição vale que $\mathbb{Z}_n \supseteq \langle \overline{1} \rangle$. Para provar que vale $(\subseteq)$, dado qualquer $\overline{k} \in \mathbb{Z}_n$, temos

$$\underbrace{\overline{1} + \overline{1} + \ldots + \overline{1}}_{k \text{ parcelas}} = \overline{k}.$$

□

Exemplo 6.12. *Dado um número natural não nulo n, considere o conjunto*

$$\left\{ \cos\left(\frac{2\pi k}{n}\right) + i\operatorname{sen}\left(\frac{2\pi k}{n}\right) : k \in \mathbb{Z}, 0 \leqslant k < n \right\}.$$

6.2. Grupos cíclicos

Esse conjunto é o conjunto dos n números complexos que satisfazem

$$x^n = 1.$$

Se considerarmos o elemento

$$\cos\left(\frac{2\pi}{n}\right) + i\, sen\left(\frac{2\pi}{n}\right),$$

a distributividade da multiplicação em $\mathbb{C}^*$ e as propriedades das funções trigonométricas nos garantem que suas diferentes potências resultam exatamente nos elementos daquele conjunto. Ou seja, aquele conjunto é o grupo cíclico

$$\left\langle \cos\left(\frac{2\pi}{n}\right) + i\, sen\left(\frac{2\pi}{n}\right) \right\rangle \leqslant \mathbb{C}^*.$$

Você vai demonstrar esse resultado no Exercício 6.23. □

Note que todos esses exemplos de grupos cíclicos são de grupos abelianos. E, de fato, isso sempre acontece.

Proposição 6.15. *Todo grupo cíclico é abeliano.*

Demonstração: Dados g^j e g^k, elementos de $\langle g \rangle$, temos que

$$g^j * g^k = g^{j+k} = g^{k+j} = g^k * g^j.$$

□

Na próxima proposição demonstramos que dado um grupo cíclico, basta analisar sua estrutura de subgrupos para obter outros grupos cíclicos.

Proposição 6.16. *Todo subgrupo de um grupo cíclico, é cíclico.*

Demonstração: Seja $G = \langle g \rangle$ e H um seu subgrupo qualquer. Se $H = \{e\}$, então ele é cíclico com gerador e. Assim, suponha que H possui elementos da forma g^m com $m \in \mathbb{N}^*$. Utilizando o Princípio da Boa Ordem, considere k o menor natural não nulo tal que $g^k \in H$. Temos que $\langle g^k \rangle \subseteq H$, pois H é um subgrupo de G. Para provar que $\langle g^k \rangle \supseteq H$, note que se $g^m \in H$, pelo Algoritmo da Divisão temos $m = kq + r$ com $q, r \in \mathbb{N}$ e $0 \leqslant r < k$. Dessa

forma,
$$g^r = g^{m-qk} = g^m(g^k)^{-q} \in H$$
o que implica $r = 0$ e $g^r = e$, afinal k é o menor não nulo com $g^k \in H$. Logo $g^m = (g^k)^q \in \langle g^k \rangle$ e concluímos que $H = \langle g^k \rangle$.

□

No Exemplo 6.10 vimos que $\mathbb{Z}$ é um grupo cíclico. Então, aplicando o Exemplo 5.13 e a última proposição, temos que também são cíclicos os grupos $n\mathbb{Z}$, com $n \in \mathbb{N}$. De fato,
$$n\mathbb{Z} = \langle n \rangle.$$

Nas próximas proposições, estabeleceremos algumas conexões entre os grupos cíclicos e suas ordens.

Proposição 6.17. *Dado um grupo G e $g \in G$ com ordem finita,*
$$|\langle g \rangle| = |g|.$$

Demonstração: Seja $m = |g|$. Começamos provando que $|\langle g \rangle| \leqslant |g|$. Sabemos que
$$\langle g \rangle = \{g^k : k \in \mathbb{Z}\}$$
mas note que, se tomarmos $t \in \mathbb{Z}$ maior que m, pelo algoritmo da divisão, $t = mq + r$ com $0 \leqslant r < m$. Assim,
$$g^t = g^{mq+r} = (g^m)^q g^r = e_G^q g^r = g^r.$$

Ou seja, qualquer expoente maior ou igual do que m se torna irrelevante na montagem de $\langle g \rangle$ e, daí, $|\langle g \rangle| \leqslant m = |g|$. Agora, note que dados $0 \leqslant i < j < m$, temos que $g^i \neq g^j$ pois, caso contrário,
$$g^i = g^j \Rightarrow g^{j-i} = e_G$$
e, como $j - i < m$, isso contradiz a definição de $|g|$. Assim, não pode acontecer que $|\langle g \rangle| < |g|$, o que nos permite concluir que eles são iguais.

□

Assim, vemos que a ordem de um elemento é também a quantidade de elementos do subgrupo cíclico gerado por ele, dentro de G. Por exemplo, se

6.2. Grupos cíclicos

$g \in G$ tal que $|g| = 5$, então

$$\langle g \rangle = \{e, g, g^2, g^3, g^4\}.$$

Uma consequência imediata dessa proposição relaciona a ordem do grupo com as ordens de seus elementos.

Corolário 6.18. *Para todo g em um grupo G, temos que*

$$|g| \big| |G|.$$

Demonstração: Basta utilizar a proposição anterior e o Teorema 6.1, de Lagrange, com $H = \langle g \rangle$.

$\square$

Ou seja, se um grupo tem ordem 100, então todos seus elementos têm ordens que dividem 100. Então, nenhum elemento desse grupo poderá ter ordem 3, 9 ou 79.

Em particular, se um grupo tem ordem prima p, então todos seus elementos distintos da unidade possuem ordem p, pois esse é o único divisor positivo de p, diferente de 1.

Proposição 6.19. *Dados $g \in G$, quando $|g| = |G|$ finitos, temos que*

$$G = \langle g \rangle.$$

Demonstração: Denotando $|g| = k$, perceba que $\langle g \rangle$ possui k elementos distintos em G, conforme demonstramos no final da Proposição 6.17. Logo, como $\langle g \rangle \subseteq G$ e ambos têm a mesma quantidade finita de elementos, eles têm que ser iguais.

$\square$

Assim, se encontrarmos um elemento g de um grupo com ordem igual a $|G|$, então G é um grupo cíclico com gerador g. Por exemplo, em $\mathbb{Z}_5^*$ temos $|\overline{2}| = 4$,

afinal
$$(\overline{2})^1 = \overline{2} \neq \overline{1},$$
$$(\overline{2})^2 = \overline{4} \neq \overline{1},$$
$$(\overline{2})^3 = \overline{8} = \overline{3} \neq \overline{1},$$
$$(\overline{2})^4 = \overline{16} = \overline{1}.$$

Portanto, como $|\mathbb{Z}_5^*| = 4$ também, temos que
$$\mathbb{Z}_5^* = \langle \overline{2} \rangle$$
conforme especulamos no início dessa seção.

Já sabemos do Exemplo 6.11 que o grupo aditivo $\mathbb{Z}_n$, para qualquer $n \in \mathbb{N}$, é cíclico. Agora, queremos demonstrar que os grupos multiplicativos $\mathbb{Z}_p^*$, para p naturais primos, também são cíclicos. Para isso, provaremos uma proposição que versa sobre polinômios com coeficientes nesse grupo e, depois, o teorema principal.

Antes disso, dado um corpo $(A, +, \cdot)$, sabemos pela Proposição 5.1 que $(A^*, \cdot)$ é um grupo abeliano. Dessa forma, se temos um polinômio $p(x) \in A[x]$ de grau m, sabemos pelo Teorema 2.43 que p possui no máximo m raízes em A. Mas como $A^* \subseteq A$, temos que p possui no máximo m raízes em A^*.

Proposição 6.20. *Seja p um número natural primo maior que 2 e tome m com $m|p-1$. Então, $\overline{1}x^m - \overline{1}$ possui exatamente m raízes em $\mathbb{Z}_p^*$.*

Demonstração: Já sabemos que $\mathbb{Z}_p^*$ contém no máximo m raízes de $\overline{1}x^m - \overline{1}$. Vamos provar que elas são exatamente m raízes, dadas por
$$\left\{ \overline{\frac{p-1}{m}}, \overline{\frac{2(p-1)}{m}}, \ldots, \overline{\frac{m(p-1)}{m}} \right\}.$$

Primeiramente perceba que esse conjunto possui m elementos distintos, pois, caso dois deles fossem iguais com $1 \leqslant i \leqslant j \leqslant m$,
$$\overline{\frac{i(p-1)}{m}} = \overline{\frac{j(p-1)}{m}} \Leftrightarrow \overline{\frac{(j-i)(p-1)}{m}} = \overline{0}$$

que significa $\dfrac{(j-i)(p-1)}{m} = pk$ para algum $k \in \mathbb{Z}$. Mas isso é impossível pois

6.2. Grupos cíclicos

$j - i < p$ e p é primo, não podendo estar na fatoração do número que aparece no lado esquerdo da igualdade.

Também perceba que todos os $p - 1$ elementos de $\mathbb{Z}_p^*$ são raízes de $x^{p-1} - 1$ pelo Pequeno Teorema de Fermat – veja [5]. Com isso, sabemos que

$$(\overline{1}x^{p-1} - \overline{1}) - (\overline{1}x - \overline{1})(\overline{1}x - \overline{2})\ldots(\overline{1}x - \overline{p-1})$$

tem grau menor que $p-1$ porém possui $p-1$ raízes em $\mathbb{Z}_p^*$ e consequentemente no corpo $\mathbb{Z}_p$. Isso nos permite concluir que

$$\overline{1}x^{p-1} - \overline{1} - (\overline{1}x - \overline{1})(\overline{1}x - \overline{2})\ldots(\overline{1}x - \overline{p-1}) = \overline{0}$$

ou,

$$\overline{1}x^{p-1} - \overline{1} = (\overline{1}x - \overline{1})(\overline{1}x - \overline{2})\ldots(\overline{1}x - \overline{p-1}).$$

Agora, como $p - 1$ é par, ele é um número composto. Assim, se $p - 1 = mn$,

$$\frac{\overline{1}x^{p-1} - \overline{1}}{\overline{1}x^m - \overline{1}} = \overline{1}(x^m)^{n-1} + \overline{1}(x^m)^{n-2} + \ldots + \overline{1}(x^m)^1 + \overline{1}$$

que implica

$$\overline{1}x^{p-1} - \overline{1} = (\overline{1}x^m - \overline{1})(\overline{1}(x^m)^{n-1} + \overline{1}(x^m)^{n-2} + \ldots + \overline{1}(x^m)^1 + \overline{1})$$
$$= (\overline{1}x^m - \overline{1})(\overline{1}x^{p-1-m} + \overline{1}x^{p-1-2m} + \ldots + \overline{1}x^m + \overline{1}).$$

Se $(\overline{1}x^m - \overline{1})$ tiver menos que m raízes, como o segundo polinômio do lado direito da igualdade tem no máximo $p-1-m$ raízes, teríamos que $(\overline{1}x^{p-1} - \overline{1})$ teria menos de $m + (p - 1 - m) = p - 1$ raízes, o que é um absurdo.
Logo, $\overline{1}x^m - \overline{1}$ possui exatamente m raízes em $\mathbb{Z}_p^*$.

□

Teorema 6.21. *Dado $p \in \mathbb{N}^*$ primo, o grupo multiplicativo $\mathbb{Z}_p^*$ é cíclico.*

Demonstração: Primeiramente perceba que $\mathbb{Z}_2^*$ é cíclico igual a $\langle \overline{1} \rangle$. Para primos maiores que 2, suponha por absurdo que $\mathbb{Z}_p^*$ não é cíclico. Considere

$$m = mmc(|\overline{g}| : \overline{g} \in \mathbb{Z}_p^*).$$

Por (c) da Proposição 6.10, existe $\overline{g_m} \in \mathbb{Z}_p^*$ com ordem m e o Corolário 6.18 garante que $m|p-1$. Note que $m \neq p-1$ pois, se fosse igual, seria um gerador

Classificação de grupos

do grupo em questão pela Proposição 6.19. Logo $m < p - 1$. Agora, dado $\overline{h} \in \mathbb{Z}_p^*$, como $|h|$ divide m pela definição de m, note que

$$\overline{h}^m - \overline{1} = \left(\overline{h}^{|\overline{h}|}\right)^{\frac{m}{|\overline{h}|}} - \overline{1} = \overline{1}^{\frac{m}{|\overline{h}|}} - 1 = \overline{0}.$$

Ou seja, todo elemento de $\mathbb{Z}_p^*$ é raiz de $x^m - \overline{1}$. Mas pela Proposição 6.20, esse polinômio tem exatamente m raízes, ou seja, $p - 1 \leqslant m$, o que nos leva a um absurdo.

Logo, o grupo multiplicativo $\mathbb{Z}_p^*$ é cíclico.

$\square$

Note que, infelizmente, a demonstração deste teorema não nos diz quem é o gerador de $\mathbb{Z}_p^*$, ela apenas nos garante que tal elemento existe. Ademais, há um resultado ainda mais geral que garante que, sempre que temos um corpo $(K, +, \cdot)$, todo subgrupo finito de $(K^*, \cdot)$ é cíclico.

O fato desse teorema não nos dizer quem é o gerador do grupo cíclico $\mathbb{Z}_p^*$ pode dificultar seu estudo. No entanto, para finalizar essa seção, vamos apresentar caracterizações melhores para os grupos cíclicos.

Começamos demonstrando que todo grupo cíclico finito pode ser estudado da mesma forma que os grupos aditivos $\mathbb{Z}_n$.

Proposição 6.22. *Seja G o grupo cíclico $\langle g \rangle$ com ordem $k \in \mathbb{N}^*$. Então*

$$f : \mathbb{Z}_k \to G$$
$$\overline{n} \mapsto g^n$$

é um isomorfismo.

Demonstração: $(H3)$ Sejam $\overline{i}, \overline{j} \in \mathbb{Z}_k$.

$$f(\overline{i} + \overline{j}) = g^{i+j} = g^i g^j = f(\overline{i})f(\overline{j}).$$

Injetora: Visto que $|\langle g \rangle| = k$, temos que $f(\overline{j}) = g^j = e_G$ com $0 \leqslant j < k$ se, e somente se, $\overline{j} = \overline{k}$, ou seja, $j = 0$.

Sobrejetora: Dado g^j qualquer, com $0 \leqslant j < k$, vale que $g^j = f(\overline{j})$.

$\square$

6.2. Grupos cíclicos

Assim, podemos estudar o grupo cíclico $\mathbb{Z}_7^*$, que tem 6 elementos, como o grupo aditivo $\mathbb{Z}_6$.

Agora, se um grupo cíclico é infinito, sua caracterização é ainda mais simples.

Proposição 6.23. *Seja G o grupo cíclico $\langle g \rangle$ com ordem ∞. Então*

$$f : \mathbb{Z} \to G$$
$$n \mapsto g^n$$

é um isomorfismo.

Demonstração: ($H3$) Sejam $i, j \in \mathbb{Z}$.

$$f(i+j) = g^{i+j} = g^i g^j = f(i)f(j).$$

Injetora: Visto que $\langle g \rangle$ tem ordem infinita, então $f(j) = g^j = e_G$ se, e somente se, $j = 0$.

Sobrejetora: Dado g^j qualquer, temos $g^j = f(j)$.

$\square$

Portanto, se um grupo cíclico possui infinitos elementos, podemos estudá-lo da mesma forma que o grupo aditivo dos números inteiros.

Exercícios da Seção 6.2

6.20. *Pesquise sobre:*

(a) *Grupo Baumslag-Solitar.*

(b) *Grupo livre.*

6.21. *Encontre todos os subgrupos de ordem 4 em $\mathbb{Z}_4 \times \mathbb{Z}_4$.*

6.22. *Dado $n \in \mathbb{N}^*$, prove que $n\mathbb{Z} = \langle n \rangle$.*

6.23. *Demonstre o Exemplo 6.12.*

6.24. *Prove que $(\mathbb{Q}, +)$ não é cíclico.*

6.25. *Prove que se $G/Z(G)$ é cíclico, então G é abeliano.*

6.26. *Prove que todo grupo de ordem 2 ou 3 é cíclico. E os de ordem 4?*

6.27. *Seja G um grupo cíclico contendo um elemento de ordem infinita. Quantos elementos de ordem finita G tem?*

6.28. *Prove que se o grupo G é cíclico, então todos seus quocientes também serão cíclicos.*

6.29. *Prove que se o grupo G possui uma quantidade finita de subgrupos, então G é finito.*

6.30. *Prove que todo grupo cíclico infinito possui exatamente dois geradores.*

6.31. *Prove que*
$$Aut(\mathbb{Z}_p) \cong \mathbb{Z}_{p-1}$$
para p um número natural primo maior que dois.

6.32. *Seja G um grupo de ordem 8 que contém um elemento h de ordem 4. Denotando $H = \langle h \rangle$ e tomando $g \in G \backslash H$, perceba que H e gH são as coclasses à esquerda de H em G e, portanto, $G = \{e, h, h^2, h^3, g, gh, gh^2, gh^3\}$. Prove que se $|g| = 4$ e $hg = gh^3$, então*
$$\begin{aligned} f : G &\to Q_8 \\ h &\mapsto i \\ g &\mapsto j \end{aligned}$$
estendida de forma a preservar a operação, será um isomorfismo. Ou seja, como a construímos preservando a operação ela forçadamente é um homomorfismo. E como G e Q_8 possuem a mesma cardinalidade, basta provar que f é sobrejetora – ou injetora. Lembre que Q_8 é o grupo dos quatérnios.

6.3 Grupos de permutação

Os grupos de permutação, ou grupos simétricos, são construções análogas ao que vimos no Exemplo 5.6, ou seja, em sua essência, são grupos formados

6.3. Grupos de permutação

por funções bijetoras com a operação de composição. A diferença é que, em vez de termos funções sobre um conjunto infinito como $\mathbb{R}$, estudaremos tais funções sobre conjuntos finitos, como apresentamos na definição a seguir.

Definição 6.4. *Dado $n \in \mathbb{N}^*$, considere X um conjunto que possua n elementos. Assim, definimos o grupo de permutação de n elementos como*

$$S_n = \{f \in \mathcal{F}(X) : f \text{ é bijetora}\}.$$

Observação 6.24. *A definição nos permite construir o grupo de permutação de 1 elemento, mas perceba que ele conterá apenas a função identidade. Logo esse grupo S_1 é o grupo trivial e, por isso, nosso estudo estará concentrado nos grupos S_n com $n \geqslant 2$.* □

Visto que X pode ser qualquer, desde que com n elementos, vamos estabelecer que $X = \{1, 2, \ldots, n\}$. Assim, perceba que um elemento de S_n, ou seja, uma função bijetora de X em X, pode ser apresentada na forma

$$\begin{array}{cccc} 1 & 2 & \ldots & n \\ \downarrow & \downarrow & \ldots & \downarrow \\ f(1) & f(2) & \ldots & f(n) \end{array}$$

onde a linha de baixo conterá todos os elementos de X, pois f é sobrejetora, e não possuirá elementos repetidos, visto que f é injetora. Se suprimirmos as setas, essa notação pode ficar ainda mais limpa, na forma

$$\begin{pmatrix} 1 & 2 & \ldots & n \\ f(1) & f(2) & \ldots & f(n) \end{pmatrix}$$

que chamamos de notação matricial.

Com essa notação, o elemento neutro de S_n é a função identidade

$$\begin{pmatrix} 1 & 2 & \ldots & n \\ 1 & 2 & \ldots & n \end{pmatrix}$$

Para operarmos duas dessas permutações, basta lembrarmos que elas são, originalmente, dadas por funções com a operação de composição. Assim, por exemplo em S_5, a operação é feita trilhando o caminho de cada elemento de

Classificação de grupos

$\{1, 2, 3, 4, 5\}$ primeiramente pela permutação da direita e, depois, pela permutação da esquerda, exatamente como quando realizamos a composição de funções:

$$\begin{pmatrix} 1 & 2 & 3 & 4 & 5 \\ 1 & 3 & 5 & 2 & 4 \end{pmatrix} \circ \begin{pmatrix} 1 & 2 & 3 & 4 & 5 \\ 3 & 2 & 1 & 5 & 4 \end{pmatrix} = \begin{pmatrix} 1 & 2 & 3 & 4 & 5 \\ 5 & 3 & 1 & 4 & 2 \end{pmatrix}$$

Para encontrar a permutação inversa, basta trocar as duas linhas de lugar e reordenar as colunas de modo que na linha de cima os números fiquem na ordem crescente. Isso segue do fato de que a inversa de uma função desfaz aquilo que a função inicial faz.

Para ilustrar esse procedimento, vamos encontrar o inverso de uma permutação de S_4:

$$\begin{pmatrix} 1 & 2 & 3 & 4 \\ 3 & 1 & 2 & 4 \end{pmatrix} \rightarrow \begin{pmatrix} 3 & 1 & 2 & 4 \\ 1 & 2 & 3 & 4 \end{pmatrix} \rightarrow \begin{pmatrix} 1 & 2 & 3 & 4 \\ 2 & 3 & 1 & 4 \end{pmatrix}$$

e, para comprovar que nossas contas estão corretas, note que

$$\begin{pmatrix} 1 & 2 & 3 & 4 \\ 3 & 1 & 2 & 4 \end{pmatrix} \circ \begin{pmatrix} 1 & 2 & 3 & 4 \\ 2 & 3 & 1 & 4 \end{pmatrix} = \begin{pmatrix} 1 & 2 & 3 & 4 \\ 1 & 2 & 3 & 4 \end{pmatrix}$$

e

$$\begin{pmatrix} 1 & 2 & 3 & 4 \\ 2 & 3 & 1 & 4 \end{pmatrix} \circ \begin{pmatrix} 1 & 2 & 3 & 4 \\ 3 & 1 & 2 & 4 \end{pmatrix} = \begin{pmatrix} 1 & 2 & 3 & 4 \\ 1 & 2 & 3 & 4 \end{pmatrix}$$

Na próxima proposição, descobrimos quantos elementos há nos grupos de permutação.

Proposição 6.25. *Dado $n \in \mathbb{N}^*$,*

$$|S_n| = n!.$$

Demonstração: Note que como utilizamos funções bijetoras na construção desse grupo, para construir uma função f temos n possibilidades para $f(1)$, $n-1$ possibilidades para $f(2)$, ..., 2 possibilidades para $f(n-1)$ e 1 possibilidade para $f(n)$. Dessa forma, o princípio multiplicativo nos diz que a quantidade de elementos de S_n é $n!$.

□

6.3. Grupos de permutação

Exemplo 6.13. *Os* $3! = 6$ *elementos do grupo* S_3 *são*

$$\begin{pmatrix} 1 & 2 & 3 \\ 1 & 2 & 3 \end{pmatrix}, \begin{pmatrix} 1 & 2 & 3 \\ 2 & 1 & 3 \end{pmatrix}, \begin{pmatrix} 1 & 2 & 3 \\ 3 & 2 & 1 \end{pmatrix},$$

$$\begin{pmatrix} 1 & 2 & 3 \\ 1 & 3 & 2 \end{pmatrix}, \begin{pmatrix} 1 & 2 & 3 \\ 2 & 3 & 1 \end{pmatrix}, \begin{pmatrix} 1 & 2 & 3 \\ 3 & 1 & 2 \end{pmatrix}.$$

Os inversos desses elementos são

$$\begin{pmatrix} 1 & 2 & 3 \\ 1 & 2 & 3 \end{pmatrix}^{-1} = \begin{pmatrix} 1 & 2 & 3 \\ 1 & 2 & 3 \end{pmatrix},$$

$$\begin{pmatrix} 1 & 2 & 3 \\ 2 & 1 & 3 \end{pmatrix}^{-1} = \begin{pmatrix} 1 & 2 & 3 \\ 2 & 1 & 3 \end{pmatrix},$$

$$\begin{pmatrix} 1 & 2 & 3 \\ 3 & 2 & 1 \end{pmatrix}^{-1} = \begin{pmatrix} 1 & 2 & 3 \\ 3 & 2 & 1 \end{pmatrix},$$

$$\begin{pmatrix} 1 & 2 & 3 \\ 1 & 3 & 2 \end{pmatrix}^{-1} = \begin{pmatrix} 1 & 2 & 3 \\ 1 & 3 & 2 \end{pmatrix},$$

$$\begin{pmatrix} 1 & 2 & 3 \\ 2 & 3 & 1 \end{pmatrix}^{-1} = \begin{pmatrix} 1 & 2 & 3 \\ 3 & 1 & 2 \end{pmatrix},$$

$$\begin{pmatrix} 1 & 2 & 3 \\ 3 & 1 & 2 \end{pmatrix}^{-1} = \begin{pmatrix} 1 & 2 & 3 \\ 2 & 3 & 1 \end{pmatrix}.$$

Por fim, se operarmos cada elemento consigo mesmo quantas vezes forem necessárias, concluiremos que

$$\left| \begin{pmatrix} 1 & 2 & 3 \\ 1 & 2 & 3 \end{pmatrix} \right| = 1, \qquad \left| \begin{pmatrix} 1 & 2 & 3 \\ 1 & 3 & 2 \end{pmatrix} \right| = 2,$$

$$\left| \begin{pmatrix} 1 & 2 & 3 \\ 2 & 1 & 3 \end{pmatrix} \right| = 2, \qquad \left| \begin{pmatrix} 1 & 2 & 3 \\ 2 & 3 & 1 \end{pmatrix} \right| = 3,$$

$$\left| \begin{pmatrix} 1 & 2 & 3 \\ 3 & 2 & 1 \end{pmatrix} \right| = 2, \qquad \left| \begin{pmatrix} 1 & 2 & 3 \\ 3 & 1 & 2 \end{pmatrix} \right| = 3.$$

□

Classificação de grupos

Uma outra maneira interessante e prática de representar uma permutação é através da composição de um ou mais ciclos que explicitam apenas as imagens dos elementos que são alterados. Essa notação só é possível pois as permutações são, em sua essência, funções bijetoras. Por exemplo, a permutação de S_3

$$\begin{pmatrix} 1 & 2 & 3 \\ 3 & 1 & 2 \end{pmatrix}$$

pode ser representada por (132), pois o 1 vai para 3, que vai para 2, que volta para o 1. Analogamente,

$$\begin{pmatrix} 1 & 2 & 3 \\ 3 & 2 & 1 \end{pmatrix}$$

é apresentada como (13), visto que 1 vai para 3 que volta para 1. O fato de 2 permanecer imutável nos permite não apresentá-lo na notação em ciclos. Para obtermos a inversa de um ciclo alocamos os elementos do ciclo na ordem reversa. Por exemplo, em S_3,

$$(123)^{-1} = (321) = (132).$$

Nessa notação,

$$S_3 = \{(1), (12), (13), (23), (123), (132)\}$$

e

$$(1)^{-1} = (1),$$
$$(12)^{-1} = (12),$$
$$(13)^{-1} = (13),$$
$$(23)^{-1} = (23),$$
$$(123)^{-1} = (132),$$
$$(132)^{-1} = (123).$$

Em um S_n geral, um elemento da forma $(s_1 s_2 s_3 \ldots s_{k-1} s_k)$, com $2 \leqslant k \leqslant n$ representa a permutação que leva s_1 em s_2, s_2 em s_3,..., s_{k-1} em s_k e s_k em s_1. Os números entre 1 e n que não estão entre os s_j, não são permutados. É comum denotar a permutação identidade por (1), visto que ela não troca nenhum elemento de lugar, ou mesmo por $(12) \circ (12)$.

6.3. Grupos de permutação

Para ilustrar essa notação e explicitar a operação em S_3, vamos calcular todos seus subgrupos.

Exemplo 6.14. *Vamos calcular todos subgrupos de S_3. Sabemos pela Proposição 6.25 que sua ordem é $3! = 6$, então o Teorema 6.1 de Lagrange nos diz que seus subgrupos podem ter ordem 1, 2, 3 ou 6.*

O subgrupo formado pelo elemento identidade, $\{(1)\}$, é o único com ordem 1. Para encontrar os demais subgrupos, começamos analisando os possíveis subgrupos cíclicos de S_3, calculando potências de seus elementos. Note que

$$(12) \circ (12) = (1).$$

Isso significa que

$$\langle (12) \rangle = \{(1), (12)\}.$$

Da mesma forma,

$$(13) \circ (13) = (1),$$
$$(23) \circ (23) = (1),$$

o que nos garante que

$$\langle (13) \rangle = \{(1), (13)\},$$
$$\langle (23) \rangle = \{(1), (23)\}.$$

Agora, perceba que

$$(123) \circ (123) = (132)$$

e, portanto, se um subgrupo contém (123), ele também deve conter (132). E como

$$(132) \circ (132) = (123),$$
$$(123) \circ (132) = (1) \ e$$
$$(132) \circ (123) = (1),$$

isso nos diz que

$$\langle (123) \rangle = \{(1), (123), (132)\} = \langle (132) \rangle.$$

385

Assim encontramos todos os subgrupos cíclicos de S_3 que são gerados por um único elemento.

Agora, precisamos saber se há outros subgrupos e, para isso, devemos realizar algumas operações entre os elementos de S_3 para podemos concluir sobre o fechamento ou não da operação.

Por exemplo, se um subgrupo de S_3 contém (123) e (12), já sabemos que ele conterá (1) e (132). Mas como

$$(123) \circ (12) = (13) \ e$$
$$(12) \circ (123) = (23),$$

então esse subgrupo também deve conter (13) e (23), ou seja, ele é o grupo inteiro. Aliás, se percebemos que ele já possuía quatro elementos e sua ordem deve dividir seis, então já poderíamos concluir que ele deve ser o grupo todo.

A mesma conclusão pode ser obtida se um subgrupo contém (123) e (13), ou (123) e (23). E por fim, concluímos o mesmo se um subgrupo contém (132) e (12), (13) ou (23). Já se um subgrupo contém (12) e (13), temos que ele deve conter

$$(12) \circ (13) = (132) \ e$$
$$(13) \circ (12) = (123),$$

e pelas contas anteriores conterá (23). Logo será o grupo inteiro e a mesma conclusão pode ser obtida quando um subgrupo contém (12) e (23) ou (13) e (23).

Portanto, concluímos que os subgrupos de S_3 são

$$\{(1)\},$$
$$\{(1),(12)\},$$
$$\{(1),(13)\},$$
$$\{(1),(23)\},$$
$$\{(1),(123),(132)\} \ e$$
$$S_3,$$

onde todos os subgrupos próprios são cíclicos e, portanto, abelianos. □

6.3. Grupos de permutação

Perceba neste exemplo que conseguimos escrever (123) e (132) como uma composição de ciclos que contém apenas dois elementos. Esses ciclos são chamados de transposições e, a seguir, vamos demonstrar que isso sempre pode ser feito.

Para começar, perceba que esta afirmação é verdadeira para a identidade pois, por exemplo, $(1) = (12) \circ (12)$. Para os demais casos, temos a seguinte proposição.

Proposição 6.26. *Dados $n, k \in \mathbb{N}^*$ com ambos maiores ou iguais a 2, toda permutação $(s_1 s_2 \ldots s_k)$ de S_n pode ser escrita como uma composição de $k-1$ transposições.*

Demonstração: Façamos por indução sobre k. Se uma permutação possui tamanho 2 ela já é uma transposição e a proposição é verdadeira.
Suponha que toda permutação de $k-1$ elementos pode ser escrita como composição de ciclos disjuntos e seja p uma permutação com k elementos. Daí

$$p = (s_1 s_2 \ldots s_k) = (s_1 s_k) \circ (s_1 s_2 \ldots s_{k-1}).$$

Pela hipótese de indução, a permutação da direita pode ser escrita como uma composição de $(k-1) - 1 = k - 2$ transposições e, portanto, conseguimos escrever nossa permutação p como uma composição de $1 + (k-2) = k - 1$ transposições.

□

Na verdade, seguindo a ideia dessa demonstração podemos concluir que

$$(s_1 s_2 \ldots s_k) = (s_1 s_k) \circ (s_1 s_{k-1}) \circ \ldots \circ (s_1 s_3) \circ (s_1 s_2).$$

Como vimos no exemplo antes dessa proposição, a permutação (132) pode ser escrita como a composição de duas transposições

$$(12) \circ (13).$$

Mas essa representação não é única, pois também temos

$$(23) \circ (12).$$

Em ambas situações, utilizamos duas transposições para escrever (132), embora esse número de transposições necessárias para representar um ciclo nem sempre é o mesmo. No entanto, esse número possui muitas propriedades interessantes e, a principal, é que dado um ciclo qualquer a paridade do número de transposições que utilizamos para escrevê-lo é sempre a mesma. Para demonstrar este resultado precisamos de um lema.

Lema 6.27. *Se a identidade em S_n pode ser escrita como a composição de transposições*
$$(1) = t_1 \circ t_2 \circ \ldots \circ t_{k-1} \circ t_k,$$
então k é par.

Demonstração: Façamos por indução sobre k. Note que k não pode ser igual a 1 pois uma transposição não pode ser igual a identidade. Logo o nosso passo base é $k = 2$ que é par, e já sabemos que $(1) = (12) \circ (12)$.
Suponha que o lema vale para uma composição de menos de k transposições, ou seja, sempre que a identidade é a composição de menos de k transposições, essa quantidade é par. Vamos provar, então, que se

$$(1) = t_1 \circ t_2 \circ \ldots \circ t_{k-1} \circ t_k,$$

temos que k é par. Veja que $t_{k-1} \circ t_k$ tem uma das seguintes quatro formas:

$$(ab) \circ (ab),$$
$$(cb) \circ (ab),$$
$$(ac) \circ (ab),$$
$$(cd) \circ (ab).$$

com $a, b, c, d \in \{1, 2, \ldots, n\}$ distintos. Porém, note que

$$(ab) \circ (ab) = (1),$$
$$(cb) \circ (ab) = (ac) \circ (cb),$$
$$(ac) \circ (ab) = (ab) \circ (bc),$$
$$(cd) \circ (ab) = (ab) \circ (cd).$$

Assim, se as duas últimas transposições são conforme o primeiro caso, elas serão canceladas e sobrarão $k - 2$ transposições. Pela hipótese de indução, $k - 2$ é par e, consequentemente, k é par.

Caso contrário, a transposição que começa com a sempre pode ser movida uma

6.3. Grupos de permutação

casa para a esquerda, ocupando a transposição $k-1$ na sequência de composições. Repetindo o processo, ou $t_{k-2} \circ t_{k-1}$ será da primeira forma e será cancelada, ou a transposição que começa com a será movida para ocupar a transposição $k-2$. Repetindo esse processo quantas vezes forem necessárias, ou (ab) será cancelado com outra transposição (ab) e concluiremos que $k-2$, e portanto k, é par, ou conseguiremos escrever a identidade como uma composição de k transposições em que a aparece apenas na primeira delas. Logo a será levado para outro elemento de $\{1, 2, \ldots, n\}$ e não pode ser a identidade, o que é um absurdo.

□

Ao estudar o grupo S_3 a partir do Exemplo 6.13, vimos que suas transposições são inversas de si mesmo. E isso sempre ocorre, afinal, dada uma transposição (ab), temos que

$$(ab) \circ (ab) = (1).$$

Assim, podemos demonstrar a seguinte proposição.

Proposição 6.28. *Dada uma permutação, o número de transposições utilizadas para escrevê-la sempre tem a mesma paridade.*

Demonstração: Suponha que uma permutação p pode ser escrita nas duas formas
$$s_1 \circ s_2 \circ \ldots \circ s_j = t_1 \circ t_2 \circ \ldots \circ t_k$$
onde j e k possuem paridades diferentes. Como as transposições são inversas de si mesmas, temos que a identidade
$$(1) = s_1 \circ s_2 \circ \ldots \circ s_j \circ t_k^{-1} \circ t_{k-1}^{-1} \circ \ldots \circ t_2^{-1} \circ t_1^{-1}$$
está escrita como composição de $k+j$ transposições. Pelo Lema 6.27, o número $k+j$ deve ser par e, portanto, ou ambas as parcelas são par ou ambas são ímpar.

□

Assim, dada uma permutação, há várias maneiras de escrevê-la como uma composição de transposições, porém a paridade dessa quantidade de transposições é sempre a mesma. Portanto, podemos enunciar a seguinte definição.

Classificação de grupos

Definição 6.5. *A paridade de uma permutação é a paridade do número de transposições necessárias para escrevê-la.*

Assim, um ciclo pode ser par ou ímpar. Em S_3, o ciclo (132) é par pois sabemos que ele pode ser escrito como a composição de duas transposições

$$(132) = (12) \circ (13).$$

Uma outra maneira de calcular a paridade de uma permutação é descobrir a paridade do número de vezes que um número maior aparece antes de um menor, na segunda linha da representação matricial dessa permutação. Por exemplo, a permutação

$$(1324) \circ (765)$$

de S_7, cuja representação matricial é

$$\begin{pmatrix} 1 & 2 & 3 & 4 & 5 & 6 & 7 \\ 3 & 4 & 2 & 1 & 7 & 5 & 6 \end{pmatrix}$$

é ímpar, pois na segunda linha o 3 aparece antes do 2 e do 1, o 4 aparece antes do 2 e do 1, o 2 aparece antes do 1, além do 7 que aparece antes do 5 e do 6. Ou seja, acontecem 7 inversões da ordem crescente dos naturais nessa segunda linha, e 7 é um número ímpar.

E perceba que uma das formas de escrever essa permutação é como composição de 5 transposições, também uma quantidade ímpar,

$$(1324) \circ (765) = (14) \circ (12) \circ (13) \circ (75) \circ (76).$$

Exemplo 6.15. *Em S_3, há três permutações pares:*

$$\begin{pmatrix} 1 & 2 & 3 \\ 1 & 2 & 3 \end{pmatrix}, \begin{pmatrix} 1 & 2 & 3 \\ 2 & 3 & 1 \end{pmatrix}, \begin{pmatrix} 1 & 2 & 3 \\ 3 & 1 & 2 \end{pmatrix}.$$

De fato, no primeiro elemento acontecem 0 inversões, enquanto nos outros dois acontecem 2 inversões. □

Sabendo que basta contar transposições para encontrar a paridade de uma permutação, temos o seguinte importante resultado.

6.3. Grupos de permutação

Proposição 6.29. *A composição de permutações pares resulta em uma permutação par.*

Demonstração: Seja p_1 uma permutação que pode ser escrita como a composição de $2k$ transposições, e p_2 uma permutação escrita como a composição de $2j$ transposições. Então sua composição estará escrita como composição de $2(k+j)$ transposições, que também é um número par.

$\square$

Utilizando a mesma ideia temos que a composição de permutações ímpares é par, e a composição de uma transposição par com uma ímpar, é ímpar. Com isso, podemos encontrar a paridade da inversa de uma permutação.

Proposição 6.30. *Uma permutação e sua inversa têm a mesma paridade.*

Demonstração: Dada uma permutação p, a Proposição 6.26 nos permite escrevê-la como composição de transposições

$$p = s_1 \circ s_2 \circ \ldots \circ s_k.$$

Daí, como essas transposições são funções bijetoras, o inverso de uma composição é a composição dos inversos em sequência contrária. Logo

$$\begin{aligned} p^{-1} &= (s_1 \circ s_2 \circ \ldots \circ s_k)^{-1} \\ &= s_k^{-1} \circ s_{k-1}^{-1} \circ \ldots \circ s_2^{-1} \circ s_1^{-1} \\ &= s_k \circ s_{k-1} \circ \ldots \circ s_2 \circ s_1. \end{aligned}$$

Ou seja, a paridade de p^{-1} é igual a paridade de p.

$\square$

Portanto, demonstramos que a composição e a inversa de permutações pares são também permutações pares, o que nos leva à próxima definição.

Definição 6.6. *O grupo alternante em n elementos, denotado por A_n, é o subgrupo de S_n formado pelas suas permutações pares.*

Dessa forma, encontramos um subgrupo básico dos grupos S_n. Vejamos um exemplo.

Classificação de grupos

Exemplo 6.16. *Relembrando o Exemplo 6.15, o grupo alternante A_3 é*

$$A_3 = \left\{ \begin{pmatrix} 1 & 2 & 3 \\ 1 & 2 & 3 \end{pmatrix}, \begin{pmatrix} 1 & 2 & 3 \\ 2 & 3 & 1 \end{pmatrix}, \begin{pmatrix} 1 & 2 & 3 \\ 3 & 1 & 2 \end{pmatrix} \right\}.$$

□

Os grupos S_n satisfazem muitas propriedades importantes, mas também são uma ótima fonte de contra-exemplos. No próximo exemplo, veremos que há subgrupos de S_3 cujas coclasses à esquerda são distintas das coclasses à direita, conforme apresentamos na Definição 5.7.

Exemplo 6.17. *Considere o subgrupo de S_3 gerado por $(1,2)$,*

$$\langle (12) \rangle = \{(1), (12)\}.$$

Como todas coclasses terão dois elementos e S_3 possui $3! = 6$ elementos, o Teorema 6.1 de Lagrange nos garante que existem 3 coclasses. De fato, as coclasses à esquerda são

$$(1) \circ \langle (12) \rangle = \{(1), (12)\},$$
$$(13) \circ \langle (12) \rangle = \{(13), (123)\},$$
$$(23) \circ \langle (12) \rangle = \{(23), (132)\}.$$

E as coclasses à direita, são

$$\langle (12) \rangle \circ (1) = \{(1), (12)\},$$
$$\langle (12) \rangle \circ (13) = \{(13), (132)\},$$
$$\langle (12) \rangle \circ (23) = \{(23), (123)\}.$$

Isso nos diz que $\langle (12) \rangle$ não é um subgrupo normal de S_3. □

A seguir, construiremos uma família de ações. A ideia se baseia no fato de que um elemento qualquer de S_n é uma função que é calculada em $\{1, 2, \ldots, n\}$. Por exemplo, se eu tomar a permutação $(241) \in S_4$ e lembrar que ela é uma

6.3. Grupos de permutação

função, posso calculá-la nos elementos de $\{1,2,3,4\}$, obtendo

$$(241)(1) = 2,$$
$$(241)(2) = 4,$$
$$(241)(3) = 3,$$
$$(241)(4) = 1.$$

Assim, todo subgrupo de S_n age sobre $\{1, 2, \ldots, n\}$, para n um natural maior ou igual a 2. Para ilustrar essa construção, faremos um caso particular em S_3.

Exemplo 6.18. *Considere o subgrupo de S_3, $H = \{(1), (12)\}$ e denote $X = \{1, 2, 3\}$. Defina a ação*

$$\alpha : H \to \mathcal{F}(X)$$
$$h \mapsto \alpha_h,$$

onde
$$\alpha_h(k) = h(k).$$

Ou seja, o que fazemos é calcular a função h no elemento k. Vamos provar que α é uma ação:

(E1) Temos
$$\alpha_{(1)}(k) = (1)(k) = k.$$

(E2) O subgrupo H só possui um elemento distinto da identidade, (12). Logo, analisando os três casos possíveis:

$$\alpha_{(12)}(\alpha_{(12)}(1)) = \alpha_{(12)}((12) \circ (1))$$
$$= \alpha_{(12)}(2)$$
$$= (12)(2)$$
$$= 1$$
$$= (1)(1)$$
$$= \alpha_{(1)}(1)$$
$$= \alpha_{(12)\circ(12)}(1).$$

Classificação de grupos

Também
$$\alpha_{(12)}(\alpha_{(12)}(2)) = \alpha_{(12)}((12)(2))$$
$$= \alpha_{(12)}(1)$$
$$= (12)(1)$$
$$= 2$$
$$= (1)(2)$$
$$= \alpha_{(1)}(2)$$
$$= \alpha_{(12)\circ(12)}(2).$$

e
$$\alpha_{(12)}(\alpha_{(12)}(3)) = \alpha_{(12)}((12)(3))$$
$$= \alpha_{(12)}(3)$$
$$= (12)(3)$$
$$= 3$$
$$= (1)(3)$$
$$= \alpha_{(1)}(3)$$
$$= \alpha_{(12)\circ(12)}(3).$$

Logo α é uma ação. Perceba que o elemento $3 \in X$ não é alterado pela ação, pois esta só altera o 1 e o 2. Então

$$\mathcal{E}_3 = \{h \in H : \alpha_h(3) = 3\} = H$$

e

$$\mathcal{O}_3 = \{\alpha_h(x) : h \in H\} = \{3\}.$$

Também, temos
$$\mathcal{E}_1 = \{(1)\} = \mathcal{E}_2$$

e, por fim,
$$\mathcal{O}_1 = \{1, 2\} = \mathcal{O}_2.$$

□

Perceba que esse resultado respeita o Teorema 6.4 Órbita-Estabilizador.

6.3. Grupos de permutação

6.3.1 O cubo mágico

Um cubo mágico, que também é conhecido como cubo de Rubik, foi inventado em 1974 pelo professor húngaro de arquitetura Ernö Rubik. Esse cubo é simplesmente um brinquedo formado por 6 faces, em que cada uma dessas faces contém 9 quadrados. Cada um desses quadrados possui uma dentre 6 cores pré-definidas, que aqui são verde, azul, branca, amarela, laranja e vermelha.

Figura 6.1: Cubo mágico em uma configuração aleatória.
Fonte: Os autores.

Esses $6 \times 9 = 54$ quadrados estão dispostos em 26 pequenos cubos que se articulam e giram entre si e, o objetivo do jogo é, partindo de uma configuração aleatória possível do cubo, rotacionar suas faces de forma a obter, ao final dos movimentos, o cubo em sua posição original onde cada face contém os 9 quadrados de uma mesma cor.

Classificação de grupos

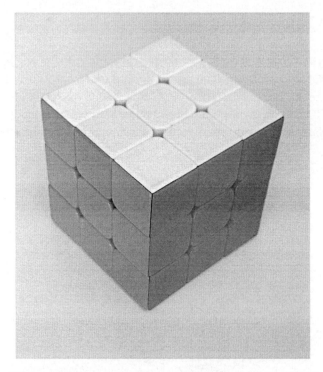

Figura 6.2: Cubo mágico em sua configuração original.
Fonte: Os autores.

Existe uma maneira matemática muito interessante de se estudar o cubo mágico, que envolve os grupos de permutação que vimos neste capítulo. Basicamente, o que fazemos é numerar de 1 a 54 todos os quadrados que estão dispostos nas faces do cubo, e ver cada rotação das faces como uma permutação desses quadrados - e por consequência, dos números. Daí, se listarmos todos os movimentos possíveis, bastará construirmos o subgrupo de S_{54} formado por tais permutações.

Para entender esse grupo, considere o cubo planificado em que a face verde seria a da frente, azul a de trás, branca a de cima, amarela a de baixo, laranja a da esquerda e vermelha a da direita. Depois, enumere cada quadrado conforme a seguinte figura:

6.3. Grupos de permutação

			1	2	3						
			4	5	6						
			7	8	9						
10	11	12	19	20	21	28	29	30	37	38	39
13	14	15	22	23	24	31	32	33	40	41	42
16	17	18	25	26	27	34	35	36	43	44	45
			46	47	48						
			49	50	51						
			52	53	54						

Figura 6.3: O cubo de Rubik planificado.

Perceba então que rotacionar uma face é, simplesmente, trocar esses números de lugar de forma bijetora, ou seja, cada rotação é uma permutação do conjunto $\{1, 2, \ldots, 54\}$. A seguir, ilustramos a rotação da face da frente (verde):

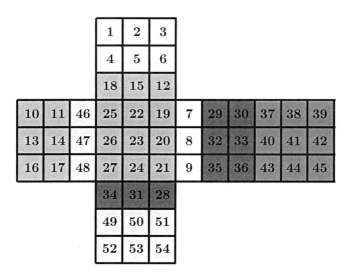

Figura 6.4: O cubo de Rubik após a rotação da face da frente.

Classificação de grupos

Veja que tal rotação troca 8 dos 9 quadrados da face verde de lugar – o quadrado central permanece na mesma posição – e também altera 3 quadrados de cada face adjacente. A seguir apresentamos uma planificação da permutação do cubo original que representa a rotação da face de trás.

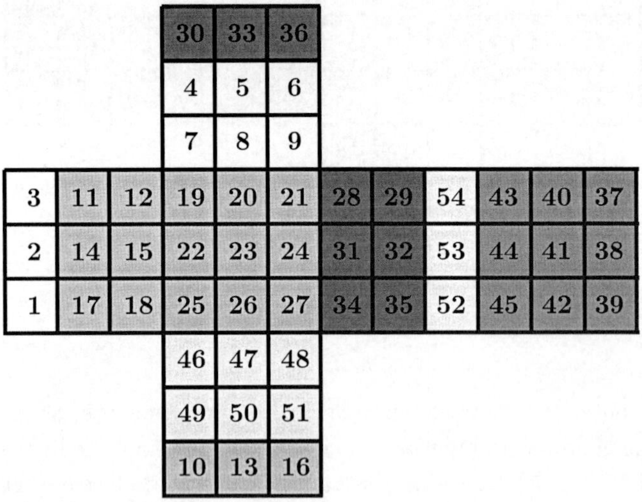

Figura 6.5: O cubo de Rubik após a rotação da face de trás.

Com essa metodologia é possível, a partir da configuração original do cubo, apresentar as seis rotações de faces na forma matricial das permutações. Vamos apresentá-las na ordem frente, trás, cima, baixo, esquerda e direita, onde omitimos as posições que não se alteram:

$$\begin{pmatrix} 7 & 8 & 9 & 12 & 15 & 18 & 19 & 20 & 21 & 22 & 24 & 25 & 26 & 27 & 28 & 31 & 34 & 46 & 47 & 48 \\ 28 & 31 & 34 & 9 & 8 & 7 & 21 & 24 & 27 & 20 & 26 & 19 & 22 & 25 & 48 & 47 & 46 & 12 & 15 & 18 \end{pmatrix}$$

$$\begin{pmatrix} 1 & 2 & 3 & 10 & 13 & 16 & 30 & 33 & 36 & 37 & 38 & 39 & 40 & 42 & 43 & 44 & 45 & 52 & 53 & 54 \\ 10 & 13 & 16 & 52 & 53 & 54 & 1 & 2 & 3 & 39 & 42 & 45 & 38 & 44 & 37 & 40 & 43 & 30 & 33 & 36 \end{pmatrix}$$

$$\begin{pmatrix} 1 & 2 & 3 & 4 & 6 & 7 & 8 & 9 & 10 & 11 & 12 & 19 & 20 & 21 & 28 & 29 & 30 & 37 & 38 & 39 \\ 3 & 6 & 9 & 2 & 8 & 1 & 4 & 7 & 37 & 38 & 39 & 10 & 11 & 12 & 19 & 20 & 21 & 28 & 29 & 30 \end{pmatrix}$$

6.3. Grupos de permutação

$$\begin{pmatrix} 16 & 17 & 18 & 25 & 26 & 27 & 34 & 35 & 36 & 43 & 44 & 45 & 46 & 47 & 48 & 49 & 51 & 52 & 53 & 54 \\ 25 & 26 & 27 & 34 & 35 & 36 & 43 & 44 & 45 & 16 & 17 & 18 & 48 & 51 & 54 & 47 & 53 & 46 & 49 & 52 \end{pmatrix}$$

$$\begin{pmatrix} 1 & 4 & 7 & 10 & 11 & 12 & 13 & 15 & 16 & 17 & 18 & 19 & 22 & 25 & 39 & 42 & 45 & 46 & 49 & 52 \\ 19 & 22 & 25 & 12 & 15 & 18 & 11 & 17 & 10 & 13 & 16 & 46 & 49 & 52 & 7 & 4 & 1 & 45 & 42 & 39 \end{pmatrix}$$

$$\begin{pmatrix} 3 & 6 & 9 & 21 & 24 & 27 & 28 & 29 & 30 & 31 & 33 & 34 & 35 & 36 & 37 & 40 & 43 & 48 & 51 & 54 \\ 43 & 40 & 37 & 3 & 6 & 9 & 30 & 33 & 36 & 29 & 35 & 28 & 31 & 34 & 54 & 51 & 48 & 21 & 24 & 27 \end{pmatrix}.$$

Definição 6.7. *O grupo do cubo de Rubik é o subgrupo de S_{54} gerado por essas seis permutações.*

Para calcular a quantidade de posições distintas possíveis de um cubo mágico, perceba que ele possui 8 quadrados nos cantos, que podem ser posicionados de 8! formas distintas. Além disso, cada um desses quadrados de canto possui 3 orientações possíveis - mas definindo sete delas, já obtemos a oitava. Portanto, temos 3^7 orientações possíveis desses quadrados.

Também, temos 12 quadrados laterais, que podem ser arrumados de 12! formas. É sabido, porém, que metade dessas não é válida, pois ao permutar dois desses quadrados, teremos dois vértices também se alterando. Logo, os 12 quadrados laterais, ou nas arestas, podem ser permutados de $\frac{12!}{2}$ formas. Por fim, cada quadrado lateral tem duas orientações possíveis, onde onze delas já definem a orientação da décima segunda. Logo, temos 2^{11} orientações possíveis para esses quadrados.

Portanto, a quantidade de posições distintas do cubo mágico é

$$8! \cdot 3^7 \cdot \frac{12!}{2} \cdot 2^{11} = 2^{27} 3^{14} 5^3 7^2 11$$

$$= 43.252.003.274.489.856.000.$$

Aliás, isso já comprova que nem toda permutação de S_{54} é atingida pelos movimentos em um cubo mágico, visto que

$$|S_{54}| = 54!$$

é maior que a ordem do grupo do cubo de Rubik.

Note que os movimentos que permitimos não alteram a posição dos quadrados centrais de cada face. Por isso, também podemos ver o grupo do cubo de Rubik dentro de S_{48}, onde numeramos todos quadrados exceto esses centrais.

Esse subgrupo também será distinto de S_{48} e, baseados nessa numeração, há um método explícito de como resolver qualquer cubo de Rubik, no link

https://fvieira.paginas.ufsc.br/cubo-de-rubik

Exercícios da Seção 6.3

6.33. *Quem é S_2? Apresente um grupo isomorfo a ele.*

6.34. *Prove que $Z(S_3) = \{(1)\}$.*

6.35. *No Exercício 5.97 você calculou todas as classes de conjugação de S_3. Faça o mesmo para S_4.*

6.36. *Apresente duas permutações de S_4 que não comutam.*

6.37. *Calcule todos os subgrupos de S_4.*

6.38. *Prove que $H = \{(1), (12) \circ (34), (13) \circ (24), (14) \circ (23)\}$ é um subgrupo normal de S_4, e que*
$$\frac{S_4}{H} \cong S_3.$$

6.39. *É verdade que $S_3 \cong \mathbb{Z}_6$, visto que ambos possuem 6 elementos?*

6.40. *Qual a paridade das permutações de S_5 a seguir?*

$$\begin{pmatrix} 1 & 2 & 3 & 4 & 5 \\ 4 & 5 & 1 & 3 & 2 \end{pmatrix}, \quad \begin{pmatrix} 1 & 2 & 3 & 4 & 5 \\ 2 & 3 & 4 & 5 & 1 \end{pmatrix}.$$

6.41. *Em S_7, qual a inversa da permutação $(421) \circ (7356)$?*

6.42. *Em S_6, qual a ordem da permutação (5214)?*

6.43. *Demonstre as afirmações feitas no Exemplo 6.13.*

6.44. *Em S_8, qual a ordem da permutação $(426) \circ (317)$?*

6.45. *Relembrando a Definição 5.4, calcule $C_{S_8}(h)$ onde $h = (1234) \circ (5678)$.*

6.46. *Calcule A_4.*

6.4. Grupos diedrais

6.47. *Prove que*
$$|A_n| = \frac{n!}{2}.$$

6.48. *Sabemos que $A_n \leqslant S_n$. Prove que*
$$A_n \trianglelefteq S_n.$$

6.49. *Quem é*
$$\frac{S_n}{A_n}?$$

6.50. *Seja G um grupo de ordem 12 que contém um único subgrupo de ordem 4, $K = \{e, r, s_1, s_2\}$, que se comporta exatamente como o grupo de Klein. Suponha que todos os oito elementos de $G\setminus K$ possuem ordem igual a 3 e tome um deles, g. Admita que $grg^{-1} = s_1$, $gs_1g^{-1} = s_2$ e que $gs_2g^{-1} = r$. Prove que*

$$\begin{aligned} f: G &\to A_4 \\ s_1 &\mapsto (12) \circ (34) \\ s_2 &\mapsto (13) \circ (24) \\ g &\mapsto (234) \end{aligned}$$

estendida naturalmente através das operações é um isomorfismo, onde A_4 é o grupo alternante. Ou seja, como f foi construída forçadamente para ser um homomorfismo, e os conjuntos possuem mesma cardinalidade finita, basta que você prove que f é sobrejetora – ou injetora.

6.51. *Na Proposição 5.30 vimos que o quociente de um grupo abeliano é abeliano. Vale a recíproca?*

6.52. *No Exercício 6.28 você demonstrou que todo quociente de um grupo cíclico é também cíclico. Apresente um exemplo de que a recíproca nem sempre é verdade.*

6.4 Grupos diedrais

Nesta seção vamos generalizar o Exemplo 5.9 para construir grupos a partir das simetrias de polígonos regulares. Simultaneamente apresentaremos a ideia geométrica e o formalismo algébrico, para um entendimento intuitivo completo.

Considere um polígono regular de n lados e enumere os seus vértices a partir do número 1 – ao longo desses primeiros parágrafos utilizaremos um hexágono, com seus 6 lados, para ilustrar os procedimentos.

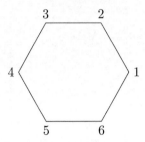

A ideia é listar movimentos matemáticos rígidos que podemos realizar nesse objeto para que o resultado seja visualmente o mesmo, apenas permutando a posição dos vértices.

Pra começar, note que dado um polígono regular de n lados, podemos girá-lo $\frac{2\pi}{n}$ radianos – ou $\frac{360}{n}$ graus – na direção anti-horária e o resultado será o mesmo polígono, com vértices permutados. Essa rotação será denotada por r_1, e denotaremos por r_j o ato de realizar esse procedimento de rotação j vezes. Assim, temos n rotações distintas, variando j de 0 a $n-1$.

Em particular, perceba que o símbolo r_0 significa rotacionar 0 vezes, ou seja, ele funcionará como uma identidade pois não altera a posição dos vértices do nosso polígono. Ademais, a partir da n-ésima vez teremos rotações superiores a 2π radianos, que se tornam desnecessárias. Então uma rotação r_{n+2} é, simplesmente, r_2.

Por exemplo, se aplicarmos r_1 no hexágono, girando-o $\frac{2\pi}{6}$ radianos na direção anti-horária, obtemos

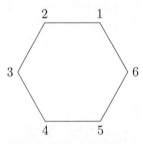

que é visualmente o mesmo hexágono, porém com os vértices em posições distintas.

6.4. Grupos diedrais

Além das rotações, temos somente mais um tipo de movimento: as reflexões. Dado um polígono regular de n lados, podemos refleti-lo com relação a n retas distintas. Essas reflexões recebem os nomes $s_1, s_2, \ldots, s_n$ em que essa numeração começa com a reta que passa pelo vértice 1 e segue a ordem das retas possíveis no sentido anti-horário.

Se n é ímpar, essas retas são aquelas que passam pelo centro do polígono e também por um de seus vértices. Por exemplo, se $n = 3$, nossa figura é um triângulo equilátero

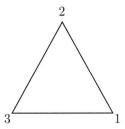

Figura 6.6: Triângulo equilátero.

e suas reflexões s_1, s_2 e s_3 são

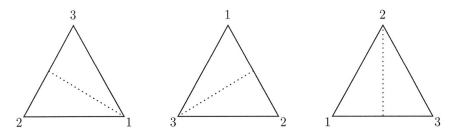

Figura 6.7: Reflexões s_1, s_2 e s_3 de um triângulo equilátero.

Se n é par, metade dessas retas são aquelas que passam pelo centro do polígono e por 2 vértices opostos, e a outra metade passa pelo centro do polígono e por dois pontos opostos em que, cada um, é o ponto médio entre dois vértices consecutivos. No caso do hexágono, temos as seguintes 6 reflexões, denotadas por $s_1, s_2, \ldots, s_6$:

Classificação de grupos

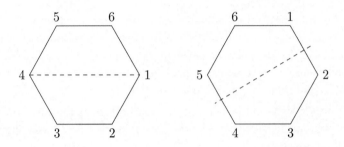

Figura 6.8: As reflexões s_1 e s_2 de um hexágono regular.

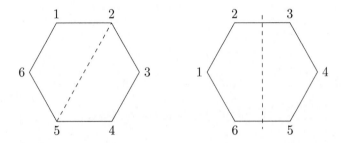

Figura 6.9: As reflexões s_3 e s_4 de um hexágono regular.

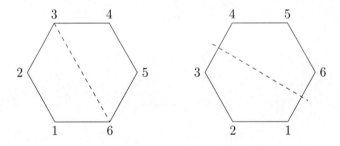

Figura 6.10: As reflexões s_5 e s_6 de um hexágono regular.

Assim, temos $2n$ simetrias diferentes em um polígono regular de n lados, sendo n rotações e n reflexões. E para estudá-las, perceba que todas essas simetrias são meras funções bijetoras que levam o conjunto de vértices $\{1, 2, \ldots, n\}$, em si mesmo. Ou seja, essas simetrias podem ser vistas como um subconjunto

6.4. Grupos diedrais

de S_n que contém $2n$ elementos,

$$D_n = \{r_0, r_1, \ldots, r_{n-1}, s_1, s_2, \ldots, s_n\}.$$

Vamos provar que esse conjunto é um grupo considerando a composição dessas simetrias como uma operação, ou seja, vamos demonstrar que D_n é um subgrupo de S_n. Note que diante da construção que realizamos, já sabemos que:

$$r_i \circ r_j = r_{i+j}$$
$$s_j \circ s_j = r_0.$$

Além disso, como já mencionamos, r_n significaria rotacionar o polígono, de n lados, 2π radianos. Ou seja, é o mesmo que não fazer nada. Portanto, se surgir r_k, com $k \geq n$, basta subtrair n do índice quantas vezes forem necessárias até que o resultado esteja entre 0 e $n - 1$. De forma análoga, se $k < 0$, basta somar n ao índice até o resultado estar entre 0 e $n - 1$. Por exemplo:

$$r_{n+2} = r_n \circ r_2 = r_0 \circ r_2 = r_2$$
$$r_{-3} = r_n \circ r_{-3} = r_{n-3}.$$

Outro detalhe, é que o inverso de r_i é r_{n-i}, afinal:

$$r_i \circ r_{n-i} = r_{i+n-i} = r_n = r_0.$$

Ademais, se analisarmos o caso $n = 6$ como inspiração, perceba que se aplicarmos s_1 ao nosso hexágono e depois rotacionarmos quantas vezes forem necessárias, obteremos as 5 reflexões $s_2, \ldots, s_6$ restantes. Na verdade, algo ainda mais geral acontece para qualquer polígono regular, e é o que demonstramos a seguir.

Proposição 6.31. *Temos que $r_i \circ s_j = s_{i+j}$.*

Demonstração: Vamos demonstrar por indução sobre i.
Para $i = 0$, temos

$$r_0 \circ s_j = s_j = s_{0+j}.$$

Agora, supondo que $r_k \circ s_j = s_{k+j}$ para qualquer $0 \leqslant k < i$, vamos demonstrar que $r_i \circ s_j = s_{i+j}$. Temos

$$\begin{aligned}
r_i \circ s_j &= r_1 \circ r_{i-1} \circ s_j \\
&= r_1 \circ s_{i-1+j} \\
&= s_{1+i-1+j} \\
&= s_{i+j}.
\end{aligned}$$

$\square$

Por conta disso, para obtermos uma aparência melhor para nosso conjunto, denotamos s_1 apenas por s e consideramos

$$D_n = \{r_0, r_1, \ldots, r_{n-1}, s, r_1 \circ s, \ldots, r_{n-1} \circ s\}.$$

Também perceba que a proposição anterior nos garante que, para qualquer i,

$$(r_i \circ s) \circ (r_i \circ s) = s_{i+1} \circ s_{i+1} = r_0,$$

pois sabemos que aplicar a mesma reflexão duas vezes é o mesmo que não fazer alteração no objeto.

Proposição 6.32. *Vale que* $s \circ r_j = r_{n-j} \circ s$.

Demonstração: A demonstração será feita por indução sobre j.
Para $j = 0$, temos

$$s \circ r_0 = s = r_0 \circ s = r_n \circ s = r_{n-0} \circ s.$$

Supondo que $s \circ r_k = r_{n-k} \circ s$ para $0 \leqslant k < j$,

$$\begin{aligned}
s \circ r_j &= s \circ r_{j-1} \circ r \\
&= r_{n-j+1} \circ s \circ r \\
&= r_{n-j+1} \circ r_{n-1} \circ s \\
&= r_{n-j+1+n-1} \circ s \\
&= r_{2n-j} \circ s \\
&= r_{n-j} \circ s.
\end{aligned}$$

$\square$

6.4. Grupos diedrais

Em particular, perceba que

$$r_j \circ s \circ r_j = r_j \circ r_{n-j} \circ s = r_n \circ s = s.$$

Então, com todas essas deduções, vamos finalmente provar que D_n é um grupo, demonstrando que $D_n \leqslant S_n$ através de $(SG2)$ da Proposição 5.8.

(1) Vale pois r_0 é o elemento neutro de S_n.

(2) Devemos provar que quaisquer dois elementos de D_n operados, resultam em algum elemento de D_n. Já sabemos que

$$r_i \circ r_j = r_{i+j}$$

e

$$r_i \circ (r_j \circ s) = r_{i+j} \circ s$$

estão em D_n. Para demonstrar que $(r_i \circ s) \circ (r_j \circ s)$ também está, a última proposição nos diz que $s \circ r_j = r_{n-j} \circ s$. Com isso, segue que

$$\begin{aligned}(r_i \circ s) \circ (r_j \circ s) &= r_i \circ (s \circ r_j) \circ s \\ &= r_i \circ (r_{n-j} \circ s) \circ s \\ &= (r_i \circ r_{n-j}) \circ (s \circ s) \\ &= r_{n-i-j} \circ r_0 \\ &= r_{n-i-j}\end{aligned}$$

está em D_n.

(3) Temos que provar que os inversos dos elementos de D_n, estão em D_n. Mas já vimos que $(r_i)^{-1} = r_{n-i}$ e que $(r_i \circ s)^{-1} = r_i \circ s$. Dessa forma, concluímos que D_n é um grupo.

No caso do nosso hexágono regular, seu grupo diedral possui 12 elementos,

$$D_6 = \{r_0, r_1, \ldots, r_5, s, r_1 \circ s, \ldots, r_5 \circ s\}.$$

Assim podemos começar a estudar esses grupos.

Exemplo 6.19. *Vamos calcular os subgrupos de*

$$D_3 = \{r_0, r_1, r_2, s, r_1 \circ s, r_2 \circ s\},$$

o grupo das simetrias de um triângulo equilátero. Como sua ordem é 6, seus subgrupos podem ter ordens 1, 2, 3 ou 6. Sabemos que o único com ordem 1 é o grupo trivial

$$\{r_0\},$$

e o único com ordem 6 é o grupo todo D_3. Para os demais, começamos analisando as opções cíclicas. Note que

$$r_1 \circ r_1 = r_2$$

e

$$r_1 \circ r_1 \circ r_1 = r_0,$$

o que nos diz que

$$\langle r_1 \rangle = \{r_0, r_1, r_2\}$$

é um subgrupo de ordem 3. E como

$$r_2 \circ r_2 = r_1$$

e

$$r_2 \circ r_2 \circ r_2 = r_0,$$

temos que esse grupo também é igual a

$$\langle r_2 \rangle = \{r_0, r_1, r_2\}.$$

Também, dado i igual a 0, 1 ou 2, como

$$(r_i \circ s) \circ (r_i \circ s) = r_0,$$

temos os grupos de ordem 2

$$\langle r_0 \circ s \rangle = \langle s \rangle = \{r_0, s\},$$

$$\langle r_1 \circ s \rangle = \{r_0, r_1 \circ s\} \ e$$

$$\langle r_2 \circ s \rangle = \{r_0, r_2 \circ s\}.$$

Agora que já analisamos os subgrupos cíclicos vamos ver se é possível ter simultaneamente, em um subgrupo próprio, elementos do tipo r_i e $r_j \circ s$, onde

6.4. Grupos diedrais

$i \neq 0$. Note que
$$r_i \circ (r_j \circ s) = r_{i+j} \circ s$$
que é distinto de r_0. Assim, se um subgrupo contém aqueles dois, deverá conter $r_{i+j} \circ s$ além de r_0. Ou seja, conterá pelo menos 4 elementos e, portanto, a única possibilidade é que seja igual ao grupo todo.

Similarmente, se um grupo possui simultaneamente s e $r_j \circ s$, com $j \neq 0$, então ele deverá conter r_0 e
$$(r_j \circ s) \circ s = r_j.$$
Logo ele tem pelo menos 4 elementos e deve ser o grupo todo. Por fim, se um grupo contém $r_i \circ s$ e $r_j \circ s$, com $i, j \neq 0$ distintos entre si, ele deve conter r_0 e
$$(r_i \circ s) \circ (r_j \circ s) = r_i \circ r_{3-j} \circ s \circ s = r_{3+i-j}$$
que é distinto de r_0. Assim, tal subgrupo conteria pelo menos r_0, $r_i \circ s$, $r_j \circ s$ e r_{3+i-j}, ou seja, 4 elementos. Então, na verdade, esse grupo seria o todo. Portanto, temos apenas os seguintes subgrupos de D_3:

$$\{r_0\},$$
$$\{r_0, s\},$$
$$\{r_0, r_1 \circ s\},$$
$$\{r_0, r_2 \circ s\},$$
$$\{r_0, r_1, r_2\} \text{ e}$$
$$D_3,$$

em que todos os subgrupos próprios são cíclicos. □

Veja, nesse exemplo, que o grupo cíclico gerado por r_1 possui todas as rotações de D_3. E na verdade, em um D_n qualquer, o grupo cíclico $\langle r_1 \rangle$ também conterá, apenas, todas as rotações.

Exemplo 6.20. *Vamos provar que o grupo gerado pela rotação r_1 é normal em D_n. Ou seja, vamos demonstrar que*
$$\langle r_1 \rangle = \{r_i : i \in \mathbb{N}, 0 \leqslant i < n\} \trianglelefteq D_n.$$
Para isso, devemos provar que $g \circ \langle r_1 \rangle = \langle r_1 \rangle \circ g$, $\forall g \in D_n$.

Primeiramente, perceba que se g também é uma rotação, então comuta com r_1 e vale o desejado.

Agora, se g é da forma $r_j \circ s$, com $0 \leqslant j < n$, sabemos que

$$s \circ r_{n-j} = r_j \circ s.$$

Com isso, segue que

$$\begin{aligned}(r_j \circ s) \circ \langle r_1 \rangle &= \{r_j \circ s \circ r_i : i, j \in \mathbb{N}, 0 \leqslant i, j < n\} \\ &= \{r_j \circ r_{n-i} \circ s : i, j \in \mathbb{N}, 0 \leqslant i, j < n\} \\ &= \{r_{n-i} \circ r_j \circ s : i, j \in \mathbb{N}, 0 \leqslant i, j < n\} \\ &= \langle r_1 \rangle \circ (r_j \circ s).\end{aligned}$$

$\square$

A sequência natural deste exemplo é calcular o grupo quociente de D_n por $\langle r_1 \rangle$.

Exemplo 6.21. *Vamos demonstrar que*

$$\frac{D_n}{\langle r_1 \rangle} \cong \mathbb{Z}_2$$

utilizando o item (c) do Teorema 5.37. Defina

$$\begin{aligned}f : D_n &\to \mathbb{Z}_2 \\ r_i &\mapsto \overline{0} \\ r_i \circ s &\mapsto \overline{1}\end{aligned}$$

para todos naturais $0 \leqslant i < n$. Vamos provar que f é um homomorfismo, caso a caso. Começamos com

$$\begin{aligned}f(r_i \circ r_j) &= f(r_{i+j}) \\ &= \overline{0} \\ &= \overline{0} + \overline{0} \\ &= f(r_i) + f(r_j).\end{aligned}$$

6.4. Grupos diedrais

Também,

$$\begin{aligned} f(r_i \circ s \circ r_j) &= f(r_i \circ r_{n-j} \circ s) \\ &= f(r_{i+n-j} \circ s) \\ &= \bar{1} \\ &= \bar{1} + \bar{0} \\ &= f(r_i \circ s) + f(r_j) \end{aligned}$$

e

$$\begin{aligned} f(r_i \circ r_j \circ s) &= f(r_{i+j} \circ s) \\ &= \bar{1} \\ &= \bar{0} + \bar{1} \\ &= f(r_i) + f(r_j \circ s). \end{aligned}$$

Por fim,

$$\begin{aligned} f(r_i \circ s \circ r_j \circ s) &= f(r_i \circ r_{n-j} \circ s \circ s) \\ &= f(r_{i+n-j}) \\ &= \bar{0} \\ &= \bar{1} + \bar{1} \\ &= f(r_i \circ s) + f(r_j \circ s). \end{aligned}$$

Mas perceba que a definição de f nos diz que $\mathrm{Ker}\,(f) = \langle r_1 \rangle$ e que $\mathrm{Im}(f) = \mathbb{Z}_2$. Assim, o Teorema 5.37 nos garante que

$$\frac{D_n}{\langle r_1 \rangle} \cong \mathbb{Z}_2.$$

□

Exercícios da Seção 6.4

6.53. *Encontre todos os subgrupos de D_4. Quais deles são subgrupos normais? Se existirem subgrupos normais, calcule seus respectivos quocientes.*

Classificação de grupos

6.54. Prove que $Z(D_4) = \{r_0, r_2\}$.

6.55. Prove que $D_3 \cong S_3$.

6.56. Prove que D_4 não é isomorfo ao grupo dos quatérnios Q_8, que vimos no Exemplo 5.10.

6.57. Calcule todas as classes de conjugação de D_3.

6.58. Calcule todas as classes de conjugação de D_4.

6.59. Seja G um grupo de ordem 8 que contém um elemento h de ordem 4. Denotando $H = \langle h \rangle$ e tomando $g \in G \backslash H$, perceba que H e gH são as coclasses à esquerda de H em G. Logo, $G = \{e, h, h^2, h^3, g, gh, gh^2, gh^3\}$. Prove que se $|g| = 2$ e $hg = gh^3$, então

$$f : G \to D_4$$
$$h \mapsto r_1$$
$$g \mapsto s$$

estendida naturalmente através das operações, é um isomorfismo. Ou seja, como f é construída para forçadamente ser um homomorfismo e os conjuntos possuem mesma cardinalidade finita, basta que você demonstre que f é sobrejetora – ou injetora.

6.60. Seja G um grupo de ordem 12 que contém um único subgrupo de ordem 3, $\{e, g, g^2\}$, e contém um subgrupo de ordem 4, $H = \{e, u, v_1, v_2\}$ que se comporta exatamente como o grupo de Klein. Prove que se $ug = gu$, $v_1 g = g^2 v_1$ e $v_2 g = g^2 v_2$, então

$$f : G \to D_6$$
$$g \mapsto r_2$$
$$v_1 \mapsto r_5 \circ s$$
$$v_2 \mapsto r_2 \circ s$$

estendida naturalmente através das operações, é um isomorfismo. Logo, como f é construída para forçadamente ser um homomorfismo e G e D_6 possuem mesma cardinalidade finita, basta que você demonstre que f é sobrejetora – ou injetora.

6.5 Produto semidireto de grupos

No Exemplo 5.7 definimos o produto direto de grupos, que nada mais é do que seu produto cartesiano munido com uma operação coordenada a coordenada. Nesta seção, construiremos um grupo diferente a partir do mesmo produto cartesiano, tomando uma operação distinta.

Para este fim, dados dois grupos, precisamos que haja um homomorfismo de um deles no grupo dos automorfismos do outro. É a existência desse homomorfismo que nos permitirá definir uma nova operação sobre o produto cartesiano.

Assim, considere dois grupos $(G, \cdot)$ e $(H, *)$ e um homomorfismo

$$\varphi : H \to Aut(G).$$

Dessa forma, nossa configuração inicial é de que φ é um homomorfismo e, para todos $h \in H$, temos que $\varphi(h)$ são isomorfismos de G em G. Aliás, para uma notação mais agradável, denotaremos $\varphi(h)$ como φ_h.

Considere o conjunto

$$G \times H = \{(g, h) : g \in G, h \in H\}$$

e defina a seguinte operação:

$$(g_1, h_1) \bullet (g_2, h_2) = (g_1 \cdot \varphi_{h_1}(g_2), h_1 * h_2).$$

Primeiramente, perceba que essa definição faz sentido pois, ao calcularmos $\varphi_{h_1}(g_2)$, obtemos um elemento de G. Logo, a primeira coordenada do resultado está em G.

O conjunto munido dessa operação é denotado por

$$G \rtimes_\varphi H$$

e é um grupo, como demonstramos a seguir.

($G1$) Utilizando o fato de que φ é um homomorfismo, obtemos

$$\begin{aligned}((g_1,h_1) \bullet (g_2,h_2)) \bullet (g_3,h_3) &= (g_1 \cdot \varphi_{h_1}(g_2), h_1 * h_2) \bullet (g_3,h_3) \\ &= (g_1 \cdot \varphi_{h_1}(g_2) \cdot \varphi_{h_1*h_2}(g_3), (h_1 * h_2) * h_3) \\ &= (g_1 \cdot \varphi_{h_1}(g_2 \cdot \varphi_{h_2}(g_3)), h_1 * (h_2 * h_3)) \\ &= (g_1,h_1) \bullet (g_2 \cdot \varphi_{h_2}(g_3), h_2 * h_3) \\ &= (g_1,h_1) \bullet ((g_2,h_2) \bullet (g_3,h_3))\end{aligned}$$

($G2$) Utilizando duas vezes o item (a) da Proposição 5.32, provamos a seguir que seu elemento neutro é (e_G, e_H).

$$\begin{aligned}(g,h) \bullet (e_G, e_H) &= (g \cdot \varphi_h(e_G), h * e_H) \\ &= (g \cdot e_H, h) \\ &= (g,h) \\ &= (e_G \cdot g, h) \\ &= (e_G \cdot \varphi_{e_H}(g), e_H * h) \\ &= (e_G, e_H) \bullet (g,h).\end{aligned}$$

($G3$) O inverso de (g,h) é $(\varphi_{h^{-1}}(g^{-1}), h^{-1})$:

$$\begin{aligned}(g,h) \bullet (\varphi_{h^{-1}}(g^{-1}), h^{-1}) &= (g \cdot \varphi_h(\varphi_{h^{-1}}(g^{-1})), h * h^{-1}) \\ &= (g \cdot \varphi_{e_H}(g^{-1}), e_H) \\ &= (g \cdot g^{-1}, e_H) \\ &= (e_G, e_H)\end{aligned}$$

e

$$\begin{aligned}(\varphi_{h^{-1}}(g^{-1}), h^{-1}) \bullet (g,h) &= (\varphi_{h^{-1}}(g^{-1}) \cdot \varphi_{h^{-1}}(g), h^{-1} * h) \\ &= (\varphi_{h^{-1}}(g^{-1} \cdot g), h^{-1} * h) \\ &= (\varphi_{h^{-1}}(e_G), h^{-1} * h) \\ &= (e_G, e_H).\end{aligned}$$

6.5. Produto semidireto de grupos

Exemplo 6.22. *Dados grupos G e H, considere*

$$\varphi : H \to Aut(G)$$
$$h \mapsto id,$$

ou seja, para todo $h \in H$, temos que $\varphi(h)$ é o automorfismo identidade de G. Como id é o elemento neutro de $Aut(G)$, sabemos pelo Exemplo 5.35 que φ é um homomorfismo. Além disso, pelo Exemplo 5.32 temos que id de fato está em $Aut(G)$.
Dessa forma, podemos considerar o produto semidireto $G \rtimes_\varphi H$. Vamos provar que esse grupo é isomorfo ao produto direto $G \times H$.
Defina

$$f : G \times H \to G \rtimes_\varphi H$$
$$(g,h) \mapsto (g,h).$$

É um isomorfismo:
(H3) *Tomando* $(g_1, h_1), (g_2, h_2) \in G \times H$,

$$\begin{aligned} f((g_1,h_1)(g_2,h_2)) &= f(g_1 g_2, h_1 h_2) \\ &= (g_1 g_2, h_1 h_2) \\ &= (g_1 id(g_2), h_1 h_2) \\ &= (g_1 \varphi_{h_1}(g_2), h_1 h_2) \\ &= (g_1, h_1)(g_2, h_2) \\ &= f(g_1, h_1) f(g_2, h_2). \end{aligned}$$

Injetora: *Se $(g,h) \in \operatorname{Ker}(f)$, temos*

$$f(g,h) = (e_G, e_H) \Rightarrow (g,h) = (e_G, e_H).$$

Logo,
$$\operatorname{Ker}(f) = \{(e_G, e_H)\}.$$

Sobrejetora: *Segue da definição de f, pois dado $(g,h) \in G \rtimes_\varphi H$, temos que $(g,h) \in G \times H$ e*

$$f(g,h) = (g,h).$$

Classificação de grupos

Portanto,
$$G \times H \cong G \rtimes_\varphi H.$$

$\square$

Esse resultado não é inesperado, visto que o homomorfismo φ é associado ao automorfismo identidade, que nos diz que a operação do respectivo produto semidireto será coordenada a coordenada, como no produto direto.

Exemplo 6.23. *Considere um grupo abeliano qualquer G e o grupo aditivo $\mathbb{Z}_2$. Defina*
$$\varphi : \mathbb{Z}_2 \to Aut(G)$$
em que $\forall\, g \in G$,
$$\varphi_{\overline{0}}(g) = g,$$
o que está de acordo com o item (a) da Proposição 5.32, e
$$\varphi_{\overline{1}}(g) = g^{-1}.$$

Vamos provar que φ é um homomorfismo caso a caso. Para isso, seja $g \in G$:
(*H3*) *Caso 1:*
$$\begin{aligned}\varphi_{\overline{0}+\overline{0}}(g) &= \varphi_{\overline{0}}(g) \\ &= g \\ &= \varphi_{\overline{0}}(g) \\ &= \varphi_{\overline{0}} \circ \varphi_{\overline{0}}(g).\end{aligned}$$

Caso 2:
$$\begin{aligned}\varphi_{\overline{0}+\overline{1}}(g) &= \varphi_{\overline{1}}(g) \\ &= g^{-1} \\ &= \varphi_{\overline{0}}(g^{-1}) \\ &= \varphi_{\overline{0}} \circ \varphi_{\overline{1}}(g).\end{aligned}$$

6.5. Produto semidireto de grupos

Caso 3:

$$\begin{aligned}\varphi_{\overline{1}+\overline{0}}(g) &= \varphi_{\overline{1}}(g) \\ &= g^{-1} \\ &= \varphi_{\overline{1}}(g) \\ &= \varphi_{\overline{1}} \circ \varphi_{\overline{0}}(g).\end{aligned}$$

Caso 4:

$$\begin{aligned}\varphi_{\overline{1}+\overline{1}}(g) &= \varphi_{\overline{0}}(g) \\ &= g \\ &= \varphi_{\overline{1}}(g^{-1}) \\ &= \varphi_{\overline{1}} \circ \varphi_{\overline{1}}(g).\end{aligned}$$

Note que $\varphi_{\overline{0}}$ e $\varphi_{\overline{1}}$ estão, de fato, em $Aut(G)$, como vimos nos exemplos 5.32 e 5.40.
Dessa forma, construímos o grupo

$$G \rtimes_{\varphi} \mathbb{Z}_2.$$

Para entendermos bem sua estrutura, perceba que dados quaisquer $g_1, g_2 \in G$ e $\overline{h} \in \mathbb{Z}_2$,

$$\begin{aligned}(g_1, \overline{0}) \bullet (g_2, \overline{h}) &= (g_1 \cdot \varphi_{\overline{0}}(g_2), \overline{0} + \overline{h}) \\ &= (g_1 g_2, \overline{h}).\end{aligned}$$

Ou seja, se o elemento da esquerda possui segunda coordenada $\overline{0}$, essa multiplicação se comporta identicamente à operação coordenada a coordenada do produto direto. De forma análoga,

$$\begin{aligned}(g_1, \overline{1}) \bullet (g_2, \overline{h}) &= (g_1 \cdot \varphi_{\overline{1}}(g_2), \overline{1} + \overline{h}) \\ &= (g_1 g_2^{-1}, \overline{h+1}).\end{aligned}$$

Assim, se o elemento da esquerda possui $\overline{1}$ em sua segunda coordenada, a multiplicação é mais embaralhada na primeira coordenada. □

Exemplo 6.24. *Nos termos do exemplo anterior com $G = \mathbb{Z}_n$ e relembrando* os grupos diedrais que estudamos na última seção, vamos demonstrar que

$$\mathbb{Z}_n \rtimes_\varphi \mathbb{Z}_2 \cong D_n.$$

Defina

$$f : \mathbb{Z}_n \rtimes_\varphi \mathbb{Z}_2 \to D_n$$

$$(\overline{g}, \overline{h}) \mapsto \begin{cases} r_g, & se\ \overline{h} = \overline{0}; \\ r_g s, & se\ \overline{h} = \overline{1}. \end{cases}$$

Vamos provar que f é um isomorfismo.

(H3) *Façamos em casos. Para isso, considere* $\overline{g_1}, \overline{g_2} \in \mathbb{Z}_n$:

$$\begin{aligned}
f((\overline{g_1},\overline{0})(\overline{g_2},\overline{0})) &= f(\overline{g_1 g_2}, \overline{0} + \overline{0}) \\
&= f(\overline{g_1 g_2}, \overline{0}) \\
&= r_{g_1 g_2} \\
&= r_{g_1} r_{g_2} \\
&= f(\overline{g_1},\overline{0}) f(\overline{g_2},\overline{0}),
\end{aligned}$$

$$\begin{aligned}
f((\overline{g_1},\overline{0})(\overline{g_2},\overline{1})) &= f(\overline{g_1 g_2}, \overline{0} + \overline{1}) \\
&= f(\overline{g_1 g_2}, \overline{1}) \\
&= r_{g_1 g_2} s \\
&= r_{g_1} r_{g_2} s \\
&= f(\overline{g_1},\overline{0}) f(\overline{g_2},\overline{1}),
\end{aligned}$$

$$\begin{aligned}
f((\overline{g_1},\overline{1})(\overline{g_2},\overline{0})) &= f(\overline{g_1}\varphi(\overline{g_2}), \overline{1} + \overline{0}) \\
&= f\left(\overline{g_1 g_2^{-1}}, \overline{1}\right) \\
&= r_{g_1 g_2^{-1}} s \\
&= r_{g_1} r_{g_2^{-1}} s \\
&= r_{g_1} s r_{g_2} \\
&= f(\overline{g_1},\overline{1}) f(\overline{g_2},\overline{0}),
\end{aligned}$$

6.5. Produto semidireto de grupos

$$f((\overline{g_1}, \overline{1})(\overline{g_2}, \overline{1})) = f(\overline{g_1}\varphi(\overline{g_2}), \overline{1} + \overline{1})$$
$$= f\left(\overline{g_1 g_2^{-1}}, \overline{0}\right)$$
$$= r_{g_1 g_2^{-1}}$$
$$= r_{g_1} r_{g_2^{-1}} ss$$
$$= r_{g_1} sr_{g_2} s$$
$$= f(\overline{g_1}, \overline{1}) f(\overline{g_2}, \overline{1}).$$

Injetora: Pela definição de f, vemos que

$$f(\overline{g}, \overline{h}) = r_0 \Leftrightarrow (\overline{g}, \overline{h}) = (\overline{0}, \overline{0}).$$

Sobrejetora: Segue pela definição de f. □

Exemplo 6.25. *Seja n um número natural maior do que 1, H um subgrupo de S_n e G um grupo qualquer. Dado um elemento de H, sabemos que ele é da forma*

$$\begin{pmatrix} 1 & 2 & \ldots & n \\ h(1) & h(2) & \ldots & h(n) \end{pmatrix}$$

onde h é alguma função bijetora de $\{1, 2, \ldots, n\}$ em si mesmo. Vamos denotar esse elemento de H também por h. Defina

$$\varphi: H \to \text{Aut}(G^n)$$
$$h \mapsto \varphi_h$$

em que

$$\varphi_h(g_1, g_2, \ldots, g_n) = (g_{h(1)}, g_{h(2)}, \ldots, g_{h(n)}).$$

Ou seja, $\varphi(h)$ embaralha as coordenadas de $(g_1, g_2, \ldots, g_n)$ da mesma forma que h embaralha os elementos de $\{1, 2, \ldots, n\}$. Começamos demonstrando que φ é um homomorfismo.

(H3) Dados $h, k \in H$ e $(g_1, g_2, \ldots, g_n) \in G^n$,

$$\varphi_{hok}(g_1, g_2, \ldots, g_n) = (g_{hok(1)}, g_{hok(2)}, \ldots, g_{hok(n)})$$
$$= \varphi_h(g_{k(1)}, g_{k(2)}, \ldots, g_{k(n)})$$
$$= \varphi_h \circ \varphi_k(g_1, g_2, \ldots, g_n).$$

Classificação de grupos

Agora vamos provar que, de fato, $\varphi_h \in \operatorname{Aut}(G^n)$.

(H3) Dados $(g_1, g_2, \ldots, g_n)$ e $(k_1, k_2, \ldots, k_n) \in G^n$, vamos denotar $p_i = g_i k_i$, $\forall\, 1 \leqslant i \leqslant n$:

$$\begin{aligned}
\varphi_h((g_1, g_2, \ldots, g_n)(k_1, k_2, \ldots, k_n)) &= \varphi_h(g_1 k_1, g_2 k_2, \ldots, g_n k_n) \\
&= \varphi_h(p_1, p_2, \ldots, p_n) \\
&= (p_{h(1)}, p_{h(2)}, \ldots, p_{h(n)}) \\
&= (g_{h(1)} k_{h(1)}, g_{h(2)} k_{h(2)}, \ldots, g_{h(n)} k_{h(n)}) \\
&= (g_{h(1)}, g_{h(2)}, \ldots, g_{h(n)})(k_{h(1)}, k_{h(2)}, \ldots, k_{h(n)}) \\
&= \varphi_h(g_1, g_2, \ldots, g_n) \varphi_h(k_1, k_2, \ldots, k_n).
\end{aligned}$$

Injetora: *Denotando por e o elemento neutro de G, temos*

$$\varphi_h(g_1, g_2, \ldots, g_n) = (e, e, \ldots, e) \Leftrightarrow (g_{h(1)}, g_{h(2)}, \ldots, g_{h(n)}) = (e, e, \ldots, e)$$

e como h é uma função bijetora, temos que $(g_1, g_2, \ldots, g_n) = (e, e, \ldots, e)$. Logo $\operatorname{Ker}(\varphi_h) = \{(e, e, \ldots, e)\}$.

Sobrejetora: *Tome $(g_1, g_2, \ldots, g_n) \in G^n$ e como sabemos que h é uma função bijetora, possui inversa h^{-1}. Assim, temos que*

$$\begin{aligned}
\varphi_h(g_{h^{-1}(1)}, g_{h^{-1}(2)}, \ldots, g_{h^{-1}(n)}) &= (g_{h(h^{-1}(1))}, g_{h(h^{-1}(2))}, \ldots, g_{h(h^{-1}(n))}) \\
&= (g_1, g_2, \ldots, g_n).
\end{aligned}$$

Dessa forma, tudo está demonstrado e podemos construir o grupo produto semidireto

$$G^n \rtimes_\varphi H.$$

□

Toda essa ideia de definição para o produto semidireto surge de um exemplo muito particular que vemos a seguir. Para isso, utilizamos as mesmas configurações do Exemplo 5.42.

Aliás, o homomorfismo que utilizaremos neste exemplo já foi estudado anteriormente, no Exemplo 5.57 e na Subseção 5.6.1.

6.5. Produto semidireto de grupos

Exemplo 6.26. *Sejam G um grupo, $H \trianglelefteq G$ e $K \leqslant G$. Sabemos que*

$$F : K \to Aut(H)$$
$$k \mapsto F_k$$

em que, $\forall\, h \in H$,

$$F_k(h) = khk^{-1},$$

é um homomorfismo. Portanto, temos a configuração exata para construir

$$H \rtimes_F K.$$

$\square$

No caso particular em que $H \cap K = \{e_G\}$ e $G = HK$, temos que

$$G \cong H \rtimes_F K$$

e dizemos que G é o produto semidireto interno de H e K com relação a F.

Exercícios da Seção 6.5

6.61. *No contexto do Exemplo 6.24 com $n = 4$, calcule*

$$(\overline{2}, \overline{1}) \bullet (\overline{3}, \overline{1}).$$

6.62. *Considerando $n = 5$ e $G = Q_8$ no Exemplo 6.25, efetue*

$$\big((i, -j, 1, j, -k), (243)\big) \bullet \big((-1, i, i, j, 1), (213)\big).$$

6.63. *Prove que o produto semidireto $G \rtimes_\varphi H$ é abeliano se, e somente se, G e H são abelianos e $\varphi_h(g) = g$, para todos $h \in H$ e $g \in G$. Nesse caso, quem é o produto semidireto?*

6.64. *Prove que, no Exemplo 6.26, se $H \cap K = \{e_G\}$ e $G = HK$ então*

$$G \cong H \rtimes_F K.$$

E se G for abeliano, quem é este produto semidireto?

Classificação de grupos

6.65. *Sejam G e H grupos com um homomorfismo $\varphi : H \to Aut(G)$. Prove que*

$$i : G \times H \to G \rtimes_\varphi H$$
$$(g, h) \mapsto (g, h)$$

é um isomorfismo se, e somente se,

$$\{e_G\} \times H \trianglelefteq G \rtimes_\varphi H.$$

6.66. *Construa todos os produtos semidiretos possíveis de $\mathbb{Z}$ por $\mathbb{Z}$.*

6.67. *No contexto da Seção 6.3, dado $n \in \mathbb{N}^*$, prove que*

$$S_n \cong A_n \rtimes_\varphi \mathbb{Z}_2.$$

Quem é φ?

6.68. *Dados grupos G e H munidos de um homomorfismo $\varphi : G \to Aut(H)$, prove que se $f \in Aut(G)$ então*

$$G \rtimes_\varphi H \cong G \rtimes_{\varphi \circ f} H.$$

6.6 Classificação de grupos

Ao longo deste e do capítulo anterior, vimos muitos exemplos de grupos de variadas ordens, alguns abelianos, e outros não. Assim, uma pergunta que nasce naturalmente é saber se existem muitos grupos distintos a menos de isomorfismos.

Nesta seção, apresentamos alguns resultados que nos guiam na direção da resposta a essa pergunta. Como um aquecimento, começaremos descobrindo que todo grupo pode ser visto como um subgrupo de permutações. Embora importante, essa maneira de ver qualquer grupo só se torna útil se conhecermos toda a estrutura dos subgrupos dos grupos S_n, o que é uma tarefa extremamente exaustiva.

Depois, em uma direção menos abstrata, veremos que só há um grupo com cada ordem prima, os grupos $\mathbb{Z}_n$. Esse resultado já está demonstrado ao longo

6.6. Classificação de grupos

das seções anteriores, e apenas vamos organizá-lo na forma de um teorema.

Na sequência, para obter classificações dos grupos com ordens mais gerais, apresentamos os três teoremas de Sylow, que são um conjunto de resultados que nos auxiliarão a obter propriedades importantes sobre os subgrupos de um dado grupo, o que será crucial na tarefa de listar todos os grupos até a ordem 15.

Você poderá notar que a quantidade de grupos não isomorfos de uma dada ordem é aleatório, principalmente quando essa ordem possui uma fatoração com diversos primos e potências envolvidos. Apenas como curiosidade, conforme consta em [3], há 49.487.365.422 grupos de ordem 1024. E esses são 99,15% dos grupos com ordem igual a, no máximo, 2000.

6.6.1 Teorema de Cayley

Dado um elemento fixo $g \in G$, defina

$$\delta_g : G \to G$$
$$h \mapsto gh.$$

Essa aplicação é chamada de "translação à esquerda" e, de forma análoga, se definem as translações à direita alterando a definição de $\delta_g(h)$ para hg.

O conjunto das translações à esquerda de um grupo G se denota

$$T_G = \{\delta_g \ : \ g \in G\}.$$

Vamos demonstrar algumas propriedades para a translação à esquerda, pois para as demais é tudo análogo.

Proposição 6.33. *As translações à esquerda de um grupo G em si mesmo são funções bijetoras.*

Demonstração: Fixemos $g \in G$ e vamos demonstrar que δ_g é uma função bijetora.

Injetora: Tome h, k em G. Assim, a injetividade segue da lei do cancelamento:

$$\delta_g(h) = \delta_g(k) \Rightarrow gh = gk \Rightarrow h = k.$$

Classificação de grupos

Sobrejetora: Dado k qualquer no contradomínio G, temos que

$$k = \delta_g(g^{-1}k).$$

Como $g^{-1}k \in G$, vale a sobrejetividade.

□

Este resultado nos diz que

$$T_G \subseteq S_G,$$

o grupo das permutações que estudamos no Exemplo 5.6. Vamos provar que T_G é, também, um grupo com a operação de composição.

Proposição 6.34. *Dado um grupo G, vale que $T_G \leqslant S_G$.*

Demonstração: Vamos provar que vale $(SG2)$ da Proposição 5.8.

(1) O elemento neutro de S_G é a permutação identidade, que é simplesmente $\delta_e \in T_G$.

(2) Tome δ_g e δ_h em T_G. Daí

$$\delta_g \circ \delta_h(k) = ghk = \delta_{gh}(k)$$

e $\delta_{gh} \in T_G$.

(3) Se δ_h em T_G, temos

$$\delta_{h^{-1}} \circ \delta_h(k) = h^{-1}hk = k = hh^{-1}k = \delta_h \circ \delta_{h^{-1}}(k)$$

ou seja, $\delta_h^{-1} = \delta_{h^{-1}} \in T_G$.

□

Com isso, temos o nosso primeiro resultado que fornece uma cara padrão para todos os grupos existentes.

Teorema 6.35. *(Teorema de Cayley) Dado um grupo G,*

$$G \cong T_G.$$

6.6. Classificação de grupos

Demonstração: Defina
$$\delta : G \to T_G$$
$$g \mapsto \delta_g.$$

Vamos provar que δ é um isomorfismo.

$(H3)$ Dados $g_1, g_2 \in G$, pelo item (2) da demonstração da proposição anterior,
$$\delta(g_1 g_2) = \delta_{g_1 g_2}$$
$$= \delta_{g_1} \circ \delta_{g_2}$$
$$= \delta(g_1) \circ \delta(g_2).$$

Injetora: Temos, dado qualquer $h \in G$,
$$\delta(g_1)(h) = \delta(g_2)(h) \Rightarrow \delta_{g_1}(h) = \delta_{g_2}(h)$$
$$\Rightarrow g_1 h = g_2 h$$
$$\Rightarrow g_1 = g_2.$$

Sobrejetora: Segue da definição de δ.

$\square$

Arthur Cayley

Arthur Cayley (Richmond, 16 de agosto de 1821 - Cambridge, 26 de janeiro de 1895) foi um matemático britânico. Estudou as curvas algébricas, as funções elípticas, a teoria dos invariantes e as matrizes, sobre as quais publicou o grandioso [9]. Para se sustentar, trabalhou como advogado por 14 anos, durante o qual publicou cerca de 250 artigos matemáticos. Há uma cratera na lua com seu nome.

Ou seja, o Teorema de Cayley nos garante que todo grupo G é isomorfo a um subgrupo de S_G, o grupo das permutações dos elementos de G. Mais informalmente, todo grupo G é isomorfo a um grupo formado por funções bijetoras, dentro de S_G.

Embora esse teorema nos forneça uma descrição padrão para todo grupo, através de funções bijetoras, essa caracterização é ainda muito ampla e nos obriga a conhecer todos os subgrupos de um dado S_n, para conhecer todos os grupos que não são isomorfos. Nas próximas subseções, apresentaremos descrições um pouco mais explícitas para os tipos de grupos existentes.

6.6.2 Grupos de ordem prima

Vamos começar com os grupos de ordem prima. O teorema a seguir já está demonstrado ao longo da Seção 6.2 e, aqui, apenas organizaremos as ideias para termos um belo teorema.

Teorema 6.36. *Se G é um grupo de ordem prima p, então*

$$G \cong \mathbb{Z}_p.$$

Demonstração: Seja g algum elemento de G distinto da unidade. Como ele tem ordem maior que 1 e o Corolário 6.18 garante que a ordem desse elemento divide o primo p, concluímos que $|g| = p$. Disso, a Proposição 6.19 nos diz que $G = \langle g \rangle$. Por fim, basta utilizarmos a Proposição 6.22 para concluir que

$$G \cong \mathbb{Z}_p.$$

□

Assim, se precisarmos estudar um grupo que sabemos que tem ordem prima p, podemos supor que esse grupo é o grupo aditivo $\mathbb{Z}_p$.

Exemplo 6.27. *No Exemplo 6.14 demonstramos que*

$$\{(1), (123), (132)\} \leqslant S_3.$$

Denotando esse subgrupo por H, como $|H| = 3$ temos que ele é isomorfo a $\mathbb{Z}_3$.

6.6. Classificação de grupos

De fato, há dois isomorfismos possíveis:

$$f : H \to \mathbb{Z}_3$$
$$(1) \mapsto \overline{0}$$
$$(123) \mapsto \overline{1}$$
$$(132) \mapsto \overline{2}$$

e

$$g : H \to \mathbb{Z}_3$$
$$(1) \mapsto \overline{0}$$
$$(123) \mapsto \overline{2}$$
$$(132) \mapsto \overline{1}.$$

□

6.6.3 Teoremas de Sylow

Para classificar grupos mais gerais, precisamos apresentar três importantes resultados da teoria: os teoremas de Sylow.

Peter Ludwig Mejdell Sylow

Peter Ludwig Mejdell Sylow (Cristiânia, atual Oslo, 12 de dezembro de 1832 - Cristiânia, 07 de setembro de 1918) foi um matemático norueguês. Publicou alguns artigos sobre funções elípticas, mas foi na teoria de grupos que ele se sobressaiu. Seu artigo de 10 páginas chamado *Théorèmes sur les groupes de substitutions*, de 1872, no qual ele demonstra os três teoremas que hoje levam seu sobrenome, é utilizado provavelmente por todos trabalhos na teoria dos grupos finitos.

O primeiro funciona como uma espécie de recíproca do Teorema 6.1 de Lagrange, onde vimos que a ordem dos subgrupos de um dado grupo finito

Classificação de grupos

deve dividir sua ordem. Por exemplo, se um grupo possui ordem 24, o Teorema de Lagrange garante que seus subgrupos têm ordens 1, 2, 3, 4, 6, 8, 12 ou 24. Mas nada garantia a existência desses subgrupos.

O 1° Teorema de Sylow vai garantir que há subgrupos com a maior potência possível, de cada primo que divide a ordem do grupo. Então no caso de um grupo com ordem $24 = 2^3 \cdot 3$, teremos garantida a existência de subgrupos de ordem $2^3 = 8$ e 3.

Os outros dois teoremas de Sylow nos darão mais algumas informações importantes sobre tais subgrupos como, por exemplo, pistas a respeito da quantidade de cada um deles.

Antes, vejamos um teorema auxiliar que também fornecerá alguns subgrupos.

Teorema 6.37. *(Teorema de Cauchy) Seja G um grupo finito. Se um número primo p divide $|G|$, então existem elementos de G com ordem p.*

Demonstração: Vamos demonstrar o caso abeliano, pois é o caso que precisamos. O caso não abeliano pode ser demonstrado por um argumento similar sobre o centro de G.

Façamos uma indução sobre a ordem de G. Como p deve dividir essa ordem, o passo base dessa indução é o caso em que $|G| = p$. Bom, nesse caso, o grupo G tem ordem prima e os comentários após o Corolário 6.18 garantem que existem elementos de G com ordem p.

Supondo que o teorema vale para todo múltiplo de p maior ou igual a p e menor que um certo k, suponha que $|G| = k$. Considere um elemento $h \in G$ qualquer e denote $H = \langle h \rangle$ que é, também, abeliano. Se p divide $|H|$, que é igual a $|h|$, então o item (a) da Proposição 6.10 garante a existência de um elemento de H, portanto de G, com ordem p.

Se p não divide $|H|$, então como $|G| = |H| \cdot [G : H]$ e p é primo, temos que p deve dividir $[G : H]$. Ou seja, p divide a ordem do grupo quociente G/H e, pela hipótese de indução, temos que G/H possui algum elemento gH com ordem p. Seja m a ordem de g. Então, como H é normal,

$$(gH)^m = g^m H = e_G H = H$$

que nos diz que $p|m$ pela Proposição 6.8. Portanto, $m = pq$ e temos que

6.6. Classificação de grupos

$|g^q| = p$, pois
$$(g^q)^p = g^{pq} = g^m = e_G$$

e se houvesse $1 < j < p$ com $(g^q)^j = e_G$, concluiríamos erroneamente que $1 < qj < m$ deveria ser a ordem de g.

□

Augustin Louis Cauchy

Augustin Louis Cauchy (Paris, 21 de agosto de 1789 - Sceaux, 23 de maio de 1857) foi um matemático francês. Estudou a teoria de grupos, as séries infinitas, equações diferenciais, física matemática dentre outros. Ele não se relacionava muito bem com os demais cientistas de sua época, possivelmente por conta da sua firme orientação católica.

Consequentemente, podemos dizer que se um número primo p divide a ordem de um grupo finito G, então existem subgrupos de G com ordem p, pois basta tomar o grupo cíclico gerado pelo elemento que construímos na demonstração.

E esse elemento é a chave para a construção de subgrupos, de um dado grupo G, que tenham ordem igual a maior potência de cada número primo que divide $|G|$. Para isso, considere a seguinte definição.

Definição 6.8. *Dado um número primo p, um p-grupo é um grupo cuja ordem de todos seus elementos é uma potência de p.*

Perceba que a ordem dos p-grupos é também uma potência de p pois, se essa ordem possuir outro fator primo, q, na sua fatoração, o teorema que acabamos de demonstrar nos forneceria um elemento com ordem igual a q, o que é contraditório quanto à construção dos p-grupos.

Teorema 6.38. *(1° Teorema de Sylow) Seja G um grupo com ordem $p^j m$ onde $j \in \mathbb{N}$ e $p \nmid m$. Então existe pelo menos um p-grupo com ordem p^j.*

Demonstração: Vamos realizar essa demonstração por indução sobre $|G|$. Se $|G| = 1$, então não há primo que satisfaça as condições do teorema e, por vacuidade, este é verdadeiro.

Agora suponha que o teorema vale para todos grupos cuja ordem esteja entre 1 e $p^j m$ e vamos provar que ele é verdadeiro para um grupo G com ordem igual a $p^j m$. Vamos analisar dois casos.

Caso p não divida $Z(G)$, aplicando o Teorema 6.6 e seguindo sua nomenclatura, temos que p não divide algum $|C_G(g_i)|$. Mas como $|C_G(g_i)| = |G|/|\mathcal{E}_{x_i}|$ e p^j divide $|G|$, concluímos que p^j deve dividir $|\mathcal{E}_{x_i}|$. E note que como p não divide $|Z(G)|$, essa ordem não pode ser $p^j m$ e, portanto, G não pode ser abeliano. Logo $|\mathcal{E}_{x_i}| < |G|$, o que nos permite concluir que $|\mathcal{E}_{x_i}| = p^j$ e esse é o p-grupo procurado.

Caso p divida $|Z(G)|$, o Teorema 6.37 de Cauchy garante a existência de um subgrupo $K \leqslant Z(G)$ com ordem p. Como $Z(G)$ é abeliano, K é normal em $Z(G)$ e, pela Proposição 5.25, em G. Tome

$$\overline{G} = \frac{G}{K}.$$

Sabemos pelo Teorema 6.1 de Lagrange que

$$|\overline{G}| = p^{j-1} m$$

e, pela hipótese de indução, temos que existe um subgrupo $\overline{P}$ em $\overline{G}$ com ordem p^{j-1}. Seja P o subgrupo de G que contém K, tal que $\overline{P} = P/K$ como previsto no 4° Teorema do isomorfismo para grupos, 5.40. Então

$$|P| = |K| \cdot [P : K]$$
$$= |K| \cdot |\overline{P}|$$
$$= p \cdot p^{j-1}$$
$$= p^j.$$

Ou seja, P é um subgrupo de G com ordem p^j.

□

Portanto, se juntarmos os últimos dois teoremas conseguimos um caminho muito consistente para encontrar os subgrupos de um dado grupo finito. Inicialmente, fatoramos a ordem do grupo e o Teorema 6.37 de Cauchy nos diz que cada primo que aparece nessa fatoração será ordem de algum elemento.

6.6. Classificação de grupos

Com isso, bastará considerar os grupos cíclicos gerados por cada um desses elementos.

Daí, o próximo passo é utilizar o 1° Teorema de Sylow para procurar demais subgrupos com ordem igual a maior potência de cada número primo da fatoração da ordem do grupo em questão.

Por exemplo, se tomarmos um grupo com ordem $72 = 2^3 \times 3^2$, o Teorema 6.37 de Cauchy nos afirma que há subgrupos com 2 e outros com 3 elementos. Ademais, o 1° Teorema 6.38 de Sylow nos diz que há subgrupos de $2^3 = 8$ e outros com $3^2 = 9$ elementos.

Aliás, é importante frisar que esses dois teoremas não nos dizem que há apenas 1 subgrupo com cada propriedade. No caso particular do último teorema, um grupo G pode possuir mais de um subgrupo com ordem igual a maior potência de p que divide $|G|$, e eles são chamados de p-grupos de Sylow de G. No caso particular em que só há um tal p-grupo, ele é denotado por $G(p)$.

A seguir os outros dois teoremas de Sylow, que nos trazem mais propriedades sobre os p-grupos de Sylow de um dado grupo.

Teorema 6.39. *(2° Teorema de Sylow) Seja G um grupo com ordem $p^j m$ onde $j \in \mathbb{N}$ e $p \nmid m$. Se H e K são p-grupos de Sylow de G, então eles são conjugados. Ou seja, existe $g \in G$ tal que*

$$H = gKg^{-1}.$$

Demonstração: Denote X o conjunto de todas as coclasses à esquerda de H em G e considere α a ação dada pela multiplicação à esquerda de H sobre X. Ou seja, esta ação é obtida a partir da restrição da ação apresentada no Exemplo 5.49 através da Definição 5.16. Perceba que a Proposição 6.5 implica que, denotando

$$X_0 = \{x \in X : \alpha_h(x) = x, \forall h \in H\},$$

temos que

$$|X| \equiv |X_0| (\mod p)$$

pois o somatório daquela proposição é múltiplo de p. Mas $|X| = [G : K] = m$ e $p \nmid m$, o que nos leva a concluir que $p \nmid |X_0|$. Assim, X_0 é não vazio, e isso significa que existe algum $gK \in X_0$. Portanto, $\forall h \in H$,

$$\alpha_h(gK) = gK \Leftrightarrow hgK = gK$$
$$\Leftrightarrow g^{-1}hgK = K,$$

o que significa que
$$g^{-1}Hg \subseteq K.$$
Porém, $|K| = p^j = |H| = |g^{-1}Hg|$. Logo, como nossos grupos são todos finitos, $g^{-1}Hg = K$, que é equivalente a $H = gKg^{-1}$.

□

Portanto perceba que já sabemos que os p-grupos de Sylow de um dado grupo são bem parecidos. Além disso, no caso do grupo ser abeliano, só há um de cada p-grupo de Sylow como vemos a seguir.

Corolário 6.40. *Se G é um grupo abeliano, então para cada primo p que divide $|G|$, só há um p-grupo de Sylow.*

Demonstração: Seja p um número primo que divide a ordem de G. Suponha que H e K sejam p-grupos de Sylow de G. Então o teorema anterior nos garante que existe $g \in G$ com $H = gKg^{-1}$. Mas como G é abeliano,
$$\begin{aligned} H &= gKg^{-1} \\ &= gg^{-1}K \\ &= K. \end{aligned}$$

□

Então se retornarmos ao caso de um grupo de ordem $72 = 2^3 \times 3^2$ elementos, caso tal grupo seja abeliano, aí sim teremos apenas um subgrupo de ordem $2^3 = 8$, e um subgrupo com $3^2 = 9$ elementos.

No próximo teorema, especulamos sobre a quantidade de tais subgrupos para o caso geral, ou seja, em que G não necessariamente é abeliano.

Teorema 6.41. *($3°$ Teorema de Sylow) Seja G um grupo com ordem $p^j m$ onde $j \in \mathbb{N}$ e $p \nmid m$. Denote por n_p a quantidade de p-grupos de Sylow. Então*

(1) $n_p | m$;

(2) $n_p \equiv 1 (mod\ p)$;

(3) $n_p = \dfrac{|G|}{|N_G(H)|}$, em que H é qualquer p-grupo de Sylow.

6.6. Classificação de grupos

Demonstração: Denote Y o conjunto de todos os n_p p-grupos de Sylow em G e considere a ação de conjugação de G sobre Y, ou seja, é a ação do Exemplo 5.56, restrita a agir somente sobre Y em vez de agir sobre todos os subgrupos de G. Esta ação está bem definida, visto que o conjugado de um p-grupos de Sylow continuará tendo a mesma quantidade de elementos e será, portanto, um p-grupo de Sylow. Isto, somado ao teorema anterior, nos diz que a órbita de um certo p-grupo de Sylow vai ser todo o Y. Assim, dado um p-grupo de Sylow H, o Teorema 6.4 Órbita-Estabilizador garante que

$$n_p = |Y| = |\mathcal{O}_H| = \frac{|G|}{|\mathcal{E}_H|}.$$

Mas como estamos utilizando a ação de conjugação, sabemos que $\mathcal{E}_H = N_G(H)$. Logo

$$n_p = \frac{|G|}{|N_G(H)|}.$$

e vale o item (3). Como a Proposição 5.26 nos diz que $H \leqslant N_G(H)$, o Teorema 6.2 garante que n_p divide $\frac{|G|}{|H|}$, ou seja

$$n_p \Big| \frac{|G|}{|H|} = m,$$

provando o item (1).

Para o item (2), considere agora a ação α de conjugação de H sobre Y. Tome $K \in Y_0$, onde
$$Y_0 = \{y \in Y : \alpha_h(y) = y, \forall h \in H\}.$$

Então $hKh^{-1} = K$ para todo $h \in H$ e $H \in N_G(K)$, o que nos diz que $H \leqslant N_G(K)$. Mas sabemos que $K \trianglelefteq N_G(K)$ e, como ambos são também p-grupos de Sylow em $N_G(K)$, temos que $H = gKg^{-1}$ para algum $g \in N_G(K)$, pelo teorema anterior. Daí:

$$H = gKg^{-1}$$
$$= Kgg^{-1}$$
$$= K.$$

Classificação de grupos

Portanto, $Y_0 = \{H\}$ e a Proposição 6.5 nos diz que

$$|Y| \equiv 1 (\bmod\ p),$$

demonstrando o item (2).

$\square$

Assim, a quantidade de p-grupos de Sylow de um dado grupo G não é completamente aleatória, ela respeita essas regras que acabamos de demonstrar.

Exemplo 6.28. *Vamos calcular quantos 3 - grupos de Sylow um grupo de ordem $72 = 2^3 \times 3^2$ tem, ou seja, vejamos quantos subgrupos de ordem $3^2 = 9$ tais grupos têm. Denote n_3 essa quantidade e perceba que $m = 2^3 = 8$. Assim, o teorema anterior nos diz que*

$$\begin{cases} n_3 | 8, \\ n_3 \equiv 1 (mod\ 3). \end{cases}$$

A primeira sentença nos diz que n_3 é $1, 2, 4$ ou 8, mas a segunda nos limitará a ter $n_3 = 1$ ou $n_3 = 4$. Portanto, um grupo com ordem igual a 72 pode ter 1 ou 4 subgrupos com ordem 9.

$\square$

6.6.4 Grupos abelianos finitos

Continuando com o intuito de catalogar todos os grupos, nesta subseção concluiremos que todo grupo abeliano finito G pode ser visto como um produto direto de grupos cíclicos, em que cada um desses grupos cíclicos é isomorfo a um de seus p-grupos. Ou seja, o grupo G será isomorfo a um produto direto de alguns de seus subgrupos.

O 1° Teorema de Sylow, 6.38, nos garante que todo grupo sempre possui p-grupos de Sylow, em que p varia entre todos os números primos que dividem a ordem do grupo. Além disso, no contexto abeliano, o Corolário 6.40 nos garante que cada p-grupo de Sylow é único.

Com isso em mente, vamos começar demonstrando que todo grupo abeliano é o produto direto desses p-grupos de Sylow.

6.6. Classificação de grupos

Proposição 6.42. *Dado um grupo G abeliano finito com ordem n cuja fatoração em fatores primos é*

$$n = p_1^{\alpha_1} \cdot p_2^{\alpha_2} \cdot \ldots \cdot p_j^{\alpha_j},$$

temos que
$$G \cong G(p_1) \times G(p_2) \times \ldots \times G(p_j).$$

Demonstração: Defina

$$f : G(p_1) \times G(p_2) \times \ldots \times G(p_j) \to G$$
$$(g_1, g_2, \ldots, g_j) \mapsto g_1 g_2 \ldots g_j.$$

Vamos provar que f é um isomorfismo:

($H3$) Dados $(g_1, g_2, \ldots, g_j)$ e $(h_1, h_2, \ldots, h_j)$, temos

$$\begin{aligned} f(g_1, g_2, \ldots, g_j) f(h_1, h_2, \ldots, h_j) &= (g_1 g_2 \ldots g_j)(h_1 h_2 \ldots h_j) \\ &= g_1 h_1 g_2 h_2 \ldots g_j h_j \\ &= f(g_1 h_1, g_2 h_2, \ldots, g_j h_j) \\ &= f((g_1, g_2, \ldots, g_j)(h_1, h_2, \ldots, h_j)). \end{aligned}$$

Injetora: Suponha que $f(g_1, g_2, \ldots, g_j) = e_G$. Daí

$$g_1 g_2 \ldots g_j = e_G \Rightarrow g_1 = (g_2 \ldots g_j)^{-1}.$$

Ou seja, $(g_2 \ldots g_j)^{-1} \in G(p_1)$ e tem ordem igual a uma potência de p_1. Porém

$$((g_2 \ldots g_j)^{-1})^{p_2 \ldots p_j} = e_G$$

o que significaria que alguma potência de p_1 divide $p_2 \ldots p_j$. Como todos os primos p_i são distintos, a única possibilidade é que a tal potência de p_1 seja p_1^0 e

$$g_1 = (g_2 \ldots g_j)^{-1} = e_G.$$

De forma análoga, concluímos que todos g_i são iguais a e_G.

Sobrejetora: Segue do fato de que f é injetora entre conjuntos finitos de mesma ordem.

$\square$

Classificação de grupos

Então perceba que qualquer grupo abeliano finito pode ser escrito como o produto direto de grupos que possuem ordens iguais a maior potências de cada número primo que divide a ordem do grupo. Para continuar esse estudo, o que queremos fazer é refinar tais grupos, e mostrar que cada um deles é isomorfo a um produto direto de grupos cíclicos. Antes, considere o seguinte lema.

Lema 6.43. *Seja G um grupo e H, K seus subgrupos normais. Se $H \cap K = \{e\}$ e $G = HK$, então*
$$G \cong H \times K.$$

Demonstração: Basta unir o Exemplo 6.26 com o Exercício 5.46.

□

E agora, a proposição que vale, em particular, para os p-grupos.

Proposição 6.44. *Seja G um grupo abeliano com ordem p^k. Assim, se g é o elemento de maior ordem de G, temos que*
$$G \cong \langle g \rangle \times K$$
onde K é algum subgrupo de G e $\langle g \rangle \cap K = \{e_G\}$.

Demonstração: Façamos essa demonstração por indução. Se a ordem de G é p, então G é cíclico com seu gerador sendo qualquer elemento g diferente de e_G. Assim, teremos $G \cong \langle g \rangle \times \{e_G\}$.

Suponha que a afirmação vale para qualquer grupo de ordem entre p e p^{k-1} e vamos provar que nosso G de ordem p^k também o satisfaz. Seja $g \in G$ o elemento com a maior ordem possível, digamos $|g| = p^\beta$, onde $1 \leqslant \beta \leqslant k$. Então perceba que para todo $k \in G$
$$k^{p^\beta} = e_G,$$
pois suas ordens são divisores de p^β. Tome $h \in G$ tal que $h \notin \langle g \rangle$ com a menor ordem possível. Se tal h não existe, temos que G é cíclico com gerador g. Também, perceba que a ordem de h é alguma potência de p.

Vamos provar que $\langle g \rangle \cap \langle h \rangle = \{e_G\}$. Perceba que $\text{mdc}(p, |h|) = p$ e, com isso, a Proposição 6.9 nos diz que
$$|h^p| = \frac{|h|}{p}$$

6.6. Classificação de grupos

e, portanto, $|h^p| < |h|$. Logo $h^p \in \langle g \rangle$, pois h é o elemento com a menor ordem possível que não está em $\langle g \rangle$ e H tem, no máximo, p elementos. Mas veja que

$$h^p = g^r$$

para algum $r \in \mathbb{N}$. Daí,

$$g^{rp^{\beta-1}} = (g^r)^{p^{\beta-1}} = (h^p)^{p^{\beta-1}} = h^{p^\beta} = e_G$$

e concluímos que $|g^r| \leqslant p^{\beta-1}$ e, consequentemente, g^r não é um gerador do grupo $\langle g \rangle$, pois este tem ordem maior, igual a p^β. Também, como $|g| = p^\beta$, concluímos que $p^\beta | rp^{\beta-1}$. Logo $p|r$ e, para algum $t \in \mathbb{N}$, vale $r = pt$. Daí

$$h^p = g^r = g^{pt}.$$

Defina $k = g^{-t}h$. Note que $k \notin \langle g \rangle$ pois, caso contrário, $h \in \langle g \rangle$. Além disso,

$$k^p = (g^{-t}h)^p = g^{-tp}h^p = g^{-r}h^p = h^{-p}h^p = e_G.$$

Logo a ordem de k deve dividir p, mas como p é primo e k é distinto de e_G, $|k| = p$. Ou seja, encontramos um elemento, k, de ordem p em H que não está em $\langle g \rangle$. Assim, $|\langle h \rangle| = p$. Como $\langle g \rangle \cap \langle h \rangle \leqslant \langle h \rangle$ e $\langle h \rangle$ tem ordem p, só nos resta que essa intersecção seja igual a $\langle h \rangle$ ou igual a $\{e_G\}$. Mas se fosse igual a $\langle h \rangle$, teríamos $h \in \langle g \rangle$, o que seria um absurdo.

Denote $H = \langle h \rangle$. Vamos provar agora que a ordem de gH em G/H é igual a ordem de g. Sabemos que $|gH| \leqslant |g|$, aplicando o homomorfismo quociente do Exemplo 5.37 com a Proposição 6.11. Se supormos que $|gH| < |g| = p^\beta$, então

$$H = (gH)^{p^{\beta-1}} = g^{p^{\beta-1}}$$

e, portanto, $g^{p^{\beta-1}}$ está em $\langle g \rangle$ e em H, ou seja, é igual a e_G. Mas isso contradiz o fato de sua ordem ser maior que 1. Logo $|gH| = g$ tem ordem máxima em $\frac{G}{H}$ e, como a ordem do quociente é p^{k-1}, nossa hipótese de indução implica que

$$\frac{G}{H} \cong \langle gH \rangle \times \overline{K}$$

onde a intersecção desses dois subgrupos é igual a $\{e_G H\} = \{H\}$. Assim, pelo 3° Teorema do isomorfismo para grupos, 5.39, existe um subgrupo K de G,

Classificação de grupos

contendo H, cuja imagem é $\overline{K}$. Note que, pelo Teorema 6.1 de Lagrange,

$$|K| = |H| \cdot \left|\frac{H}{K}\right|$$
$$= |H| \cdot |\overline{K}|.$$

Vamos provar que
$$G \cong \langle g \rangle \times K.$$

Note que $\langle g \rangle \cap K = \{e_G\}$ pois, se w está nessa intersecção, então temos que $wH \in \langle gH \rangle \cap \overline{K}$ o que implica que $wH = H$. Logo $w \in H$ e $w \in \langle g \rangle \cap H = \{e_G\}$, ou seja, $w = e_G$.

Assim, temos que $\langle g \rangle$ e K são disjuntos e

$$|\langle g \rangle \cdot K| = |\langle g \rangle| \cdot |K|$$
$$= |\langle g \rangle| \cdot |H| \cdot |\overline{K}|$$
$$= |\langle gH \rangle| \cdot |p \cdot \overline{K}|$$
$$= p \cdot |\langle gH \rangle| \cdot |\overline{K}|$$
$$= p \cdot [G : H]$$
$$= p \cdot p^{k-1}$$
$$= p^k$$
$$= |G|.$$

Logo $\langle g \rangle \cdot K = G$ pela Proposição 6.3 e, pelo Lema 6.43, temos que

$$G \cong \langle g \rangle \times K$$

pois em grupos abelianos, todo subgrupo é normal.

□

Assim, repetindo esse processo quantas vezes forem necessárias, obtemos uma ótima configuração para tais grupos.

Corolário 6.45. *Todo grupo abeliano G de ordem p^k com p primo, é isomorfo a um produto direto de grupos cíclicos.*

Demonstração: Pela proposição anterior, temos que $G \cong \langle g \rangle \times K$ com $K \leqslant G$. Mas K também terá ordem igual a uma potência de p pelo Teorema 6.1 de

6.6. Classificação de grupos

Lagrange e, portanto, podemos re-aplicar a proposição anterior para K, e assim por diante.

□

Ou seja, no contexto abeliano, os p-grupos de Sylow são isomorfos a produtos diretos de grupos cíclicos. Perceba que o passo chave é encontrar, dentro de cada p-grupo, o elemento que tem a maior ordem possível igual a uma potência do primo p. Vejamos dois exemplos.

Exemplo 6.29. *Dado o grupo abeliano $\mathbb{Z}_8$, como sua ordem é 2^3, temos apenas um 2-grupo de Sylow. Agora, perceba que $\overline{1}$ tem ordem 2^3 e, com isso,*

$$G(2) \cong \langle \overline{1} \rangle$$

que é o próprio $\mathbb{Z}_8$. Então nem precisamos do tal K que surge na proposição e no corolário anteriores.

□

Exemplo 6.30. *Se analisarmos o grupo $\mathbb{Z}_4 \times \mathbb{Z}_6$, cuja ordem é igual a $24 = 2^3 \cdot 3$, note que seu 2-grupo de Sylow terá ordem $2^3 = 8$, seu 3-grupo de Sylow terá ordem 3 e*

$$\mathbb{Z}_4 \times \mathbb{Z}_6 \cong G(2) \times G(3).$$

Agora vamos analisar como escrever tais subgrupos como produto direto de grupos cíclicos. Para $G(3)$, precisamos encontrar um elemento de $\mathbb{Z}_4 \times \mathbb{Z}_6$ com a maior ordem possível que divida 3. Como $(\overline{0}, \overline{2})$ é um elemento de ordem exatamente 3, temos

$$G(3) \cong \langle (\overline{0}, \overline{2}) \rangle.$$

Sobre $G(2)$, perceba que o elemento de $\mathbb{Z}_4 \times \mathbb{Z}_6$ com a maior ordem divisora de 8 é $(\overline{1}, \overline{0})$, com ordem igual a 4. Portanto

$$G(2) \cong \langle (\overline{1}, \overline{0}) \rangle \times K$$

com K algum subgrupo de ordem $\frac{8}{4} = 2$. Logo

$$\mathbb{Z}_4 \times \mathbb{Z}_6 \cong \langle (\overline{0}, \overline{2}) \rangle \times \langle (\overline{1}, \overline{0}) \rangle \times K.$$

Por fim, perceba que $(\overline{2}, \overline{3})$ é um elemento de ordem 2 em $\mathbb{Z}_4 \times \mathbb{Z}_6$ que não

Classificação de grupos

pertence a esses dois subgrupos cíclicos que mencionamos. Logo

$$K \cong \langle (\overline{2},\overline{3}) \rangle$$

e concluímos finalmente que

$$\mathbb{Z}_4 \times \mathbb{Z}_6 \cong \langle (\overline{0},\overline{2}) \rangle \times \langle (\overline{1},\overline{0}) \rangle \times \langle (\overline{2},\overline{3}) \rangle$$
$$\cong \mathbb{Z}_3 \times \mathbb{Z}_4 \times \mathbb{Z}_2.$$

□

Com isso, chegamos finalmente ao nosso teorema final dessa subseção, que sintetiza todos esses resultados.

Teorema 6.46. *Todo grupo abeliano finito G é isomorfo ao produto direto de grupos cíclicos da forma $\mathbb{Z}_k$, onde k assume valores iguais a potências dos números primos que dividem $|G|$.*

Demonstração: Denote $|G| = n$ e seja a fatoração de n, em fatores primos,

$$n = p_1^{\alpha_1} \cdot p_2^{\alpha_2} \cdot \ldots \cdot p_j^{\alpha_j}.$$

Pela Proposição 6.42, temos que

$$G \cong G(p_1) \times G(p_2) \times \ldots \times G(p_j).$$

Mas pelo Corolário 6.45, cada $G(p_i)$ pode ser escrito como o produto direto de grupos cíclicos com ordens iguais a potências de p_i. Por fim, a Proposição 6.22, nos garante que cada grupo cíclico é isomorfo a um grupo da forma $\mathbb{Z}_k$, onde k é a potência de algum primo que divide $|G|$.

□

Exemplo 6.31. *Sabemos que o grupo aditivo $\mathbb{Z}_{24}$ já é cíclico com gerador $\overline{1}$. Vamos utilizar os resultados dessa subseção para escrevê-lo como produto direto de grupos cíclicos.*
Primeiramente devemos fatorar sua ordem,

$$24 = 2^3 \cdot 3.$$

6.6. Classificação de grupos

Com isso, a Proposição 6.42 nos diz que

$$\mathbb{Z}_{24} \cong G(2) \times G(3).$$

Agora precisamos analisar esses p-grupos. Começamos com $G(3)$ pois, como sua ordem é exatamente igual a 3, um número primo, ele é isomorfo a um grupo cíclico com três elementos, $\mathbb{Z}_3$, pelo Teorema 6.36. Além disso, note que $\overline{8}$ possui ordem 3 em $\mathbb{Z}_{24}$. Logo

$$G(3) \cong \langle \overline{8} \rangle \cong \mathbb{Z}_3.$$

Devemos, a seguir, analisar $G(2)$. Sabemos que sua ordem é $2^3 = 8$ e, portanto, temos que encontrar o elemento de maior ordem em $\mathbb{Z}_{24}$ que seja uma potência de 2. Mas o elemento $\overline{3}$ tem ordem exatamente igual a 8. Assim, nosso 2-grupo tem ordem 8 e

$$G(2) \cong \langle \overline{3} \rangle \cong \mathbb{Z}_8.$$

Portanto,

$$\mathbb{Z}_{24} \cong \langle \overline{3} \rangle \times \langle \overline{8} \rangle \cong \mathbb{Z}_8 \times \mathbb{Z}_3,$$

o que é compatível com o Exercício 5.80. □

6.6.5 Lista dos grupos pequenos

Nesta subseção, utilizaremos todos os resultados que demonstramos até aqui para listar todos os grupos, a menos de isomorfismo, com ordem até 15. Veja que já sabemos que se a ordem de um grupo é p prima, então ele é cíclico isomorfo a $\mathbb{Z}_p$. Já para analisarmos as ordens não primas, utilizaremos alguns importantes teoremas.

Teorema 6.47. *(Classificação de grupos de ordem 2p) Seja G um grupo com ordem igual a $2p$, onde p é um número primo ímpar. Então $G \cong \mathbb{Z}_{2p}$ ou $G \cong D_n$.*

Demonstração: Pra começar, note que se G possui um elemento de ordem $2p$, então a Proposição 6.19 nos diz que ele será cíclico e, portanto, isomorfo a $\mathbb{Z}_{2p}$.

Suponha então que G não possui elementos com tal ordem. Portanto, todos seus elementos distintos do elemento neutro devem ter ordem igual a 2 ou igual a p pelo Corolário 6.18.

Caso todos seus elementos distintos do elemento neutro tenham ordem igual a 2, o Exercício 6.13 nos garante que G é abeliano. Logo, dados $g, h \in G$, teríamos que o conjunto $\{e, g, h, gh\}$ é um subgrupo de G, afinal é fechado pela operação e todos elementos são inversos de si mesmos. Mas isso é um absurdo, pois 4 não divide $2p$.

Assim, concluímos que G possui algum elemento de ordem p, digamos k.

Vamos provar, agora, que todos os elementos de G que não estejam em $\langle k \rangle$ possuem ordem igual a 2. Tome g um tal elemento e perceba que $|g| = 2$ ou $|g| = p$. Como g não está em $\langle k \rangle$, temos que $\langle g \rangle \neq \langle k \rangle$ e, além disso, $|\langle k \rangle \cap \langle g \rangle| \leqslant \langle k \rangle$. Logo $|\langle k \rangle \cap \langle g \rangle|$ deve dividir – e portanto ser menor que – a ordem de $\langle k \rangle$ que é prima. Ou seja, $|\langle k \rangle \cap \langle g \rangle| = 1$. Pelo Exercício 6.3, temos então que

$$|\langle k \rangle \cdot \langle g \rangle| = |\langle k \rangle| \cdot |\langle g \rangle| = p \cdot |\langle g \rangle|$$

e isso deve ser menor ou igual a $2p$, que é a ordem de G. Portanto, a única alternativa é que $|g| = |\langle g \rangle| = 2$. Com isso, também podemos concluir que $|\langle k \rangle \cdot \langle g \rangle| = |G|$ e a Proposição 6.3 nos garante que $\langle k \rangle \cdot \langle g \rangle = G$.

Provamos a seguir que G é isomorfo ao grupo diedral D_p. Defina

$$\begin{aligned} h : G &\to D_p \\ k &\mapsto r_1 \\ g &\mapsto s \end{aligned}$$

e estenda essa função de maneira que ela seja um homomorfismo. Por exemplo,

$$\begin{aligned} h(gk^2) &= h(g) \circ h(k) \circ h(k) \\ &= s \circ r_1 \circ r_1 \\ &= s \circ r_2. \end{aligned}$$

Dessa forma, automaticamente temos que ela é um homomorfismo. Além disso,

6.6. Classificação de grupos

essa função é sobrejetora pois, dado $0 \leqslant i < p$,

$$r_i = r_1 \circ r_1 \circ \ldots \circ r_1$$
$$= h(k) \circ h(k) \circ \ldots \circ h(k)$$
$$= h(k^i)$$

e

$$r_i \circ s = r_1 \circ r_1 \circ \ldots \circ r_1 \circ s$$
$$= h(k) \circ h(k) \circ \ldots \circ h(k) \circ h(g)$$
$$= h(k^i g).$$

Como tanto G quanto D_p possuem $2p$ elementos, concluímos que h é também injetora e, portanto,

$$G \cong D_p.$$

$\square$

O próximo teorema já está provado ao longo das seções anteriores, mas vamos reorganizar as ideias.

Teorema 6.48. *(Classificação de grupos de ordem p^2) Seja G um grupo com ordem igual a p^2, onde p é um número primo. Então G é isomorfo a $\mathbb{Z}_{p^2}$ ou a $\mathbb{Z}_p \times \mathbb{Z}_p$.*

Demonstração: Começaremos demonstrando que G será abeliano e, para isso, vamos analisar a ordem de seu centro. O Corolário 6.7 nos diz que $Z(G)$ tem ordem igual a p ou p^2.

Caso 1: Se $|Z(G)| = p^2$, então $G = Z(G)$ e G é abeliano.

Caso 2: Agora se $|Z(G)| = p$, então o Teorema 6.1 de Lagrange nos garante que $[G : Z(G)] = p$. Daí, o Teorema 6.36 nos diz que esse quociente é um grupo cíclico e, o Exercício 6.25, nos garante que G é abeliano.

Daí, basta invocar o Corolário 6.45

$\square$

Teorema 6.49. *Todo grupo de ordem pq, ambos primos com $p < q$ e $p \nmid (q-1)$, é isomorfo a $\mathbb{Z}_{pq}$.*

Classificação de grupos

Demonstração: O 1° Teorema de Sylow, 6.38, garante que existem p-grupos de Sylow de ordem p e q-grupos de Sylow de ordem q. Vamos provar que só há 1 de cada. Denote por n_p e n_q as respectivas quantidades de tais grupos. Pelo 3° Teorema de Sylow, 6.41, sabemos que

$$n_p | q, n_p \equiv 1 (\bmod p)$$

e que

$$n_q | p, n_q \equiv 1 (\bmod q).$$

Essa última linha nos diz que $n_q = 1$ ou $n_q = p$, e que $n_q = 1 + kq$ para algum $k \in \mathbb{N}$, pois n_q é positivo. Como $p < q$, só podemos ter $n_q = 1$. Sobre n_p, note que $n_p = 1$ ou $n_p = q$ e, além disso, $n_p = 1 + kp$ para algum $k \in \mathbb{N}$.

Se $n_p = q$, teríamos

$$q = 1 + kp \Leftrightarrow kp = q - 1$$

o que significa que $p|(q-1)$, que é um absurdo. Logo, temos que $n_p = 1$.

Agora, pelo Exercício 6.6 sabemos que $G(p)$ e $G(q)$ só possuem o elemento neutro em comum e, portanto, sua união possui

$$1 + (p - 1) + (q - 1) = p + q - 1$$

elementos. Mas perceba que

$$\begin{aligned} pq &= (p - 1 + 1)q \\ &= (p - 1)q + q \\ &= (p - 1)q + (q - 1) + 1 \\ &> (p - 1) + (q - 1) + 1. \end{aligned}$$

Logo, existem elementos de G que não estão contidos nem em $G(p)$ nem em $G(q)$. Seja então $g \in G$ um desses elementos. Assim, a ordem de g só pode ser pq e, portanto, G é cíclico e é isomorfo a $\mathbb{Z}_{pq}$.

Sabemos que esse grupo é também isomorfo a $\mathbb{Z}_p \times \mathbb{Z}_q$, pelo Exercício 5.80.

□

Vamos então catalogar todos os grupos, a menos de isomorfismos, com ordem no máximo 15. Veremos que a fatoração da ordem como multiplicação de

6.6. Classificação de grupos

números primos será importante nessa tarefa.

Ordem 1: Temos apenas o $\{e\}$.

Ordem 2: O Teorema 6.36 nos diz que só há um, o $\mathbb{Z}_2$. Então todo grupo que tenha dois elementos é isomorfo a $\mathbb{Z}_2$.

Ordem 3: Da mesma forma, o Teorema 6.36 nos diz que todo grupo com três elementos é isomorfo a $\mathbb{Z}_3$.

Ordem 4: O Teorema 6.48 nos garante que esses grupos só podem ser

$$\mathbb{Z}_4$$

ou

$$\mathbb{Z}_2 \times \mathbb{Z}_2.$$

Além disso, o Exemplo 6.7 nos diz que eles não são isomorfos. Outro grupo de ordem 4 que já estudamos é o grupo de Klein K_4, e já sabemos que ele é isomorfo a $\mathbb{Z}_2 \times \mathbb{Z}_2$, pelo Exercício 5.83.

Ordem 5: Novamente o Teorema 6.36 nos diz que só há o $\mathbb{Z}_5$.

Ordem 6: Pelo Teorema 6.47, há somente duas opções: o abeliano $\mathbb{Z}_6$ e o não abeliano D_3, o grupo diedral das simetrias do triângulo equilátero. Veja que além destes, conhecemos outros grupos de ordem 6: $\mathbb{Z}_2 \times \mathbb{Z}_3$, que é isomorfo a $\mathbb{Z}_6$ pelo Exercício 5.80, e o grupo S_3 que pelo Exercício 6.39 não é isomorfo a $\mathbb{Z}_6$. Portanto, ele necessariamente é isomorfo a D_3 – conforme vimos no Exercício 6.55.

Ordem 7: Como 7 é primo, temos somente o $\mathbb{Z}_7$.

Ordem 8: Este caso não se encaixa nos teoremas que temos disponíveis, portanto faremos uma análise detalhada. Note que conhecemos 5 grupos de ordem 8: os abelianos $\mathbb{Z}_8$, $\mathbb{Z}_4 \times \mathbb{Z}_2$ e $\mathbb{Z}_2 \times \mathbb{Z}_2 \times \mathbb{Z}_2$, que pelo Exemplo 6.9 não são isomorfos, e os não abelianos D_4 – que é o grupo diedral de 8 elementos, das simetrias de um retângulo não quadrado – e Q_8, o grupo dos quatérnios.

Classificação de grupos

Esses também não são isomorfos conforme você demonstrou no Exercício 6.56.

Vamos provar que estes são os únicos a menos de isomorfismos. Suponha então que G seja um grupo de ordem 8 e sabemos que seus elementos distintos do elemento neutro têm ordens 8, 4 ou 2.

- Se G contém um elemento de ordem 8, sabemos da Proposição 6.19 que ele será cíclico e, portanto, isomorfo a $\mathbb{Z}_8$.

- Agora, suponha que G não possui elementos de ordem 8, mas que possui um elemento, digamos h, com ordem igual a 4. Defina

$$H = \langle h \rangle$$

e perceba que tomando $g \in G \backslash H$, temos que gH e H são disjuntas, pois são as coclasses à esquerda de H em G. Logo

$$G = H \cup gH = \{e, h, h^2, h^3, g, gh, gh^2, gh^3\}.$$

Agora vamos especular a ordem de g.

•• Pra começar, suponha que $|g| = 2$ e vamos analisar o que acontece com o elemento hg. Note que ele não pode ser igual a e, a h, a h^2, a h^3 e a g, pois isso nos levaria a concluir, de forma absurda, que $g = h^{-1} \in H$, que $g = e$, que $g = h \in H$, que $g = h^2 \in H$ e que $h = e$ respectivamente. Também, $hg \neq gh^2$, pois caso contrário:

$$\begin{aligned} h &= hg^2 \\ &= (hg)g \\ &= (gh^2)g \\ &= gh(hg) \\ &= g(hg)h^2 \\ &= ggh^2h^2 \\ &= g^2h^4 \\ &= e \end{aligned}$$

que é um absurdo. Logo restam duas possibilidades: $hg = gh$ ou $hg = gh^3$.

••• Se $hg = gh$, então G é abeliano e pelo Teorema 6.46 só pode ser isomorfo a $\mathbb{Z}_4 \times \mathbb{Z}_2$, pois ambos não possuem elementos de ordem 8, mas possuem elementos de ordem 4.

6.6. Classificação de grupos

• • • E, se $hg = gh^3$, então o Exercício 6.59 nos diz que

$$G \cong D_4.$$

• • Agora, suponha que $|g| = 4$. Analisando novamente hg, temos apenas três possibilidades plausíveis: gh, gh^2 ou gh^3. No primeiro caso, concluiremos que G é abeliano com seis elementos de ordem 4, o que é um absurdo. Se $hg = gh^2$, perceba que $g^2 = h^2$ pois todas outras possibilidades nos levam a absurdos:

$$g^2 = e \Rightarrow |g| < 4,$$
$$g^2 = h \Rightarrow h^2 = g^4 = e \Rightarrow |h| < 4,$$
$$g^2 = h^3 \Rightarrow h^2 = h^6 = g^4 = e \Rightarrow |h| < 4,$$
$$g^2 = g \Rightarrow g = e,$$
$$g^2 = gh \Rightarrow g = h,$$
$$g^2 = gh^2 \Rightarrow g = h^2 \in H,$$
$$g^2 = gh^3 \Rightarrow g = h^3 \in H.$$

Daí

$$hg = gh^2 = gg^2 = g^3 \Rightarrow h = g^2 \Rightarrow h^2 = g^4 = e$$

o que é uma contradição, visto que $|h| = 4$. Portanto, a única possibilidade é que $hg = gh^3$ e, com isso, o Exercício 6.32 nos diz que

$$G \cong Q_8.$$

• Para finalizar, vamos supor que G possui somente elementos de ordem igual a 2, além do elemento neutro. Pelo Exercício 6.13, G é abeliano. E pelo Teorema 6.46, G só pode ser isomorfo a $\mathbb{Z}_2 \times \mathbb{Z}_2 \times \mathbb{Z}_2$.

Assim, temos três grupos abelianos e dois não abelianos de ordem 8:

$$\mathbb{Z}_8,$$
$$\mathbb{Z}_4 \times \mathbb{Z}_2,$$
$$\mathbb{Z}_2 \times \mathbb{Z}_2 \times \mathbb{Z}_2,$$
$$D_4,$$
$$Q_8.$$

Classificação de grupos

Ordem 9: Novamente, o Teorema 6.48 nos diz que só temos as duas opções

$$\mathbb{Z}_9$$

e

$$\mathbb{Z}_3 \times \mathbb{Z}_3.$$

No Exercício 6.17, você demonstrou que eles não são isomorfos.

Ordem 10: Segundo o Teorema 6.47, teremos só duas opções:

$$\mathbb{Z}_{10}$$

e

$$D_5.$$

Sabemos que o primeiro também é isomorfo a $\mathbb{Z}_2 \times \mathbb{Z}_5$.

Ordem 11: Somente o $\mathbb{Z}_{11}$, pois 11 é primo.

Ordem 12: Como $12 = 2^2 \cdot 3$, o 1° Teorema de Sylow, 6.38, garante que existem 2-grupos de Sylow de ordem 4 e 3-grupos de Sylow de ordem 3. A ideia aqui é analisar essas quantidades. Denotando-as respectivamente por n_2 e n_3, o 3° Teorema de Sylow, 6.41, nos diz que

$$n_2 | 3, n_2 \equiv 1 (\mod 2)$$

e que

$$n_3 | 4, n_3 \equiv 1 (\mod 3).$$

Logo $n_2 = 1$ ou $n_2 = 3$, e $n_3 = 1$ ou $n_3 = 4$.

Caso 1: Suponha que $n_3 = 1$. Isso significa que $G(3)$ é o único subgrupo de G com ordem 3 e, consequentemente, o Exercício 6.15 nos diz que $G(3)$ é um subgrupo normal de G. Além disso ele é cíclico pois possui ordem prima. Logo, vamos denotá-lo por $\{e, g, g^2\}$.

Também, sabemos que os 2-grupos de Sylow, que tem ordem 4, são isomorfos a $\mathbb{Z}_4$ ou a $\mathbb{Z}_2 \times \mathbb{Z}_2$.

• Se algum 2-grupo é isomorfo a $\mathbb{Z}_4$, ele é cíclico e vamos denotar seu gerador por h. Perceba que $hgh^{-1} \in G(3)$ pois este é normal em G. Vamos

6.6. Classificação de grupos

então analisar as possibilidades para hgh^{-1}.
- •• Se $hgh^{-1} = e$, teríamos $g = e$ que é um absurdo.
- •• Caso $hgh^{-1} = g$, concluiríamos que $gh = hg$ e G seria abeliano. Logo, $G \cong \mathbb{Z}_3 \times \mathbb{Z}_4$ pelo Exercício 6.64.
- •• Por fim, caso $hgh^{-1} = g^2$, os exercícios 6.3 e 6.6, juntos ao Exercício 6.64, nos dizem que

$$G \cong \mathbb{Z}_3 \rtimes_F \mathbb{Z}_4$$

em que $F_k(h) = khk^{-1}$, para $k \in \mathbb{Z}_3$ e $h \in \mathbb{Z}_4$. Esse grupo, que é um produto semidireto, é também conhecido como grupo dicíclico, e denotado em alguns livros por T.

• Agora suponha que todos os 2-grupos são isomorfos a $\mathbb{Z}_2 \times \mathbb{Z}_2$, e tome um deles como $H = \{e, u, v_1, v_2\}$. Como 3 e 4 são coprimos, o Exercício 6.6 nos diz que os subgrupos $G(3)$ e H possuem somente e em comum, logo $|G| = |G(3) \cdot H|$ pelo Exercício 6.3. Assim, $G = G(3) \cdot H$, pois o grupo do lado direito da igualdade está contido no do lado esquerdo, e as ordens são finitas. Como $G(3)$ é normal em G, temos que os conjugados de g estão contidos em $G(3)$. Vamos analisar as possibilidades.

- •• Se $ugu^{-1} = v_1 g v_1^{-1} = v_2 g v_2^{-1} = g$, teríamos que G é abeliano e, portanto, seria isomorfo a $\mathbb{Z}_3 \times (\mathbb{Z}_2 \times \mathbb{Z}_2)$.
- •• Caso contrário, note que dois dos conjugados serão iguais a g^2 enquanto apenas um será igual a g. De fato, se todos são iguais a g^2, teríamos o absurdo

$$ugu^{-1} = v_1 v_2 g v_2^{-1} v_1^{-1} = v_1 g^2 v_1^{-1} = g^2 g^2 = g.$$

E se apenas um dos conjugados fosse igual a g^2, digamos o conjugado de g por v_1, teríamos outro absurdo, pois

$$v_1 g v_1^{-1} = u v_2 g v_2^{-1} u^{-1} = u g u^{-1} = g.$$

Logo, sem perda de generalidade, suponha que $ugu^{-1} = g$ e $v_1 g v_1^{-1} = v_2 g v_2^{-1} = g^2$. Assim, u e g comutam e podemos concluir que $|ug| = 6$. Daí, o Exercício 6.60 nos diz que

$$G \cong D_6,$$

o grupo diedral das simetrias de um hexágono regular.

Caso 2: Suponha que $n_3 = 4$. O Exercício 6.6 nos diz que eles possuem somente o elemento neutro em comum e, portanto, juntos eles contém 9 elementos distintos de G. Com isso, só nos resta que $n_2 = 1$, pois não haveria elementos suficientes em G para que $n_2 = 3$. Logo só há um 2-grupo com 4 elementos, $G(2)$ que é normal, pois é o único de ordem 4.

Começamos demonstrando que $G(2)$ não é cíclico. Se fosse, então ele teria um gerador de ordem 4, h. Vamos analisar as possibilidades para $ghg^{-1} \in G(2)$.

- A primeira opção $ghg^{-1} = e$ é absurda, pois

$$ghg^{-1} = e \Leftrightarrow h = e.$$

- Também, $ghg^{-1} = h$ implica que G é abeliano, mas daí o Corolário 6.40 estaria sendo contrariado, pois haveria somente um 3-grupo de Sylow, não quatro.
- Caso $ghg^{-1} = h^2$, o Exercício 6.14 nos apresenta um absurdo, pois h possui ordem 4 e h^2, ordem 2.
- E se $ghg^{-1} = h^3$, então

$$h = g^3 h g^{-3} = ggghg^{-1}g^{-1}g^{-1} = h^{27} = h^3,$$

que é absurdo.

Logo, $G(2)$ não é cíclico e temos $G(2) \cong \mathbb{Z}_2 \times \mathbb{Z}_2$, que podemos denotar por $\{e, r, s_1, s_2\}$. Tome g um elemento qualquer de $G \backslash G(2)$. Ele está em um dos 4 3-grupos, portanto ele tem ordem 3. Daí, note que $G(2)$, $gG(2)$ e $g^2 G(2)$ são as três coclasses de $G(2)$ em G. Logo g, s_1 e s_2 geram todo o G – lembre que $r = s_1 s_2$.

Analisando as conjugações dos elementos de $G(2)$ por g, note que todas elas ou não alteram o elemento conjugado, ou alteram todos eles para o próximo – novamente pelo fato de que r, s_1 e s_2, quando multiplicadas duas a duas, resultam no terceiro elemento. Se as conjugações não alteram o elemento conjugado, então G é abeliano e teríamos novamente o absurdo pelo 2° Teorema de Sylow, 6.39. Logo, essas conjugações alteram todos os elementos, por exemplo, $grg^{-1} = s_1$, $gs_1g^{-1} = s_2$ e $gs_2g^{-1} = r$, o que nos levará a um isomorfismo, pelo Exercício 6.50,

$$G \cong A_4.$$

Ordem 13: Somente o $\mathbb{Z}_{13}$.

Ordem 14: Novamente somente duas opções pelo Teorema 6.47: $\mathbb{Z}_{14}$ e D_7,

6.6. Classificação de grupos

onde o primeiro também é isomorfo a $\mathbb{Z}_2 \times \mathbb{Z}_7$.

Ordem 15: Pelo Teorema 6.49, só há $\mathbb{Z}_{15}$. Ele é isomorfo a $\mathbb{Z}_3 \times \mathbb{Z}_5$.

Exercícios da Seção 6.6

6.69. *Pesquise sobre:*

(a) *Grupo de Prüfer.*

(b) *Grupos dicíclicos.*

(c) *Grupos monstros.*

6.70. *Prove que as funções apresentadas no Exemplo 6.27 são, de fato, isomorfismos.*

6.71. *Escreva $\mathbb{Z}_{10}$, $\mathbb{Z}_{72}$ e $\mathbb{Z}_8$ como produto direto de seus respectivos p-grupos de Sylow, explicitando todos os geradores.*

6.72. *Baseado no exercício anterior escreva, de diferentes maneiras, aqueles grupos como produto direto de grupos cíclicos.*

6.73. *Encontre os 15 grupos abelianos de ordem 128, a menos de isomorfismos.*

6.74. *Encontre os 7 grupos abelianos de ordem 160, a menos de isomorfismos.*

6.75. *Seja G um grupo finito e suponha que haja um homomorfismo sobrejetor de G em $\mathbb{Z}_{12}$. Prove que G possui pelo menos um subgrupo normal de ordem 3.*

6.76. *Seja G um grupo finito e abeliano. O que podemos dizer sobre*

$$\prod_{g \in G} g \, ?$$

6.77. *No contexto da demonstração do Teorema 6.47, prove que o conjunto $\{e, g, h, gh\}$ é um subgrupo de G.*

6.78. *Prove que não existem grupos abelianos de ordem 8 onde 6 de seus elementos possuem ordem igual a 4.*

APÊNDICES

APÊNDICE A

O anel $(\mathbb{R}, +, \cdot)$

Neste apêndice, demonstraremos que $(\mathbb{R}, +, \cdot)$ é um anel com suas operações usuais de adição e multiplicação. Como a demonstração foge do escopo do livro, pois trabalha com conceitos de análise, a apresentamos como um bônus.

Para um pleno entendimento, assumimos que o leitor esteja familiarizado com a construção formal dos números reais, através de classes de equivalência de sequências de Cauchy de números racionais.

Começamos definindo as operações de adição e multiplicação em $\mathbb{R}$ a partir dessa construção. Sejam $x = [(x_n)]$ e $y = [(y_n)]$ números reais e suas respectivas classe de equivalência de sequências de Cauchy de números racionais. Daí:

(a) **Adição:** $x + y = [(x_n)] + [(y_n)] = [(x_n + y_n)]$,

(b) **Multiplicação:** $x \cdot y = [(x_n)] \cdot [(y_n)] = [(x_n \cdot y_n)]$.

O primeiro resultado que devemos demonstrar é que as operações são bem definidas, pois elas estão apresentadas a partir de escolhas dos representantes das classes de equivalência. Antes disso, vale a pena lembrar a definição de congruência entre duas sequências de Cauchy:

$$[(x_n)] \equiv [(y_n)] \iff \forall \epsilon > 0, \exists n \in \mathbb{N} : \forall i, j > n, |x_i - y_j| < \epsilon.$$

O anel $(\mathbb{R}, +, \cdot)$

Proposição A.1. *As operações de adição e multiplição estão bem definidas.*

Demonstração: Sejam $(x_n), (x'_n) \in [(x_n)]$ e $(y_n), (y'_n) \in [(y_n)]$ e considere $\epsilon > 0$ tal que
$$\begin{cases} \exists N_1 : \forall i, j > N_1, |x_i - x'_j| < \epsilon/2, \\ \exists N_2 : \forall i, j > N_2, |y_i - y'_j| < \epsilon/2. \end{cases}$$
Tome $N = \max\{N_1, N_2\}$ e, portanto,
$$\forall i, j > N, |x_i - x'_j| + |y_i - y'_j| < \epsilon.$$
Mas,
$$|(x_i + y_i) - (x'_j + y'_j)| = |(x_i - x'_i) + (y_j - y'_j)| \leqslant |x_i - x'_j| + |y_i - y'_j| < \epsilon,$$
isto é,
$$\forall i, j > N, |(x_i + y_i) - (x'_j + y'_j)| < \epsilon.$$
Logo $(x_n + y_n) = (x'_n + y'_n)$ e a adição está bem definida.

Para a multiplicação, como (x_n) e (y_n) são sequências de Cauchy em um espaço métrico, elas são limitadas. Sejam $B_x = 2\sup\{(x_n)\}$, $B_y = 2\sup\{(y_n)\}$ e $B = \max\{B_x, B_y\}$. Daí
$$\begin{cases} \exists N_1 : \forall i, j > N_1, |x_i - x'_j| < \epsilon/(2|B|), \\ \exists N_2 : \forall i, j > N_2, |y_i - y'_j| < \epsilon/(2|B|), \end{cases}$$
implicam que
$$\forall i, j > N, |B| \cdot |x_i - x'_j| + |B| \cdot |y_i - y'_j| < \epsilon.$$
Mas,
$$\begin{aligned} |x_i y_i - x'_j y'_j| &\leqslant |2x_i y_i - 2x'_j y'_j| \\ &= |x_i y_i - x'_j y_i + x_i y'_j - x'_j y'_j + x_i y_i + x'_j y_i - x_i y'_j - x'_j y'_j| \\ &\leqslant |(x_i - x'_j)(y_i + y'_j) + (y_i - y'_j)(x_i + x'_j)| \\ &\leqslant ||B|(x_i - x'_j) + |B|(y_i - y'_j)| \\ &\leqslant |B||x_i - x'_j| + |B||y_i - y'_j| < \epsilon. \end{aligned}$$

Logo $(x_n \cdot y_n) = (x'_n \cdot y'_n)$ e a multiplicação está bem definida.

$\square$

Ambas as operações são fechadas, pois a soma de sequências de Cauchy em $\mathbb{Q}$ é uma sequência de Cauchy em $\mathbb{Q}$. O mesmo vale para o produto de tais sequências.

Afirmamos que $(\mathbb{R}, +, \cdot)$ com as operações acima definidas satisfaz as seis propriedades de anéis, conforme a Definição 2.1. Com efeito, elas seguirão da sua validade em $\mathbb{Q}$.

(A1) Associatividade da adição.

Demonstração: Sejam $x = [(x_n)]$, $y = [(y_n)]$ e $z = [(z_n)]$ números reais. Daí

$$\begin{aligned}
(x+y)+z &= ([(x_n)] + [(y_n)]) + [(z_n)] \\
&= [(x_n + y_n)] + [(z_n)] \\
&= [(x_n + y_n) + (z_n)] \\
&= [(x_n) + (y_n + z_n)] \\
&= [(x_n)] + [(y_n + z_n)] \\
&= [(x_n)] + ([(y_n)] + [(z_n)]) \\
&= x + (y + z).
\end{aligned}$$

$\square$

(A2) Comutatividade da adição.

Demonstração: Sejam $x = [(x_n)]$ e $y = [(y_n)]$ números reais. Temos

$$\begin{aligned}
x + y &= [(x_n)] + [(y_n)] \\
&= [(x_n + y_n)] \\
&= [(y_n + x_n)] \\
&= [(y_n)] + [(x_n)] \\
&= y + x.
\end{aligned}$$

$\square$

(A3) Elemento neutro da adição.

Demonstração: Sejam $x = [(x_n)]$ um número real e $0 = [(0_n)]$, onde (0_n) é a sequência nula, que é uma sequência de Cauchy de números racionais. Assim,

$$\begin{aligned}
x + 0 &= [(x_n)] + [(0_n)] \\
&= [(x_n + 0_n)] \\
&= [(x_n)] \\
&= x.
\end{aligned}$$

$\square$

(A4) Elemento oposto da adição.

Demonstração: Sejam $x = [(x_n)]$ um número real e $-x = [(-x_n)]$, onde $(-x_n)$ é a sequência de Cauchy obtida tomando-se os opostos dos racionais x_n. Daí,

$$\begin{aligned}
x + (-x) &= [(x_n)] + [(-x_n)] \\
&= [(x_n + (-x_n))] \\
&= [(0_n)] \\
&= 0.
\end{aligned}$$

$\square$

(A5) Associatividade da multiplicação.

Demonstração: Sejam $x = [(x_n)]$, $y = [(y_n)]$ e $z = [(z_n)]$ números reais. Temos

$$\begin{aligned}
(x \cdot y) \cdot z &= ([(x_n)] \cdot [(y_n)]) \cdot [(z_n)] \\
&= [(x_n \cdot y_n)] \cdot [(z_n)] \\
&= [(x_n \cdot y_n) \cdot (z_n)] \\
&= [(x_n) \cdot (y_n \cdot z_n)] \\
&= [(x_n)] \cdot [(y_n \cdot z_n)] \\
&= [(x_n)] \cdot ([(y_n)] \cdot [(z_n)]) \\
&= x \cdot (y \cdot z).
\end{aligned}$$

$\square$

(A6) Distributividade.

Demonstração: Façamos a primeira parte, pois a segunda segue de forma análoga. Sejam $x = [(x_n)]$, $y = [(y_n)]$ e $z = [(z_n)]$ números reais, e temos

$$\begin{aligned}
x(y+z) &= [(x_n)] \cdot ([(y_n)] + [(z_n)]) \\
&= [(x_n)] \cdot [(y_n \cdot z_n)] \\
&= [(x_n) \cdot (y_n + z_n)] \\
&= [(x_n \cdot y_n) + (x_n \cdot z_n)] \\
&= [(x_n \cdot y_n)] + [(x_n \cdot z_n)] \\
&= [(x_n)] \cdot [(y_n)] + [(x_n)] \cdot [(z_n)] \\
&= xy + xz.
\end{aligned}$$

□

O anel $(\mathbb{R}, +, \cdot)$

APÊNDICE B

O anel dos inteiros p - ádicos

Neste apêndice vamos apresentar ao leitor mais curioso o anel dos inteiros p - ádicos, assim como o corpo dos números p - ádicos, no caso em que p é um número natural primo. O faremos de uma maneira menos formal em comparação à maneira como estudamos anéis e corpos nos capítulos regulares deste livro, apenas a título de curiosidade.

Sabemos que todos os números naturais podem ser escritos em qualquer base, por exemplo, na base 3

$$51 = 0 \cdot 3^0 + 2 \cdot 3^1 + 2 \cdot 3^2 + 1 \cdot 3^3$$

e escrevemos

$$51 = (1220)_3.$$

Utilizamos a base 10 para nos expressar no nosso dia a dia, mas computadores usam a base 2, e até mesmo a base 16. E essas notações sempre são finitas, ou seja, conseguimos expressar qualquer número natural como uma sequência finita de algarismos, onde todos eles são maiores ou iguais a zero e menores que a base na qual estivermos interessados.

O anel dos inteiros p - ádicos

Inspirado nisso, em 1897 Kurt Hensel definiu em um artigo em alemão os números p - ádicos, o que pode ser visto como uma generalização deste conceito de escrever números em quaisquer bases. Basicamente, ele percebeu que se permitirmos escrever sequências infinitas para a esquerda de algarismos, seria possível escrever números negativos, fracionários e até mesmo números irracionais em qualquer base. É isso que vamos estudar neste apêndice.

Sua importância reside no fato de que tais conjuntos nos apresentam novas ferramentas para estudar velhos problemas. Por exemplo, Andrew Wiles utilizou esses conjuntos em sua demonstração do Último Teorema de Fermat. Mas também são cruciais no estudo de novas questões, pois há aplicações desses conjuntos até na cosmologia, o ramo da astronomia que estuda a origem e a evolução do universo ([19]).

Kurt Hensel

Kurt Hensel (Königsberg, atual Kaliningrado, 29 de dezembro de 1861 - Marburg, 01 de junho de 1941) foi um matemático alemão. Durante seus 35 anos de carreira, editou e publicou importantes livros em teoria dos números. Dentre seus trabalhos, é reconhecido pela criação dos números p - ádicos, um sistema numérico criado a partir de $\mathbb{Q}$, que fornece diferentes ferramentas para, entre outras coisas, decidir quando que uma forma quadrática possui solução racional.

Existem algumas maneiras diferentes de se abordar essa construção, e aqui utilizaremos o caminho mais algébrico e intuitivo possível. Defina o conjunto, que denominamos o conjunto dos inteiros p - ádicos,

$$\widehat{\mathbb{Z}}_p = \{(\ldots, a_2, a_1, a_0) \mid a_k \in \{0, 1, \ldots, p-1\}\}.$$

Ou seja, este conjunto é definido como o conjunto das sequências infinitas para a esquerda, onde cada termo da sequência é um número natural menor que p.

As operações de adição e multiplicação em $\widehat{\mathbb{Z}}_p$ funcionam da mesma forma em que operamos números naturais, pois basta representar as sequências

$$(\ldots, a_2, a_1, a_0)$$

como

$$\sum_{k=0}^{\infty} a_k \cdot p^k$$

e realizar as operações como se estivéssemos em $\mathbb{N}$. A única peculiaridade é que consideramos elementos com uma representação infinita.

Dessa forma, se analisarmos essas operações de uma forma conjunta ao que foi proposto no Exemplo 2.22 com o Exemplo 2.27, concluiremos que o conjunto dos inteiros p - ádicos é, na verdade, um anel comutativo com unidade. No caso de p ser primo, esse conjunto é um domínio de integridade.

Seu elemento neutro da adição é

$$(\ldots, 0, 0, 0)$$

e dado um elemento qualquer

$$(\ldots, a_2, a_1, a_0),$$

seu oposto é

$$(\ldots, p - a_2, p - a_1, p - a_0).$$

De fato, basta notar que

$$(\ldots, a_1, a_0) + (\ldots, p - a_1, p - a_0) = \sum_{k=0}^{\infty} a_k \cdot p^k + \sum_{k=0}^{\infty} (p - a_k) \cdot p^k$$

$$= \sum_{k=0}^{\infty} (a_k + p - a_k) \cdot p^k$$

$$= \sum_{k=0}^{\infty} p \cdot p^k$$

$$= \sum_{k=0}^{\infty} 0 \cdot p^k$$

$$= (\ldots, 0, 0).$$

O anel dos inteiros p - ádicos

Por fim, sua unidade multiplicativa é

$$(\ldots, 0, 0, 1).$$

Pois bem, o conjunto dos números naturais pode ser encontrado dentro dos p - ádicos. Dado um número natural primo p e um natural n qualquer, sua representação única no anel dos inteiros p - ádicos está conectada com sua escrita na base p. Por exemplo, o número 415 pode ser representado em $\widehat{\mathbb{Z}}_7$ como

$$(\ldots, 0, 0, 1, 1, 3, 2) \in \widehat{\mathbb{Z}}_7$$

pois

$$415 = 2 \cdot 7^0 + 3 \cdot 7^1 + 1 \cdot 7^2 + 1 \cdot 7^3.$$

Mas a real vantagem desse sistema p - ádico é que permitimos representações infinitas para a esquerda. Para entender como funciona tal sistema, perceba que em $\widehat{\mathbb{Z}}_5$,

$$\begin{array}{r} \ldots\ 4\ 4\ 4\ 4 \\ +\ \ldots\ 0\ 0\ 0\ 1 \\ \hline \ldots\ 1\ 1\ 1 \\ \ldots\ 0\ 0\ 0\ 0 \end{array}_5$$

ou seja,

$$(\ldots, 0, 0, 1) + (\ldots, 4, 4, 4) = (\ldots, 0, 0, 0).$$

Portanto, visto que a soma de dois elementos de $\widehat{\mathbb{Z}}_5$ resultou em seu elemento neutro, concluímos que

$$(\ldots, 4, 4, 4)$$

deve ser o oposto de

$$(\ldots, 0, 0, 1),$$

que é igual a 1. Como o oposto de um elemento é único em anéis, concluímos que

$$(\ldots, 4, 4, 4)$$

deve representar -1.

Generalizando esta ideia, temos que em $\widehat{\mathbb{Z}}_5$

$$-2 = (\ldots, 4, 4, 3),$$

$$-7 = (\ldots, 4, 3, 3),$$

e
$$-30 = (\ldots, 4, 3, 4, 0).$$

E em $\widehat{\mathbb{Z}}_p$,
$$-1 = (\ldots, p-1, p-1, p-1).$$

Para escrever números fracionários neste sistema p - ádico, utilizaremos o fato de que
$$\frac{1}{p^k - 1} = 1 \cdot p^0 + 1 \cdot p^k + 1 \cdot p^{2k} + \ldots.$$

Além disso, tudo começa com resolver uma congruência. Vamos ilustrar todo o procedimento para encontrar a representação de $\frac{3}{5}$ em $\widehat{\mathbb{Z}}_7$. Começamos resolvendo
$$7^x \equiv 1 (\mathrm{mod}\ 5).$$

Ou seja, precisamos encontrar uma potência da base 7 que, descontada de 1, seja múltipla do denominador da nossa fração, 5. Nossa resposta é $x = 4$, afinal $7^4 = 2401$ e $2401 - 1 = 2400$ que é múltiplo de 5. Daí, escrevemos

$$\begin{aligned}
\frac{3}{5} &= \frac{5}{5} - \frac{2}{5} \\
&= 1 - \frac{2 \cdot 480}{5 \cdot 480} \\
&= 1 - \frac{960}{2400} \\
&= 1 - \frac{960}{7^4 - 1} \\
&= 1 - 960 \cdot \frac{1}{7^4 - 1} \\
&= 1 + 960 \cdot (1 + 7^4 + 7^8 + \ldots) \\
&= 1 + 960 \cdot (1 \cdot 7^0 + 1 \cdot 7^4 + 1 \cdot 7^8 + \ldots) \\
&= (*).
\end{aligned}$$

Agora, precisamos escrever tanto 1 quanto 960 na base 7 para continuar. Como

O anel dos inteiros p - ádicos

ambos são números naturais o procedimento é bem conhecido, e obtemos

$$1 = 1 \cdot 7^0$$

e

$$960 = 1 \cdot 7^0 + 4 \cdot 7^1 + 5 \cdot 7^2 + 2 \cdot 7^3.$$

Assim:

$$\begin{aligned}(*) &= 1 + 960 \cdot (1 + 7^4 + 7^8 + \ldots) \\ &= (1 \cdot 7^0) + (1 \cdot 7^0 + 4 \cdot 7^1 + 5 \cdot 7^2 + 2 \cdot 7^3) \cdot (1 \cdot 7^0 + 1 \cdot 7^4 + 1 \cdot 7^8 + \ldots) \\ &= (*)\end{aligned}$$

Mas perceba que a multiplicação dos dois longos termos da direita será periódica, pois repetiremos $1 \cdot 7^0 + 4 \cdot 7^1 + 5 \cdot 7^2 + 2 \cdot 7^3$ apenas aumentando as potências de 7 em quatro unidades por vez. Ou seja,

$$\begin{aligned}&(1 \cdot 7^0 + 4 \cdot 7^1 + 5 \cdot 7^2 + 2 \cdot 7^3) \cdot (1 \cdot 7^0 + 1 \cdot 7^4 + 1 \cdot 7^8 + \ldots) \\ &= 1 \cdot 7^0 + 4 \cdot 7^1 + 5 \cdot 7^2 + 2 \cdot 7^3 + 1 \cdot 7^4 + 4 \cdot 7^5 + 5 \cdot 7^6 + 2 \cdot 7^7 + \ldots\end{aligned}$$

Portanto

$$(*) = 2 \cdot 7^0 + 4 \cdot 7^1 + 5 \cdot 7^2 + 2 \cdot 7^3 + 1 \cdot 7^4 + 4 \cdot 7^5 + 5 \cdot 7^6 + 2 \cdot 7^7 + \ldots$$

Assim, temos que

$$\frac{3}{5} = (\ldots 2, 5, 4, 1, 2, 5, 4, 1, 2, 5, 4, 2)$$

em que o termo "2, 5, 4, 1" se repete infinitamente para a esquerda. E perceba que esse resultado é consistente, afinal

$$\begin{array}{r}2\ 5\ 4\ 1\ 2\ 5\ 4\ 2 \\ \times 5 \\ \hline \ldots 0\ 0\ 0\ 0\ 0\ 0\ 0\ 3\end{array}_7$$

De maneira geral, toda fração pode ser escrita no formato p - ádico, desde que p não divida o denominador.

Há números irracionais que também podem ser expressos como um número

p - ádico. Por exemplo, um número $\sqrt{q}$ pode ser escrito nesse formato quando existe solução para
$$x^2 \equiv q(\bmod p).$$
Este resultado é um corolário do Lema de Hensel. Vamos escrever $\sqrt{6} \in \widehat{\mathbb{Z}}_5$. Primeiramente perceba que
$$x^2 \equiv 6(\bmod 5)$$
possui solução, por exemplo, $x = 1$. Dessa forma, a representação 5-ádica de $\sqrt{6}$ é a sequência
$$(\ldots, a_2, a_1, a_0)$$
em que
$$a_0^2 \equiv 6(\bmod 5)$$
$$(5a_1 + a_0)^2 \equiv 6(\bmod 5^2)$$
$$(5^2 a_2 + 5a_1 + a_0)^2 \equiv 6(\bmod 5^3)$$
$$(5^3 a_3 + 5^2 a_2 + 5a_1 + a_0)^2 \equiv 6(\bmod 5^4)$$
$$\vdots$$
Efetuando as contas, concluímos que
$$\sqrt{6} = (\ldots, 4, 0, 3, 1).$$

Os demais dígitos podem ser conferidos em https://oeis.org/A324025, e note que $a_0 = 4$ também é uma solução para a primeira congruência, o que nos diz que podemos ter representações distintas para um mesmo número.

Para encerrar esse apêndice, uma última definição.

Definição B.1. *O corpo dos números p - ádicos é*
$$\widehat{\mathbb{Q}}_p = Frac(\widehat{\mathbb{Z}}_p)$$
conforme definimos na Seção 4.6.

O anel dos inteiros p - ádicos

APÊNDICE C

Domínios euclidianos

Neste apêndice, queremos apresentar para o leitor um tipo especial de domínio de integridade. Com as definições que veremos aqui, conseguiremos generalizar alguns exemplos que vimos nos capítulos regulares.

Em poucos termos, um domínio euclidiano é um domínio de integridade munido de uma função que nos permite generalizar o conceito de divisão euclidiana. Vejamos como que isso funciona.

Definição C.1. *Seja D um domínio de integridade. Uma função euclidiana sobre D é uma função*

$$f : D^* \to \mathbb{Z}_+$$
$$d \mapsto f(d)$$

que satisfaz

(FE1) dados $a, b \in D$ com $b \neq 0$, existem $q, r \in D$ tais que $a = bq + r$ onde $r = 0$ ou $f(r) < f(b)$.

Domínios euclidianos

O exemplo inicial de função euclidiana é a função módulo sobre o domínio de integridade $\mathbb{Z}$

$$f : \mathbb{Z}^* \to \mathbb{Z}_+$$
$$n \mapsto |n|$$

pois o algoritmo da divisão euclidiana nos diz, exatamente, que dados $a \in \mathbb{Z}$ e $b \in \mathbb{Z}^*$, existem $q, r \in \mathbb{Z}$ com $a = bq + r$ onde $r = 0$ ou $0 < r < b$.

Um outro bom exemplo é, dado um corpo K, o da função grau

$$\delta : K[x]^* \to \mathbb{Z}_+$$
$$f \mapsto \delta(f).$$

No Teorema 2.41, demonstramos que essa função satisfaz $(FE1)$.

Definição C.2. *Um domínio de integridade D é dito um domínio euclidiano quando, é possível definir, pelo menos uma função euclidiana sobre D.*

Assim, os domínios de integridade $\mathbb{Z}$ e $K[x]$, com K corpo, são domínios euclidianos com as funções que apresentamos anteriormente.

Na literatura, existem definições levemente distintas para os domínios euclidianos. Na próxima proposição, unificamos todas elas. Basicamente, vamos demonstrar que sempre que temos um domínio euclidiano, podemos criar uma nova função euclidiana que satisfará uma propriedade adicional.

Proposição C.1. *Seja D um domínio euclidiano com uma função euclidiana f. Então existe uma função euclidiana f_0 sobre D tal que*

$$f_0(d) \leqslant f_0(dp)$$

para quaisquer $d, p \in D$.

Demonstração: Defina

$$f_0 : D^* \to \mathbb{Z}_+$$
$$d \mapsto \min_{p \neq 0} \big(f(dp)\big).$$

Perceba que dp nunca é zero, pois estamos em um domínio. Além disso, note que esse mínimo sempre é alcançado pelo Princípio da Boa Ordem. Começamos demonstrando que f_0 satisfaz $(FE1)$. Sejam $a,b \in D$ com $b \neq 0$. Sabemos que $f_0(b) = f(bp)$ para algum $p \in D$ que faz $f(bp)$ ser mínimo. Daí, aplicando $(FE1)$ para a e bp na função euclidiana f, temos que existem $q_0, r_0 \in D$ com

$$a = (bp)q_0 + r_0,$$

onde $r_0 = 0$ ou $f(r_0) < f(bp)$.

Defina $q = pq_0$ e $r = r_0$, e note que temos

$$a = bq + r.$$

Se $r = 0$, concluímos que f_0 satisfaz a propriedade $(EF1)$. Caso contrário, note que
$$f_0(r) = \min_{p \neq 0} \big(f(rp)\big) \leqslant f(r \cdot 1) = f(r)$$
e como $f(r) = f(r_0) < f(bp) = f_0(b)$, isso nos diz que

$$f_0(r) < f_0(b).$$

Logo, f_0 satisfaz $(FE1)$.

Além disso, veja que dados $d, p \in D$, temos que existe $q \in D$ tal que $f_0(dp) = f(dpq)$. Assim:

$$f_0(d) = \min_{p \neq 0} \big(f(dp)\big) \leqslant f(d(pq)) = f_0(dp).$$

$\square$

A seguir, veremos dois teoremas que mostram a importância dos domínios euclidianos. Para o primeiro, relembre a Definição 4.6.

Teorema C.2. *Todo domínio euclidiano D é um domínio principal.*

Demonstração: Seja D um domínio de integridade munido de uma função euclidiana

$$f : D^* \to \mathbb{Z}_+$$
$$d \mapsto f(d).$$

Precisamos demonstrar que todo ideal de D é um ideal principal e, para isso, considere $I \trianglelefteq D$ um ideal não trivial. Denote por b um dos elementos de I tais

Domínios euclidianos

que $f(b)$ é o menor possível – o Princípio da Boa Ordem nos permite encontrá-lo. Vamos provar que $I = <b>$ conforme a Definição 3.6 e os comentários subsequentes.

($\supseteq$) Segue do fato que $b \in I$.

($\subseteq$) Dado $a \in I$, temos que existem $q, r \in D$ tais que

$$a = bq + r$$

onde $r = 0$ ou $f(r) < f(b)$. Mas perceba que

$$r = a - bq \in I$$

e portanto, $f(r) \geqslant f(b)$ pela minimalidade com a qual tomamos b. Logo só nos resta que $r = 0$, o que nos diz que $a = bq$.

$\square$

E para o segundo, utilizamos a Definição 4.6, onde apresentamos o que é um domínio fatorial.

Teorema C.3. *Todo domínio euclidiano é um domínio fatorial.*

Demonstração: Segue do teorema anterior combinado com a Proposição 4.11.

$\square$

Referências Bibliográficas

[1] AGARWAL, R. P. e S. K. SEN: *Creators of Mathematical and Computacional Sciences*. Springer, 2014.

[2] ATIYAH, M. F. e I. G. MACDONALD: *Introduction to Commutative Algebra*. Westview Press, 1994.

[3] BESCHE, H. U., B. EICK e E. A. O'BRIEN: *A millennum project: constructing small groups*. International Journal of Algebra and Computation, 12(05):623–644, 2002.

[4] BURNSIDE, W.: *Theory of Groups of Finite Order*. Cambridge University Press, 2012.

[5] BURTON, D. M.: *Teoria Elementar dos Números*. LTC, Rio de Janeiro, 2016.

[6] CAHEN, P. J. e J. L. CHABERT: *Integer-Valued Polynomials*. Amer. Math. Soc., 1997.

[7] CAMILLE JORDAN, M.: *Commentaire sur Galois par M. Camille Jordan à Paris*. Mathematische Annalen, 1:141–160, 1869.

[8] CASTRUCCI, B.: *Elementos de teoria dos conjuntos*. A. Oshiro - Publicações, São Paulo, 1967.

[9] CAYLEY, A.: *A Memoir on the Theory of Matrices*. Philosophical Transactions of the Royal Society of London, 148:17–37, 1858.

[10] DOMINGUES, H. H. e G. IEZZI: *Álgebra Moderna*. Saraiva, 2018.

[11] DUMMIT, D. S. e R. M. FOOTE: *Abstract Algebra*. Wiley, 2003.

[12] ENDLER, O.: *Teoria dos números algébricos*. IMPA, Rio de Janeiro, 2014.

[13] EUCLIDES: *Os Elementos*. Tradução de Irineu Bicudo. Editora Unesp, 2009.

[14] FERLAND, K.: *Discrete Mathematics and Applications*. CRC Press, 2017.

[15] FRAENKEL, A.: *Über die Teiler der Null und die Zerlegung von Ringen*. Journal für die reine und angewandte Mathematik, 145:139–176, 1914.

Referências Bibliográficas

[16] FRALEIGH, J. B. e V. J. KATZ: *A First Course in Abstract Algebra*. Pearson Education, 2003.

[17] GONÇALVES, A.: *Introdução à Álgebra*. IMPA, 2017.

[18] HALMOS, P. R.: *Naive Set Theory*. Dover Publications Usa, 2017.

[19] HARLOW, D., S. H. SHENKER, D. STANFORD e L. SUSSKIND: *Tree-like structure of eternal inflation: A solvable model*. Phys. Rev. D, 85, 2012.

[20] HERSTEIN, I. N.: *Topics in Algebra*. John Wiley and Sons, 1975.

[21] HOLDER, O.: *Zurückführung einer beliebigen algebraischen Gleichung auf eine Kette von Gleichungen*. Mathematische Annalen, 34:26–56, 1889.

[22] IEZZI, G.: *Fundamentos de Matemática Elementar - Vol. 6 - Complexos, Polinômios, Equações*. Atual editora, 2013.

[23] IEZZI, G. e C. MURAKAMI: *Fundamentos de Matemática Elementar - Vol. 1 - Conjuntos e Funções*. Atual Editora, 2013.

[24] JAFARI, M. H. e A. R. MADADI: *Prime and irreducible elements of the ring of integers modulo n*. The Mathematical Gazette, 96(536):283–287, 2012.

[25] JOYNER, W. D.: *Mathematics of the Rubik's cube*. Disponível em http://www.logicalpoetry.com/rubik/math_joyner.pdf, acessado em 24 de março de 2021.

[26] LANG, S.: *Algebra*. Springer-Verlag New York, 2002.

[27] LANG, S.: *Undergraduate Algebra*. Springer-Verlag New York, 2005.

[28] MARTINS, S. T. e E. TENGAN: *Álgebra Exemplar, um estudo da álgebra através de exemplos*. SBM, Rio de Janeiro, 2020.

[29] MILLER, G. A.: *A non-abelian group whose group of isomorphisms is abelian*. The Messenger of Mathematics, XVIII:124–125, 1913–1914.

[30] NICHOLSON, J.: *The Development and Understanding of the Concept of Quotient Group*. Historia Mathematica, 20:68–88, 1993.

[31] NIVEN, I.: *Números: Racionais e Irracionais*. SBM, Rio de Janeiro, 1ª ed., 2012.

[32] PEANO, G.: *Arithmetices principia, nova methodo exposita*. Fratres Bocca. Facsimile of the treatise (**Latin**), 1889.

[33] PTOLEMY: *Ptolemy's almagest*. Tradução de G. J. Toomer. Princeton University Press, New Jersey, 1998.

[34] ROTMAN, J.: *Galois Theory*. Springer, 1998.

[35] SINGH, S.: *O último teorema de Fermat*. Record, 1998.

[36] VAN DER WAERDEN, B. L.: *Moderne Algebra (2 Vols)*. Springer Verlag, Berlin 1930, 1931.

[37] VIEIRA, F. e R. ALEIXO: *Elementos de Aritmética e Álgebra*. Coleção do Professor de Matemática. SBM, Rio de Janeiro, 2020.

[38] WEBER, H.: *Die allgemeinen Grundlagen der Galois'schen Gleichungstheorie*. Mathematische Annalen, 43:521–549, 1893.

Índice Remissivo

A
Ações de grupos 337
    estabilizador 346
    regular à esquerda 339
    trivial 338
    órbita 343
Adjunção de raízes 234
Anéis 7
    booleanos 195
    com unidade 13, 151
    comutativos 13, 151, 199
    das funções trigonométricas 67
    das séries de potências formais . 92, 121, 139, 142
    de divisão 14
    de funções 58, 194, 196
    de funções contínuas 107, 119, 138, 152
    de funções infinitamente deriváveis 108
    de matrizes 44, 112, 122, 196
    de polinômios 85, 110, 120, 203, 220
    dos inteiros de Gauss . 75, 109, 251
    dos inteiros módulo n .. 77, 97, 111, 150, 159, 194, 214
    dos números duais 42
    dos racionais de Gauss 75, 110, 251
    locais 142
    noetherianos 212
    principais 132
    produto direto 67, 106, 125
    quociente 149
    simples 123
    triviais 15
Associatividade 8, 257

C
Característica de um anel 213
Centralizador 281, 360
Centro
    de um anel 40
    de um grupo 283, 360
Classes de conjugação 350
Classes de equivalência 78, 147
Classes laterais 294
Coclasses 289, 392
Comutatividade 8, 13, 41, 257
Conjunto quociente 79, 147, 307
Corpos 14, 95, 153, 217, 221
    algebricamente fechados 98
    de decomposição 239
    de frações 244
    de Galois 83
    extensão 115

Índice Remissivo

D
Distributividade 8
Divisores de zero 14, 41
Domínios 14
    comutativos 14
    de integridade 14, 154, 199, 208
    euclidianos 94, 136, 469
    fatoriais 203, 225
    principais 132, 220

E
Elemento inverso 14, 24, 257, 259
Elemento neutro . 8, 13, 19, 24, 102, 114,
    165, 257, 259, 274
Elemento oposto 8, 19
Elementos
    idempotentes 194
    irredutíveis 201, 221, 227
    nilpotentes 195
    primos 206, 222
    redutíveis 202, 227
Equação de classe 360

F
Função euclidiana 136

G
Grupo de Klein 267
Grupo de simetrias 401
    de um retângulo 267
Grupos 256
    abelianos 257
    alternantes 391
    centro 283
    classificação 422
    cíclicos 371
    de automorfismos de anéis 267
    de funções bijetoras . . 263, 276, 381
    de matrizes 261, 279, 288
    de permutação 381
    diedrais 401
    índice 307
    intersecção 279
    ordem 356
    produto direto . . 265, 278, 298, 356
    produto semidireto 413

    quociente 308
    triviais 258
    tábua de operação 267

H
Homomorfismos de anéis 156
    automorfismo 171
    composição 169
    identidade 161
    imagem 157
    inclusão 161
    injetores 164, 169
    núcleo 157, 167
    projeção 166
    sobrejetores 165
    trivial 161
Homomorfismos de grupos 313
    composição de 315
    endomorfismos 313
    imagem 313
    núcleo 313
    projeção 320
    trivial 316

I
Ideais 119
    intersecção 126
    maximais 138, 153, 204, 221
    primos 137, 154, 207
    principais 130, 204
    produto de 127
    produto direto 127
    próprios 119
    soma de 127
    triviais 119
    à direita 118
    à esquerda 118
Isomorfismos de anéis 170
    1° Teorema 177
    2° Teorema 180
    3° Teorema 183
    4° Teorema 186
    composição 174
    inverso 175
Isomorfismos de grupos 321
    1° Teorema 329

Índice Remissivo

2° Teorema 333
3° Teorema 333
4° Teorema 334
composição de 326
inverso de 326

L
Lei do cancelamento 21, 261

M
Matemáticos
    Abel 258
    Benjamin Peirce 194
    Camille Jordan 298
    Cauchy 429
    Cayley 425
    Dedekind 118
    Eisenstein 229
    Emmy Noether 212
    Euler 256
    Frobenius 202
    Galois 84
    Gauss 76
    Hamilton 35
    Hensel 462
    Hölder 307
    Klein 270
    Lagrange 358
    Lamé 6
    Ptolomeu 59
    Sophie Germain 5
    Sylow 427
    Sylvester 45
    Weber 15
    Wedderburn 31

N
Normalizador 285, 304
Números
    complexos ... 34, 158, 173, 199, 222
    inteiros 14, 133, 139, 159, 248
    naturais 13
    primos 206
    racionais 8, 18, 248
    reais 12

O
Ordem
    de um elemento 362
    de um grupo 356

P
Polinômios 85, 220
    algoritmo da divisão para 92
    conteúdo 229
    critério de Eisenstein 228
    lema de Gauss 231
    primitivo 230
    raízes 95

Q
Quatérnios 35, 96, 270

R
Relação 77, 146
    de equivalência .. 77, 146, 242, 294, 350

S
Subanéis 102
    de polinômios 110
    intersecção de 111
    produto direto de 109
    triviais 102
    união de 111
Subcorpos 115
Subgrupos 273
    impróprios 274
    intersecção 279
    normais 297
    produto de 358
    próprios 274
    triviais 274
    união de 279

T
Tabela de Cayley 267
Teorema de Cauchy 428
Teorema de Cayley 423
Teorema de Lagrange 357
Teorema Fundamental da Álgebra 99
Teorema Órbita-Estabilizador 359
Teoremas de Sylow 427